高等职业院校课程改革融媒体创新教材

数字电子技术 微课版

◎ 严仲兴 李淑萍 主编

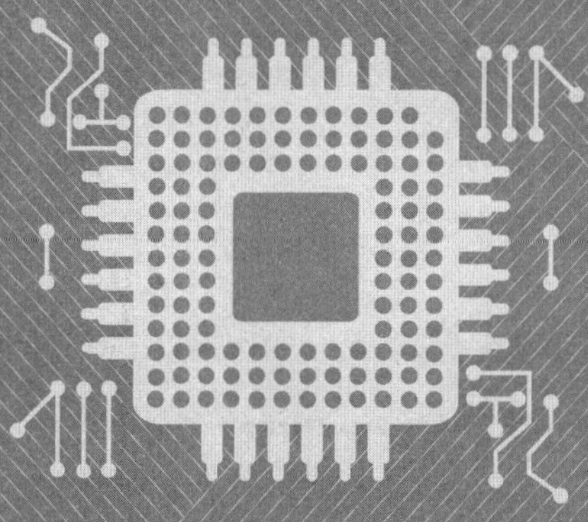

清华大学出版社
北 京

内容简介

本书共分9章，系统地介绍了数字电路基础、逻辑门电路、组合逻辑电路、触发器、时序逻辑电路、脉冲产生电路、半导体存储器、数模与模数转换以及综合应用项目设计与仿真。

本书语言精炼，深入浅出，强化数字集成电路的应用，注重实践，从具体实例出发，加强理论与实际的结合，培养读者的动手实践能力。全书各知识点都配有同步的微课视频，并提供配套的教学资源，包括可进行仿真的电路原图，所涉及案例实用性较强。

本书适合高等院校电力、电子、通信、机电一体化、计算机和电气工程技术等专业及其他相关专业作为教材使用。

图书在版编目(CIP)数据

数字电子技术：微课版/严仲兴，李淑萍主编. —北京：清华大学出版社，2021.12(2025.2重印)
高等职业院校课程改革融媒体创新教材
ISBN 978-7-302-59340-9

Ⅰ.①数…　Ⅱ.①严…　②李…　Ⅲ.①数字电路—电子技术—高等职业教育—教材　Ⅳ.①TN79

中国版本图书馆CIP数据核字(2021)第207670号

责任编辑：王剑乔
封面设计：刘　键
责任校对：李　梅
责任印制：宋　林

出版发行：清华大学出版社
网　　址：https://www.tup.com.cn，https://www.wqxuetang.com
地　　址：北京清华大学学研大厦A座　　**邮　　编**：100084
社 总 机：010-83470000　　**邮　　购**：010-62786544
投稿与读者服务：010-62776969，c-service@tup.tsinghua.edu.cn
质量反馈：010-62772015，zhiliang@tup.tsinghua.edu.cn
课件下载：https://www.tup.com.cn，010-83470410
印 装 者：三河市天利华印刷装订有限公司
经　　销：全国新华书店
开　　本：185mm×260mm　　**印　　张**：16.5　　**字　　数**：374千字
版　　次：2022年1月第1版　　**印　　次**：2025年2月第2次印刷
定　　价：49.00元

产品编号：090946-01

前言

电子技术的发展日新月异，推动着现代科技的发展，电子技术是计算机、网络通信和信息等技术领域的发展基础，计算机技术、网络通信技术和信息技术均与数字电子技术紧密相联。数字电路基础是实用型高等职业人才培养中十分重要的专业基础课，主要针对电力、电子、通信、机电一体化、计算机和电气工程技术等专业及其他相关专业。

高等职业教育以"就业为导向、能力为本位"作为指导思想，是面向应用的人才培养模式，注重的是学生实践能力的培养。本书编写团队结合数字电路课程的基本特点和实践性环节，对教学内容及教学过程中的每个环节进行认真研究，将教学环境安排在实验室或实验现场进行教学，将技术作为教学的首要内容，让学生在实践实验中学习，尽可能缩短学习与应用之间的差距，从而帮助学生增强创新意识、培养实践操作能力，学以致用，解决实际工作中遇到的问题。

全书共分 9 章，主要内容包括：第 1 章数字电路基础，介绍数字信号的概念，数制与编码，逻辑代数的基本概念、公式、定理，逻辑函数的化简。第 2 章逻辑门电路，介绍分立元件的开关特性，与、或、非三种基本逻辑门电路。第 3 章组合逻辑电路，介绍组合逻辑电路的基本分析和设计方法，以及加法器、编码器、译码器等中规模集成电路的构成原理与基本逻辑功能。第 4 章触发器，介绍触发器的基本电路结构、逻辑功能和常用芯片的使用功能，以及不同类型触发器之间的相互转换。第 5 章时序逻辑电路，介绍时序逻辑电路的分析和设计方法，计数器、寄存器等常用时序逻辑电路的工作原理及其应用。第 6 章脉冲产生电路，介绍脉冲波形产生与变换的基本单元，用 555 集成定时器构成单稳态触发器、施密特触发器等。第 7 章半导体存储器，介绍随机存储器与只读存储器的电路结构、工作原理和扩展方法。第 8 章数模与模数转换，介绍数模转换和模数转换的基本原理，以及几种常用的典型电路，第 9 章为综合应用项目设计与仿真。

为了方便教学和线上学习，本书每个章节都配有微课视频和教学资源包，任课老师和学生可以扫描书中的二维码免费使用。同时，为了方便理论教学与实践教学紧密结合，充分培养学生电子电路的安装、调试、结果记录和分析等基本技能，各章后均有相关的基本技能训练项目。本书的最后一章为综合实践项目的设计，其中对每个项目均采用 Multisim 软件进行仿真，以使学生既能够设计、搭建、组装和调试真实的典型电路，同时，也可以采用仿真软件开展虚拟实验。

本书由严仲兴、李淑萍担任主编，王燕、朱宇担任副主编，全书由严仲兴负责统稿和定稿。在本书编写过程中编者得到了同行专家的诸多建议，同时得到了合作企业和科研院所的帮助，在此一并真诚致谢！此外，本书也是2020年江苏高校“青蓝工程”优秀教学团队建设项目和2019年江苏省高等教育教学改革研究立项课题(2019JSJG094)的建设成果。

由于时间仓促，编者水平有限，书中难免存在疏漏之处，欢迎读者批评指正。

编　者

2021年6月

数字电子技术教学课件（扫描二维码可下载使用）

目录

第1章 数字电路基础

教学提示

电子电路中的信号可分为模拟信号和数字信号两类。处理模拟信号的电路叫作模拟电路;处理数字信号的电路叫作数字电路。本章主要介绍数字信号和数字电路的基本概念,以及各种进位计数制(二进制、八进制、十六进制及其相互转换方法,数字技术中常用的用来表示十进制数码的BCD码);还介绍了逻辑代数的基本概念,逻辑代数的三种基本运算(与运算、或运算和非运算),逻辑代数的常用公式和定理,以及逻辑函数的公式化简法和卡诺图化简法。

教学目标

通过本章的学习,掌握二进制及二进制与十进制的相互转换,掌握逻辑代数的基本运算和基本公式、定理以及卡诺图化简方法,理解8421BCD码,了解八进制、十六进制以及编码的含义,学会用逻辑代数研究逻辑电路,理解不同类型逻辑表达式的相互转换及最简与或表达式,了解逻辑代数的基本规则和逻辑函数的公式化简法。

1.1 数字电路概述

1.1.1 数字信号与数字电路

随着大规模、超大规模集成电路技术的成熟完善,数字电子技术在现代电子系统中的应用越来越广泛。数字信号处理是数字电子技术的根本,数字电路是数字电子技术的硬件基础。在时间和数值上都是离散的电信号称为数字信号,数字信号常常会反映很多时间片段中的信号状态。例如,只有高、低电平跳变的矩形脉冲信号。数字信号也被称为脉冲信号,常见的脉冲信号有矩形波、三角波、锯齿波等。用来处理数字信号的电路称为数字电路,由于数字电路具有逻辑运算和逻辑处理功能,所以又称为数字逻辑电路。

与数字信号相对应的是模拟信号,凡在数值上和时间上都是连续变化的电信号,称为模拟信号,如温度、压力、电压或电流等。用来处理模拟信号的电路称为模拟电路。模拟信号和数字信号的波形图如图1-1所示。

数字电路与模拟电路由于各自处理信号的不同,所以电路中的晶体管工作在不同区域:模拟电路中的晶体管工作在放大区;而数字电路中的晶体管工作在饱和区和截止区,放

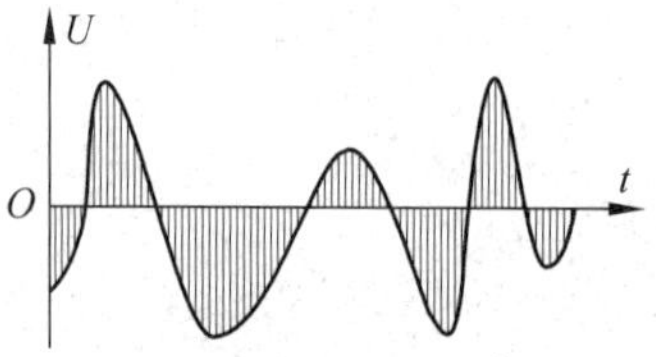

(a) 模拟信号

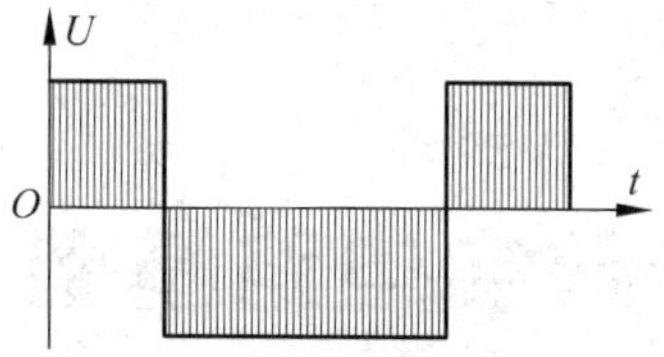

(b) 数字信号

图 1-1　模拟信号和数字信号

大区只是晶体管的过渡状态。数字电路的研究对象是电路的输入与输出之间的逻辑关系；而模拟电路的研究对象是电路输入与输出的电压、电流的关系。数字电路的分析工具是逻辑代数，表达电路的功能主要用真值表、逻辑函数表达式及波形图等。

在数字电路中，电路的状态及输入、输出信号均只有两种可能的状态，即 1 态和 0 态。为了分析方便，在数字电路中分别用二进制数 1 和 0 来表示数字信号的两种状态。

1.1.2　数字电路的特点

1. 算术运算和逻辑运算功能

数字电路主要的特点是它具有一定的计算功能，程序员通过对内部进行一定的设置程序，可以将数字电路的算术运算功能按照程序员想要的计算过程进行计算。除了算术运算之外，还具备逻辑运算功能，即按照逻辑规则进行逻辑推理和逻辑判断。

2. 集成度高，更有利于功能的实现

构成数字电路的基本单元电路比较简单，允许元器件参数有比较大的分散性，只要能区分高电平和低电平就可以了，从而可以把很多的基本单元电路集成到一块芯片上。

3. 抗干扰能力强

由于数字电路一般只有高电平和低电平两种信号，数字电路的导通、闭合性能良好，抗干扰能力强、稳定性好。如果对数字电路进行加密，那么在信号的传输过程中信号就很难被窃取，具有很强的保密性。

1.1.3　数字电路的分类

1. 分立元件电路与集成电路

按照数字电路的结构来分，数字电路可以分为分立元件电路和集成电路两种。电阻、电容、二极管、三极管、场效应管等组成的电路为分立元件电路。将许多基本元器件都固定在一个基板上，使许多元器件集成为一个整体的电路则为集成电路。数字集成电路的使用最为广泛。

按集成度分类，可将数字电路分为小规模集成电路（small scale integrated circuit）、中规模集成电路（medium scale integrated circuit）、大规模集成电路（large scale integrated circuit）和超大规模集成电路（very large scale integrated circuit），如表 1-1 所示。

表 1-1 数字集成电路分类表

集成电路分类	集 成 度	电路使用范围
小规模集成电路 SSI	1～10 门/片 10～100 元件/片	逻辑单元电路：逻辑门、触发器
中规模集成电路 MSI	10～100 门/片 100～1000 元件/片	逻辑功能部件：编码器、译码器、选择器、运算器、计数器、寄存器、比较器和转换器等
大规模集成电路 LSI	>100 门/片 >1000 元件/片	数字逻辑系统：存储器、中央控制器、串并行接口电路
超大规模集成电路 VLSI	>1000 门/片 >10 万元件/片	高集成度数字逻辑系统：在硅片上集成一个完整的微处理器

2. 单极型电路和双极型电路

按所用器件制作工艺的不同，可将数字电路分为双极型(TTL 型)电路和单极型(MOS 型)电路两类。TTL 数字集成电路是利用电子和空穴两种载流子导电的，所以又叫作双极型电路。这种电路开关速度快，信号传输延迟时间短，频率高，但制造工艺较复杂。

MOS 数字集成电路是只用一种载流子导电的电路，其中用电子导电的电路称为 NMOS 电路；用空穴导电的电路称为 PMOS 电路。如果是用 NMOS 及 PMOS 复合起来组成的电路，则称为 CMOS 电路。MOS 型数字集成电路功耗小、输入阻抗高、工艺简单，集成密度高，易于大规模集成。

3. 组合逻辑电路和时序逻辑电路

按照电路的结构和工作原理的不同，可将数字电路分为组合逻辑电路和时序逻辑电路两类。在组合逻辑电路中，任意时刻的输出仅取决于当时的输入，而与电路以前的工作状态无关。最常用的组合逻辑电路有编码器、译码器、数据选择器、多路分配器、数值比较器、全加器、奇偶校验器等。在时序逻辑电路中，任意时刻的输出不仅取决于该时刻的输入，还与电路原来的状态有关。因此，时序逻辑电路必须有记忆功能，必含有存储单元电路。最常用的时序逻辑电路有寄存器、移位寄存器、计数器等。

1.1.4 数字电路的发展趋势及应用

数字电路的发展与模拟电路一样经历了由电子管、半导体分立器件到集成电路等几个阶段。从 20 世纪 60 年代开始，数字集成器件以双极型工艺制成了小规模逻辑器件；随后发展到中规模逻辑器件；20 世纪 70 年代末，微处理器的出现使数字集成电路的性能产生质的飞跃。数字集成器件所用的半导体材料以硅材料为主，在高速电路中，也使用化合物半导体材料，如砷化镓等。

TTL 逻辑门电路和 CMOS 逻辑门电路是当前使用最广泛的、最重要的逻辑门电路。近些年来，可编程逻辑器件 CPLD，特别是现场可编程门阵列 FPGA 的飞速进步，使数字电子技术开创了新局面，不仅规模更大，而且将硬件与软件相结合，使器件的功能更加完善，使用更加灵活。

数字集成电路不仅应用于计算机技术、雷达、电视、通信、自动控制等方面，并且在核物理、航天、激光、医药等各项技术领域的控制设备和数字测量中，也发挥着重要的作用。

微课 1：数字电路概述

1.2 数制及编码

在日常生活中常用的是十进制，而数字系统中进行数字运算和处理时，采用二进制、八进制、十六进制较为方便。对于任何一个数，可以用不同的进位制来表示。本节将介绍几种常用进制的表示方法及它们之间的相互转换，此外还介绍常用的编码。

1.2.1 数制

在介绍数制前，先引入两个术语：一个是“基数”，即某种进位制所具有数字符号或数码的个数；另一个是“权”，即某种进位制的数中不同位置上的数的单位数值。基数和权是进位制的两个要素。

1. 十进制数

十进制数有 10 个数字符号，或者说 10 个数码，即 0、1、2、3、4、5、6、7、8、9，因此，十进制的基数为 10。任意一个十进制数都可以用这 10 个数码按一定规律排列在一起来表示，由低位向高位的进位规律是“逢十进一”，这就是十进制的特点。

利用基数和权，任何一个十进制数都可以展开成一个按权展开式。例如，十进制的 154.6 可以表示为

$$154.6=1\times10^2+5\times10^1+4\times10^0+6\times10^{-1}$$

一般地，任何一个十进制数 N 可以表示为

$$(N)_{10}=\sum_{i=-m}^{n-1}K_i\times10^i$$

式中：n 表示整数部分的位数；m 表示小数部分的位数；10 表示基数；10^i 为第 i 位的权，K_i 表示第 i 位的系数。

实际应用中使用的进制位不仅限于十进制，对于一个任意的 R 进制数 N，都可表示为

$$(N)_R=\sum_{i=-m}^{n-1}K_iR^i$$

式中：n 表示整数部分的位数；m 表示小数部分的位数；R 表示基数；R^i 为第 i 位的权；K_i 表示 R 进制数第 i 位的系数。这种把任意进制转换为十进制的方法称为乘权相加法。

2. 二进制

在数字系统中，常采用二进制数，因为二进制数只由 0 和 1 两个数码组成，运算简单，容易用数字电路实现。

二进制的进位规则是“逢二进一”，即 1+1=10（读作“壹零”），它相当于十进制的 2，它与十进制数的 10（拾）完全不同，二进制数是以 2 为基数的计数体制。

二进制算术运算的加法运算规则为

$$0+0=0$$
$$0+1=1$$
$$1+0=1$$
$$1+1=10$$

二进制算术运算的乘法运算规则为

$$0\times 0=0$$
$$0\times 1=0$$
$$1\times 0=0$$
$$1\times 1=1$$

任何一个二进制数 N 可以表示为

$$(N)_2=\sum_{i=-m}^{n-1}K_i 2^i$$

如：

$$(1101101)_2=1\times 2^6+1\times 2^5+0\times 2^4+1\times 2^3+1\times 2^2+0\times 2^1+1\times 2^0=(109)_{10}$$

二进制数的运算方法与十进制的运算方法相似，由于二进制只有 0 和 1 两个数码，所以二进制的运算比十进制的运算更简单。

3. 八进制和十六进制

二进制数在数字系统中应用广泛，但当二进制数的位数很多时，书写和阅读较困难，容易出错。因此，为简化多位二进制数，常采用八进制数或十六进制数。

八进制数基数是 8，由 0、1、2、3、4、5、6、7 八个数字符号组成，进位规则是“逢八进一”，即 7+1=10（十进制数的 8）。任何一个八进制数 N 都可以表示为

$$(N)_8=\sum_{i=-m}^{n-1}K_i 8^i$$

利用上式，可以将任何一个八进制数转换成十进制数。例如：

$$(753.64)_8=(7\times 8^2+5\times 8^1+3\times 8^0+6\times 8^{-1}+4\times 8^{-2})_{10}=(491.8125)_{10}$$

十六进制的基数是 16，这十六个数字符号是 0、1、2…9、A、B、C、D、E、F，其中，字母 A、B、C、D、E、F 分别代表 10、11、12、13、14、15。十六进制的进位规则是“逢十六进一”，即 $F+1=10$（十进制数的 16）。任何一个十六进制数 N 都可以表示为

$$(N)_{16}=\sum_{i=-m}^{n-1}K_i 16^i$$

利用上式，可以将任何一个十六进制数转换为十进制数。例如：

$$(5DF.4)_{16} = (5\times16^2+13\times16^1+15\times16^0+4\times16^{-1})_{10} = (1503.25)_{10}$$

十进制数、二进制数、八进制数、十六进制数之间的对应关系如表 1-2 所示。

表 1-2 几种进制数之间的对应关系

十进制数	二进制数	八进制数	十六进制数
0	0000	0	0
1	0001	1	1
2	0010	2	2
3	0011	3	3
4	0100	4	4
5	0101	5	5
6	0110	6	6
7	0111	7	7
8	1000	10	8
9	1001	11	9
10	1010	12	A
11	1011	13	B
12	1100	14	C
13	1101	15	D
14	1110	16	E
15	1111	17	F

微课 2：数制

1.2.2 不同进制数之间的转换

1. 任意进制数转换为十进制数

将二进制数、八进制数、十六进制数转换为十进制数的方法为前面所述的乘权相加法。如：

$$\begin{aligned}(1101001)_2 &= 1\times2^6+1\times2^5+0\times2^4+1\times2^3+0\times2^2+0\times2^1+1\times2^0\\ &= 1\times64+1\times32+0\times16+1\times8+0\times4+0\times2+1\times1\\ &= 105\end{aligned}$$

$$(69)_{16} = 6\times16^1+9\times16^0 = 105$$

2. 十进制数转换为其他进制数

（1）整数的转换

把十进制整数转换为其他进制数一般采用除基取余法。若将十进制整数转换为 N 进制整数，其方法是将十进制整数连续除以 N 进制的基数 N，逐次记下余数，直到其商为 0，所得的余数从下往上排列即为该十进制数所对应的 N 进制的整数。

【例 1-1】 把$(157)_{10}$转换成二进制数、八进制数和十六进制数。

解

除数	被除数/商		余数	
2	157			
2	78	……	1	低位
2	39	……	0	↑
2	19	……	1	
2	9	……	1	
2	4	……	1	
2	2	……	0	
2	1	……	0	
	0	……	1	高位

所以，转换结果为$(157)_{10}=(10011101)_2$

同理：　$(157)_{10}=(235)_8$

$(157)_{10}=(9D)_{16}$

(2) 小数的转换

把十进制小数转换为其他进制数一般采用乘基取整法。若将十进制小数转换为 N 进制小数，其方法是将十进制小数连续乘以 N 进制的基数 N，每乘一次取整数，直到小数部分为 0 或达到所需的位数为止。最后所得的整数从上往下排列即为该十进制小数所对应的 N 进制的小数。

【例 1-2】 把$(0.375)_{10}$转换成二进制数、八进制数和十六进制数。

解

算式	整数部分	
$0.375\times 2=0.750$	0	高位 ↓
$0.750\times 2=1.500$	1	
$0.500\times 2=1.000$	1	低位

所以，转换结果为$(0.375)_{10}=(0.011)_2$

同理：　$(0.375)_{10}=(0.3)_8$

$(0.375)_{10}=(0.6)_{16}$

3. 二进制数与八进制数之间的相互转换

每位八进制数的八个数字符号正好对应于 3 位二进制数的八种不同组合，其对应关系如下：

八进制	0	1	2	3	4	5	6	7
二进制	000	001	010	011	100	101	110	111

由以上的对应关系可直接进行二进制数与八进制数之间的转换。

(1) 二进制数转换成八进制数

由二进制数转换成八进制数的方法是：以小数点为界，将二进制数的整数部分从低位开始，小数部分从高位开始，每 3 位分成一组，头尾不足 3 位的补 0，然后将每组 3 位二进制数转换成与其对应的 1 位八进制数。

【例 1-3】 将$(10110111.01101)_2$转换成八进制数。

解

010 110 111 . 011 010

2 6 7 . 3 2

所以，$(10110111.01101)_2=(267.32)_8$

(2) 八进制数转换成二进制数

将八进制数转换成二进制数，只要将每 1 位八进制数用 3 位二进制数表示即可。

【例 1-4】 将$(254.36)_8$转换成二进制数。

解

2 5 4 . 3 6

010 101 100 . 011 110

所以，$(254.36)_8=(10101100.01111)_2$

4. 二进制数与十六进制数之间的相互转换

每位十六进制数的 16 个数码正好对应于 4 位二进制数的 16 种不同组合，所以十六进制与二进制之间有简单的对应关系：

十六进制	0	1	2	3	4	5	6	7	8	9	A	B	C	D	E	F
二进制	0000	0001	0010	0011	0100	0101	0110	0111	1000	1001	1010	1011	1100	1101	1110	1111

由以上的对应关系可直接进行二进制数与十六进制数之间的转换。

【例 1-5】 将$(1010110100.0011010)_2$转换成十六进制数。

解

0010 1011 0100 . 0011 0100

2 B 4 . 3 2

所以，$(1010110100.0011010)_2=(2B4.32)_{16}$

【例 1-6】 将$(4FC.E8)_{16}$转换成二进制数。

解

4 F C . E 8

0100 1111 1100 . 1110 1000

所以，$(4FC.E8)_{16}=(10011111100.11101)_2$

微课 3：数制之间的相互转换

1.2.3 编码

数字电路中处理的信息除了前面介绍的数值信息外，还有文字、数字及一些特定的操作符号等。为了处理这些信息，必须将这些信息也用二进制数码来表示。这些特定的二进制数码称为这些信息的代码，这些代码的编制过程称为编码。本节介绍二-十进制编码。

在数字系统中，对十进制数的运算处理除了转换成二进制数参加运算外，还可以直接用十进制数进行输入和运算。其方法是将十进制的 10 个数码分别用 4 位二进制代码来表示，这种编码称为二-十进制编码，也称 BCD 码(binary coded decimals)。它既具有二进制的形式，满足了数字系统必须使用二进制的要求，又具有十进制的特点。BCD 码有很多种形式，常用的有 8421BCD 码、余 3 码、格雷(Gray)码、2421BCD 码、5421BCD 码等，在这些 BCD 码中，最常用的是 8421BCD 码。

在表 1-3 中，除了 8421BCD 码外，还列出了其他常见的 BCD 码。

表 1-3 常用 BCD 码

十进制数	8421BCD 码	2421BCD 码	5421BCD 码	余 3 码	格雷码
0	0000	0000	0000	0011	0000
1	0001	0001	0001	0100	0001
2	0010	0010	0010	0101	0011
3	0011	0011	0011	0110	0010
4	0100	0100	0100	0111	0110
5	0101	1011	1000	1000	0111
6	0110	1100	1001	1001	0101
7	0111	1101	1010	1010	0100
8	1000	1110	1011	1011	1100
9	1001	1111	1100	1100	1101
权	8421	2421	5421		

1. 8421BCD 码

在 8421BCD 码中，10 个十进制数码与自然二进制数一一对应，即用二进制数的 0000～1001 分别表示十进制数的 0～9。8421BCD 码是一种有权码，各位的权从左到右分别为 8、4、2、1，故称 8421BCD 码。设 8421BCD 码的各位分别为 a_3、a_2、a_1、a_0，则它所代表的十进制数的值为

$$N = 8\times a_3+4\times a_2+2\times a_1+1\times a_0$$

8421BCD 码与十进制数之间的转换只要直接按位转换即可。例如：

$$(894.26)_{10}=(1000\quad 1001\quad 0100.\,0010\quad 0110)_{8421BCD}$$

$$(0101\quad 0000\quad 0111\,.\,0001)_{8421BCD}=(507.1)_{10}$$

8421BCD 码只利用了 4 位二进制数的 16 种组合中的 0000～1001 前十种，其余 6 种组合 1010～1111 是无效的。

2. 其他有权码

只要满足最低位权值为 1，4 位权值之和大于等于 9，且能区分 0～9 十个数码的编码均

可构成有权 BCD 码。表 1-3 中其他各种有权码只是编码顺序不同，可根据需要选用。

3. 余 3 码

余 3 码各位无固定权，属无权码。它是由 8421BCD 码加 3 后得到的。或者说，它是取十六个 4 位二进制代码中间的十个，前后各去掉三个得到的。这样，按二进制换算出等值十进制间差 3，故称为余 3 码。

4. 格雷码

格雷码的特点是：从一个代码变为相邻的另一个代码时只有一位发生变化，这对代码的转换和传输非常有利。格雷码也可用作二-十进制编码。

格雷码与十进制码的对应关系如表 1-4 所示。

表 1-4　格雷码与十进制码的对应关系

十进制	格雷码	十进制	格雷码
0	0000	8	1100
1	0001	9	1101
2	0011	10	1111
3	0010	11	1110
4	0110	12	1010
5	0111	13	1011
6	0101	14	1001
7	0100	15	1000

1.3 逻辑函数及其化简

1.3.1 逻辑代数概述

在客观世界中，事物的发展变化通常都有一定的因果关系，这种因果关系，一般称为逻辑关系。数字电路的输出信号与输入信号之间的关系就是逻辑关系，反映和处理逻辑关系的数学工具就是逻辑代数。逻辑代数又叫布尔代数或开关代数。利用逻辑代数可以判定一个已知逻辑电路的功能或根据需要的逻辑功能去研究和简化一个相应的逻辑电路。

逻辑代数的变量称为逻辑变量，在逻辑电路中，它的输入、输出状态相当于逻辑变量。逻辑电路的信号状态只有“低”“高”两种电平；逻辑变量只有 0 和 1 两种取值。它只表示事物的两种对立状态，本身没有数值意义，更不能比较它们的大小。因此，逻辑代数是一种与普通代数不同的数学系统。

1.3.2 逻辑代数的基本运算

所谓“逻辑”关系，是指事物的条件与结果之间的关系。在数字电路中，存在着三种逻辑关系：与逻辑、或逻辑和非逻辑，因此，逻辑代数中变量的运算也只有与运算、或运算和非运算三种基本逻辑运算。

1. 与运算

只有当决定一件事的所有条件全部具备时，这件事情才会发生，这样的因果关系称为"与逻辑"关系。

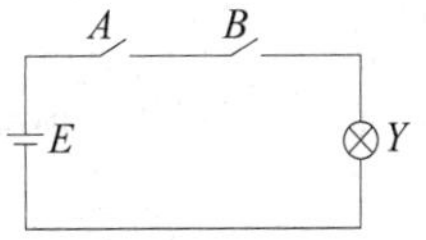

图 1-2　与逻辑关系电路图

与逻辑又称"逻辑乘"，其逻辑关系示意图如图 1-2 所示，此电路是由两个开关(用变量 A、B 表示)串联控制灯泡(用变量 Y 表示)的电路。只有当两个开关都闭合时，灯才会亮，两个开关中只要有一个不闭合或二者均不闭合时，灯就不亮。所以对于灯亮来说，两开关闭合是与逻辑关系。

开关和灯分别用变量 A、B 和 Y 表示。设开关接通状态为 1，断开为 0；灯亮为 1，灯灭为 0，则可以得到表 1-5 所示的逻辑关系表。这种反映开关状态和电灯"亮""灭"之间逻辑关系的表格称为逻辑真值表，简称真值表。

由表 1-5 可知，Y 与 A、B 之间的关系是：只有当 A 和 B 都是 1 时，Y 才为 1；否则 Y 为 0。这一逻辑关系可用逻辑表达式表示为

$$Y=A\cdot B$$

式中：小圆点"·"表示与逻辑的运算符，读作"与"或"逻辑乘"，当逻辑量用符号表示时，可以省略"·"，即上式可以表示为 $Y=AB$。它只表示"与"的逻辑功能，没有数量相乘的概念。式中的 0 和 1 代表一种逻辑状态，没有数量含义。

由与运算的逻辑表达式或表 1-5 所示的真值表可知，与运算的规律为

$$0\cdot 0=0$$
$$0\cdot 1=0$$
$$1\cdot 0=0$$
$$1\cdot 1=1$$

表 1-5　与逻辑真值表

A	B	Y
0	0	0
0	1	0
1	0	0
1	1	1

2. 或运算

当决定某一件事的所有条件中，只要有一个或一个以上成立，这件事就会发生，这样的因果关系称为"或逻辑"关系。

或逻辑又称"逻辑加"，其逻辑关系示意图如图 1-3 所示，此电路是由两个开关并联控制灯泡的电路。只要其中一个开关闭合或者两个开关均闭合，灯就会亮；两个开关均不闭合时，灯才不亮。所以对于灯亮来说，两个开关闭合是或逻辑关系。这一关系可以用表 1-6 所示的真值表来表示。

表 1-6　或逻辑真值表

A	B	Y
0	0	0
0	1	1
1	0	1
1	1	1

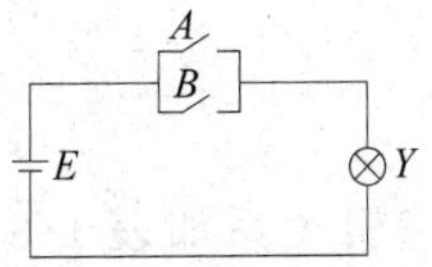

图 1-3　或逻辑关系电路图

由表 1-6 可知，Y 与 A、B 之间的关系是：只要 A、B 当中有一个或二者全是 1 时，Y 才为 1；否则 Y 为 0。这一逻辑关系可用逻辑表达式表示为

$$Y = A+B$$

式中："+"表示或逻辑的运算符，读作"或"或"逻辑加"。它表示 A、B 的逻辑和，而不是代数和。

由或运算的逻辑表达式或者表 1-6 所示的真值表可知，或运算的规律为

$$0+0 = 0$$

$$0+1 = 1$$

$$1+0 = 1$$

$$1+1 = 1$$

3. 非运算

某件事的发生取决于某个条件的否定，即某条件成立，这件事不发生；某条件不成立，这件事反而会发生。这样的因果关系称为非逻辑关系。

非逻辑的逻辑关系示意图如图 1-4 所示。当开关闭合时灯灭，而当开关断开时灯亮。所以对于灯亮来说，开关闭合是一种非逻辑关系。这一关系可以用表 1-7 所示的真值表表示。

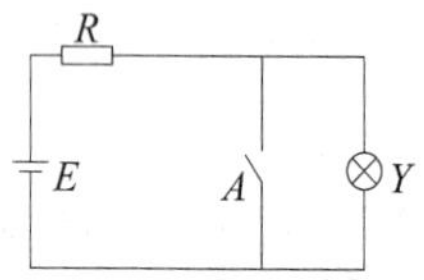

图 1-4　非逻辑关系

表 1-7　非逻辑真值表

A	Y
0	1
1	0

由表 1-7 可知，Y 与 A 之间的关系是：当 $A = 0$ 时，$Y = 1$；而 $A = 1$ 时，则 $Y = 0$。这一逻辑关系可用逻辑表达式表示为

$$Y=\overline{A}$$

式中：字母 A 上方的符号"—"表示 A 的"非运算"或者"反运算"，读作"非"或"反"。很显然，非运算的规律为

$$\overline{0}=1$$

$$\overline{1}=0$$

4. 复合逻辑运算

除了与、或、非这 3 种基本逻辑运算之外，还有经常用到的由这 3 种基本运算构成的一些复合运算，如与非、或非、与或非、异或等运算。

(1) 与非运算

逻辑表达式为 $Y=\overline{A \cdot B}$。与非运算的输入和输出的逻辑关系如表 1-8 的真值表所示。从真值表 1-8 可看出，与非运算的规律是：全 1 出 0，有 0 出 1，即变量全为 1，Y 为 0；只

要有一个变量为 0,Y 为 1。

(2) 或非运算

逻辑表达式为 $Y=\overline{A+B}$。或非运算的输入和输出的逻辑关系如表 1-9 的真值表所示。从真值表 1-9 可看出,或非运算的规律是:全 0 出 1,有 1 出 0,即变量全为 0,Y 为 1;只要有一个变量为 1,则 Y 为 0。

表 1-8 与非逻辑真值表

A	B	Y
0	0	1
0	1	1
1	0	1
1	1	0

表 1-9 或非逻辑真值表

A	B	Y
0	0	1
0	1	0
1	0	0
1	1	0

(3) 与或非运算

逻辑表达式为 $Y=\overline{AB+CD}$。与或非的规律遵从与运算、或运算、非运算的规律,运算的先后顺序为输入端分组先与运算,再或运算,最后非运算。这一关系可以用表 1-10 所示的真值表表示。从真值表 1-10 可看出,与或非运算的规律是:当输入变量任何一组全为 1 时,输出 Y 即为 0;只有各组输入都至少有一个为 0 时,输出 Y 为 1。

表 1-10 与或非逻辑真值表

A	B	C	D	Y
0	0	0	0	1
0	0	0	1	1
0	0	1	0	1
0	0	1	1	0
0	1	0	0	1
0	1	0	1	1
0	1	1	0	1
0	1	1	1	0
1	0	0	0	1
1	0	0	1	1
1	0	1	0	1
1	0	1	1	0
1	1	0	0	0
1	1	0	1	0
1	1	1	0	0
1	1	1	1	0

(4) 异或运算

逻辑表达式为 $Y=A\overline{B}+\overline{A}B=A\oplus B$。异或运算的输入和输出的逻辑关系如表 1-11 的真值表所示。从真值表 1-11 可看出,异或运算的规律是:当两个输入 A、B 状态相同(即都为 0 或都为 1)时,输出 $Y=0$,当两个输入 A、B 状态不同(即一个为 0,另一个为 1)时,输出 $Y=1$。

由于该电路输出为1时，必须是输入端异号相加的结果，故取名异或逻辑。

表 1-11　异或逻辑真值表

A	B	Y
0	0	0
0	1	1
1	0	1
1	1	0

微课 4：逻辑运算

1.3.3　逻辑代数的基本公式和运算规则

1. 逻辑常量的运算关系

因为在二值逻辑中只有0和1两个常量，逻辑变量的取值不是0就是1，而最基本的逻辑运算又只有与、或、非3种，所以常量之间的逻辑关系也只有与、或、非3种。

与运算：

$$0\cdot 0=0 \qquad 0\cdot 1=0 \qquad 1\cdot 0=0 \qquad 1\cdot 1=1$$

或运算：

$$0+0=0 \qquad 0+1=1 \qquad 1+0=1 \qquad 1+1=1$$

非运算：

$$\overline{1}=0 \qquad \overline{0}=1$$

2. 逻辑代数的基本公式

逻辑代数中的公式反映了逻辑运算的基本规律，其中有些与普通代数相似，有些则完全不同。对这些公式的证明，最直接的方法是列出等号两边函数的真值表，看看是否完全相同，也可以利用已知的公式来证明其他公式。

（1）基本定律

0—1律：

$A+0=A$

$A+1=A$

$A\cdot 1=A$

$A\cdot 0=0$

互补律：

$A+\overline{A}=1$

$A\cdot\overline{A}=0$

交换律：

$A+B=B+A$

$A\cdot B=B\cdot A$

结合律：

$(A+B)+C=A+(B+C)$

$(A\cdot B)\cdot C=A\cdot(B\cdot C)$

重叠律：

$A+A=A$

$A\cdot A=A$

分配律：

$A\cdot(B+C)=A\cdot B+A\cdot C$

$A+B\cdot C=(A+B)(A+C)$

反转律：

$\overline{\overline{A}}=A$

反演律(摩根定律)：

$\overline{A+B}=\overline{A}\cdot\overline{B}$

$\overline{A\cdot B}=\overline{A}+\overline{B}$

$\overline{A+B+C+\cdots}=\overline{A}\cdot\overline{B}\cdot\overline{C}\cdots$

$\overline{A\cdot B\cdot C\cdots}=\overline{A}+\overline{B}+\overline{C}+\cdots$

利用真值表可对反演律(又称摩根定律)加以证明，如表 1-12 所示。

表 1-12　证明反演律真值表

A　B	$\overline{A}$　$\overline{B}$	$\overline{A+B}$	$\overline{A}\cdot\overline{B}$	$\overline{A\cdot B}$	$\overline{A}+\overline{B}$
0　0	1　1	1	1	1	1
0　1	1　0	0	0	1	1
1　0	0　1	0	0	1	1
1　1	0　0	0	0	0	0

(2) 常用公式

公式 1：$AB+A\overline{B}=A$

证明：$AB+A\overline{B}=A(B+\overline{B})=A\cdot 1=A$

上式说明在一个与或表达式中，若两个与项中分别包含了互为反变量的数(B 和 $\overline{B}$)，而其他变量相同，则可利用公式 1 将这两项合并为一项，消去互反变量，合并项由共有变量组成。

公式 2：$A+AB=A$

证明：$A+AB=A(1+B)=A\cdot 1=A$

上式说明在一个与或表达式中，如果一项(或一个与项)是另一与项的一个因子，则包含这个因子的与项是多余的，所以公式称为吸收律。

公式 3：$A+\overline{A}B=A+B$

证明：$A+\overline{A}B=A+AB+\overline{A}B=A+B(A+\overline{A})=A+B$

上式说明在一个与或表达式中，如果一个与项的非是另一个与项的因子，则这个因子是多余的。

公式 4：$AB+\overline{A}C+BC=AB+\overline{A}C$

证明：
$$\begin{aligned}AB+AC+BC&=AB+\overline{A}C+(A+\overline{A})BC\\&=AB+\overline{A}C+ABC+\overline{A}BC\\&=AB(1+C)+\overline{A}C(1+B)\\&=AB+\overline{A}C\end{aligned}$$

上式说明在一个与或表达式中，如果两与项中，一项包含了某个原变量 A，另一项包含

它的反变量 $\overline{A}$，而这两项的其余因子都是第三个与项的因子，则第三项是多余的。该项称为冗余项。公式 4 称为冗余定理。

（3）基本规则

逻辑代数有 3 个重要规则。利用这 3 个规则，可以得到更多的公式，也可扩充公式的应用范围。

① 代入规则。任何一个含有变量 X 的等式，如将所有出现 X 的位置均代入一个逻辑函数 Y，则等式仍成立，这个规则称为代入规则。因为任何一个逻辑函数也和任何一个逻辑变量一样，只有 0 和 1 两种取值，所以可以将逻辑函数作为一个逻辑变量对待，上述规则仍然成立。用代入规则可扩展公式和证明恒等式。例如：

$$\overline{AB}=\overline{A}+\overline{B}$$

若用 $Y=AC$ 代替等式中 A，则根据代入规则，等式仍然成立，即有：

$$\overline{(AC)B}=\overline{AC}+\overline{B}=\overline{A}+\overline{B}+\overline{C}$$

根据代入规则可以证明 n 个变量的摩根定律成立。

② 反演规则。对于任何一个逻辑函数 Y，如果表达式中所有的"·"换成"+"，"+"换成"·"；0 换成 1，1 换成 0；原变量换成反变量，反变量换成原变量，那么所得到的表达式就是函数 Y 的反函数 $\overline{Y}$，这个规则称为反演规则。

可见，利用反演规则可求一个逻辑函数的反函数。需要注意的是，在运用反演规则求一个函数的反函数时，必须按照逻辑运算的优先顺序进行：先算括号，接着与运算，然后或运算，最后非运算。例如：

$$Y=A\overline{B}+C\overline{D}E$$

$$\overline{Y}=(\overline{A}+B)\cdot(\overline{C}+D+\overline{E})$$

或者：

$$Y=A+\overline{B+\overline{C}+\overline{D+\overline{E}}}$$

$$\overline{Y}=\overline{A}\cdot\overline{\overline{B}\cdot C\cdot\overline{\overline{D}\cdot E}}$$

③ 对偶规则。对于任何一个逻辑函数 Y，如果表达式中所有的"·"换成"+"，"+"换成"·"；0 换成 1，1 换成 0，而变量保持不变，则可得到一个新的函数表达式 Y'，Y' 称为函数 Y 的对偶函数，这个规则称为对偶规则。例如：

$$Y=A\overline{B}+C\overline{D}E$$

$$Y'=(A+\overline{B})\cdot(C+\overline{D}+E)$$

或者：

$$Y=A+\overline{B+\overline{C}+\overline{D+\overline{E}}}$$

$$Y'=A\cdot\overline{B\cdot\overline{C}\cdot\overline{D\cdot\overline{E}}}$$

如果两个逻辑函数表达式相等，则它们的对偶式也必然相等。即若 $Y_1=Y_2$，则 $Y'_1=Y'_2$。

例如：$A(B+C)=AB+AC$，其对偶式：$A+BC=(A+B)(A+C)$。

微课5：逻辑代数的基本公式和运算规则

1.3.4 逻辑函数的化简

在逻辑代数中，将逻辑变量 A、B、C、……用有限个与、或、非逻辑运算符号按一定的逻辑关系连接起来，所得到的表达式 $Y = f(A、B、C……)$叫作逻辑函数。

在逻辑电路的设计中，所用的元器件少、器件间相互连线少和工作速度高是小、中规模逻辑电路设计的基本要求，这就要求逻辑函数表达式是最简的。一个逻辑函数的表达式可以有多种形式，其中一种形式的逻辑函数表达式对应一种逻辑电路，尽管它们的形式不同，但其逻辑功能是相同的。为了得到最简的逻辑函数表达式，就需要对逻辑表达式进行化简。用化简后的逻辑表达式构成逻辑电路，所需的门电路的数目最少，而且每个门电路的输入端数目也少。

为了实现逻辑函数表达式的逻辑关系，要采用相应的具体电路，有时还需要对逻辑式进行变换，所以逻辑代数不仅要解决化简的问题，而且要解决变换的问题。

化简逻辑函数经常用到的方法有两种：一种方法是公式化简法，就是利用逻辑代数中的公式进行化简；另一种方法是卡诺图化简法，用来化简的工具是卡诺图。

1. 逻辑函数的最简表达式

一个最简逻辑函数可以通过逻辑代数公式变换成不同形式的最简逻辑表达式。然而不管哪种逻辑表达式，对同一逻辑函数来说所表达的逻辑功能是一致的。逻辑函数的最简表达式通常有五种基本表达式：最简与或表达式、最简与非-与非表达式、最简与或非表达式、最简或与表达式和最简或非-或非表达式。

(1) 最简与或表达式

最简与或表达式就是式中的乘积项最少，并且每个乘积项中的变量也最少的与或表达式。

$$
\begin{aligned}
Y &= A\overline{B} + \overline{A}C + \overline{B}C + A\overline{B}E \\
&= A\overline{B} + \overline{A}C + \overline{B}C \\
&= A\overline{B} + \overline{A}C
\end{aligned}
$$

在上式中，在函数 Y 的各个与或表达式中，表达式 $A\overline{B} + \overline{A}C$ 是最简的，因为该表达式中的乘积项最少，并且每个乘积项中的变量也最少。

(2) 最简与非-与非表达式

最简与非-与非表达式就是式中的非号最少，并且每个非号下面乘积项中的变量也最少的与非-与非表达式。

最简与非-与非表达式可在最简与或表达式的基础上两次取反，再用反演定律去掉下面的非号得到。

$$Y = A\overline{B} + \overline{A}C = \overline{\overline{A\overline{B} + \overline{A}C}} = \overline{\overline{A\ \overline{BA}C}}$$

（3）最简与或非表达式

最简与或非表达式就是式中非号下面相加的乘积项最少，并且每个乘积项中相乘的变量也最少的与或非表达式。

最简与或非表达式可以在与非-与非表达式的基础上，去掉大非号下面的小非号，然后再把括号展开得到。

$$Y=A\bar{B}+\bar{A}C=\overline{\overline{A\,\overline{BAC}}}=\overline{(\bar{A}+B)(A+\bar{C})}=\overline{\overline{AC}+AB+B\bar{C}}=\overline{\overline{AC}+AB}$$

（4）最简或与表达式

最简或与表达式就是式中的括号最少，并且每个括号内相加的变量也最少的或与表达式。

最简或与表达式可以在与或非表达式的基础上利用反演定律去掉非号后，再利用反演定律去掉非号得到。

$$Y=A\bar{B}+\bar{A}C=\overline{\overline{AC}+AB}=\overline{\overline{AC}}\,\overline{AB}=(A+C)(\bar{A}+\bar{B})$$

（5）最简或非-或非表达式

最简或非-或非表达式，就是式中的非号最少，并且每个非号下面相加的变量也最少的或非-或非表达式。

最简或非-或非表达式可在最简或与表达式的基础上两次取反，再用反演定律去掉下面的非号得到。

$$Y=A\bar{B}+\bar{A}C=(A+C)(\bar{A}+\bar{B})=\overline{\overline{(A+C)(\bar{A}+\bar{B})}}=\overline{\overline{(A+C)}+\overline{(\bar{A}+\bar{B})}}$$

从上面介绍的函数的各种最简表达式可知，只要得到了函数的最简与或表达式，再利用反演定律进行适当的变换，就可以得到其他几种类型的最简表达式。所以，对逻辑函数进行化简时，往往先将其化为最简与或表达式，然后再根据需要将其转化为其他形式的最简表达式。

微课 6：最简逻辑表达式

2. 逻辑函数的公式化简

公式化简法是运用逻辑代数的基本规律、常用公式和基本规则进行化简，常用的有下列方法。

（1）并项法

利用公式 $A+\bar{A}=1$ 将两项合并为一项，并消去一个变量。例如

$$Y_1=\bar{A}B\bar{C}+\bar{A}BC=\bar{A}B(\bar{C}+C)=\bar{A}B$$

$$Y_2=AB\bar{C}+\bar{B}\bar{C}+\bar{A}\bar{C}=AB\bar{C}+(\bar{A}+\bar{B})\bar{C}=AB\bar{C}+\overline{AB}\,\bar{C}=(AB+\overline{AB})\bar{C}=\bar{C}$$

（2）吸收法

利用公式 $A+AB=A$ 吸收多余的与项。例如：

$$Y_1=\bar{A}B\bar{C}D(E+F)+\bar{A}B\bar{C}=\bar{A}B\bar{C}$$

$$Y_2=\bar{A}+\overline{A\,\overline{BC}}D(E+F)+BC=(\bar{A}+BC)+(\bar{A}+BC)D(E+F)=\bar{A}+BC$$

(3) 消因子法

利用公式 $A+\bar{A}B=A+B$ 消去多余的因子。例如：

$$Y_1=\bar{A}B+\bar{C}+AC=\bar{A}B+(\bar{C}+AC)=\bar{A}B+\bar{C}+A=(A+\bar{A}B)+\bar{C}=A+B+\bar{C}$$

$$Y_2=AC+\bar{A}D+\bar{C}D=AC+(\bar{A}+\bar{C})D=AC+\overline{AC}D=AC+D$$

(4) 消去冗余项法

利用公式 $AB+\bar{A}C+BC=AB+\bar{A}C$ 消去冗余项。例如：

$$Y_1=\bar{A}B+\bar{A}DE+\bar{A}C+\bar{C}D=\bar{A}B+(C\bar{A}+\bar{C}D+\bar{A}DE)=\bar{A}B+\bar{A}C+\bar{C}D$$

$$Y_2=\bar{A}BC\bar{D}+(A+\bar{B})E+C\bar{D}E=\bar{A}BC\bar{D}+\overline{\bar{A}B}E+C\bar{D}E=\bar{A}BC\bar{D}+\overline{\bar{A}B}E$$

(5) 配项法

利用公式 $A=A+A$，为某一项配上其所能合并的项。例如：

$$\begin{aligned}Y&=\bar{A}B\bar{C}+\bar{A}BC+ABC=\bar{A}B\bar{C}+\bar{A}BC+\bar{A}BC+ABC\\&=\bar{A}B(\bar{C}+C)+BC(\bar{A}+A)=\bar{A}B+BC\end{aligned}$$

上述方法在实际应用中，经常需要综合运用才能得到最简的运算结果。

【例 1-7】 化简函数 $Y=\overline{\overline{CD}+A}+A+CD+AB$。

解

$$\begin{aligned}Y&=\overline{\overline{CD}+A}+A+CD+AB\\&=\bar{A}CD+CD+(A+AB)\\&=(\bar{A}+1)CD+(A+AB)\\&=CD+A\end{aligned}$$

【例 1-8】 化简函数 $Y=AB+ABD+\bar{A}C+BCD$。

解

$$\begin{aligned}Y&=AB+ABD+\bar{A}C+BCD\\&=(AB+ABD)+\bar{A}C+BCD\\&=AB+\bar{A}C+BCD\\&=AB+\bar{A}C\end{aligned}$$

公式化简法的优点是比较简单，而且逻辑函数的变量不受限制，但是难以判断所得到的结果是否为最简。因此，公式化简法适用于函数表达式比较简单的情况。当函数较为复杂时，经常用比较方便且有规律的卡诺图化简法。

微课 7：逻辑函数的公式化简

3. 逻辑函数的卡诺图化简

卡诺图化简法简便、直观，是逻辑函数化简的一种常用方法。卡诺图化简法是卡诺

(Karnaugh)于 1953 年提出的一种图形化简法。它不需要特殊的技巧，不必熟记各种逻辑代数公式，只要遵循一定的规则就能得到化简结果。变量数目较多(4～5)时，更能显示出它的优越性。卡诺图化简法不仅用于逻辑函数的化简，而且在数字电路的分析和设计等方面都会用到卡诺图。

(1) 逻辑函数的最小项表达式

在逻辑函数中，如果一个乘积项包含了函数的所有变量，每个变量都是以原变量或反变量的形式出现，并且仅出现一次，则这样的乘积项就叫作这些变量的最小项(minterm)。

根据最小项的定义，一个变量 A 可组成两个最小项：A 和 $\overline{A}$；两个变量 A、B 可组成 4 个最小项：$\overline{AB}$、$\overline{A}B$、$A\overline{B}$ 和 AB；三个变量 A、B、C 可组成 8 个最小项：$\overline{ABC}$、$\overline{AB}C$、$\overline{A}B\overline{C}$、$\overline{A}BC$、$A\,\overline{BC}$、$A\overline{B}C$、$AB\overline{C}$、$ABC$。

一般地，对于 n 个变量的函数，一共有 2^n 个最小项。

为了叙述和书写方便，通常对最小项进行编号，用 m_i 表示最小项。下标 i 的确定方法是：把最小项中的原变量记为 1，反变量记为 0，当变量顺序确定后，可得到一组二进制数，与这组二进制数所对应的十进制数就是最小项的下标 i。例如，对于三变量 A、B、C 来说，下标 i 代表 A、B、C 二进制取值所对应的十进制数，如表 1-13 所示。

表 1-13　三变量函数的最小项

十进制数	A	B	C	最小项	m_i
0	0	0	0	$\overline{ABC}$	m_0
1	0	0	1	$\overline{AB}C$	m_1
2	0	1	0	$\overline{A}B\overline{C}$	m_2
3	0	1	1	$\overline{A}BC$	m_3
4	1	0	0	$A\,\overline{BC}$	m_4
5	1	0	1	$A\overline{B}C$	m_5
6	1	1	0	$AB\overline{C}$	m_6
7	1	1	1	ABC	m_7

任何一个逻辑函数都可以表示成若干个最小项之和，通常称为最小项表达式，也称为函数的标准与或表达式。为了求得逻辑函数最小项表达式，首先将逻辑函数展开成与或表达式，然后利用公式 $A+\overline{A}=1$ 将与或表达式中缺少变量的与项配项，直到每一与项都成为包含所有变量的与项，即最小项为止。

【例 1-9】 把 $Y=A+BC$ 展开成最小项表达式。

解

$$
\begin{aligned}
Y &= A+BC=A(B+\overline{B})+(A+\overline{A})BC \\
&= AB+A\overline{B}+\overline{A}BC+ABC \\
&= AB(C+\overline{C})+A\overline{B}(C+\overline{C})+\overline{A}BC+ABC \\
&= ABC+AB\overline{C}+A\overline{B}C+A\overline{B}\overline{C}+\overline{A}BC+ABC \\
&= ABC+AB\overline{C}+A\overline{B}C+A\overline{B}\overline{C}+\overline{A}BC \\
&= m_7+m_6+m_5+m_4+m_3
\end{aligned}
$$

上式也可以简写为

$$Y=\sum m(3,4,5,6,7)$$

另一种方法是由真值表求得最小项表达式。如上例中 $Y=A+BC$ 的真值表如表 1-14 所示，由真值表很容易写出函数的最小项表达式为

$$Y=m_7+m_6+m_5+m_4+m_3=\sum m(3,4,5,6,7)$$

表 1-14　函数 $Y=A+BC$ 的真值表

A	B	C	Y	最小项	m_i
0	0	0	0	$\overline{A}\,\overline{B}\,\overline{C}$	m_0
0	0	1	0	$\overline{A}\,\overline{B}C$	m_1
0	1	0	0	$\overline{A}B\overline{C}$	m_2
0	1	1	1	$\overline{A}BC$	m_3
1	0	0	1	$A\,\overline{B}\,\overline{C}$	m_4
1	0	1	1	$A\overline{B}C$	m_5
1	1	0	1	$AB\overline{C}$	m_6
1	1	1	1	ABC	m_7

(2) 卡诺图的构成

卡诺图可以看成是真值表的另一种形式。真值表可以看成是由最小项构成的一个纵列，把真值表中的最小项重新排列，把逻辑函数的所有最小项表示为小方格，并把这些小方格排列成矩阵形式。小方格在排列时，应使几何位置相邻的小方格在逻辑上也是相邻的。所谓逻辑相邻，是指两个小方格所表示的最小项中只有一个因子为互反变量，其余变量均相同，如图 1-5 所示，这样构成的图形就是卡诺图。

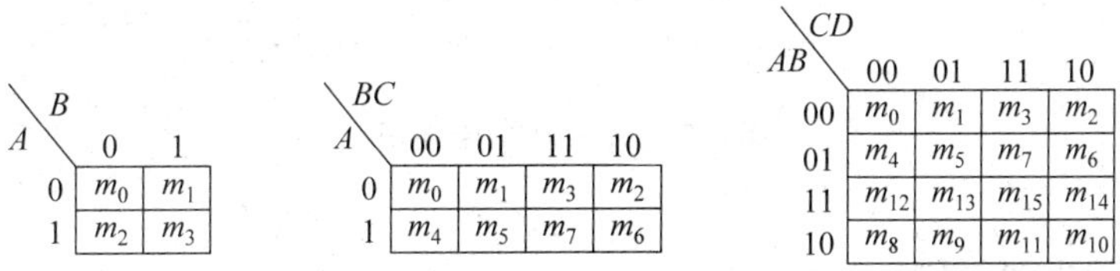

(a) 二变量卡诺图　(b) 三变量卡诺图　(c) 四变量卡诺图

图 1-5　卡诺图的构成

在图 1-5 中，注意方格图最上和最下，最左和最右对应的小方格也是逻辑相邻的。实际上，凡与中心轴对称的最小项均是逻辑相邻项。依照同样方法，可以画出五个乃至更多变量的卡诺图。

(3) 逻辑函数的卡诺图表示

由于卡诺图的每一个小方格表示逻辑函数的一个最小项，因此，可以把逻辑函数的最小项表达式或真值表转化为卡诺图。方法是先根据逻辑函数所包含变量数画出相应的卡诺图，然后对应于逻辑函数表达式所包含的各最小项，在相应的小方格中填 1(称为读入、写入)，就得到该逻辑函数的卡诺图。

【例 1-10】 画出函数 $Y(A,B,C)=\sum m(1,2,4,5)$ 的卡诺图。

解 该函数为三变量，所以函数 $Y(A,B,C)=\sum m(1,2,4,5)$ 的卡诺图如图 1-6 所示。

【例 1-11】 用卡诺图表示逻辑函数 $Y=ABD+\overline{A}BC+\overline{A}\,\overline{B}\,\overline{C}$。

解 该函数为四变量，将表达式化成最小项表达式为

$$Y=ABD+\overline{A}BC+\overline{AB}C$$
$$=ABD(C+\overline{C})+\overline{A}BC(D+\overline{D})+\overline{A}\overline{B}C(D+\overline{D})$$
$$=ABCD+AB\overline{C}D+\overline{A}BCD+\overline{A}BC\overline{D}+\overline{A}\overline{B}CD+\overline{A}\overline{B}C\overline{D}$$
$$=m_{15}+m_{13}+m_7+m_6+m_3+m_2$$

将 m_2、m_3、m_6、m_7、m_{13}、m_{15}用逻辑 1 填入卡诺图相应的方格内，如图 1-7 所示。

A \ BC	00	01	11	10
0		1		1
1	1	1		

图 1-6　例 1-10 的卡诺图

AB \ CD	00	01	11	10
00			1	1
01			1	1
11		1	1	
10				

图 1-7　例 1-11 的卡诺图

上例中，也可以不将逻辑函数表达式变成最小项表达式而直接读入卡诺图，在读入过程中，如 ABD 项可将纵坐标 AB、横坐标 D 的方格内填入 1，如图 1-8(a)所示；$\overline{A}BC$ 项可将纵坐标 $\overline{A}B$、横坐标 C 的方格内填入 1，如图 1-8(b)所示；$\overline{AB}C$ 项可将纵坐标$\overline{AB}$、横坐标 C 的方格内填入 1，如图 1-8(c)所示。逻辑函数 Y 为三项逻辑加，其卡诺图如图 1-8(d)所示。

(a)

AB \ CD	00	01	11	10
00				
01				
11		1	1	
10				

(b)

AB \ CD	00	01	11	10
00				
01			1	1
11				
10				

(c)

AB \ CD	00	01	11	10
00			1	1
01				
11		1	1	
10				

(d)

AB \ CD	00	01	11	10
00			1	1
01			1	1
11		1	1	
10				

图 1-8　例 1-11 的卡诺图

4. 卡诺图的化简规则

由于卡诺图中任意两个相邻的最小项只有一个变量不同，根据 $A+\overline{A}=1$，按 $AB+\overline{A}B=B$ 的并项规则，两个相邻的最小项可以合并为一项，因此逻辑函数的化简实质上就是相邻最小项的合并。下面以四变量为例说明卡诺图的化简规则。

(1) 卡诺图上相邻两个(2^1 个)小方格均为 1(包括同一行或同一列两端)的最小项可以合并为一项，消去一个互反的变量，保留相同变量，并写成与项，则得到相邻两个最小项合并化简的结果，如图 1-9 所示。

$$m_0+m_1=\overline{ABCD}+\overline{ABC}D=\overline{ABC}$$
$$m_5+m_{13}=\overline{A}B\overline{C}D+AB\overline{C}D=B\overline{C}D$$
$$m_8+m_{10}=A\,\overline{BCD}+A\overline{B}C\overline{D}=AB\overline{D}$$

(2) 卡诺图上任何四个(2^2个)相邻的最小项可以合并为一项，并消去两个互反的变量，保留相同的变量并写成与项，即得到化简结果，如图 1-10 所示。

$$m_0+m_2+m_8+m_{10}=\overline{ABCD}+\overline{AB}C\overline{D}+A\,\overline{BCD}+A\overline{B}C\overline{D}=\overline{B}\overline{D}$$
$$m_8+m_9+m_{12}+m_{13}=A\,\overline{BCD}+A\,\overline{BC}D+AB\,\overline{CD}+AB\overline{C}D=A\overline{C}$$

$$m_2+m_6+m_{10}+m_{14}=\overline{A}\,\overline{B}C\overline{D}+\overline{A}BC\overline{D}+A\overline{B}C\overline{D}+ABC\overline{D}=C\overline{D}$$

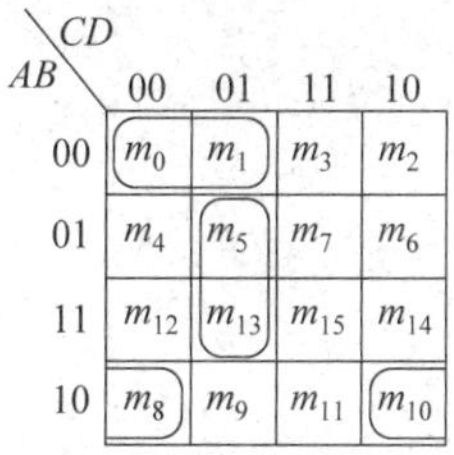

图 1-9 两个相邻最小项的合并

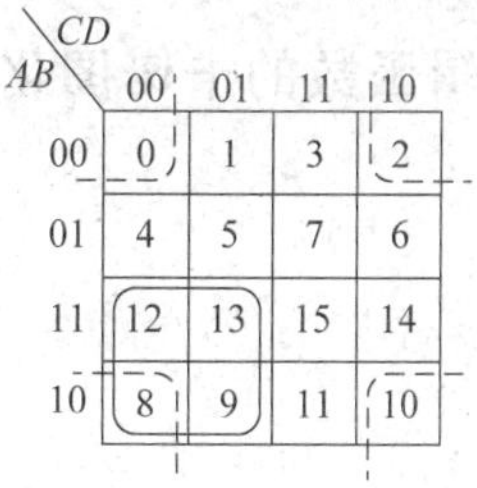

图 1-10 四个相邻最小项的合并

(3) 卡诺图上任何八个(2^3 个)相邻的最小项可以合并为一项,消去三个互反的变量,保留一个相同的变量,即得到化简结果,如图 1-11 所示。

$$m_0+m_1+m_2+m_3+m_8+m_9+m_{10}+m_{11}=\overline{B}$$

$$m_2+m_3+m_6+m_7+m_{10}+m_{11}+m_{14}+m_{15}=C$$

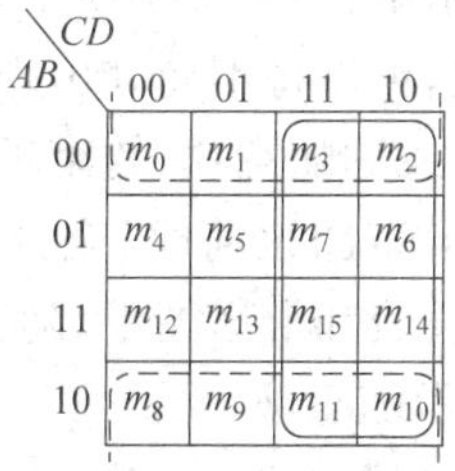

图 1-11 八个相邻最小项的合并

由上述的化简规则可知,相邻最小项的数目必须为 2^i 个才能合并为一项,并消去 i 个变量。包含的最小项数目越多,即由这些最小项所形成的圈越大,消去的变量也越多,从而所得到的逻辑表达式就越简单。这就是利用卡诺图化简逻辑函数的基本原理。

5. 利用卡诺图化简逻辑函数

根据上述卡诺图化简规则,利用卡诺图化简逻辑函数可按以下步骤进行。

(1) 将逻辑函数正确地用卡诺图表示出来。

(2) 合并最小项。在画包围圈时,尽可能采用大包围圈来合并卡诺图中标有 1 的小方格;每个圈所包含的方格数目必须为 2^i;某些方格可重复包括在几个大包围圈内,但每个包围圈都要有新的方格,否则它就是多余的,同时不能漏掉任何一个方格。

(3) 将代表每个圈的与项相加,即得函数的最简与或表达式。

【例 1-12】 用卡诺图化简函数 $Y(A,B,C,D)=\sum(5,8,9,10,11,12,13,14,15)$。

解 (1) 函数的卡诺图如图 1-12 所示。

(2) 画包围圈,合并最小项,得函数的最简与或表达式为 $Y=A+B\overline{C}D$。

【例 1-13】 用卡诺图化简 $Y(A,B,C,D)=\overline{A}\,\overline{B}\,\overline{C}\,\overline{D}+A\overline{C}\,\overline{D}+AC+\overline{A}C$。

解 (1) 给定的与或表达式虽然不是最小项表达式,也可以直接读入卡诺图,如图 1-13 所示。

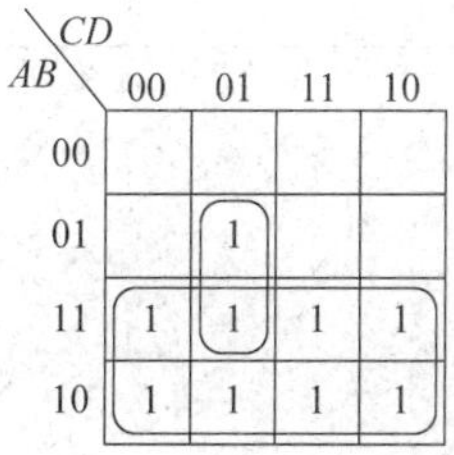

图 1-12 例 1-12 的卡诺图

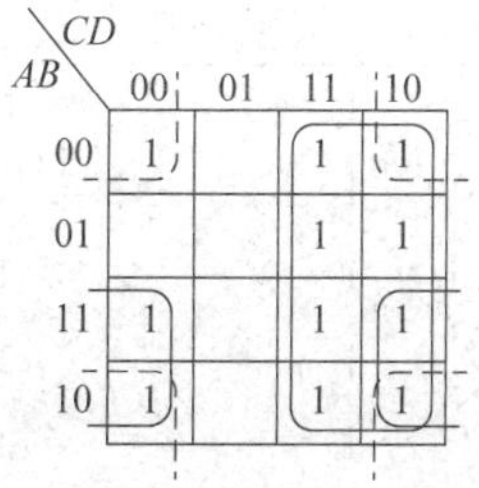

图 1-13 例 1-13 的卡诺图

（2）画包围圈，合并最小项，得函数的最简与或表达式为 $Y=C+A\overline{D}+\overline{B}\overline{D}$。

微课 8：逻辑函数的卡诺图化简法

1.3.5 含随意项的逻辑函数化简

前面所讨论的逻辑函数中，如果一个逻辑函数有 n 个变量，函数就有 2^n 个最小项。但在实际应用中，某些最小项不允许出现，则这些最小项所对应的函数值是 1 还是 0 是没有意义的，因此，可以将不允许出现的最小项当作 1 和 0。这种在实际上根本不出现的最小项称为无关项，或称随意项、约束项。

使用卡诺图化简时，充分利用约束项可构成更大的包围圈，获得更为简单的与或表达式。在真值表和卡诺图中，随意项所对应的函数值一般用“×”表示。在逻辑表达式中，通常用 d 表示随意项。

【例 1-14】 按 8421BCD 码设计一个 1 位十进制数的偶数指示逻辑表达式，并进行化简。

解 根据题意列出真值表，如表 1-15 所示。表中对于十进制数的 0～9，函数的取值是确定的，相应的十进制值为偶数时，Y 为 1，否则为 0；但对于十进制数的 10～15，由于它们不属于 1 位的十进制数，函数可以任意取值，记作×。

表 1-15 例 1-14 真值表

十进制	A	B	C	D	Y
0	0	0	0	0	1
1	0	0	0	1	0
2	0	0	1	0	1
3	0	0	1	1	0
4	0	1	0	0	1
5	0	1	0	1	0
6	0	1	1	0	1
7	0	1	1	1	0
8	1	0	0	0	1
9	1	0	0	1	0
10	1	0	1	0	×
11	1	0	1	1	×
12	1	1	0	0	×
13	1	1	0	1	×
14	1	1	1	0	×
15	1	1	1	1	×

由真值表可画出卡诺图，如图 1-14 所示。一般而言，卡诺图中约束项可当作 1，也可以当作 0，具体当作何值根据获得最简逻辑函数 Y 的与或表达式而定。

本例中，约束项当作 1 的只有三项，化简后得到 $Y=\overline{D}$。

【例 1-15】 函数 $Y(A,B,C,D)=\sum m(2,3,5,6,7,8,9)+\sum d(10,11,12,13,14,15)$ 用卡诺图化简。

解 函数的卡诺图如图 1-15 所示，由图可得函数的最简与或表达式为

$$Y(A,B,C,D)=A+C+BD$$

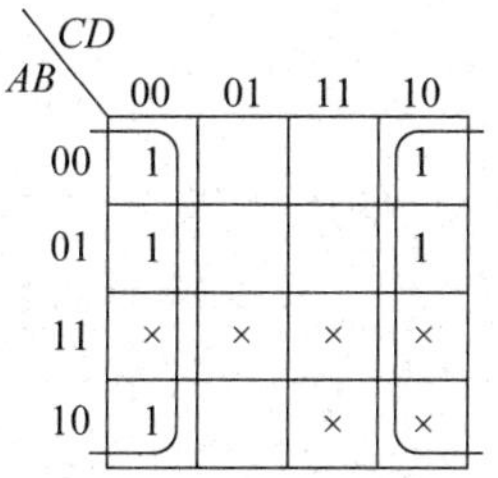

图 1-14 例 1-14 的函数卡诺图

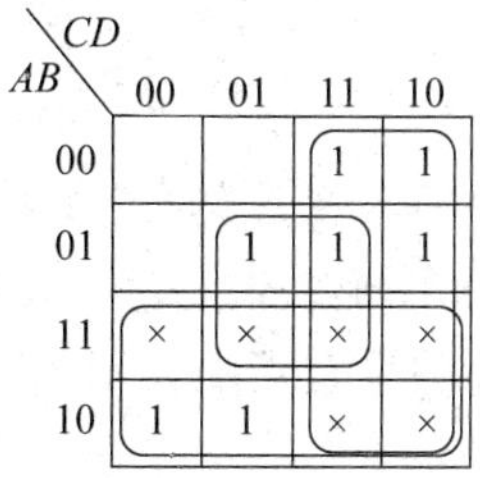

图 1-15 例 1-15 的函数卡诺图

1.3.6 逻辑函数的表示方法

逻辑函数有 5 种表示方法：真值表、逻辑函数表达式、时序图、卡诺图和逻辑图。

图 1-16 所示是控制楼梯照明灯的电路。单刀双掷开关（用变量 A 表示）装在楼下，另一个单刀双掷开关（用变量 B 表示）装在楼上。在楼下开灯后可在楼上关灯；同样，也可在楼上开灯下楼后关灯。电灯（用变量 Y 表示）亮和开关 A、B 所处位置有关。这一逻辑关系可以分别用这五种方法表示。

1. 真值表

真值表就是由变量的所有可能取值组合及其对应的函数值所构成的表格。这是一种用表格表示逻辑函数的方法。

在图 1-16 中，开关 A、B 位置只有两种可能，扳到上面或扳到下面；灯 Y 也只有两种状态，亮或灭。现规定：开关 A、B 作为输入逻辑变量，向上为 1，向下为 0；灯 Y 作为输出逻辑变量，亮为 1，灭为 0。由图可知，开关全向上或全向下时灯亮，否则灯灭，因此可列出真值表 1-16。

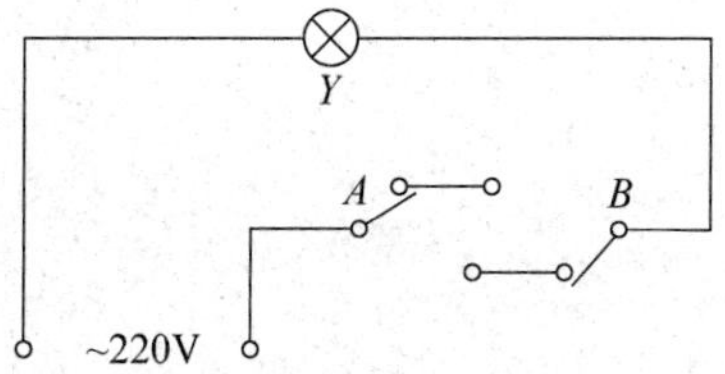

图 1-16 控制楼梯照明灯的电路

表 1-16 真值表

输 入		输 出
A	B	Y
0	0	1
0	1	0
1	0	0
1	1	1

2. 逻辑函数表达式

逻辑函数表达式就是由逻辑变量和与、或、非 3 种运算符连接起来所构成的式子。这是一种用公式表示逻辑函数的方法。如果已经列出了函数的真值表，则只要将那些使函数值为 1 的最小项加起来，就可以得到函数的标准与或表达式。

对于灯亮，表 1-16 中有两种取值组合使 $Y=1$，一种是 A、B 全为 1，另一种是 A、B 全为 0，这种逻辑关系为同或逻辑，逻辑函数表达式为

$$Y=AB+\overline{AB}=A\odot B$$

3. 时序图

时序图就是由输入变量的所有可能取值组合的高、低电平及其对应的输出函数值的高、低电平所构成的图形。时序图又称波形图，它可以将输出函数的变化和输入变量的变化在时间上的对应关系直观地表示出来，如图 1-17 所示。

4. 卡诺图

卡诺图就是由表示变量的所有可能组合的小方格所构成的图形。卡诺图是真值表中各项的二维排列方式，是真值表的一种变形。在卡诺图中，真值表的每一行用一个小方格表示。

将真值表或逻辑函数表达式读入卡诺图，如图 1-18 所示。

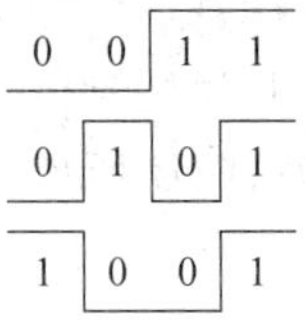

图 1-17　波形图

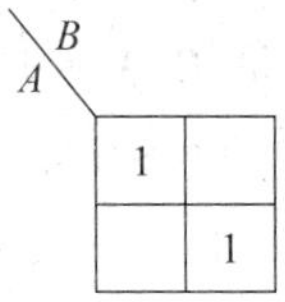

图 1-18　卡诺图

5. 逻辑图

逻辑函数表达式是逻辑变量通过与、或、非等基本运算组合而成的。因此，可以借助相应的门电路，即相应的逻辑符号来表示逻辑函数。具体内容将在第 2 章进行介绍。

微课 9：逻辑函数的表示方法

本章小结

数字信号是在时间和幅度上都离散的电信号，例如，只有高、低电平跳变的矩形脉冲信号。对数字信号进行传输、处理的电子线路称为数字电路。模拟信号也可通过模数转换变成数字信号，通过数字电路进行传输和处理。

在日常生活中常用的是十进制，实际应用中使用的进制位不仅限于十进制，数字系统中进行数字运算和处理时采用二进制较为方便，有时也使用八进制、十六进制。对于一个任意的 R 进制数 N，都可表示成 $(N)_R=\sum_{i=-m}^{n-1}K_iR^i$，即利用乘权相加法可以把任意进制数转换成其他进制数。将十进制数转换成其他进制数时，整数部分采用除基取余法，小数部分采用乘基取整法。每 1 位八进制数可以用 3 位二进制数表示，每 1 位十六进制数可以用 4 位二进制数表示，因此，可以实现二进制数与八进制数以及二进制数与十六进制数之间的相互转换。

数字电路中处理的信息除了数值信息外，还有文字、符号等。为了处理这些信息，必须将这些信息也用二进制数码来表示。这些特定的二进制数码称为这些信息的代码，二进制代码使得信息交换更加灵活方便。BCD 码是用 4 位二进制代码表示 1 位十进制数的编码，有多种 BCD 码，最常用的是 8421BCD 码。

逻辑代数是研究数字电路的基本工具。利用逻辑代数可以把一个电路的逻辑关系抽象成数学表达式，并且可以利用逻辑代数运算法则解决复杂逻辑电路的分析与设计问题。要特别注意逻辑代数和普通代数的不同。

与、或、非三种基本的逻辑关系也是三种基本的逻辑运算。与非、或非、与或非、异或、同或则是由与、或、非三种基本逻辑运算复合而成的常用逻辑运算。

逻辑代数的定律、基本公式、定理是变换和化简逻辑函数的依据。逻辑函数的化简有公式法和卡诺图法。公式法是利用逻辑代数的定律、公式、定理以及基本规则对逻辑函数进行化简。卡诺图法就是利用卡诺图对逻辑函数进行化简。公式法适用于各种复杂的逻辑函数，但必须熟练掌握逻辑代数的公式、定理等，并且具有一定的运算技巧，而卡诺图法简单直观，容易掌握，而且在化简过程中比较容易避免差错，但变量较多时，卡诺图太复杂，卡诺图法也不适用。实际逻辑函数中，有相当一部分都是有约束条件的，充分利用约束条件进行化简，常常可以得到十分简单的结果。

逻辑函数有真值表、逻辑函数表达式、时序图、卡诺图和逻辑图五种表示方法。由于五种表示方法是描述同一逻辑函数的，因此它们之间可以相互转换。究竟采用哪种表示方法，可以根据具体情况进行选择。

习　题

1-1　将下列二进制数转换成十进制数、八进制数、十六进制数。

(1) 1100101111　　(2) 1010111.11001　　(3) 1101001.011

1-2　将下列十进制数转换成二进制数、八进制数、十六进制数。

（1）45　　（2）107.6125　　（3）63.92

1-3　将下列各数转换成十进制数。

（1）$(101.11)_2$　　（2）$(101.11)_8$　　（3）$(101.11)_{16}$

（4）$(175)_8$　　（5）$(2E9)_{16}$

1-4　将下列八进制数或者十六进制数转换成二进制数。

（1）$(247)_8$　　（2）$(3746)_8$　　（3）$(9D6)_{16}$

（4）$(73F)_{16}$

1-5　将下列十进制数转换成二进制数和8421BCD码。

（1）1859　　（2）6493

1-6　利用真值表证明下列等式。

（1）$(A+B)(\bar{A}+\bar{B})=A\bar{B}+\bar{A}B$

（2）$\overline{ABC}=\bar{A}+\bar{B}+\bar{C}$

（3）$A+BC=(A+B)(A+C)$

（4）$A+\overline{\bar{A}(B+C)}=A+\overline{B+C}$

1-7　在下列各个逻辑函数表达式中，变量A、B、C为哪几种取值时函数值为1？

（1）$Y=AB+AC$

（2）$(A+B)\overline{AB+B\bar{C}}$

（3）$Y=\overline{AB}+\overline{BC}+\overline{AC}$

（4）$Y=(A+B)(A+C)$

1-8　利用公式和定理证明下列等式。

（1）$A\bar{B}+\bar{A}B=(A+B)(\bar{A}+\bar{B})$

（2）$AB+BCD+\bar{A}C+\bar{B}C=AB+C$

（3）$ABC+AB\bar{C}+A\bar{B}C=AB+AC$

（4）$A+A\bar{B}\bar{C}+\bar{A}CD+(\bar{C}+\bar{D})E=A+CD+E$

（5）$AB(C+D)+D+\bar{D}(A+B)(\bar{B}+\bar{C})=A+B\bar{C}+D$

（6）$\bar{A}B+\bar{B}C+\bar{C}A=A\bar{B}+B\bar{C}+C\bar{A}$

1-9　用公式法将下列函数化简为最简与或式。

（1）$Y=\overline{\overline{CD}+A}+A+CD+AB$

（2）$Y=\overline{AB}C+\bar{A}BC+AB\bar{C}+ABC$

（3）$Y=\bar{A}+\bar{B}+\bar{C}+ABC$

（4）$Y=AB+ABD+\bar{A}C+BCD$

（5）$Y=AC\bar{D}+AB\bar{D}+BC+\bar{A}CD+ABD$

（6）$Y=\overline{AB}+(A\bar{B}+\bar{A}B+AB)C$

（7）$Y=\overline{AB\bar{C}+A\bar{B}C+\bar{A}BC+\overline{ABC}}$

（8）$Y=(AB+A\bar{B}+\bar{A}B)(A+B+D+\overline{ABD})$

1-10　求出下列函数的反函数，并将求出的反函数化简成为最简与或式。

（1）$Y=\overline{A\bar{B}+B\bar{C}+C\bar{A}}$

(2) $Y=A(\bar{B}+\bar{C})+\bar{A}(B+C)$

(3) $Y=(A+\bar{B})\overline{C+\bar{D}}$

1-11　将下列逻辑函数展开成最小项表达式。

(1) $Y(A,B,C)=AB+BC+AC$

(2) $Y(A,B,C)=\overline{\overline{AB}+ABD}(B+\bar{C}D)$

(3) $Y(A,B,C)=A+\bar{B}C$

(4) $Y(A,B,C,D)=AB+BD+\bar{A}D$

(5) $Y(A,B,C,D)=AD+BC\bar{D}+\overline{AB}C$

1-12　用卡诺图化简下列函数为最简与或表达式。

(1) $Y=AB\bar{C}D+A\bar{B}CD+A\bar{B}+A\bar{D}+A\bar{B}C$

(2) $Y=A\bar{B}CD+\overline{BC}D+AB\bar{D}+BC\bar{D}+\bar{A}B\bar{C}$

(3) $Y=A\bar{B}+B\,\overline{CD}+ABD+\bar{A}B\bar{C}D$

(4) $Y=AB\bar{C}+\overline{AC+\bar{A}BC+\bar{B}C}$

(5) $Y(A,B,C)=\sum m(0,1,2,4,5,7)$

(6) $Y(A,B,C)=\sum m(0,1,2,3,6,7)$

(7) $Y(A,B,C,D)=\sum m(0,1,8,9,10)$

(8) $Y(A,B,C,D)=\sum m(0,2,3,5,7,8,10,11,13,15)$

(9) $Y(A,B,C,D)=\sum m(0,1,2,5,6,7,8,9,13,14)$

(10) $Y(A,B,C,D)=\sum m(1,3,8,9,10,11,14,15)$

第2章

逻辑门电路

教学提示

为了正确且有效地使用集成逻辑门电路，用户必须对组件内部电路有所了解。本章介绍了二极管、三极管和场效应管的开关特性，三种基本的分立元件门电路：与门、或门和非门，重点分析目前使用较广泛的TTL集成逻辑门电路和CMOS集成逻辑门电路。

教学目标

通过本章的学习，掌握TTL及CMOS集成逻辑门电路的逻辑功能，理解晶体管的开关特性和基本逻辑门电路的基本概念，了解门电路的工作原理，熟悉集电极开路门、三态门、传输门等电路及功能。

2.1 半导体的开关特性

用来接通或断开电路的开关器件应具有两种工作状态：一种是闭合；另一种是断开。一个理想的开关闭合时，要求其阻抗很小，相当于短路，即不论流过开关的电流是多少，它两端的压降为0；开关断开时，要求其阻抗很大，相当于开路，即不论两端电压是多少，流过的电流为0；而且开关状态的转换可以在瞬间完成。实际上，现实生活中并不存在这样的理想开关。实际开关元件特性与理想开关越接近，说明其开关特性越好。

晶体二极管、三极管和MOS管通常作为数字电路开关使用，因此数字电路又称为开关电路。所以，在分析数字电路前，必须熟悉这些器件的开关特性。

2.1.1 二极管开关特性

二极管承受正向电压导通，而承受反向电压则截止。因此，它相当于一个受外加电压控制的开关。二极管这种工作状态相当于开关的闭合与断开。

二极管的伏安特性如图2-1所示，从伏安特性曲线可知二极管的开关特性。

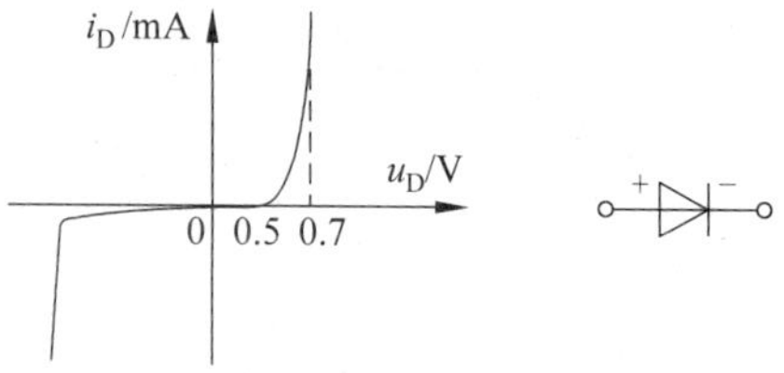

图2-1 硅二极管的伏安特性曲线和二极管的符号

1. 二极管的导通条件

图 2-2(a)所示为一个简单的二极管开关电路。当二极管外加电压大于 0.5V 时，二极管开始导通。此后，二极管的正向电流随着电压的增大而急剧地增加，当电压等于 0.7V 时，曲线已经很陡。在一定范围内，电流有较大变化时，二极管的端电压保持在 0.7V 左右。因此，把二极管正向电压大于 0.5V 作为二极管的导通条件。一旦导通，即可将二极管近似认为是具有 0.7V 压降的闭合开关，粗略估算时，0.7V 也可以忽略。这就是二极管导通时的特点。开关闭合等效电路如图 2-2(b)所示。

2. 二极管的截止条件

当加在二极管两端的正向电压小于 0.5V 时，以及在二极管两端加上反向电压时，流过二极管的电流很小，二极管相当于一个很大的电阻，可近似认为是开路。因此，把二极管端电压小于 0.5V 作为二极管的截止条件。一旦截止，即可近似认为电流等于 0，相当于开关断开，这就是二极管截止时的特点。开关断开的等效电路如图 2-2(c)所示。

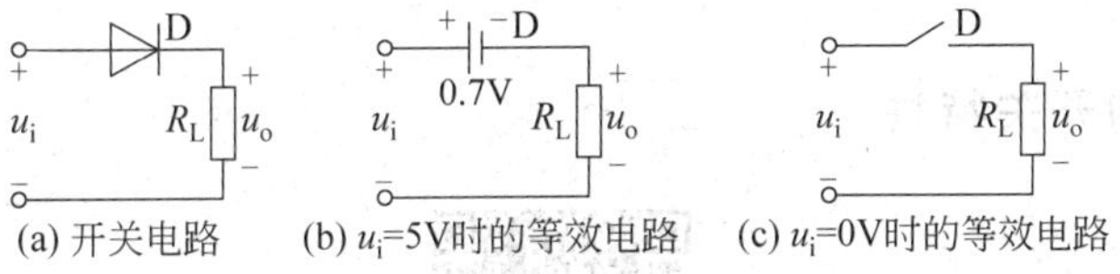

图 2-2 硅二极管开关电路及其等效电路

3. 二极管的反向恢复时间——二极管动态开关特性

二极管的开关特性表现在正向导通与反向截止两种不同状态之间的转换过程。二极管由导通到截止及由截止到导通的过程都需要一定的时间，二极管由截止到导通所需的时间称为开通时间，二极管从导通到截止所需的时间称为反向恢复时间，开通时间和反向恢复时间相比很短，一般可以忽略不计。二极管在由导通转换为截止的过渡瞬间仍然是导通状态，这是由于二极管内部从导通向截止转换时，会产生很大的反向电流，需经过一段较长的时间，反向电流才接近于 0，这时二极管才真正进入截止状态。

在图 2-2(a)所示的硅二极管电路中，加上一个如图 2-3(a)所示的输入电压。在 $0\sim t_1$ 时间内，输入为 $+V_F$，二极管导通，电路中有电流流通。设 V_D 为二极管正向压降，当 V_F 远大于 V_D 时，V_D 可略去不计，则

$$I_F=\frac{V_F-V_D}{R_L}\approx\frac{V_F}{R_L}$$

在 t_1 时，输入电压 v_i 由 $+V_F$ 跳变到 $-V_R$ 时，在理想情况下，二极管将立刻转为截止，电路中应只有很小的反向电流，则 R_L 上的波形如图 2-3(b)所示，$I_R\approx 0$。而实际电流波形如图 2-3(c)所示，v_i 在负跳变瞬间，反向电流 $I'_R=-V_R/R_L$，这个电流维持一段时间 t_s 后才开始逐渐下降，再经过 t_f 后，下降到一个很小的数值 $0.1I'_R$，这时二极管才进入反向截止状态。其中，t_s 称为存储时间，t_f 称为下降时间，$t_{rr}=t_s+t_f$ 称为反向恢复时间。

由于反向恢复时间的存在，二极管的开关速度受到限制。

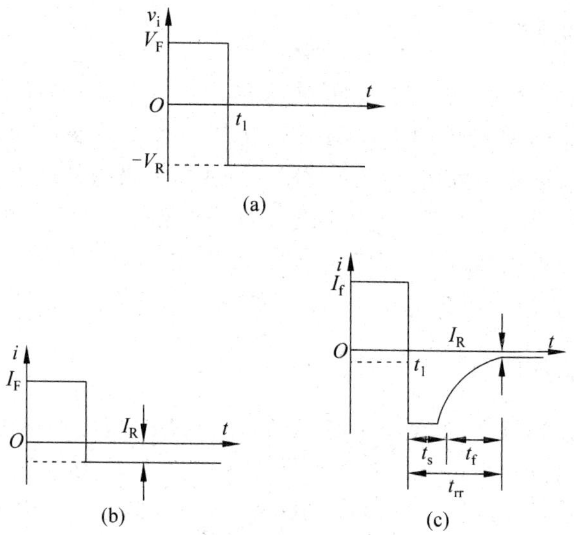

图 2-3　二极管开关特性

微课 1：半导体的开关特性

2.1.2　三极管开关特性

在数字电路中，三极管是基本开关器件之一。它主要工作在截止区和饱和区，而放大区只出现在三极管饱和与截止相互转换过程中，是瞬间即逝的。

如图 2-4 所示电路中，当输入信号为低电平 $V_{IL}=0V$ 时，三极管截止，输出高电平 $V_{OH}\approx V_{CC}$。当输入信号为高电平 $V_{IH}\approx V_{CC}$ 时，三极管饱和导通，输出低电平 $V_{OL}=V_{CES}=0.3V$。可见，三极管工作在开关状态时也是一个反相器。

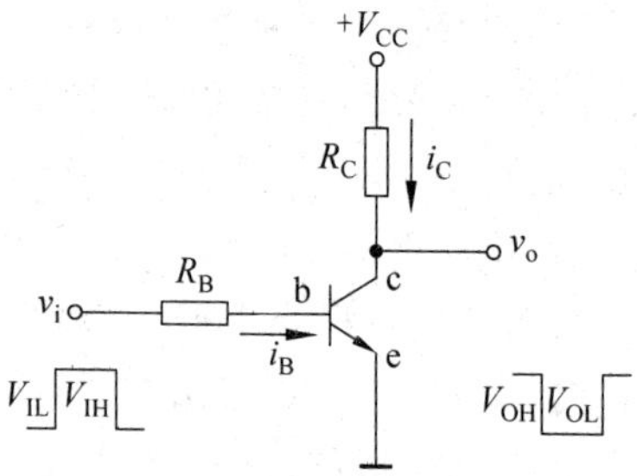

图 2-4　硅三极管开关电路

1. 饱和导通条件

三极管刚达到饱和时的状态称为临界饱和，此时，$i_C=\beta i_B$ 的关系还成立。三极管临界饱和集电极电流为

$$I_{CS}=\frac{V_{CC}-V_{CES}}{R_C}\approx\frac{V_{CC}}{R_C}$$

则三极管临界饱和基极电流为

$$I_{BS}=\frac{I_{CS}}{\beta}\approx\frac{V_{CC}}{\beta R_C}$$

当输入高电平 V_{IH}时，实际提供的基极电流为

$$I_B=\frac{V_{IH}-V_{BES}}{R_B}\approx\frac{V_{IH}}{R_B}$$

可见，三极管饱和导通条件应为

$$I_B\geqslant I_{BS}\qquad \frac{V_{IH}}{R_B}\geqslant\frac{V_{IH}}{\beta R_C}$$

三极管饱和导通时，如同具有压降 $V_{BES}=0.7V$、$V_{CES}=0.3V$ 闭合的开关。

2. 截止条件

对于硅三极管，由于发射结存在 $V_0=0.5V$ 的死区电压，只有当 $V_{BE}>V_0=0.5V$ 时，三极管才会真正导通，所以当三极管的发射结电压 V_{BE}小于发射结死区电压时，三极管处于截止状态，$i_B\approx 0$。因此，硅三极管的截止条件为 $V_{BE}<0.5V$。

若 $V_{IL}=0V$ 时，$V_{BE}=0V$，$i_B=0$，$i_C=0$，$V_{CE}\approx V_{CC}$，三极管的集电极 c 和发射极 e 之间近似于开路，相当于开关断开。

【例】 在图 2-4 所示电路中，$R_C=3k\Omega$，$R_B=5.1k\Omega$，$V_{CC}=12V$，三极管的 $\beta=20$，三极管饱和时 $V_{BE}=0.7V$、$V_{CES}=0.3V$。验算开关条件是否满足。

解 当 $V_{IL}=0.3V$ 时，因为 $V_{BE}<0.5V$，无基极电流，满足三极管截止条件，集电极电流 $i_C=0$，所以输出电压 $v_o=V_{CC}-i_C R_C=12V$。

当 $V_{IH}=4V$ 时，三极管导通，则基极电流为

$$I_B=\frac{V_{IH}-V_{BES}}{R_B}=\frac{4-0.7}{5.1}\approx 0.65mA$$

而三极管临界饱和时的基极电流为

$$I_{BS}=\frac{I_{CS}}{\beta}=\frac{V_{CC}-V_{CES}}{\beta R_C}=\frac{12-0.3}{20\times 3}\approx 0.2mA$$

因为 $I_B>I_{BS}$，所以三极管工作在饱和导通状态，此时输出电压 $v_o=V_{CES}=0.3V$。

由此可见，三极管相当于一个由基极电流控制的开关，三极管截止时相当于开关断开，而饱和时相当于开关闭合。

微课 2：三极管的开关特性

2.1.3 场效应管的开关特性

MOS 管和二极管、三极管一样可以当作开关元件使用。图 2-5(a)是 N 沟道增强型 MOS 管，它的开启电压为 V_T。当 $v_i=V_{GS}<V_T$时，MOS 管截止，呈高阻状态，相当于开关断开，$v_o=V_{DD}$，等效电路如图 2-5(b)所示。C_I 代表栅极输入电容，约几皮法。当 $v_i=V_{GS}>$

V_T 时，MOS 管导通，呈低阻状态，相当于开关接通，$v_o \approx 0$，等效电路如图 2-5(c)所示。

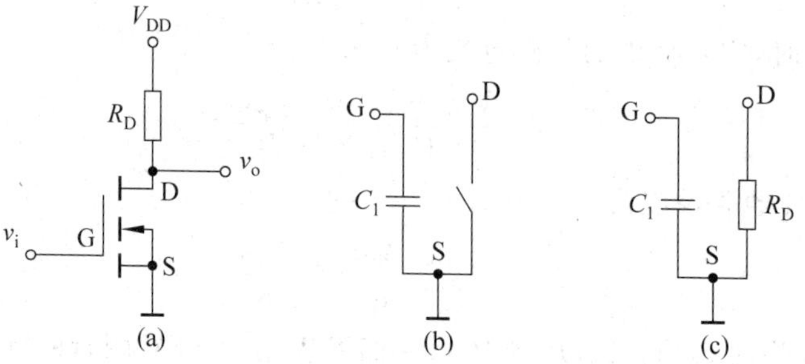

图 2-5　场效应管开关等效电路

由于 MOS 管只有一种载流子参与导电，不存在存储电荷积累问题，故也不存在存储时间，因此它的开关时间极短。然而 MOS 导电电阻比三极管大得多，MOS 管导通后为了得到低电平输出，故漏极电阻 R_D 也比 R_C 大得多。因此，MOS 管开关时间主要取决于输入、输出回路中电容的充放电时间。

微课 3：场效应管的开关特性

2.2 分立元件门电路

数字电路的基本部分是各种开关电路。这些电路像门一样在一定条件下“开”或“关”，所以又称为逻辑门(logic gate)电路，简称门电路。门电路是构成数字电路的基本单元电路。

逻辑是指条件与结果的关系。在数字电路中，门电路是实现输入信号与输出信号之间逻辑关系的电路。最基本的逻辑关系只有与、或、非 3 种，其他任何复杂的逻辑关系都可以用这 3 种逻辑关系来表示，因此，最基本的逻辑门是与门、或门和非门。

在逻辑代数中，逻辑变量的取值不是 0 就是 1，在数字电路中，与之对应的是电子元件的两种状态。分立元件门电路是由分立的半导体二极管、三极管及电阻等元件组成的门电路。下面介绍三种最基本的分立元件门电路。

2.2.1 与门

实现与逻辑关系的电路称为与门(AND gate)。由二极管构成的双输入与门电路及其符号如图 2-6 所示。图 2-6 中 A、B 为输入信号，Y 为输出信号。输入信号为 5V 或 0V。

(1) 当 $V_A = V_B = 0\text{V}$ 时，二极管 D_1、D_2 都处于正向导通状态，所以

$$V_Y = V_{D1} + V_A = 0.7 + 0 = 0.7\text{V}$$

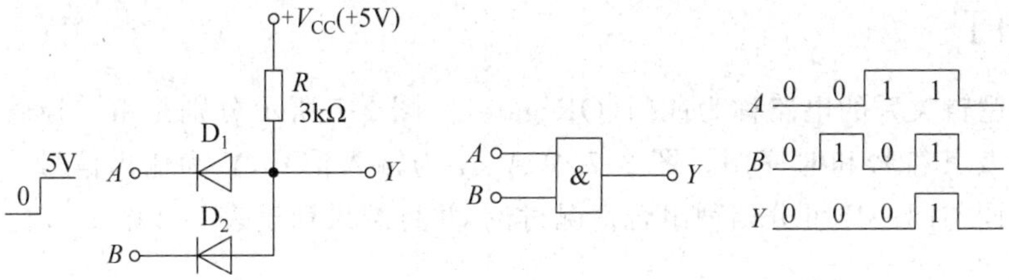

(a) 二极管双输入与门电路　　(b) 双输入与门符号　　(c) 时序图

图 2-6　二极管构成的双输入与门电路及其符号

（2）当 $V_A = 0V$，$V_B = 5V$ 时，电源将经电阻 R 向处于 0V 电位的 A 端流通电流，D_1 优先导通。D_1 导通后，$V_Y = V_{D1} + V_A = 0.7 + 0 = 0.7V$，将 Y 点电位钳制在 0.7V，使 D_2 受反向电压而截止，所以 $V_Y = 0.7V$。

（3）当 $V_A = 5V$，$V_B = 0V$ 时，电源将经电阻 R 向处于 0V 电位的 B 端流通电流，D_2 优先导通。D_2 导通后，$V_Y = V_{D2} + V_B = 0.7 + 0 = 0.7V$，将 Y 点电位钳制在 0.7V，使 D_1 受反向电压而截止，所以 $V_Y = 0.7V$。

（4）当 $V_A = V_B = 5V$ 时，D_1、D_2 都受反向电压截止。$V_Y = V_{CC} = 5V$。

把上述分析结果归纳列入表 2-1 中，可见图 2-6(a)所示的电路满足与逻辑关系：只有所有输入信号都是高电平时，输出信号才是高电平，否则输出信号为低电平，所以这是一种与门。把高电平用 1 表示，低电平用 0 表示，V_A、V_B 用 A、B 表示，输出 V_Y 用 Y 表示，代入表 2-1，则得到表 2-2 所示的逻辑真值表。

表 2-1　与门电位关系

V_A/V	V_B/V	V_Y/V
0	0	0.3
0	5	0.3
5	0	0.3
5	5	5

表 2-2　与门的真值表

A	B	Y
0	0	0
0	1	0
1	0	0
1	1	1

由表 2-2 可知，Y 与 A、B 之间的关系是：只有当 A、B 都是 1 时，Y 才为 1，否则 Y 为 0，满足与逻辑关系，可用逻辑表达式表示为 $Y = AB$。

将与门的逻辑变量 A、B、Y 按拍画出，如图 2-6(c)所示。只有当 A、B 均为高电平，Y 才为高电平 1；当 A、B 中有低电平 0 时，Y 则为低电平 0。输出逻辑变量 Y 随输入逻辑变量 A、B 变化的波形图称为时序图。

微课 4：与门

2.2.2 或门

实现或逻辑关系的电路称为或门（OR gate）。图 2-7 所示分别是由二极管构成的双输入或门电路及其符号和时序图。图 2-7 中 A、B 为输入信号，Y 为输出信号。输入信号为 5V 或 0V。同与门一样可分四种组合情况讨论，并将结果列于表 2-3 中。

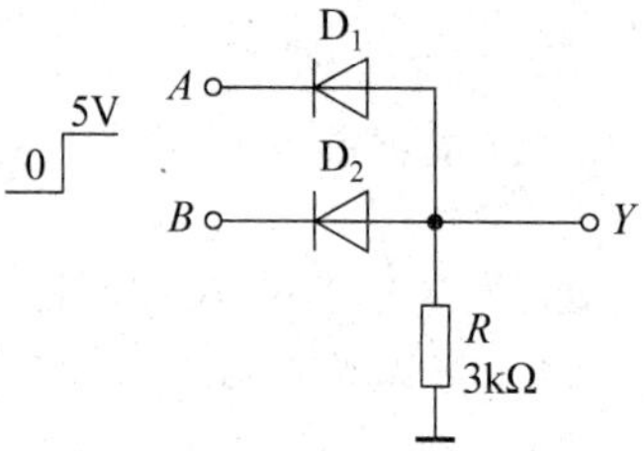

(a) 二极管双输入或门电路

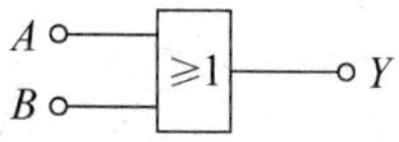

(b) 双输入或门符号

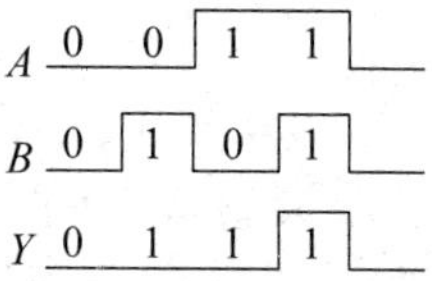

(c) 时序图

图 2-7　二极管构成的双输入或门电路及其符号

可见图 2-7(a)所示的电路满足或逻辑关系：只要有一个输入信号为高电平时，输出信号就为高电平，否则输出信号为低电平，所以这是一种或门。把高电平用 1 表示，低电平用 0 表示，V_A、V_B 用 A、B 表示，输出 V_Y 用 Y 表示，代入表 2-3 中，则得到表 2-4 所示的逻辑真值表。

表 2-3　或门电位关系

V_A/V	V_B/V	V_Y/V
0	0	0.3
0	5	5
5	0	5
5	5	5

表 2-4　或门的真值表

A	B	Y
0	0	0
0	1	1
1	0	1
1	1	1

由表 2-4 可知，Y 与 A、B 之间的关系是：A、B 中只要有一个或一个以上是 1，Y 就为 1，只有当 A、B 全为 0 时，Y 才为 0，满足或逻辑关系，可用逻辑表达式表示为

$$Y = A + B$$

2.2.3 非门

实现非逻辑关系的电路称为非门（NOT gate），也称反相器。图 2-8 所示是三极管非门电路及其逻辑符号和时序图。图中 A 为输入信号，Y 为输出信号。输入信号电压 V_A 为 5V 或 0V。

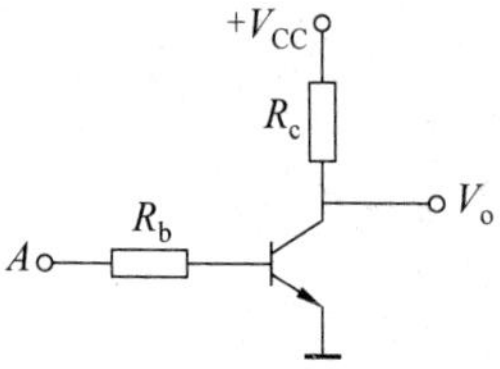

(a) 电路图

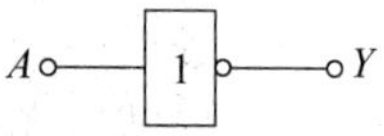

(b) 非门符号

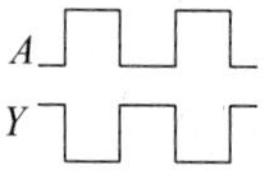

(c) 时序图

图 2-8　非门电路及其符号

当输入信号 $V_A=0V$ 时，三极管截止，$i_B=0$，$i_C=0$，输出电压 $V_Y=V_{CC}=5V$；当输入信号 $V_A=5V$ 时，三极管饱和导通，输出电压 $V_Y=V_{CES}=0.3V$。

非门的输入和输出的电平关系及真值表分别如表 2-5 和表 2-6 所示。

表 2-5 非门电位关系

V_A/V	V_Y/V
0	5
5	0.3

表 2-6 非门的真值表

A	Y
0	1
1	0

由表 2-6 可知，Y 与 A 之间的关系是：当 A 为 0 时，Y 为 1；当 A 为 1 时，Y 为 0，满足非逻辑关系，可用逻辑表达式表示为

$$Y=\overline{A}$$

2.2.4 复合门

二极管的与门、或门电路中，存在电平偏移、带负载能力较差等缺点，而反相器具有电流放大能力，带负载能力强，且输出电平比较稳定，因此，在实际电路中，为了提高电路工作的可靠性，常把与门、或门和非门结合起来使用，构成与非门、或非门、异或门等复合门。

图 2-9 所示为与非门的逻辑结构图和逻辑符号，它是由一级与门和一级非门连接起来组成的。由与非门的逻辑结构图可得输出和输入之间的逻辑关系为 $Y=\overline{A\cdot B}$。与非门的真值表如表 2-7 所示。

图 2-10 所示为或非门的逻辑结构图和逻辑符号，它是由一级或门和一级非门连接起来组成的。由或非门的逻辑结构图可得输出和输入之间的逻辑关系为 $Y=\overline{A+B}$。或非门的真值表如表 2-8 所示。

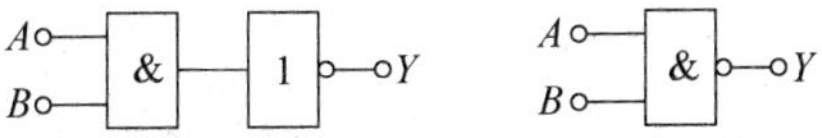

(a) 逻辑结构图　　(b) 逻辑符号

图 2-9 与非门的逻辑结构图和符号

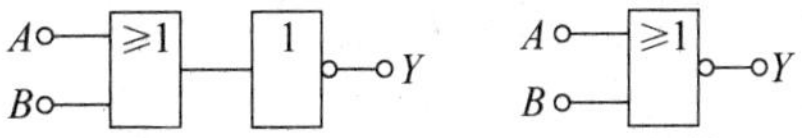

(a) "或非"门逻辑结构　　(b) 逻辑符号

图 2-10 或非门的逻辑结构图和符号

表 2-7 与非门的真值表

A	B	Y
0	0	1
0	1	1
1	0	1
1	1	0

表 2-8 或非门的真值表

A	B	Y
0	0	1
0	1	0
1	0	0
1	1	0

图 2-11 为异或门的逻辑结构图和逻辑符号，由异或门的逻辑结构图可得出输出和输入之间的逻辑关系为 $Y=A\overline{B}+\overline{A}B$。异或门的真值表如表 2-9 所示。

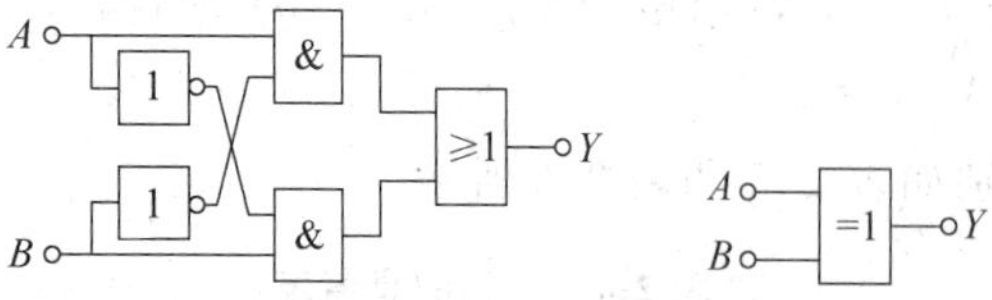

(a) 逻辑结构图　　(b) 逻辑符号

图 2-11　或非门的逻辑结构图和符号

表 2-9　异或门的真值表

A	B	Y
0	0	0
0	1	1
1	0	1
1	1	0

微课 5：或门、非门、复合门

2.3 TTL 集成门电路

以半导体器件为基本元件，集成在一块硅片上，并具有一定逻辑功能的电路称为逻辑集成电路。输入端和输出端都用双极型三极管的逻辑电路称为三极管-三极管逻辑电路(transistor-transistor logic gate)，简称 TTL 或 T^2L 门电路。TTL 门电路开关速度较高，是目前用得较多的一种集成逻辑门。

实际生产的 TTL 集成电路品种齐全，种类繁多，应用十分普遍。TTL 集成电路产品有 74 标准系列、74H 高速系列、74S 肖特基(超高速)系列、74LS 低功耗肖特基系列，这四种系列 TTL 电路的主要差别是平均传输延迟时间及平均功耗两个参数的不同，其他电参数和外引线排列基本上彼此相容。下面以 74 系列与非门为例讨论其电路原理及逻辑功能等。

2.3.1 TTL 与非门工作原理

1. 电路组成

图 2-12(a)所示为 TTL 与非门的电路结构。多发射结三极管 T_1 和 R_1 组成输入级，T_1 可以看成由两个基极和集电极并联而发射极独立的三极管构成，等效电路如图 2-12(b)所示，由发射极接收输入信号，完成与逻辑功能。T_2、R_2、R_3 组成中间反相级，从 T_2 集电极和发射极输出两个相位相反的信号去驱动输出电路。T_3、T_4、T_5、R_4 组成输出级，直接驱动负载。

输出级采用推拉式结构，T_4、T_5 分别由互相倒相的 T_2 的集电极和发射极电压来控制。因此，在稳态时，T_4 和 T_5 工作状态必然相反，即 T_4 饱和导通 T_5 截止，而 T_4 截止 T_5 饱和导通。这就有效地降低了输出级静态功耗和输出电阻，并相应地提高了驱动负载能力。

2. 逻辑功能

(1) 输入信号全为 1 的情况

当输入端 A、B 同时输入高电平(+3.6V)时，电源 V_{CC} 通过 R_1 和 T_1 的集电结向 T_2、T_5 提供基极电流，使 T_2、T_5 饱和，输出为低电平。此时

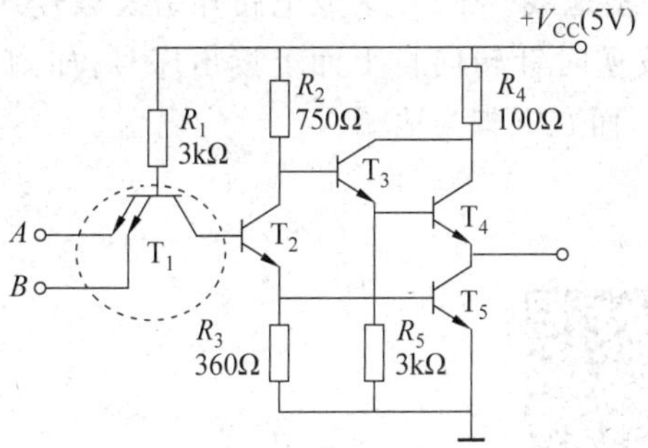

(a) TTL与非门电路

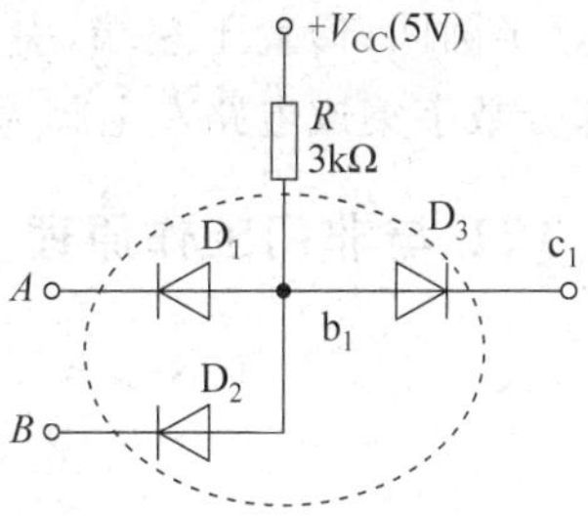

(b) TT的等效电路

图 2-12　TTL 与非门电路和多发射极三极管 T_1 的等效电路

$$V_{B1}=V_{BC1}+V_{BE2}+V_{BE5}=0.7+0.7+0.7=2.1V$$

这使得 T_1 的发射结处于反向偏置。由于 T_2 和 T_5 饱和导通，输出端 $V_{C5}=V_{OL}=0.3V$，即输出 Y 为低电平。同时

$$V_{C2}=V_{CES2}+V_{BE5}\approx 0.3+0.7=1V$$

$$V_{B3}=V_{C2}=1V$$

此值大于 T_3 的发射结正向电压，使 T_3 导通。于是 $V_{E3}=V_{B4}=V_{C2}-0.7V=0.3V$，所以 T_4 必然截止。

由于 T_4 截止，当接负载后，T_5 的集电极电流全部由外接负载门灌入，这种电流称为灌电流。

(2) 输入信号不全为 1 的情况

当输入端 A、B 中有低电平(+0.3V)时，T_1 管对应于输入端接低电平的发射结必然导通，于是 $V_{B1}=0.3V+V_{BE1}=0.3V+0.7V=1V$。这一电压分配给图中三个 PN 结串联支路，即 T_1 集电结、T_2 和 T_5 发射结串联支路，均不具备导通条件，所以 T_2、T_5 都是截止的。由于 T_2 截止，其集电极电位接近于 V_{CC}，于是电源 V_{CC} 经过电阻 R_2 向三极管 T_3、T_4 提供基极电流而使 T_3、T_4 导通，所以输出端的电位为

$$V_Y=V_{CC}-i_{B3}R_2-V_{BE3}-V_{BE4}$$

因为 i_{B3} 很小，可以忽略不计，电源电压 $V_{CC}=5V$，于是

$$V_Y\approx 5-0.7-0.7=3.6V$$

即输出 Y 为高电平。

由于 T_5 截止，当接负载后，有电流从 V_{CC} 经 R_4 流向各个负载门，这种电流称为拉电流。

综上所述，图 2-12(a)所示的电路中，只要有一个输入端为低电平，输出即为高电平；只有当所有输入端为高电平时，输出才为低电平，即输入和输出之间的逻辑关系为与非逻辑关系，所以实现了与非逻辑运算，是与非门。即有：

$$Y=\overline{A\cdot B}$$

值得注意的是，当 TTL 与非门输入端悬空时，可导致输入为高电平状态，因为这时 V_{CC} 通过 R_1 及三个 PN 结导通。

TTL 集成电路大都采用双列直插式外形封装，图 2-13 所示是 TTL 集成与非门 74LS00 的引脚排列图。74LS00 内含 4 个 2 输入与非门，集成电路内的各个逻辑门互相独

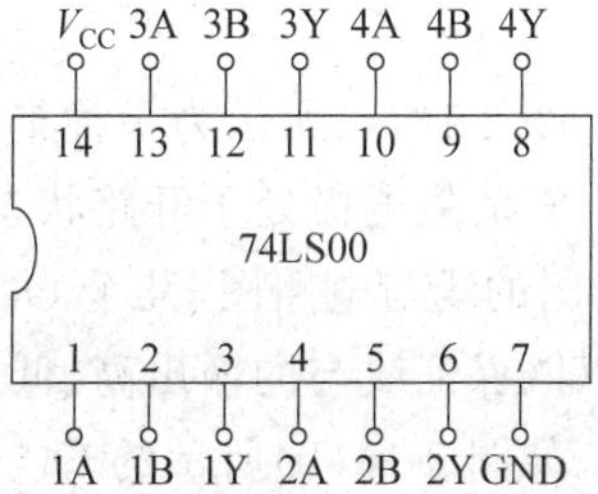

图 2-13　74LS00 的引脚排列图

立，可以单独使用，但共用一根电源引线和一根地线。TTL 集成电路外引线编号判别方法是把标志(半圆凹口)置于左端，引脚向下，按逆时针转向自下而上读出序号，如图 2-13 所示。大部分数字集成电路左上脚为电源正极，而右下脚为地端。

微课 6：TTL 与非门工作原理

2.3.2 TTL 集电极开路门(OC 门)

在实际使用中，有时需要将多个与非门的输出端直接相连，如图 2-14 所示。图中，当 Y_1 或 Y_2 为低电平时，Y 为低电平；只有当 Y_1 和 Y_2 都为高电平时，Y 才为高电平。因此，这个电路实现的功能是 $Y=Y_1Y_2$，即它能实现两输出端相与的功能。这种靠线的连接来形成与功能的方式称为线与。

TTL 与非门输出级采用推拉式电路，不论输出是高电平还是低电平，输出电阻都比较低。如图 2-15 所示，若两门输出端线与，一个门输出为高电平，另一个为低电平，则电源与地之间形成低阻导通回路，将产生一个很大的电流。这个电流不仅使导通门的输出低电平升高，而且还会因功耗过大而损坏截止门。因此，两个或更多与非门组成逻辑电路时，其输出端是不允许线与的。为此，专门生产了一种集电极开路的门电路(open collector gate)，简称 OC 门。

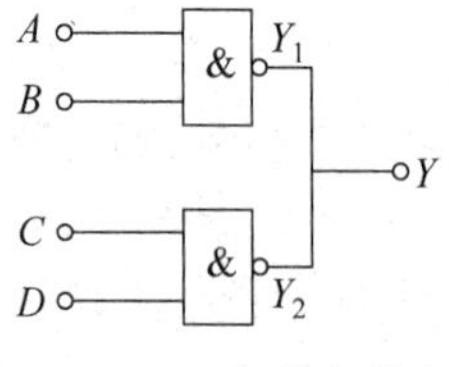

图 2-14　TTL 与非门线与图

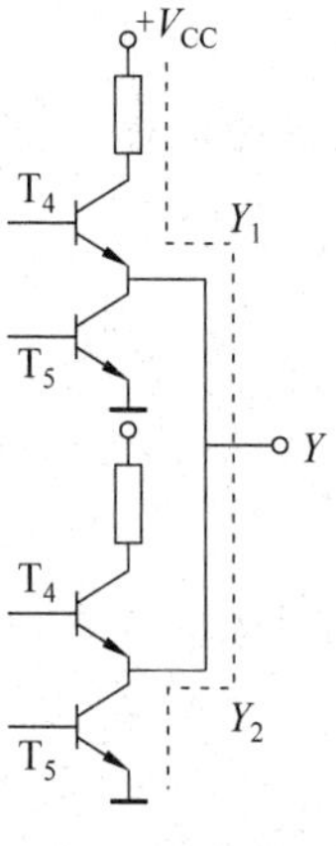

图 2-15　TTL 与非门线与时产生的电流

图 2-16(a)所示为一种集电极开路与非门电路。它和普通 TTL 与非门的区别就在于输出管的集电极处于开路状态，使用时需在输出端和电源间外接电阻。图 2-16(b)所示为 OC 门的线与电路图，几个 OC 门线与时可共用一个电阻。适当选择 OC 门的外接电阻，就可以既保证线与的输出高、低电平符合要求，又不致使电流过大而损坏输出级三极管。

如图 2-16(b)所示的 OC 与非门线与电路中，逻辑表达式为

$$Y=Y_1\cdot Y_2=\overline{AB}\cdot\overline{CD}=\overline{AB+CD}$$

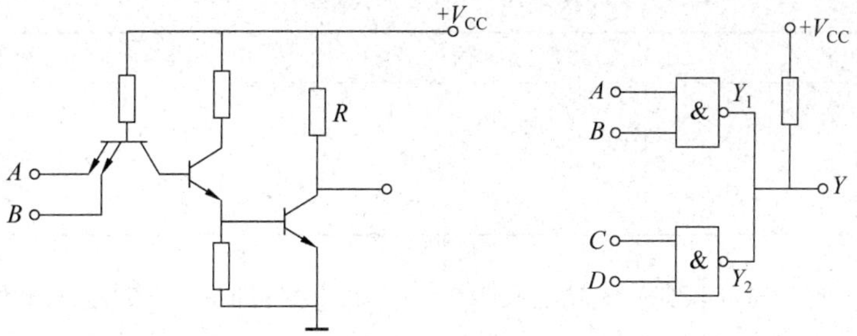

(a) OC与非门的电路结构　　(b) OC与非门线与

图 2-16　集电极开路与非门的电路结构及其线与电路图

从上式可以看出，OC 与非门的线与可以用于实现与或非功能。

2.3.3　TTL 三态门(TSL 门)

利用 OC 门虽然可以实现线与的功能，但外接电阻 R_C 的选择要受到一定的限制而不能取得太小，因此限制了工作速度。同时它省去了有源负载，使得带负载能力下降。为保持推拉式输出级的优点，还能做线与连接，人们又生产了一种三态与非门 TSL(three-state logic gate)，它是在普通门的基础上，加上使能控制信号和控制电路构成的。它的输出除了具有一般与非门的两种状态，即输出电阻较小的高电平、低电平状态外，还具有高输出阻抗的第三状态，称为高阻态。

图 2-17(a)所示为 TSL 反相器的电路和逻辑符号，其中 E 为控制信号端，也称使能端，A 为信号输入端，Y 为输出端。

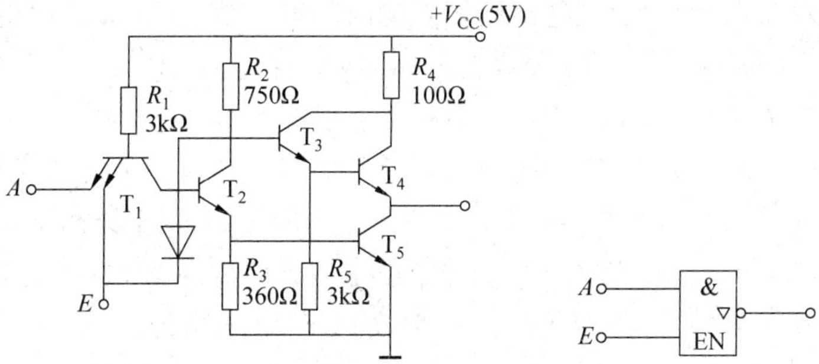

(a) 电路结构　　(b) 逻辑符号

图 2-17　TTL 三态门电路结构和逻辑符号

由图 2-17(a)可知，当 $E=0$ 时，二极管 D 导通，T_1 基极和 T_2 基极均被钳制在低电平，因而 $T_2 \sim T_5$ 均截止，输出端开路，电路处于高阻状态。当 $E=1$ 时，二极管截止，TSL 门的输出状态完全取决于输入信号 A 的状态，电路输出与输入的逻辑关系和一般反相器相同，即：$Y=\overline{A}$，$A=0$ 时 $Y=1$，为高电平；$A=1$ 时，$Y=0$ 为低电平。可见电路的输出有高阻态、高电平和低电平 3 种状态，是一种三态门。由于 TSL 门处于高阻态时电路不工作，所以高阻态又叫作禁止态。

TSL 门的真值表如表 2-10 所示。

表 2-10　TSL 门的真值表

控制 E	输入 A	输出 Y
0	×	高阻
1	0	1
1	1	0

此外,还有一种 TSL 门,其使能端的有效电平为低电平,即 $E=0$ 时处于工作状态,而 $E=1$ 时处于高阻状态。

2.3.4 TTL 集成电路主要参数

为了正确选择与合理使用 TTL 集成电路,仅仅考虑逻辑关系正确与否是不够的,还必须熟悉反映电路特性的参数。TTL 集成电路参数很多,这里以 TTL 与非门为例介绍一些反映性能的主要参数。

(1) 输出高电平 V_{OH}:TTL 与非门的一个或几个输入为低电平时的输出电平。产品规范值 $V_{OH} \geqslant 2.4V$,标准高电平 $V_{SH}=2.4V$。

(2) 高电平输出电流 I_{OH}:输出为高电平时,提供给外接负载的最大输出电流,超过此值会使输出高电平下降。I_{OH} 表示电路的拉电流负载能力。

(3) 输出低电平 V_{OL}:TTL 与非门的输入全为高电平时的输出电平。产品规范值 $V_{OL} \leqslant 0.4V$,标准低电平 $V_{SL}=0.4V$。

(4) 低电平输出电流 I_{OL}:输出为低电平时,外接负载的最大输出电流,超过此值会使输出低电平上升。I_{OL} 表示电路的灌电流负载能力。

(5) 扇出系数 N_O:指一个门电路能带同类门的最大数目,它表示门电路的带负载能力。一般 TTL 门电路 $N_O \geqslant 8$,功率驱动门的 N_O 可达 25。

(6) 最大工作频率 f_{max}:超过此频率电路不能正常工作。

(7) 输入开门电平 V_{ON}:是在额定负载下使与非门的输出电平达到标准低电平 V_{SL} 的输入电平。它表示使与非门开通的最小输入电平。一般 TTL 门电路的 $V_{ON} \approx 1.8V$。

(8) 输入关门电平 V_{OFF}:使与非门的输出电平达到标准高电平 V_{SH} 的输入电平。它表示使与非门关断所需要的最大输入电平。一般 TTL 门电路的 $V_{OFF} \approx 0.8V$。

(9) 高电平输入电流 I_{IH}:输入为高电平时的输入电流,即当前级输出为高电平时,本级输入电路造成的前级拉电流。

(10) 低电平输入电流 I_{IL}:输入为低电平时的输入电流,即当前级输出为低电平时,本级输入电路造成的前级灌电流。

(11) 平均传输时间 t_{pd}:信号通过与非门时所需的平均延迟时间。在工作频率较高的数字电路中,信号经过多级传输后造成的时间延迟,会影响电路的逻辑功能。

(12) 空载功耗:与非门空载时电源总电流 I_{CC} 与电源电压 V_{CC} 的乘积。

上述参数指标可以在 TTL 集成电路手册里查到。对于功能复杂的 TTL 集成电路,在使用时还要参考手册上提供的波形图、真值表(或功能表)以及引脚信号电平的要求,这样才能正确使用各类 TTL 集成电路。

微课 7：TTL 集成电路开路门、三态门及 TTL 集成电路主要参数

2.4 CMOS 集成门电路

由于耗尽型 MOS 管在 $V_{GS}=0$ 时就已经有了相当大的导通电流，功耗较大，故集成电路多采用增强型 MOS 管。用 P 沟道增强型 MOS 管和 N 沟道增强型 MOS 管按照互补对称形式连接起来构成的集成电路，称为互补型（complementary）MOS 集成电路，简称 CMOS 集成电路。它具有电源电压范围宽、噪声容限大、扇出系数大等优点。CMOS 集成门电路是单极型集成门，近年来发展极为迅速，是目前应用最广泛的集成电路之一。

2.4.1 CMOS 反相器

CMOS 反相器的组成如图 2-18(a)所示，T_1 是 N 沟道增强型 MOS 管，假设其开启电压为 $V_{TN}=2V$，T_2 是 P 沟道增强型 MOS 管，假设其开启电压为 $V_{TP}=-2V$，两者连成互补对称的结构。它们的栅极连接起来作为反相器的信号输入端，漏极连接起来作为反相器的信号输出端，T_1 的源极 S_1 接地，T_2 的源极 S_2 接电源 V_{DD}。T_1、T_2 特性对称，$V_{TN}=|V_{TP}|$，如果 $V_{TN}=2V$，则 $V_{TP}=-2V$，一般情况下要求电源电压 $V_{DD}>V_{TN}+|V_{TP}|$。实际应用中，V_{DD}通常取 5V，以便与 TTL 电路兼容。

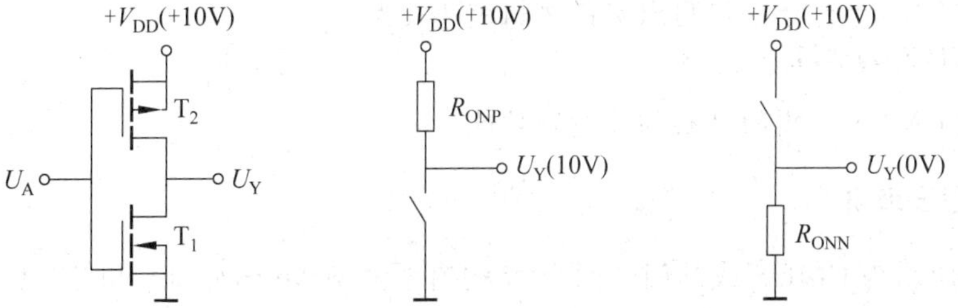

(a) 电路结构　　(b) T_1截止，T_2导通　　(c) T_1导通，T_2截止

图 2-18　CMOS 反相器

如图 2-18(a)所示电路的工作原理如下。

(1) 当输入信号为低电平，即 $V_A=0V$ 时，$V_{GS1}=0V<V_{TN}$，T_1 截止，呈现高阻状态；对 T_2 而言，$V_{GS2}=-V_{DD}=-10V<V_{TP}$，所以 T_2 导通，呈现低电阻。简化等效电路如图 2-18(b)所示，输出电压 $V_Y=V_{DD}=10V$，输出为高电平。

(2) 当输入信号为高电平，即 $V_A=V_{DD}=10V$ 时，$V_{GS1}=10V>V_{TN}$，T_1 导通，呈现低阻状态；对 T_2 而言，$V_{GS2}=V_A-V_{DD}=10-10=0V>V_{TP}$，所以 T_2 截止，呈现高电阻。简化等效电路如图 2-18(c)所示，输出电压 $V_Y=0V$，输出为低电平。

综上所述，当输入信号 V_A 为低电平时，输出 V_Y 为高电平；当输入信号 V_A 为高电平时，输出 V_Y 为低电平。因此，电路实现了非逻辑运算。无论输入是高电平还是低电平，两串接的管子总有一个处于截止状态，因此静态功耗较小，这对提高集成电路的集成度极为重要。

若用 A、Y 分别表示 V_A 和 V_Y，则可得：

$$Y=\overline{A}$$

微课 8：CMOS 反相器

2.4.2 CMOS 逻辑门

1. CMOS 与非门

如图 2-19 所示为 CMOS 与非门。两个 N 沟道增强型 MOS 管 T_{N1} 和 T_{N2} 串联，两个 P 沟道增强型 MOS 管 T_{P1} 和 T_{P2} 并联。T_{P1} 和 T_{N1} 的栅极连接起来作为输入端 B，T_{P2} 和 T_{N2} 的栅极连接起来作为输入端 A。电路的工作原理如下。

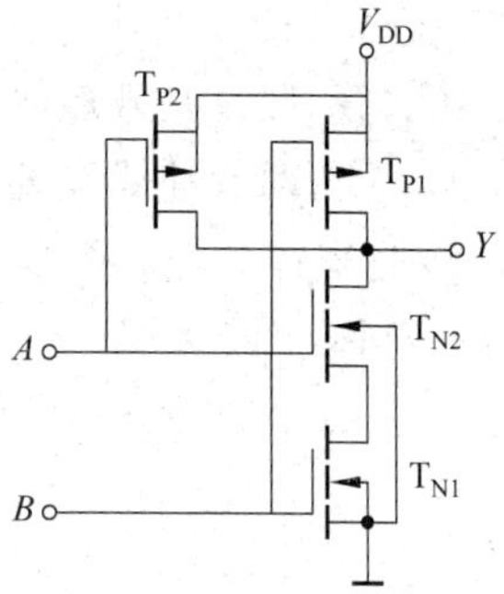

图 2-19　CMOS 与非门

当输入 A、B 中有一个或全为低电平时，T_{N1}、T_{N2} 中有一个或全部截止，T_{P1}、T_{P2} 中有一个或全部导通，输出 Y 为高电平。只有当两输入都是高电平时，T_{N1} 和 T_{N2} 才会都导通，T_{P1} 和 T_{P2} 才会都截止，输出 Y 才为低电平。输入 A、B 为四种不同组合时，各管工作情况及输出 Y 的真值表如表 2-11 所示。由真值表可写出 Y 的逻辑表达式为

$$Y=\overline{A\cdot B}$$

可见，该 CMOS 逻辑门具有与非逻辑功能。

2. CMOS 或非门

图 2-20 所示为 CMOS 或非门。两个 N 沟道增强型 MOS 管 T_{N1} 和 T_{N2} 并联，两个 P 沟道增强型 MOS 管 T_{P1} 和 T_{P2} 串联。T_{P1} 和 T_{N2} 的栅极连接起来作为输入端 A，T_{P2} 和 T_{N1} 的栅极连接起来作为输入端 B。电路的工作原理如下。

表 2-11　CMOS 与非门真值表

A	B	T_{N1}	T_{N2}	T_{P1}	T_{P2}	Y
0	0	断	断	通	通	1
0	1	通	断	断	通	1
1	0	断	通	通	断	1
1	1	通	通	断	断	0

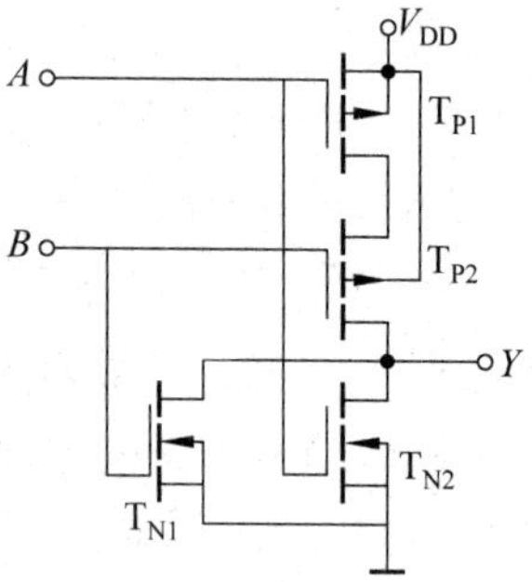

图 2-20　CMOS 或非门

当输入 A、B 中有一个或全为高电平时，T_{N1}、T_{N2} 中有一个或全部导通，T_{P1}、T_{P2} 中有一个或全部截止，输出 Y 为低电平。只有当两输入都是低电平时，T_{N1} 和 T_{N2} 才会都截止，T_{P1} 和 T_{P2} 才会都导通，输出 Y 才为高电平。输入 A、B 为四种不同组合时，各 MOS 管工作情况及输出 Y 的真值表如表 2-12 所示。由真值表可写出 Y 的逻辑表达式为

$$Y=\overline{A+B}$$

可见，该 CMOS 逻辑门具有或非逻辑功能。

表 2-12 CMOS 或非门真值表

A	B	T_{N1}	T_{N2}	T_{P1}	T_{P2}	Y
0	0	断	断	通	通	1
0	1	断	通	通	断	0
1	0	通	断	断	通	0
1	1	通	通	断	断	0

3. CMOS 与门和或门

在 CMOS 与非门的输出端加上一个反相器，便构成了与门；在 CMOS 或非门的输出端加上一个反相器，便构成了或门。

4. CMOS 与或非门

由 3 个与非门和一个反相器可构成与或非门，如图 2-21(a)所示。由图 2-21(a)可得：

$$Y=\overline{\overline{\overline{A\cdot B}\cdot\overline{C\cdot D}}}=\overline{A\cdot B+C\cdot D}$$

CMOS 与或非门也可以由两个与门和一个与非门构成，如图 2-21(b)所示。由图 2-21(b)可得：

$$Y=\overline{AB+CD}$$

如图 2-21(c)所示为与或非门的逻辑符号。

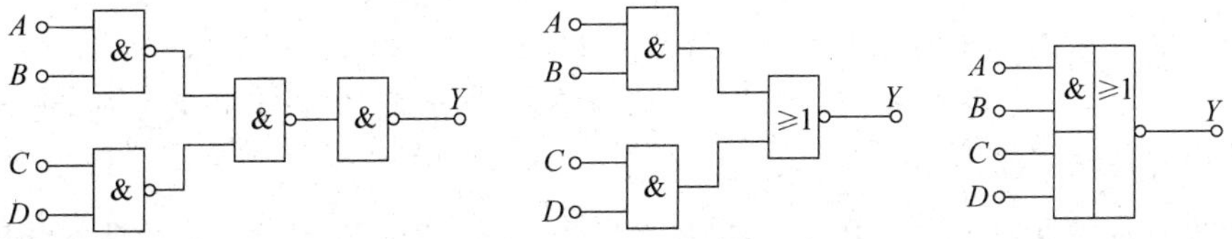

(a) 由与非门和反相器构成　(b) 由与门和或非门构成　(c) 逻辑符号

图 2-21 CMOS 与或非门

5. CMOS 异或门

CMOS 异或门可由 4 个与非门构成，如图 2-22 所示。由图 2-22 可得：

$$Y=\overline{\overline{A\cdot\overline{AB}}\cdot\overline{\overline{AB}\cdot B}}=A\bar{B}+\bar{A}B$$

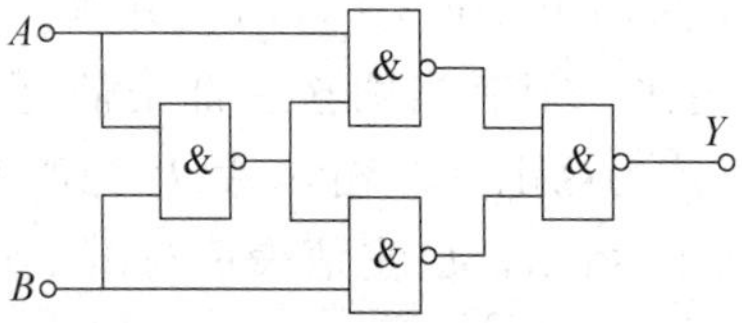

图 2-22　CMOS 异或门

微课 9：CMOS 逻辑门

2.4.3　CMOS 传输门

由一个 P 沟道增强型 MOS 管和一个 N 沟道增强型 MOS 管并联可以组成 CMOS 传输门(transmission gate)，如图 2-23(a)所示，图 2-23(b)是其逻辑符号。其中 N 沟道增强型 MOS 管 T_1 的衬底接地，P 沟道增强型 MOS 管 T_2 的衬底接电源 V_{DD}；两管源极相接作为输入端，两管漏极相接作为输出端；两管的栅极作为传输门的控制端，分别加上互补的控制信号 CP 和$\overline{CP}$。

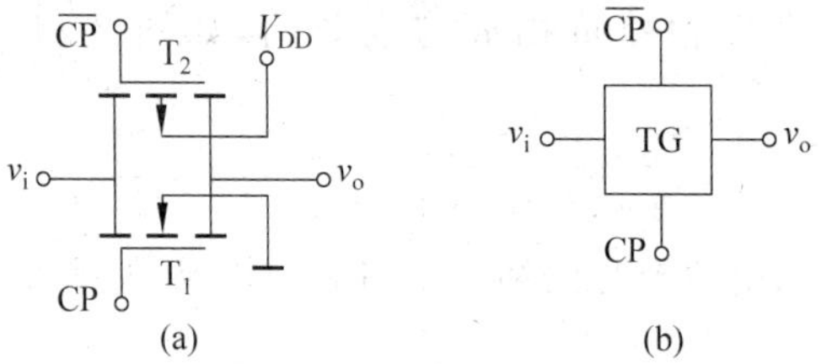

图 2-23　CMOS 传输门

传输门的工作原理如下。

当控制信号为高电平时，CP $=1(+V_{DD})$，则$\overline{CP}=0$ 时，T_1 和 T_2 都具备了导通条件。此时若 v_i 在 $0\sim V_{DD}$范围之内，T_1 和 T_2 中必定有一个导通，相当于开关接通，输入信号 v_i 可通过传输门传输到输出端，$V_o=V_i$。

当控制信号为低电平时，CP $=0$，则$\overline{CP}=1(+V_{DD})$时，T_1 和 T_2 都不具备开启条件而截止，即传输门截止。此时不论输入 v_i 为何值，都无法通过传输门传输到输出端，输入和输出之间相当于开关断开。

综上所述，CMOS 传输门的导通与截止取决于控制端所加信号情况，因此，它是一种传输信号的可控开关电路。又由于 MOS 管结构对称，源、漏极可以互换，所以 CMOS 传输门输入、输出端也是可以互换的，即信号可以双向传输，因此，CMOS 传输门又称为双向开关。

2.4.4 CMOS漏极开路门、三态门

1. CMOS漏极开路门

CMOS漏极开路与非门(OD门)的电路如图2-24(a)所示,图2-24(b)为其逻辑符号。由于输出MOS管的漏极是开路的,如图2-24(a)中虚线所示,工作时必须外接电源V'_{DD}和电阻R_D,电路才能正常工作,实现与非逻辑功能。

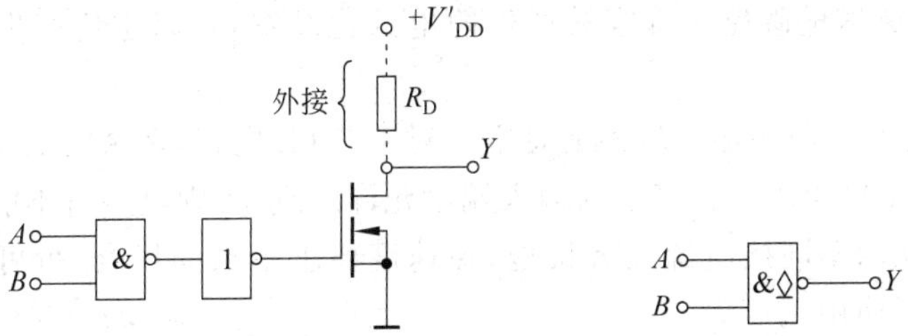

(a) 电路　　(b) 逻辑符号

图2-24　CMOS漏极开路门

OD门可以实现线与功能,即可以把几个OD门的输出端用导线直接连接起来实现与运算。因为OD门输出MOS管漏极电源是外接的,其输出高电平可随V'_{DD}的不同而改变,所以OD门也可以用来实现逻辑电平的变换。

2. CMOS三态门

如图2-25所示为CMOS三态门的电路图和逻辑符号,A是信号输入端,EN是控制信号端,也称使能端,Y是输出端。

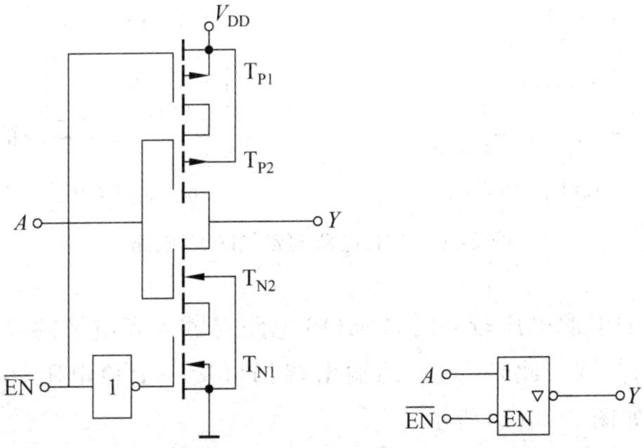

(a) 电路图　　(b) 逻辑符号

图2-25　CMOS三态门

由图2-25(a)可知,当EN=1,即为高电平时,T_{P1}、T_{N2}均截止,Y与地和电源都断开,输出端呈现高阻态;当EN=0,即为低电平时,T_{P1}、T_{N2}均导通,T_{P2}、T_{N1}构成反相器,故$Y=\overline{A}$,当$A=0$时,$Y=1$,为高电平,当$A=1$时,$Y=0$,为低电平。可见电路输出有高阻态、高电平

和低电平三种状态，是一种三态门。

2.4.5 CMOS门电路的特点和在使用中应注意的问题

CMOS集成电路的品种很多，C4000系列是符合国家标准的集成电路，电源电压 V_{DD} 为3～18V。各种集成电路在使用时要注意以下事项。

（1）避免静电损坏。由于CMOS电路的输入阻抗高，使其容易受静电感应而击穿，所以所有与MOS电路直接接触的工具（如电烙铁、夹具等）和测试设备（如示波器等）都必须可靠接地；操作人员尽量避免穿着容易产生静电的化纤织物，以避免产生高压静电感应击穿器件。

（2）多余或暂时不用的输入端不能悬空。对于TTL电路，多余的输入端悬空表示输入为高电平，但对于CMOS电路，多余的输入端不允许悬空，否则电路将不能正常工作。可以根据电路逻辑功能的不同接电源或者接地，在速度要求不高的场合，也可将多余的输入端与其他输入端并联使用。

（3）电路中CMOS器件的输出端不能和电源（V_{DD}）或地短路。由于电路的输出级是CMOS反相器结构，若输出端与 V_{DD} 或地短路，则输出级NMOS管或PMOS管都可能会因过电流而损坏。

在同一数字电路中，经常会遇到采用不同类型的数字集成电路，最常见的就是同时采用CMOS和TTL电路，因此也要考虑TTL和CMOS电路的连接问题。

用TTL门电路驱动CMOS门电路时，如果CMOS电路的电源是+5V，TTL电路的输出高电平是3.6V，那么TTL与CMOS之间的电平配合就比较容易。如图2-26(a)所示，在TTL的输出端接一上拉电阻至电源，以便提高输出高电平。

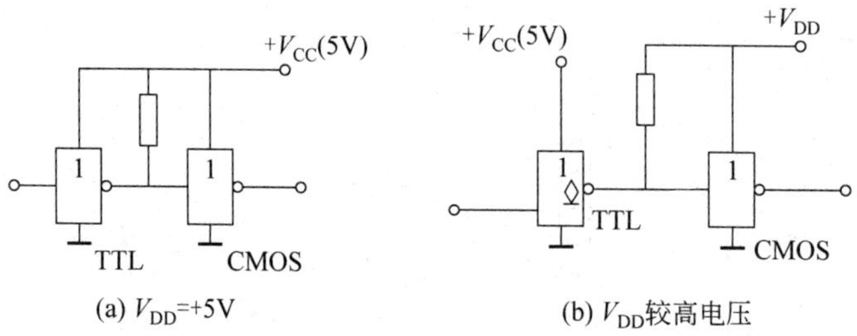

图2-26　TTL电路驱动CMOS电路

如果TTL电路的电源电压较高时，CMOS电路对输入高电平的要求将超过TTL门电路输出端所能达到的范围。此时TTL的输出端仍可接一上拉电阻，但可以选用耐压较高的OC门做驱动门，如图2-26(b)所示。

为了便于实现直接驱动，还可以采用专门的接口器件，如40109，其输入端为TTL电路电平（对应于 V_{CC}），而输出为CMOS电平（对应于 V_{DD}）。

用CMOS门电路驱动TTL门电路时，若CMOS电路由5V电源供电，由于CMOS电路的驱动能力较小，不能产生大电流，也不允许大电流灌入。因此，需采用具有较大驱动能力的专用接口器件，如4009、4049等。另外，可采用漏极开路的CMOS驱动器，也可将CMOS的输出经过一级三极管反相器再接至TTL电路的输入端。

微课 10：CMOS 传输门、漏极开路门、三态门及 CMOS 门电路特点

技能测试 1：TTL 集成逻辑门的逻辑功能与参数测试

一、实验目的

（1）掌握 TTL 集成与非门电路的逻辑功能和主要参数的测试方法。

（2）掌握 TTL 器件的使用规则。

（3）进一步熟悉数字电路实验装置的结构、基本功能和使用方法。

二、实验原理

本实验采用 4 输入双与非门 74LS20，即在一块集成块内含有两个互相独立的与非门，每个与非门有四个输入端。两个 4 输入与非门内含两组 4 与非门。

第 1 组：1、2、4、5 引脚输入，6 引脚输出。

第 2 组：9、10、12、13 引脚输入，8 引脚输出。

其引脚排列如图 2-27 所示。

三、实验内容及步骤

在实验装置合适的位置选取一个 14P 插座，并接好线，注意该器件的 14 引脚接工作电源＋5V，7 引脚接地，如图 2-28 所示。

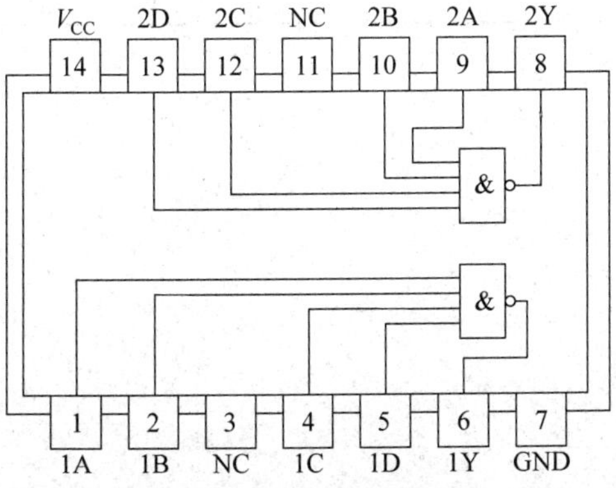

图 2-27　74LS20 引脚排列

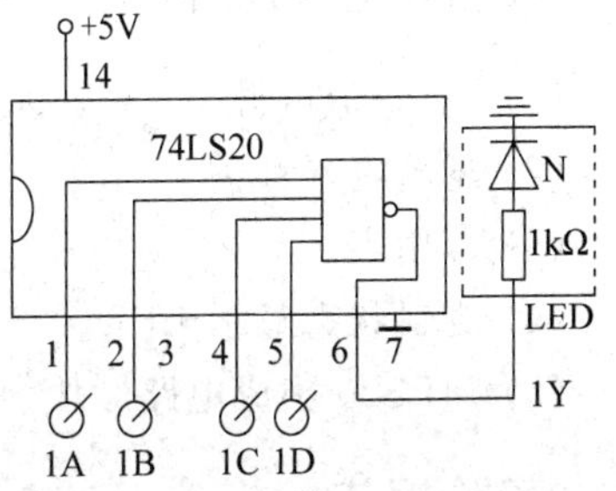

图 2-28　74LS20 与非门逻辑功能测试电路

（1）TTL 集成与非门 74LS20 的逻辑功能测试

74LS20 与非门集成电路的四个输入端接逻辑开关输出插口，以提供 0 与 1 电平信号，

开关向上输出逻辑 1，向下输出逻辑 0。门电路的输出端接由 LED 发光二极管组成的 0-1 指示器的显示插口，LED 亮为逻辑 1，不亮为逻辑 0。按表 2-13 的真值表逐个测试集成块中两个与非门的逻辑功能。

表 2-13　74LS20 与非门功能测试结果记录

输　入				输出	输　入				输出
1A	1B	1C	1D	1Y	2A	2B	2C	2D	2Y
1	1	1	1		1	1	1	1	
0	1	1	1		0	1	1	1	
1	0	1	1		1	0	1	1	
1	1	0	1		1	1	0	1	
1	1	1	0		1	1	1	0	

（2）74LS20 主要参数的测试

按图 2-29 接线，调节电位器 R_w，使 u_i 从 0V 向高电平变化，用万用表逐点测量 u_i 和 u_o 的对应值，记入表 2-14 中。

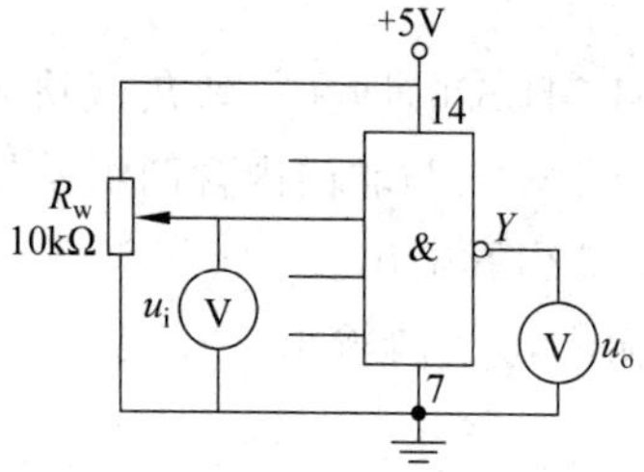

图 2-29　传输特性测试电路

表 2-14　74LS20 传输特性测试记录

u_i/V	0	0.2	0.4	0.6	0.8	1.0	1.5	2.0	2.5	3.0	3.5	4.0
u_o/V												

四、实验设备与器件

（1）5V 直流电源。

（2）逻辑电平开关。

（3）万用表。

（4）逻辑状态显示 LED。

（5）74LS20 集成电路 2 块、10kΩ 电位器 1 个。

五、实验报告

（1）记录、整理实验结果，并对结果进行分析。

（2）画出实测的电压传输特性曲线，并从中读出各有关参数值。

六、TTL集成电路使用规则

(1) 接插集成芯片时，要认清定位标记，不得插反。

(2) 电源电压使用范围为+4.5～+5.5V，实验中要求使用V_{CC}=+5V。电源极性绝对不允许接错。

(3) 闲置输入端的处理方法如下。

① 悬空相当于正逻辑1，对于一般小规模集成电路的数据输入端，实验时允许悬空处理。但易受外界干扰，导致电路的逻辑功能不正常。因此，对于接有长线的输入端，中规模以上的集成电路和使用集成电路较多的复杂电路，所有控制输入端必须按逻辑要求接入电路，不允许悬空。

② 直接接电源电压V_{CC}(也可以串入一只1～10kΩ的固定电阻)或接至某一固定电压(2.4～4.5V)的电源上，或与输入端为接地的多余与非门的输出端相接。

③ 若前级驱动能力允许，可以与使用的输入端并联。

(4) 输入端通过电阻接地，电阻值的大小将直接影响电路所处的状态。当$R<680\Omega$时，输入端相当于逻辑0；当$R>4.7\text{k}\Omega$时，输入端相当于逻辑1。对于不同系列的器件，要求的阻值不同。

(5) 输出端不允许并联使用[集电极开路门(OC)和三态输出门电路(3S)除外]，否则不仅会使电路逻辑功能混乱，而且会导致器件损坏。

(6) 输出端不允许直接接地或直接接+5V电源，否则将损坏器件。有时为了使后级电路获得较高的输出电平，允许输出端通过电阻R接至V_{CC}，一般取$R=3\sim5.1\text{k}\Omega$。

技能测试2：OC门和三态门的应用

一、实验目的

(1) 熟悉OC门和三态门的逻辑功能。

(2) 掌握OC门和三态门的典型应用。

(3) 掌握TTL与CMOS电路的接口转换电路。

二、实验原理

(1) OC门，即集电极开路门。

① 由于输出端内部电路——输出管的集电极是开路，所以工作时需要外接负载电阻R_L。

② 将两个与非OC门输出端相连时，可完成与或非的逻辑功能(又称线与功能)，即$Q=\overline{AB}\cdot\overline{CD}=\overline{AB+CD}$。而一般的TTL门电路，由于它的输出电阻太低，输出端不能并联在一起，实现线与功能。

③ OC门可实现逻辑电平的转换，以驱动CMOS门、继电器、三极管等。

(2) 三态门。有三种状态：0、1、高阻态。处于高阻态时，电路与负载之间相当于开路。集成电路74LS125为三态门电路，该器件的引脚图和三态门的逻辑符号如图2-30所示。它有一个控制端（又称使能端）E，$E=1$，Q 为高阻态；$E=0$ 为正常工作状态，$Q=A$。三态门最重要的用途是实现多路信息的采集，即用一个传输通道以选通的方式传送多路信号。

三、实验内容及步骤

（1）OC 门电路功能测试。按图 2-31 所示电路接线，用逻辑开关给 A、B、C、D 输入不同的逻辑值，观察输出端 Q 逻辑的值，验证线与功能。

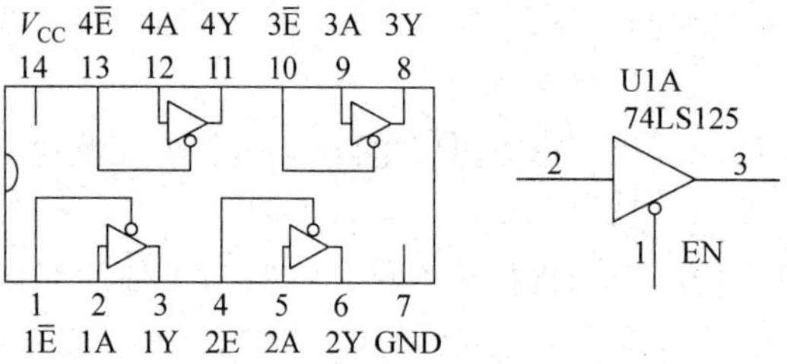

图 2-30　74LS125 引脚图及三态门逻辑符号

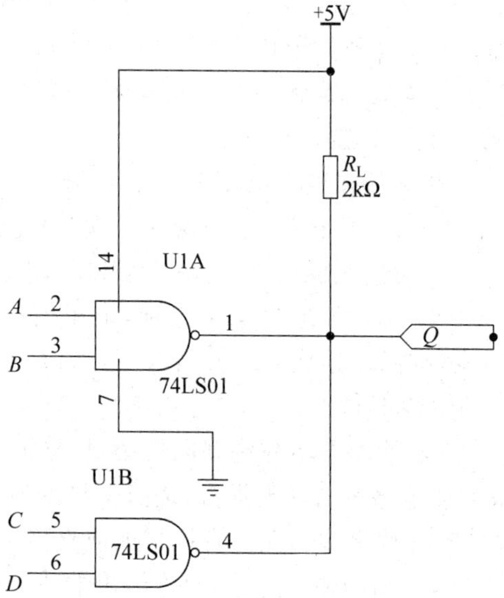

图 2-31　OC 门线与实现电路

（2）OC 门实现逻辑电平的转换功能测试。按图 2-32 接线实现 TTL 门电路驱动 CMOS 门电路的电平转换。

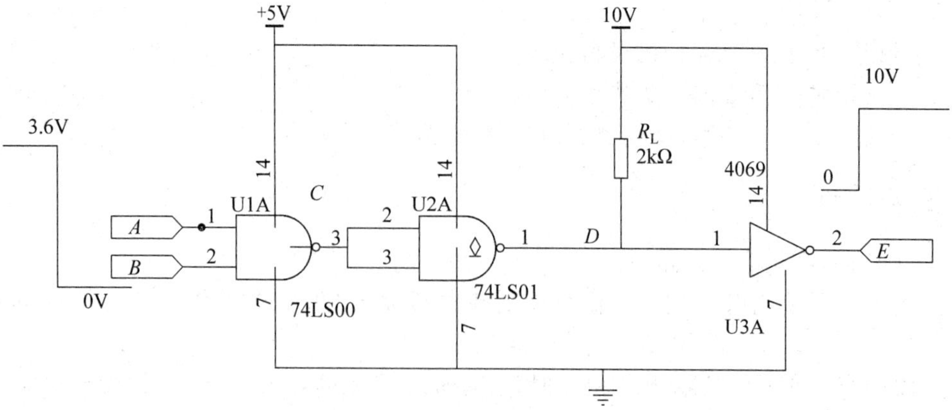

图 2-32　OC 门实现逻辑电平转换

注意：4069 为 CMOS 型反相器，接上电源后，剩余的输入端需加保护。在此，要将 3、5、9、11、13 引脚连在一起接地。CMOS 器件的输出电流较小，用数字万用表测量 C、D、E 的电压。将测量结果记入表 2-15 中。

表 2-15 结果记录表

输入		C/V	D/V	E/V
A	B			
0	0			
0	1			
1	0			
1	1			

(3) 74LS125 三态输出门的逻辑功能测试。按图 2-33 所示电路接线。K1、K2、K3 均为 1 时，用万用表测量 Q 端的输出电压。分别使 K1、K2、K3 为 0，观察并记录输出端 Q 的情况。

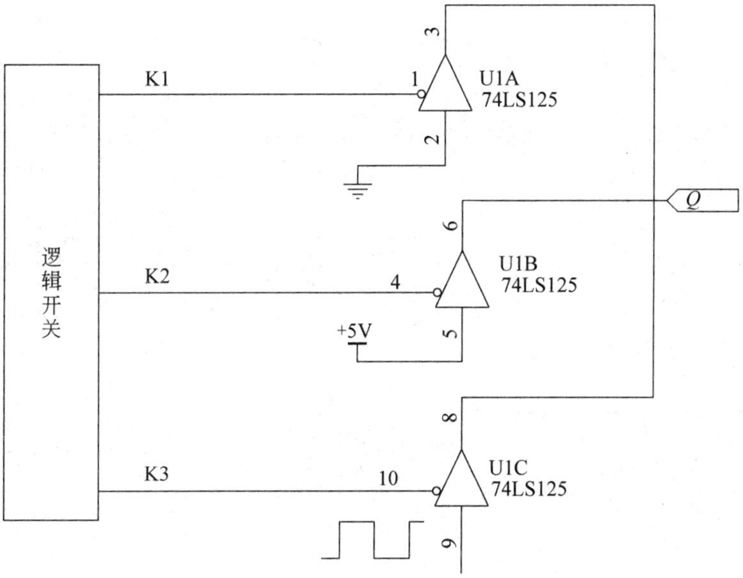

图 2-33 三态门实验电路

注意：K1、K2、K3 不能有一个以上同时为 0，否则将造成输出端的"与"关系连接，而这样会损坏三态门电路。

四、实验设备与器件

(1) 5V 直流电源。 (2) 逻辑电平开关 (3) 万用表。

(4) IC：74LS01、74LS00、74LS125、CD4069 各 1 片。 (5) 2kΩ 电阻 1 个。

(6) 逻辑状态显示 LED。

五、实验报告

(1) 画出实验电路图，并标明相关外接元件值。

(2) 整理分析实验结果，总结集电极开路门和三态输出门的优缺点。

本章小结

逻辑门是构成数字电路的基本单元，而逻辑门电路的共同特点是利用晶体管（二极管、三极管、场效应管）作为开关器件实现各种逻辑功能，所以本章开始介绍了晶体管的开关特性。

最基本的逻辑门为与门、或门、非门，由这三种基本门可以构成与非门、或非门、与或非门、异或门等复合门，还可以构成三态门、OC 门、OD 门和传输门。

随着集成电路技术的发展，分立元件的数字电路已经被集成电路所取代。TTL 电路的优点是开关速度较高，抗干扰能力强，带负载能力也比较强，缺点是功耗较大；CMOS 电路具有制造工艺简单、功耗小、输入阻抗高、集成度高、电源电压范围宽等优点，其主要缺点是工作速度较低。随着集成工艺的不断改进，CMOS 电路的工作速度将得到很大改进。

习　题

2-1　输入电压 V_i 的波形如图 2-34(a)所示，分析二极管电路，并画出各输出电压的波形。

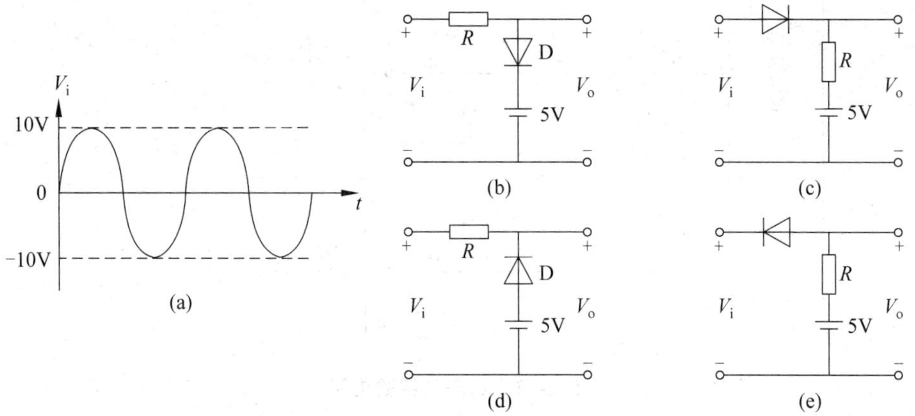

图 2-34　题 2-1 图

2-2　已知逻辑电路如图 2-35 所示，分析输出信号与输入信号之间的逻辑关系，写出逻辑表达式，说明逻辑功能，并根据输入波形，画出输出 Y_1、Y_2 的波形。

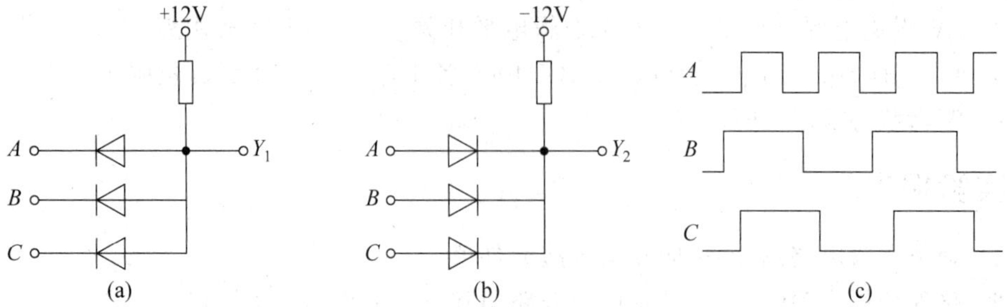

图 2-35　题 2-2 图

2-3 判断图 2-36 所示各电路中三极管的工作状态。

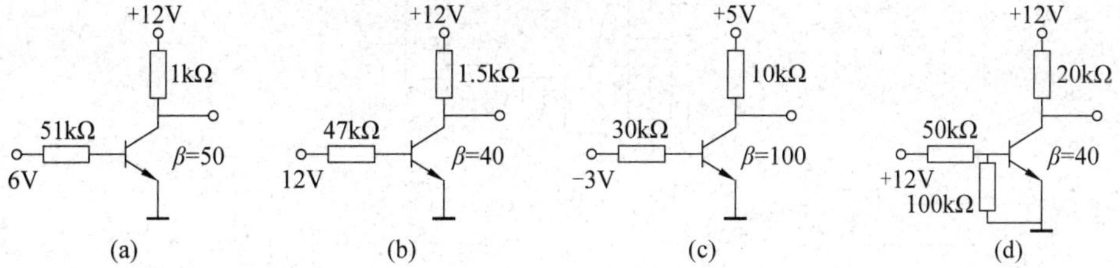

图 2-36 题 2-3 图

2-4 反相器如图 2-37 所示。

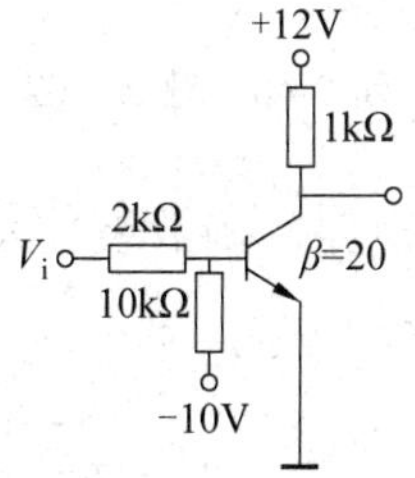

图 2-37 题 2-4 图

(1) 若 $V_{BE}=0V$，三极管可靠截止。求允许输入低电压 V_{IL} 的最大值为多少？

(2) 若使三极管临界饱和，求允许输入高电平 V_{IH} 的最小值为多少？

2-5 已知门电路输入信号 A、B、C 的波形如图 2-38(a)所示。试画出图 2-38(b)所示各门电路输出端的波形。

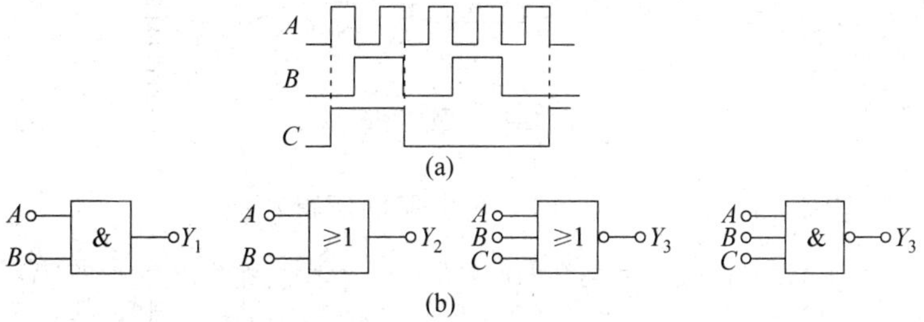

图 2-38 题 2-5 图

2-6 写出图 2-39 所示电路的逻辑表达式，并写出函数的最简与非-与非表达式。

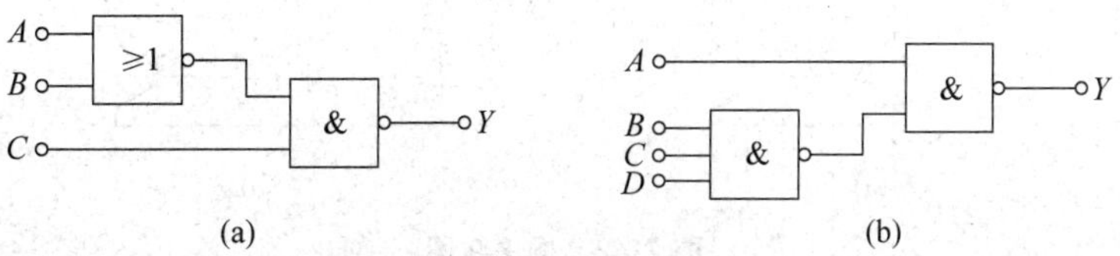

图 2-39 题 2-6 图

2-7 写出如图 2-40 所示电路各个输出端 Y 的逻辑表达式，列真值表，并说明它的逻辑功能。

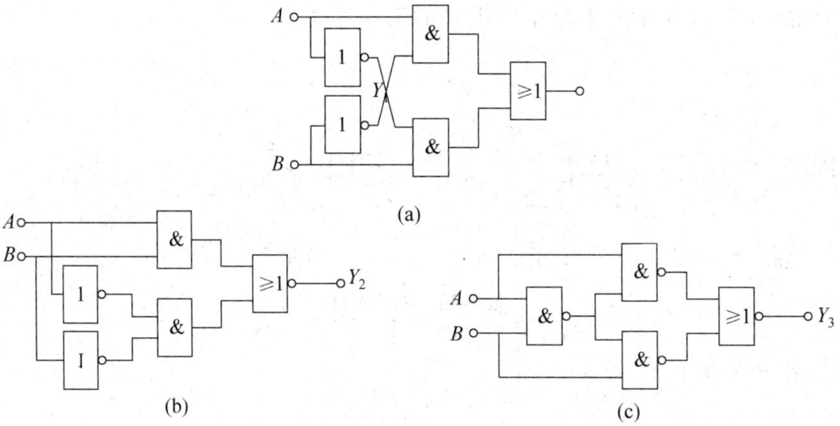

图 2-40　题 2-7 图

2-8　写出图 2-41 所示的各逻辑电路的函数表达式，化成最简与或表达式，并根据输入信号的波形画出各个输出信号的波形。

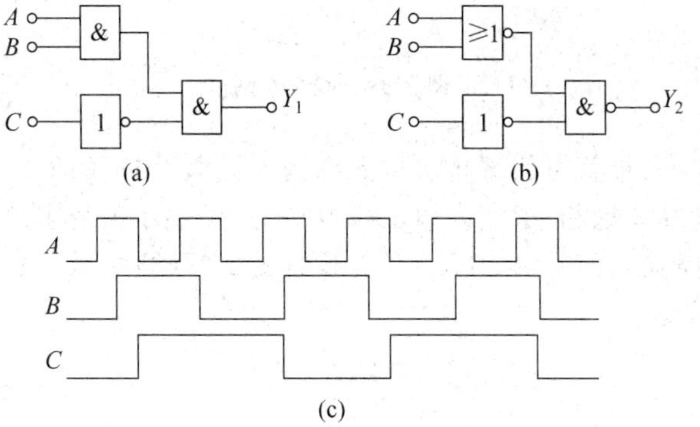

图 2-41　题 2-8 图

2-9　TTL 门电路如图 2-42 所示，试分析电路的逻辑功能。

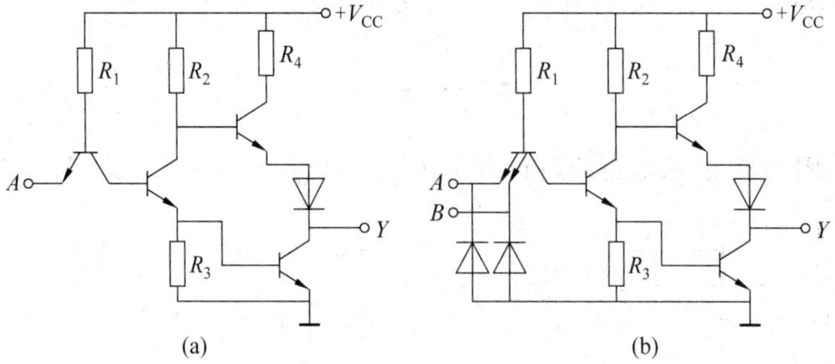

图 2-42　题 2-9 图

2-10　写出图 2-43 所示各逻辑图的函数表达式，列出真值表，并分析当输入信号为何值时，输出 Y 为低电平。

2-11　写出图 2-44 所示各逻辑图的函数表达式，并列出真值表。

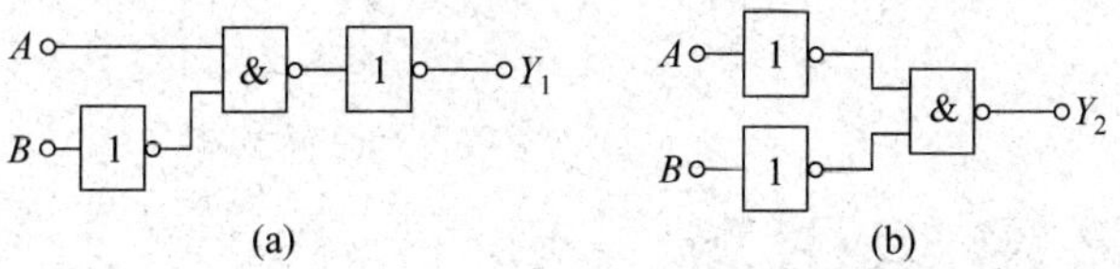

图 2-43 题 2-10 图

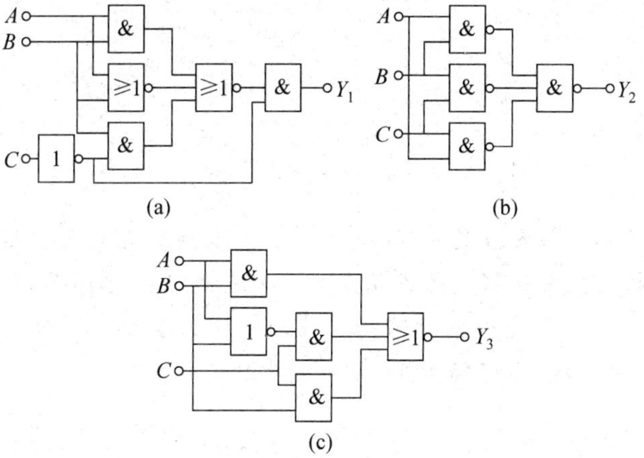

图 2-44 题 2-11 图

2-12 OC 门逻辑电路如图 2-45(a)所示,分析电路功能,并根据图 2-45(b)所示的输入波形,画出输出波形。

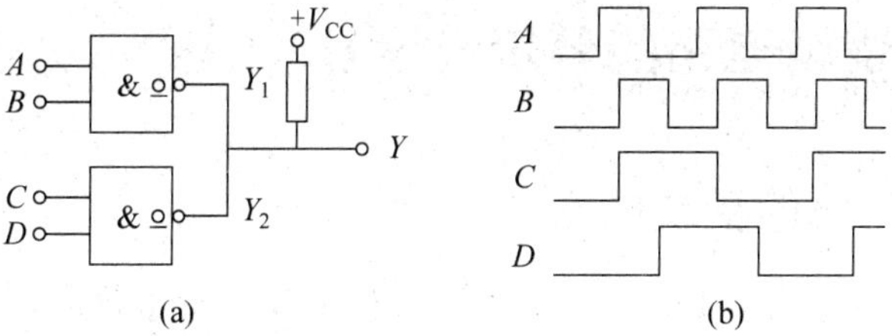

图 2-45 题 2-12 图

第3章 组合逻辑电路

教学提示

按照电路的结构和工作原理的不同，数字电路中常用的各种数字器件可分为组合逻辑电路和时序逻辑电路。组合逻辑电路是构成其他各种逻辑电路的基础，在数字电路中的组合逻辑电路的输出信号只取决于当时的输入信号。本章主要介绍了加法器、编码器、译码器等中规模集成电路的构成与逻辑功能。

教学目标

通过本章的学习，理解组合逻辑电路的分析与设计方法，熟练掌握各种组合逻辑电路的逻辑功能，掌握加法器、编码器和译码器等中规模集成电路的基本原理与使用方法，了解数据分配器、数据选择器的基本工作原理和使用方法。

3.1 组合逻辑电路的分析与设计

3.1.1 组合逻辑电路的基本概念

组合逻辑电路是指在任一时刻，电路的输出状态仅取决于该时刻各输入状态的组合，而与电路原来的输出状态无关的逻辑电路。

如图3-1所示描述了组合逻辑电路的一般模型，组合逻辑电路可以有若干个输入信号和若干个输出信号，每个输出信号都是输入信号的逻辑函数。每个时刻输出信号的状态仅与当时的输入信号状态有关，而与输出信号原有的状态无关。

图3-1 组合逻辑电路的一般模型

I_0、$I_1\cdots I_{n-1}$为组合逻辑电路的输入信号，也就是输入逻辑变量；Y_0、$Y_1\cdots Y_{m-1}$为组合逻辑电路的输出信号，也就是输出逻辑变量。组合逻辑电路的逻辑功能可以用如下的逻辑函数来描述：

$$\begin{cases} Y_0 = f_0(I_0, I_1 \cdots I_{n-1}) \\ Y_1 = f_1(I_0, I_1 \cdots I_{n-1}) \\ \qquad \vdots \\ Y_{m-1} = f_{m-1}(I_0, I_1 \cdots I_{n-1}) \end{cases}$$

组合逻辑电路的特点是：输出与输入之间没有反馈电路，电路不存在记忆单元。

3.1.2 组合逻辑电路的分析方法

分析逻辑电路是指研究一个已知逻辑电路的工作特性和逻辑功能的过程。根据已知逻辑电路图求出其逻辑功能，写出逻辑电路图的逻辑表达式、真值表，归纳出逻辑功能。

1. 组合逻辑电路的分析步骤

对于组合逻辑电路的分析，是为了了解电路的工作原理、逻辑功能及其他各项技术指标等。分析方法可分为以下几个步骤。

(1) 根据给定的逻辑电路图，写出逻辑表达式，分析每级输出与输入之间的关系。

(2) 化简逻辑表达式，可采用公式化简或卡诺图化简逻辑表达式。

(3) 由表达式列出真值表，列出输出信号与输入信号的状态。

(4) 对逻辑电路进行分析判断，根据真值表或表达式分析逻辑电路的功能，可以作简要的文字说明。

2. 组合逻辑电路的分析举例

下面举例说明组合逻辑电路的分析方法。

【例 3-1】 试分析如图 3-2 所示的逻辑电路的逻辑功能。

解 (1) 由逻辑图写出逻辑表达式，并进行化简。

$$Y_1=\overline{AB}$$

$$Y_2=\overline{Y_1+C}=\overline{\overline{AB}+C}$$

$$Y_3=\overline{\bar{B}C}$$

$$Y_4=\overline{BC}$$

$$\begin{aligned}Y&=\overline{Y_2\cdot Y_3\cdot Y_4}=\overline{\overline{\overline{AB}+C}\cdot\overline{\bar{B}C}\cdot\overline{BC}}\\&=\overline{AB}+C+\bar{B}C+BC\\&=\overline{AB}+C\end{aligned}$$

(2) 列出真值表，如表 3-1 所示。

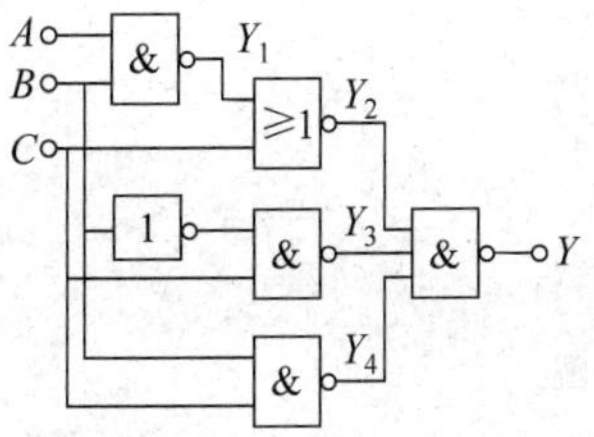

图 3-2 例 3-1 的逻辑电路

表 3-1 例 3-1 的真值表

A	B	C	Y
0	0	0	1
0	0	1	1
0	1	0	1
0	1	1	1
1	0	0	1
1	0	1	1
1	1	0	0
1	1	1	1

(3) 电路功能描述。化简后，电路的输出信号 Y 只是输入信号 A、B 的与非运算，然后再和 C 相或运算的逻辑关系。只要输入信号 $C=1$，输入信号 Y 一定为 1；若输入信号 $C=0$，只有当 A、B 全为 1 时，$Y=0$。因此，当 $ABC=110$ 时，$Y=0$；其余，$Y=1$。

3.1.3 组合逻辑电路的设计方法

组合逻辑电路的设计是根据给定的逻辑功能要求，找出最少逻辑门电路来实现逻辑功能电路。组合逻辑电路的设计过程刚好与组合逻辑电路的分析过程相反。

1. 组合逻辑电路的设计步骤

(1) 分析给定的逻辑问题，列出真值表。

(2) 根据真值表写出组合逻辑电路的逻辑函数，并将逻辑函数化简。

(3) 根据最简逻辑函数，画出逻辑电路图。

2. 组合逻辑电路设计示例

【例 3-2】 试用与非门电路设计一个表决电路。设比赛中有 3 名裁判，当 2 名或 2 名以上裁判同意，则表决通过。

解 设三名裁判分别为 A、B、C，表决结果为 Y。

根据逻辑要求，列出真值表，如表 3-2 所示，其卡诺图如图 3-3 所示。

表 3-2 例 3-2 的真值表

A	B	C	Y
0	0	0	0
0	0	1	0
0	1	0	0
0	1	1	1
1	0	0	0
1	0	1	1
1	1	0	1
1	1	1	1

C \ AB	00	01	11	10
0	0	0	1	0
1	0	1	1	1

图 3-3 例 3-2 的卡诺图

写出逻辑表达式，根据题目要求，用与非逻辑形式表示。

$$Y=AB+BC+CA=\overline{\overline{AB}\cdot\overline{BC}\cdot\overline{CA}}$$

画出逻辑电路图，如图 3-4 所示。

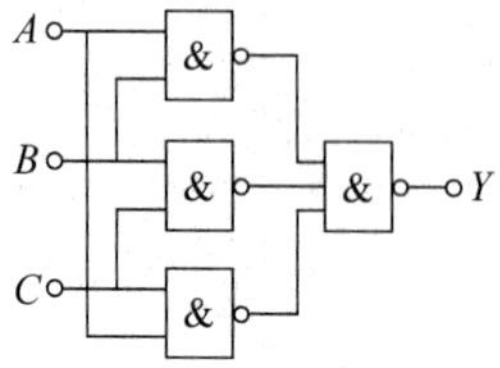

图 3-4 例 3-2 的逻辑电路图

微课 1：组合逻辑电路的分析与设计

3.1.4 组合逻辑电路中的竞争冒险

1. 产生竞争冒险的原因

在组合逻辑电路中，当输入信号发生改变时，输出端可能出现不正常的错误输出信号，这种现象称为竞争冒险。

组合逻辑电路中产生的竞争冒险是由于门电路的延时作用产生的。信号在门电路传输过程中需要一定的时间，虽然这个时间很短，但会对电路中的输出信号产生错误的影响。

如图 3-5(a)所示的逻辑函数为

$$Y = A \cdot \overline{A} = 0$$

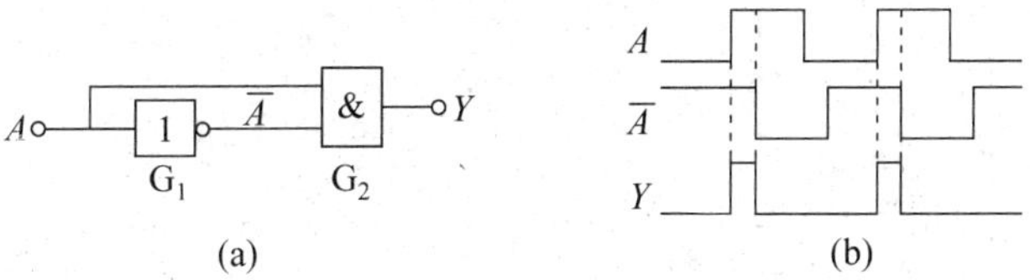

图 3-5　与门电路产生的竞争冒险

输出端 Y 应为“0”。但由于在实际电路中，非门 G_1 在传输 A 信号时，有一定延时。在与门 G_2 的输入端瞬时出现两个 1，导致输出端也出现 1 的干扰信号。干扰信号的时间宽度取决于门电路的信号传输时间。因此，若考虑门电路的延时，则得到如图 3-5(b)所示的波形图，出现了竞争冒险。

对于逻辑函数 $Y = A + \overline{A} = 1$，同样也会出现负脉冲的干扰信号，导致竞争冒险。如图 3-6 所示。

2. 消除竞争冒险的方法

竞争冒险会瞬间破坏组合逻辑函数的逻辑关系，因此，对所出现的竞争冒险应进行消除，保证组合逻辑关系的正确性。

如果竞争冒险是由单个变量引起的，则可以通过增加冗余项的方法予以消除。有以下函数：

$$Y = AB + \overline{A}C$$

可以画出其逻辑图，如图 3-7 所示。

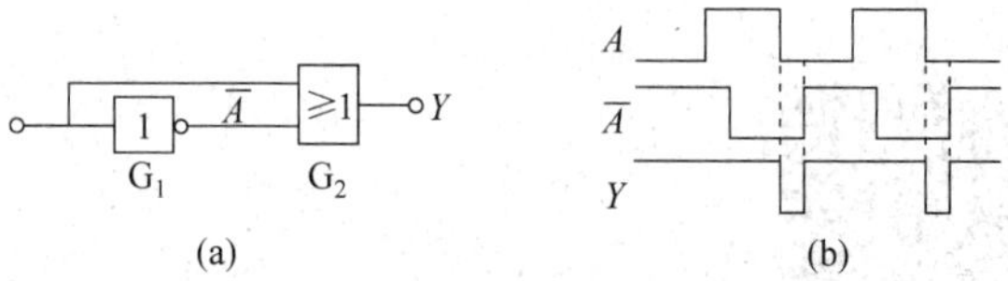

图 3-6　或门电路产生的竞争冒险

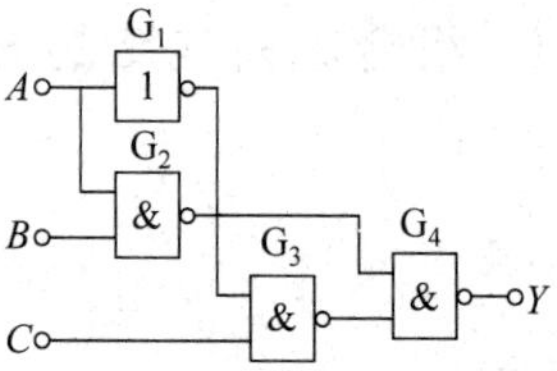

图 3-7　竞争冒险消除前的逻辑电路图

不难发现，当 $B=C=1$ 时，有

$$Y=AB+\overline{A}C=A\cdot 1+\overline{A}\cdot 1=A+\overline{A}$$

若 A 从 1 变为 0，则可能出现类似于图 3-6 所示的干扰脉冲。为了解决此类竞争冒险，可以通过增加冗余项的方法，在上述函数表达式中增加冗余项 BC，函数表达式改写为

$$Y=AB+\overline{A}C+BC$$

即在电路中相应增加与门 G_5，如图 3-8 所示，当 A 改变状态时，由于门 G_5 输出低电路平封住了门 G_4，所以不会再发生竞争冒险。

在组合逻辑电路中，当单个变量改变状态时，分析有无竞争冒险存在的一个简便方法是写出函数的与或表达式，画出函数的卡诺图，检查有无几何相邻乘积项，即乘积项相邻不相交。由此，可以发现竞争冒险的存在，如图 3-9 所示的虚线部分。

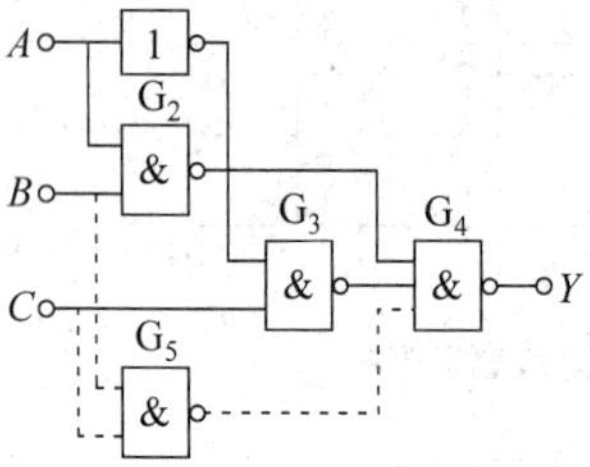

图 3-8　消除竞争冒险的逻辑电路图

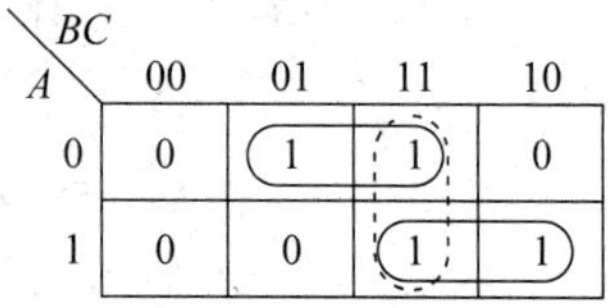

图 3-9　卡诺图中的冗余项

微课 2：组合逻辑电路中的竞争冒险

3.2 加法器

加法器是数字逻辑中的一种最基本的算术运算电路，可以实现二进制的加法运算。实际上，计算机中的运算器是一种规模更大、功能更多的算术逻辑运算单元，其基本原理与加法器相似。算术运算中的加、减、乘、除四则运算在数字电路中往往都是将其转化为加法运算来实现的，因此，加法器是算术运算的核心电路。

3.2.1 半加器

两个 1 位二进制数进行加法运算的逻辑电路称为半加器。半加运算后所得到的结果为和数与进位。表 3-3 所示的是半加器的真值表,两个加数分别为 A、B 表示,和用 S 表示,向高位产生的进位用 C 表示。

表 3-3 半加器的真值表

运算对象		运算结果	
被加数 A	加数 B	和 S	进位 C
0	0	0	0
0	1	1	1
1	0	1	1
1	1	0	1

半加器的逻辑表达式为

$$S=\overline{A}B+A\overline{B}=A\oplus B$$

$$C=AB$$

半加器的逻辑图和符号如图 3-10 所示。

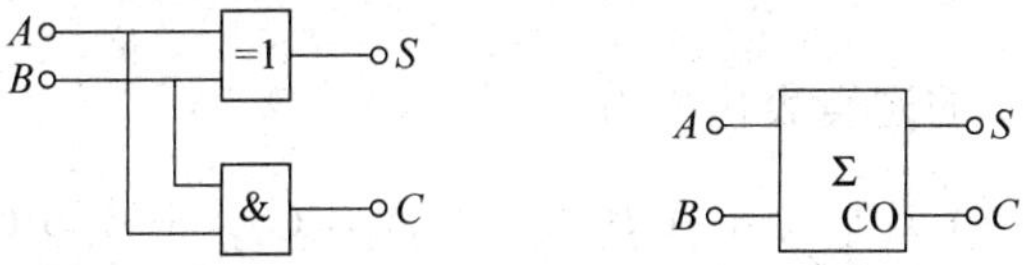

(a) 逻辑图　　(b) 逻辑符号

图 3-10 半加器的逻辑图和符号

3.2.2 全加器

半加器只能进行两个 1 位二进制数相加,无法处理来自低位的进位。如有两个四位二进制数相加:

$$A+B=A_3A_2A_1A_0+B_3B_2B_1B_0=S_3S_2S_1S_0$$

如 A=0101,B=1101,请看下面的运算。

加数 A:		A_3	A_2	A_1	A_0		0	1	0	1
加数 B:	+	B_3	B_2	B_1	B_0	+	1	1	0	1
进位:	C_3	C_2	C_1	C_0		①	①	0	①	
和 S:	S_3	S_2	S_1	S_0		**1**	0	0	1	0

设两个加数各个位分别用 A_i、B_i 表示,来自低位的进位用 C_{i-1} 表示,和用 S_i 表示,向高位产生的进位用 C_i 表示。则和 S_i 的值是由 A_i、B_i、C_{i-1} 这 3 个二进制位相加而得的,而 C_i 是由此向高位产生的进位。这种由 3 个二进制位相加求得和及进位的逻辑电路称为全加器。如表 3-4 所示,列出全加器的真值表。

全加器的卡诺图如图 3-11 所示。

表 3-4　全加器的真值表

A_i	B_i	C_{i-1}	S_i	C_i
0	0	0	0	0
0	0	1	1	0
0	1	0	1	0
0	1	1	0	1
1	0	0	1	0
1	0	1	0	1
1	1	0	0	1
1	1	1	1	1

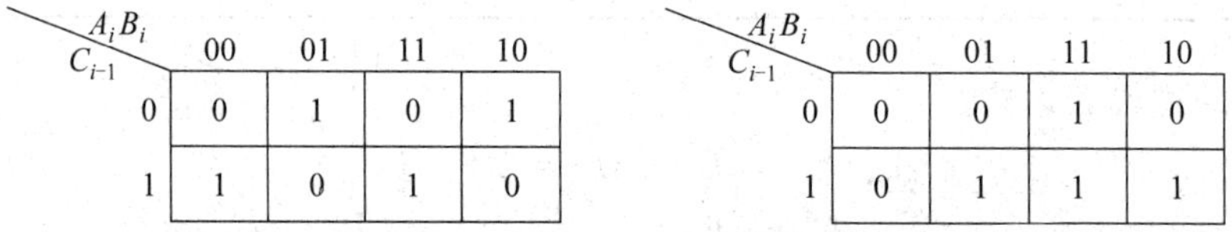

(a) S_i的卡诺图　　(b) C_i的卡诺图

图 3-11　全加器的卡诺图

由此可求得 S_i 和 C_i 的逻辑表达式为

$$
\begin{aligned}
S_i &= \bar{A}_i\bar{B}_iC_{i-1} + \bar{A}_iB_i\bar{C}_{i-1} + A_i\bar{B}_i\bar{C}_{i-1} + A_iB_iC_{i-1} \\
&= A_i \oplus B_i \oplus C_{i-1}
\end{aligned}
$$

$$
\begin{aligned}
C_i &= \bar{A}_iB_iC_{i-1} + A_i\bar{B}_iC_{i-1} + A_iB_i \\
&= (A_i \oplus B_i)C_{i-1} + A_iB_i
\end{aligned}
$$

依据上面的公式，可以画出全加器的逻辑图，如图 3-12 所示。

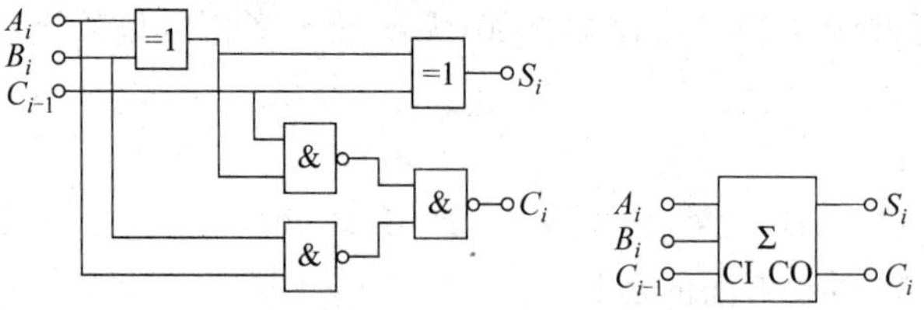

(a) 逻辑图　　(b) 逻辑符号

图 3-12　全加器的逻辑图与逻辑符号

微课 3：半加器、全加器

3.2.3 多位加法器

实现多位二进制相加的电路称为加法器，按各位相加的方式不同可分为串行进位加法器和超前进位加法器。

1. 用全加器构成串行加法器

把 n 个全加器串联起来，从二进制低位开始逐位相加至高位，低位的进位输出连接到相邻高位的进位输入，最后得出和数。串行加法器只能在低位完成运算后，才能逐步完成高位的运算。4 位串行进位加法器的逻辑图如图 3-13 所示。尽管串行进位加法器各位相加是并行的，但进位却由低位向高位逐级传递。这样，最高位的运算结果必须等到低位的运算完成后才能确定。

串行进位加法运算器逻辑电路的特点是电路简单、运算速度低。

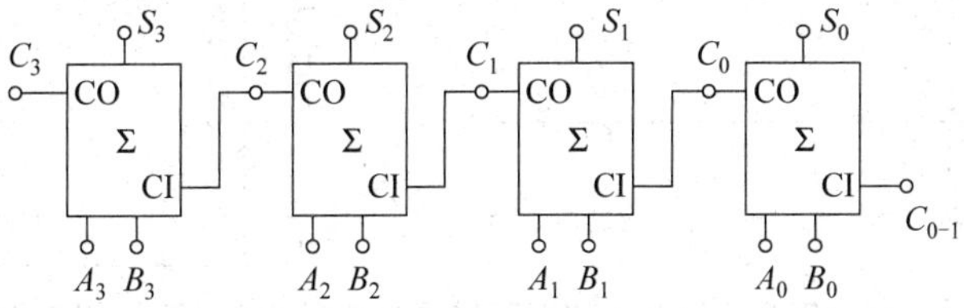

图 3-13　全加器的逻辑图与逻辑符号

2. 超前进位加法器

为了提高运算速度，在逻辑设计上采用超前进位的方法，每一位的输入同时预先形成，而不需要由低位逐位进位送来后才形成。

根据进位表达式：

$$C_i = (A_i \oplus B_i)C_{i-1} + A_iB_i$$

可令：

$$G_i = A_iB_i$$
$$P_i = A_i \oplus B_i$$

G_i 称为第 i 位的进位生成项，P_i 称为进位传递条件，同时就有：

$$C_i = P_iC_{i-1} + G_i$$
$$S_i = A_i \oplus B_i \oplus C_{i-1} = P_i \oplus C_{i-1}$$

上面是超前进位加法器的基本公式，例如，4 位超前进位加法器可以递推出各位全加器的表达式：

$$\begin{cases} C_0 = P_0C_{0-1} + G_0 \\ S_0 = P_0 \oplus C_{0-1} \end{cases}$$

$$\begin{cases} C_1 = P_1C_0 + G_1 = P_1P_0C_{0-1} + P_1G_0 + G_1 \\ S_1 = P_1 \oplus C_0 \end{cases}$$

$$\begin{cases} C_2 = P_2C_1 + G_2 = P_2P_1P_0C_{0-1} + P_2P_1G_0 + P_2G_1 + G_2 \\ S_2 = P_2 \oplus C_1 \end{cases}$$

$$\begin{cases} C_3 = P_3C_2 + G_3 = P_3P_2P_1P_0C_{0-1} + P_3P_2P_1G_0 + P_3P_2G_1 + P_3G_2 + G_3 \\ S_3 = P_3 \oplus C_2 \end{cases}$$

其中 C_{0-1} 为来自外部的低位进位输入，$G_i = A_iB_i$，$P_i = A_iB_i(i=1,2,3,4)$是各位的进位生成项和进位传递条件。

这样，每位产生的和及进位直接与前几位有关，即输出的结果直接由输入数及进位的逻辑关系得到，这种逻辑电路就称为超前进位加法器。超前进位加法器的逻辑电路远比串行进位加法器复杂，若位数更多，其复杂程序也迅速增加。图 3-14 所示为集成二进制 4 位超前进位加法器 74LS283。

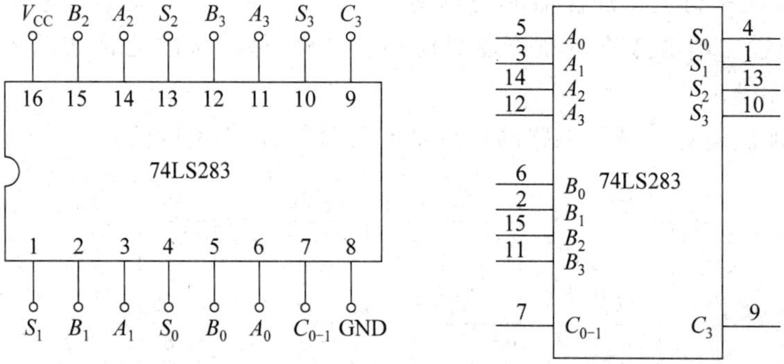

图 3-14　集成二进制 4 位超前进位全加器 74LS283 的引脚图

从引脚图上可知，输入端 $A_0 \sim A_3$、$B_0 \sim B_3$，C_{0-1} 为最低位的进位输入端；输出端为 $S_0 \sim S_3$，C_3 为最高位进位输出。

实际上，当需要计算更多位的二进制数时，可将多片 4 位加法器连接起来，较低位加法器的进位输出端接到较高位加法器的进位输入端，而不需要额外增加辅助电路。如图 3-15 所示，利用 4 片 4 位加法器串联起来构成 16 位加法器，显然片与片之间并不是超前进位的。

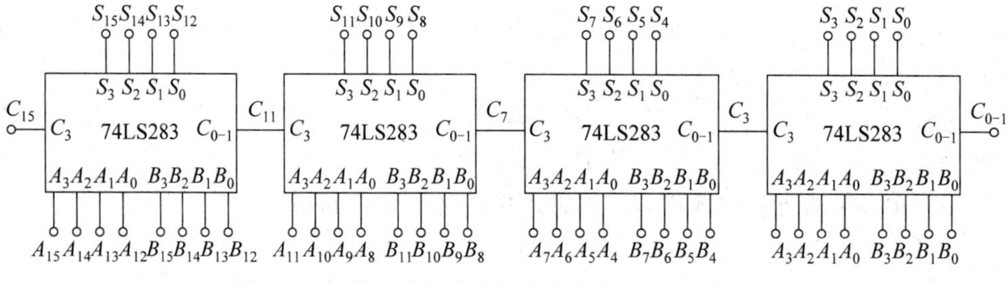

图 3-15　4 片 4 位超前进位全加器构成 16 位加法器

微课 4：多位加法器、加减运算器

3.2.4 二进制并行加/减运算器

减法运算是加法运算的逆运算，可以利用加法器构成实现减法运算的减法器。

方法是用被减数加上减数的补码。如减法运算 $Y=A-B$，可以转换成 $Y=A+(-B)$ 的加法运算，问题是需要先求出减数 B 的相反数$(-B)$的二进制编码。一个简单有效的方法是将 B 的二进制编码进行取反后再加上 1 就可以得到 B 的补码$-B$。

如 $A=9$，$B=3$，则

$$Y=A-B=A+(-B)=9+(-3)=6$$

用 4 位二进制运算，有

$$A=1001,\quad B=0011,$$
$$-B=1100+1=1101$$

则

$$\begin{array}{cccccc} A & & 1 & 0 & 0 & 1 \\ -B & + & 1 & 1 & 0 & 1 \\ \hline Y & 1 & 0 & 1 & 1 & 0 \end{array}$$

在运算结果中，产生出来的最高位进位对减法运算结果不起作用，可以将其自动丢弃，也称为自然丢失。

如图 3-16 所示，就可以实现加法/减法的运算电路，当需要实现加法运算时，加/减控制端的信号为 0，$C_{0-1}=0$，$B\oplus 0=B$，加数 B 的各位与 0 相"异或"后，B 的状态不变，则进行 $Y=A+B$ 的运算。当需要实现减法运算时，加/减控制端的信号为 1，$C_{0-1}=1$，$B\oplus 1=\overline{B}$，加数 B 的各位与 1 相"异或"后，B 的各位状态取反，而加/减控制端的信号 1 同时也加到 C_{0-1} 输入端，则进行 $Y=A+\overline{B}+1$ 的运算，即实现了 $Y=A+(-B)$ 的运算。

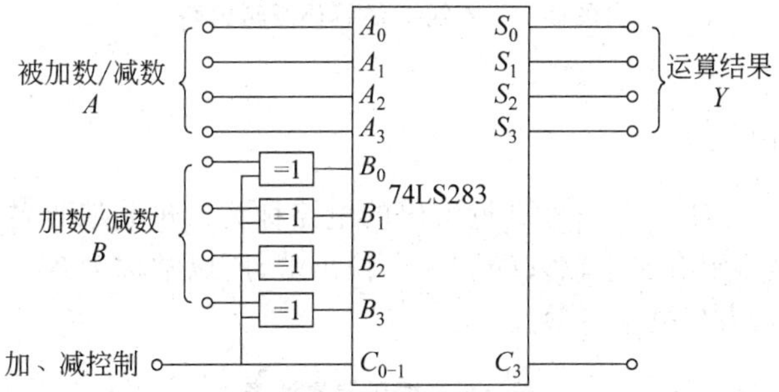

图 3-16 4 位二进制并行加法/减法运算器

3.3 编码器

在数字电路中，使用二进制数对文字、符号或者十进制数字进行编码，相应的二进制数称为二进制代码。能够实现编码这一逻辑功能的电路称为编码器。

3.3.1 编码器原理

在数字设备中，任何数据和信息都是以代码表示的。所使用的编码不同，实现这些编码的电路也不同，编码器可分为二进制编码器、二-十进制编码器等。通常多个输入中总是只有一个为1，其余都为0。而输出则是对这些输入进行编码，如表3-5所示，是一个4线-2线编码器的真值表，A_3、A_2、A_1、A_0 四个输入端中只能有一个1，而两个输出 Y_1、Y_0 的编码依次为00、01、10、11。

表3-5　4线-2线编码器的真值表

输　入				输　出	
A_3	A_2	A_1	A_0	Y_1	Y_0
0	0	0	1	0	0
0	0	1	0	0	1
0	1	0	0	1	0
1	0	0	0	1	1

用逻辑表达式可以表示为

$$Y_1 = A_2 + A_3 = \overline{\overline{A}_2\,\overline{A}_3}$$

$$Y_0 = A_1 + A_3 = \overline{\overline{A}_1\,\overline{A}_3}$$

逻辑图如图3-17所示。

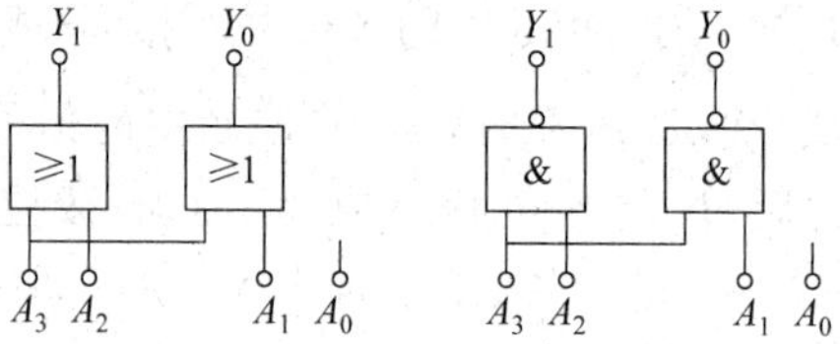

图3-17　4线-2线编码逻辑电路

3.3.2 二进制编码器

用 n 位二进制代码对 2^n 个信号进行编码的电路称为二进制编码器。

3位二进制编码器则有8个输入端和3个输出端，所以常称为8线-3线编码器，其功能真值表见表3-6，输入为高电平有效。

表3-6　编码器真值表

输　入								输　出		
I_0	I_1	I_2	I_3	I_4	I_5	I_6	I_7	A_2	A_1	A_0
1	0	0	0	0	0	0	0	0	0	0
0	1	0	0	0	0	0	0	0	0	1
0	0	1	0	0	0	0	0	0	1	0
0	0	0	1	0	0	0	0	0	1	1
0	0	0	0	1	0	0	0	1	0	0
0	0	0	0	0	1	0	0	1	0	1
0	0	0	0	0	0	1	0	1	1	0
0	0	0	0	0	0	0	1	1	1	1

由真值表写出各输出的逻辑表达式为

$$A_2=\overline{\overline{I_4}\,\overline{I_5}\,\overline{I_6}\,\overline{I_7}}$$

$$A_1=\overline{\overline{I_2}\,\overline{I_3}\,\overline{I_6}\,\overline{I_7}}$$

$$A_0=\overline{\overline{I_1}\,\overline{I_3}\,\overline{I_5}\,\overline{I_7}}$$

用门电路实现逻辑电路如图 3-18 所示。

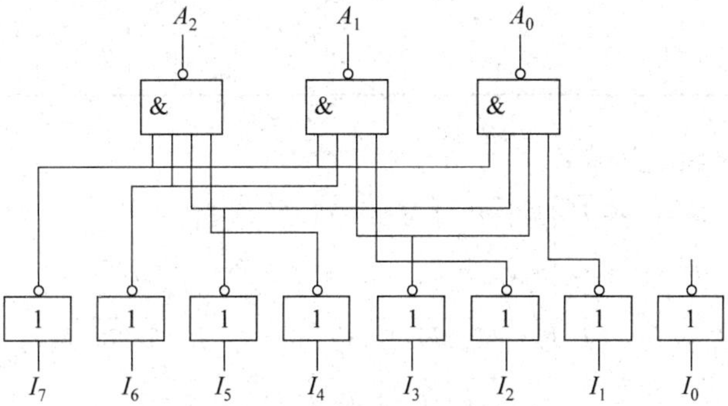

图 3-18 3 位二进制编码器

3.3.3 集成编码器

1. 优先编码器 74LS148

优先编码器允许同时输入两个以上的编码信号，编码器给所有的输入信号规定了优先顺序，当多个输入信号同时出现时，只对其中优先级最高的一个进行编码。

74LS148 是一种常用的 8 线-3 线优先编码器。其功能如表 3-7 所示，其中 $I_0 \sim I_7$ 为编码输入端，低电平有效。$A_0 \sim A_2$ 为编码输出端，也为低电平有效，即反码输出。表中"×"表示任意电平。其他功能如下。

(1) EI 为使能输入端，低电平有效。

(2) $I_7 \sim I_0$ 是编码输入端，低电平有效，$A_2 \sim A_0$ 为编码的输出端，也是低电路有效。

(3) 优先顺序为 $I_7 \rightarrow I_0$，即 I_7 的优先级最高，然后是 I_6、$I_5 \cdots I_0$。

(4) GS 为编码器的工作标志，低电平有效。GS=0 表示 $A_2A_1A_0$ 是编码输出，GS=1 表示 $A_2A_1A_0$ 不是编码输出。

(5) EO 为使能输出端，高电平有效。

表 3-7 74LS148 优先编码器真值表

输入									输出				
EI	I_0	I_1	I_2	I_3	I_4	I_5	I_6	I_7	A_2	A_1	A_0	GS	EO
1	×	×	×	×	×	×	×	×	1	1	1	1	1
0	1	1	1	1	1	1	1	1	1	1	1	1	0
0	×	×	×	×	×	×	×	0	0	0	0	0	1
0	×	×	×	×	×	×	0	1	0	0	1	0	1

续表

输入									输出				
EI	I_0	I_1	I_2	I_3	I_4	I_5	I_6	I_7	A_2	A_1	A_0	GS	EO
0	×	×	×	×	×	0	1	1	0	1	0	0	1
0	×	×	×	×	0	1	1	1	0	1	1	0	1
0	×	×	×	0	1	1	1	1	1	0	0	0	1
0	×	×	0	1	1	1	1	1	1	0	1	0	1
0	×	0	1	1	1	1	1	1	1	1	0	0	1
0	0	1	1	1	1	1	1	1	1	1	1	0	1

由表 3-7 可得逻辑表达式：

$$\begin{cases} A_2 = I_7 + \overline{I_7} I_6 + \overline{I_7}\,\overline{I_6} I_5 + \overline{I_7}\,\overline{I_6}\,\overline{I_5} I_4 \\ \quad = I_7 + I_6 + I_5 + I_4 \\ A_1 = I_7 + \overline{I_7} I_6 + \overline{I_7}\,\overline{I_6}\,\overline{I_5}\,\overline{I_4} I_3 + \overline{I_7}\,\overline{I_6}\,\overline{I_5}\,\overline{I_4}\,\overline{I_3} I_2 \\ \quad = I_7 + I_6 + \overline{I_5}\,\overline{I_4}\,I_3 + \overline{I_5}\,\overline{I_4} I_2 \\ A_0 = I_7 + \overline{I_7}\,\overline{I_6} I_5 + \overline{I_7}\,\overline{I_6}\,\overline{I_5}\,\overline{I_4} I_3 + \overline{I_7}\,\overline{I_6}\,\overline{I_5}\,\overline{I_4}\,\overline{I_3}\,\overline{I_2} I_1 \\ \quad = I_7 + \overline{I_6} I_5 + \overline{I_6}\,\overline{I_4} I_3 + \overline{I_6}\,\overline{I_4}\,\overline{I_2} I_1 \end{cases}$$

TTL 集成 8 线-3 线优先编码器的逻辑图如图 3-19 所示，引脚排列图如图 3-20 所示。

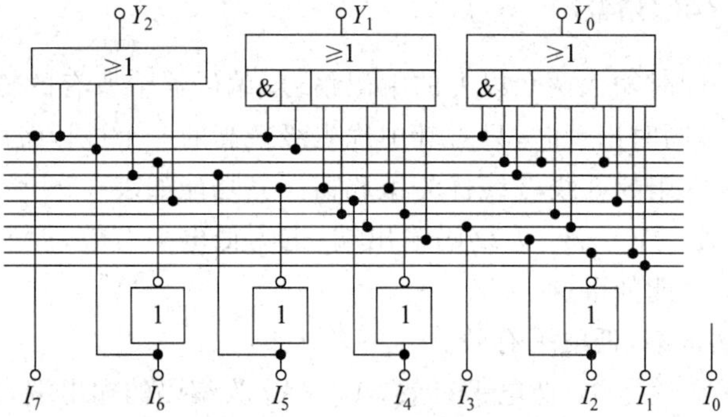

图 3-19　74LS148 优先编码器的逻辑图

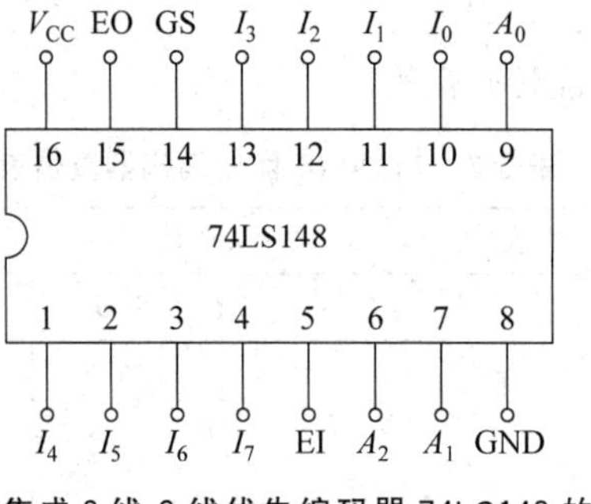

图 3-20　集成 8 线-3 线优先编码器 74LS148 的引脚图

2. 二-十进制编码器

将十进制的10个数码0、1、2、3、4、5、6、7、8、9编码成二进制代码的逻辑电路称为二-十进制编码器。工作原理与二进制编码器基本相似，常采用8421BCD码的编码方式。

输入有10个数码，输出需用4位二进制代码表示，输入的10个数码用$I_0 \sim I_9$表示，输出的二进制代码分别用$Y_3 \sim Y_0$表示。BCD码优先编码器的真值表如表3-8所示。

表3-8　8421BCD码优先编码器真值表

输入										输出			
I_9	I_8	I_7	I_6	I_5	I_4	I_3	I_2	I_1	I_0	Y_3	Y_2	Y_1	Y_0
0	0	0	0	0	0	0	0	0	1	0	0	0	0
0	0	0	0	0	0	0	0	1	×	0	0	0	1
0	0	0	0	0	0	0	1	×	×	0	0	1	0
0	0	0	0	0	0	1	×	×	×	0	0	1	1
0	0	0	0	0	1	×	×	×	×	0	1	0	0
0	0	0	0	1	×	×	×	×	×	0	1	0	1
0	0	0	1	×	×	×	×	×	×	0	1	1	0
0	0	1	×	×	×	×	×	×	×	0	1	1	1
0	1	×	×	×	×	×	×	×	×	1	0	0	0
1	×	×	×	×	×	×	×	×	×	1	0	0	1

74LS147是8421BCD码优先编码器，或称BCD输出的10线-4线优先编码器。其外部引脚如图3-21所示。

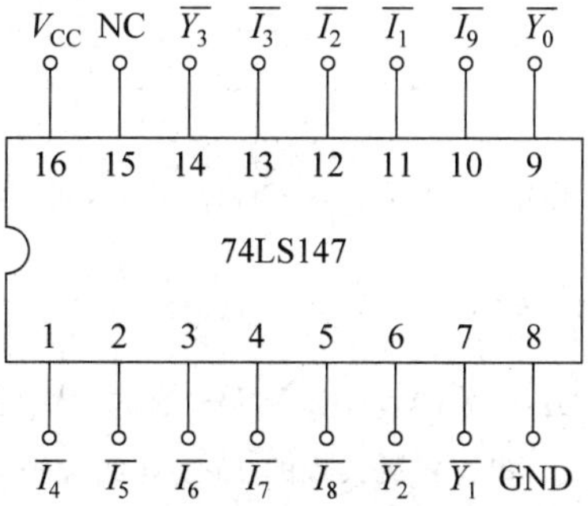

图3-21　集成10线-4线优先编码器74LS147的引脚图

(1) 输入信号$\overline{I_9} \sim \overline{I_1}$和输出信号$\overline{Y_3} \sim \overline{Y_0}$均采用反码形式，第15脚NC为空脚。

(2) 输入信号的$\overline{I_9}$优先级最高，$\overline{I_1}$优先级最低。

(3) 输入信号只有9个$\overline{I_9} \sim \overline{I_1}$，某个输入端为0，其余为1时，代表某个十进制数，9个输入端全为1时，代表十进制数0。74LS147优先编码器逻辑功能表如表3-9所示。

表 3-9　74LS147 优先编码器逻辑功能表

输入									输出				
$\overline{I_9}$	$\overline{I_8}$	$\overline{I_7}$	$\overline{I_6}$	$\overline{I_5}$	$\overline{I_4}$	$\overline{I_3}$	$\overline{I_2}$	$\overline{I_1}$	$\overline{Y_3}$	$\overline{Y_2}$	$\overline{Y_1}$	$\overline{Y_0}$	数字
1	1	1	1	1	1	1	1	1	1	1	1	1	0
1	1	1	1	1	1	1	1	0	1	1	1	0	1
1	1	1	1	1	1	1	0	×	1	1	0	1	2
1	1	1	1	1	1	0	×	×	1	1	0	0	3
1	1	1	1	1	0	×	×	×	1	0	1	1	4
1	1	1	1	0	×	×	×	×	1	0	1	0	5
1	1	1	0	×	×	×	×	×	1	0	0	1	6
1	1	0	×	×	×	×	×	×	1	0	0	0	7
1	0	×	×	×	×	×	×	×	0	1	1	1	8
0	×	×	×	×	×	×	×	×	0	1	1	0	9

3.3.4　编码器的应用

1. 编码器的扩展

集成编码器的输入/输出端的数目都是一定的，利用编码器的输入使能端 EI、输出使能端 EO 和优先编码工作标志 GS，可以扩展编码器的输入输出端。

图 3-22 所示为用两片 74LS148 优先编码器串行扩展实现的 16 线-4 线优先编码器。

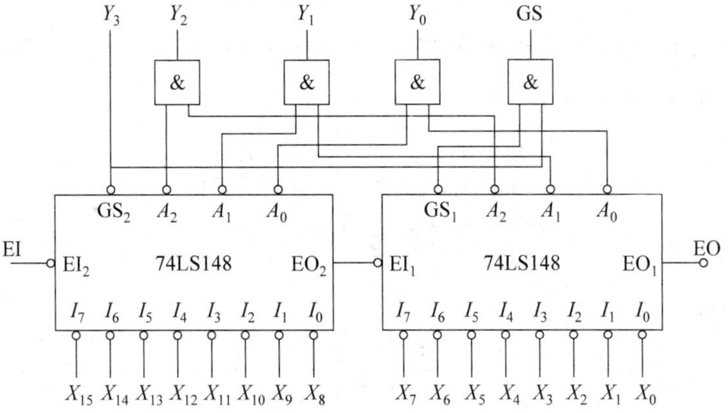

图 3-22　串行扩展实现的 16 线-4 线优先编码器

它共有 16 个编码输入端，用 $X_0 \sim X_{15}$ 表示；有 4 个编码输出端，用 $Y_0 \sim Y_3$ 表示。其中一片为低位片，其输入端 $I_0 \sim I_7$ 作为总输入端 $X_0 \sim X_7$；另一片为高位片，其输入端 $I_0 \sim I_7$ 作为总输入端 $X_8 \sim X_{15}$。两片的输出端 A_0、A_1、A_2 分别相与，作为总输出端 Y_0、Y_1、Y_2，高位片的 GS 端作为总输出端 Y_3。低位片的输出使能端 EO 作为电路总的输出使能端；高位片的输入使能端 EI 作为电路总的输入使能端，在本电路中接 0，处于允许编码状态。高位片的输出使能端 EO 接片的输入使能端 EI，控制低位片工作。两片的工作标志 GS 相与，作为总的工作标志 GS 端。

电路的工作原理：当高位片的输入端没有信号输入，即 $X_8 \sim X_{15}$ 全为 1 时，$GS_2=1$(即 $Y_3=1$)，$EO_2=0$(即 $EI_1=0$)，低位片处于允许编码状态。设此时 $X_5=0$，则低位片的输出为 $A_2A_1A_0=010$，由于高位片输出 $A_2A_1A_0=111$，所以总输出 $Y_3Y_2Y_1Y_0=1010$。

当高位片有信号输入，$EO_2=1$(即 $EI_1=1$)，低位片处于禁止编码状态。设此时 $X_{12}=0$(即片 2 的 $I_4=0$)，则片 2 的输出为 $A_2A_1A_0=011$，且 $GS_2=0$。由于低位片输出 $A_2A_1A_0=111$，所以总输出 $Y_3Y_2Y_1Y_0=0011$。

2. 组成 8421BCD 编码器

图 3-23 所示是用 74148 和门电路组成的 8421BCD 编码器，输入仍为低电平有效，输出为 8421BCD 码。工作原理如下。

当 I_9、I_8 无输入(即 I_9、I_8 均为高平)时，与非门 G_4 的输出 $Y_3=0$，同时使 74LS148 的 EI=0，允许 74LS148 工作，74LS148 对输入 $I_0 \sim I_7$ 进行编码。如 $I_5=0$，则 $A_2A_1A_0=010$，经门 G_1、G_2、G_3 处理后，$Y_2Y_1Y_0=101$，所以总输出 $Y_3Y_2Y_1Y_0=0101$。这正好是 5 的 8421BCD 码。当 I_9 或 I_8 有输入(低电平)时，与非门 G_4 的输出 $Y_3=1$，同时使 74LS148 的 EI=1，禁止 74LS148 工作，使 $A_2A_1A_0=111$。如果此时 $I_9=0$，总输出 $Y_3Y_2Y_1Y_0=1001$。如果 $I_8=0$，总输出 $Y_3Y_2Y_1Y_0=1000$。正好是 9 和 8 的 8421BCD 码。

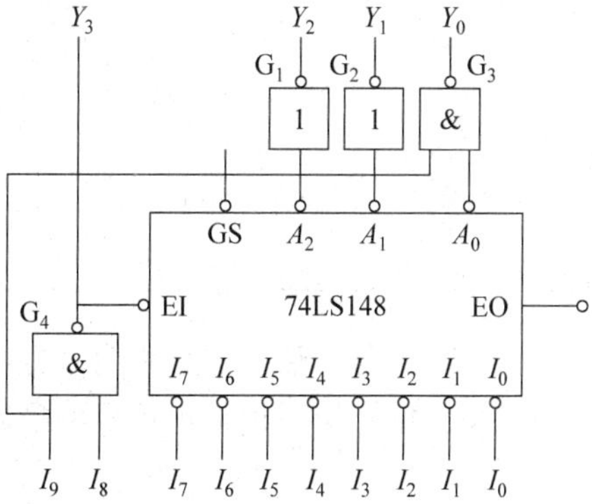

图 3-23　74LS148 组成 8421BCD 编码器

微课 5：编码器

3.4 译码器

译码是编码的逆过程。一般每一种二进制代码的状态都有特定的含义，即表示一个确定的信号。译码是把代码状态的特定含义翻译出来，实现译码操作的电路为译码器。译码器就是将二进制代码转换成不同信号的电路。

3.4.1 二进制译码器

把二进制代码的各种状态，翻译成对应的输出信号，若二进制代码有 n 位，则翻译出来的输出就有 2^n 个。在这 2^n 个输出中只允许有一个输出为 1(或为 0)，其余均为 0(或为 1)。

1. 3位二进制译码器

设3位二进制输入信号为$A_2A_1A_0$，而这3位二进制代码可对应8种不同的状态，因此，输出有8个信号分别用Y_7、Y_6…Y_0表示。表3-10列出了3位二进制译码器的真值表。

表3-10 3位二进制译码器真值表

输入			输出							
A_2	A_1	A_0	Y_7	Y_6	Y_5	Y_4	Y_3	Y_2	Y_1	Y_0
0	0	0	0	0	0	0	0	0	0	1
0	0	1	0	0	0	0	0	0	1	0
0	1	0	0	0	0	0	0	1	0	0
0	1	1	0	0	0	0	1	0	0	0
1	0	0	0	0	0	1	0	0	0	0
1	0	1	0	0	1	0	0	0	0	0
1	1	0	0	1	0	0	0	0	0	0
1	1	1	1	0	0	0	0	0	0	0

由真值表可知，输入信号中每一组二进制代码对应的8个输出中只有一个为1，其余7个都为0。可直接写出输出信号的逻辑表达式：

$$\begin{cases} Y_0=\overline{A_2}\,\overline{A_1}\,\overline{A_0} \\ Y_1=\overline{A_2}\,\overline{A_1}A_0 \\ Y_2=\overline{A_2}A_1\overline{A_0} \\ Y_3=\overline{A_2}A_1A_0 \\ Y_4=A_2\overline{A_1}\,\overline{A_0} \\ Y_5=A_2\overline{A_1}A_0 \\ Y_6=A_2A_1\overline{A_0} \\ Y_7=A_2A_1A_0 \end{cases}$$

根据这些逻辑表达式画出逻辑电路图如图3-24所示。可以由与非门电路组成。

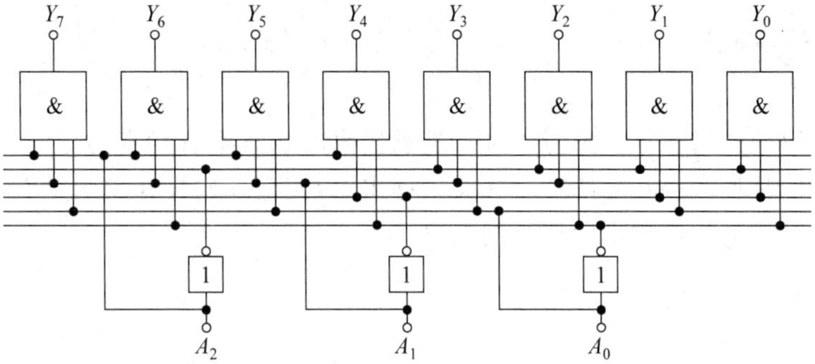

图3-24 3位二进制译码器逻辑电路图

2. 集成3线-8线译码器74LS138

集成74LS138译码器是一种常用的译码芯片电路。集成3线-8线译码器74LS138的引脚图和逻辑功能示意图如图3-25所示,其中A_2、A_1、A_0为二进制译码输入端,$\overline{Y_7}$~$\overline{Y_0}$为译码器的输出端,低电平有效,G_1、$\overline{G_{2A}}$、$\overline{G_{2B}}$为选通控制端,当$G_1=1$、$\overline{G_{2A}}+\overline{G_{2B}}=0$时,译码器处于工作状态,输出端输出有效信号,当$G_1=0$或者$\overline{G_{2A}}+\overline{G_{2B}}=1$时,译码器处于禁止状态,输出端信号均无效。74LS138真值表如表3-11所示。

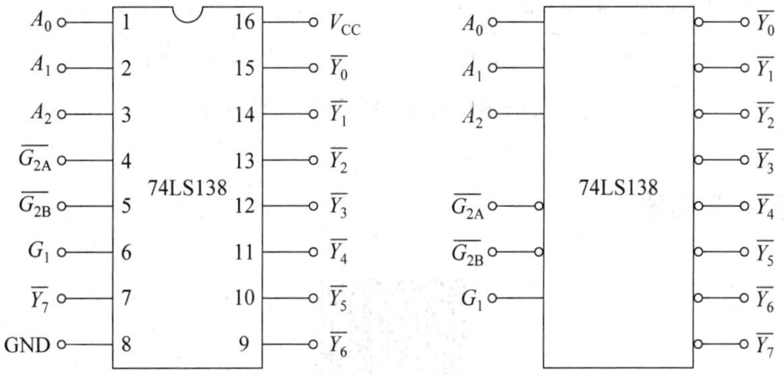

图3-25 集成3线-8线译码器74LS138引脚图

表3-11 74LS138译码器真值表

输入						输出							
G_1	$\overline{G_{2A}}$	$\overline{G_{2B}}$	A_2	A_1	A_0	$\overline{Y_7}$	$\overline{Y_6}$	$\overline{Y_5}$	$\overline{Y_4}$	$\overline{Y_3}$	$\overline{Y_2}$	$\overline{Y_1}$	$\overline{Y_0}$
0	×	×	×	×	×	1	1	1	1	1	1	1	1
×	1	×	×	×	×	1	1	1	1	1	1	1	1
×	×	1	×	×	×	1	1	1	1	1	1	1	1
1	0	0	0	0	0	1	1	1	1	1	1	1	0
1	0	0	0	0	1	1	1	1	1	1	1	0	1
1	0	0	0	1	0	1	1	1	1	1	0	1	1
1	0	0	0	1	1	1	1	1	1	0	1	1	1
1	0	0	1	0	0	1	1	1	0	1	1	1	1
1	0	0	1	0	1	1	1	0	1	1	1	1	1
1	0	0	1	1	0	1	0	1	1	1	1	1	1
1	0	0	1	1	1	0	1	1	1	1	1	1	1

【例3-3】 用74LS138译码器实现逻辑函数$Y=A\overline{B}+BC$。

解 画出逻辑函数的卡诺图,如图3-26(a)所示,实际上也就得到了函数的真值表,根据卡诺图或真值表,可写出函数Y的最小项表达式为

$$Y(A,B,C)=m_3+m_4+m_5+m_7$$

根据最小项表达式,将一片74LS138和一个与非门进行如图3-26(b)所示的连接,便实现了该函数。当$ABC=011$、$ABC=100$、$ABC=101$或$ABC=111$时,$\overline{Y_3}$、$\overline{Y_4}$、$\overline{Y_5}$或$\overline{Y_7}$等于0,使Y输出为1,在A、B、C其他组合取值下,Y输出为0,这就满足了该函数逻辑功能的要求。

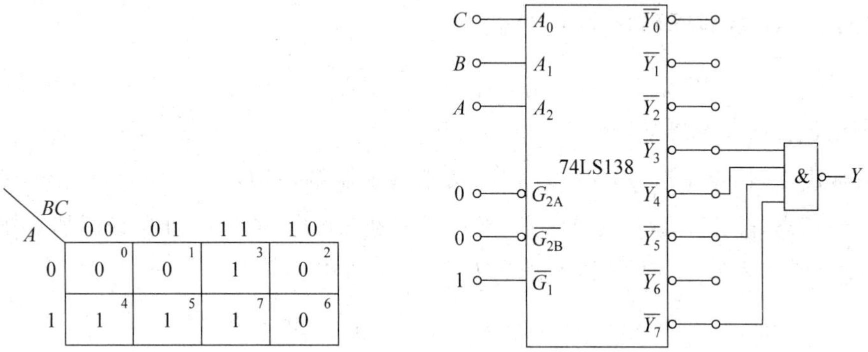

(a) 卡诺图　　(b) 接线法

图 3-26　用 74LS138 逻辑函数的逻辑

微课 6：二进制译码器

3.4.2　二-十进制译码器

1. 8421BCD 码译码器

BCD 码(也称二-十进制码)，是用 4 位二进制数码表示 1 位十进制数字的编码方式，即用二进制码 0000～1001 分别表示 0～9 这 10 个数码。因此，二-十进制译码器的输入是 4 位二进制编码，分别用 A_3、A_2、A_1、A_0 4 个输入表示，输出的是 10 个对应于十进制数码的 10 个信号，分别用 Y_9～Y_0 10 个输出表示，所以二-十进制译码器又称 4 线-10 线译码器。表 3-12 所示为二-十进制译码器的真值表。

表 3-12　二-十进制译码器的真值表

输　入				输　出									
A_3	A_2	A_1	A_0	Y_9	Y_8	Y_7	Y_6	Y_5	Y_4	Y_3	Y_2	Y_1	Y_0
0	0	0	0	0	0	0	0	0	0	0	0	0	1
0	0	0	1	0	0	0	0	0	0	0	0	1	0
0	0	1	0	0	0	0	0	0	0	0	1	0	0
0	0	1	1	0	0	0	0	0	0	1	0	0	0
0	1	0	0	0	0	0	0	0	1	0	0	0	0
0	1	0	1	0	0	0	0	1	0	0	0	0	0
0	1	1	0	0	0	0	1	0	0	0	0	0	0
0	1	1	1	0	0	1	0	0	0	0	0	0	0
1	0	0	0	0	1	0	0	0	0	0	0	0	0
1	0	0	1	1	0	0	0	0	0	0	0	0	0

针对4位二进制数实际上有16种编码方式，即0000～1111，但在BCD码中，1010～1111这6种编码状态是不使用的，在正常工作状态下不会出现，化简时可以将它们作为随意项处理。但输入信号A_3、A_2、A_1、$A_0$4个输入信号必须取0000～1001这10种代码的约束条件，不能输入1010～1111这6种代码，否则就会出现错误的输出。

在中规模集成电路二-十进制译码器中，对BCD码却采用了完全译码方案，简化电路结构，当输入代码出现无效状态时，译码器不予响应。

2. 集成4线-10线译码器74LS42

8421BCD码输入的集成4线-10线译码器74LS42如图3-27所示。

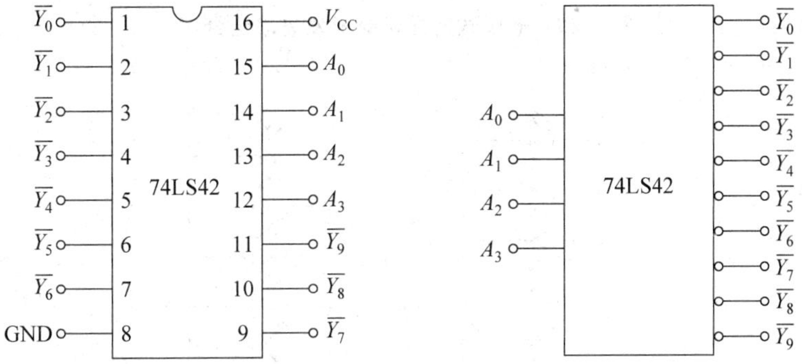

图3-27 集成4线-10线译码器74LS42引脚图

74LS42的输出采用反变量，即为低电平有效，并且采用完全译码方案。

3.4.3 显示译码器

1. 数码显示器

在数字系统中，常常需要将数字、字母、符号等直观地显示出来，供人们读取或监视系统的工作情况，能够显示数字、字母或符号的器件称为数码显示器。

在数字电路中，数字量都是以一定的代码形式出现的，所以这些数字量要先经过译码，才能被送到数码显示器去显示。这种能把数字量翻译成数码显示器所能识别的信号的译码器称为数字显示译码器。

常用的数码显示器有多种类型。按显示方式分，有字型重叠式、点阵式、分段式等。按发光物质分，有半导体显示器，又称发光二极管（LED）显示器、荧光显示器、液晶显示器、气体放电管显示器等。

目前应用最广泛的是由发光二极管构成的七段数码显示器。

七段数码显示器就是将七个发光二极管（加小数点为八个）按一定的方式排列起来，七段a、b、c、d、e、f、g（小数点h）各对应一个发光二极管，利用不同发光段的组合，显示不同的阿拉伯数字，如图3-28所示。

按内部连接方式不同，七段数码显示器分为共阴极和共阳极两种，如图3-29所示。

半导体显示器的优点是工作电压较低（1.5～3V）、体积小、寿命长、亮度高、响应速度快、工作可靠性高。缺点是工作电流大，每个字段的工作电流约为10mA。

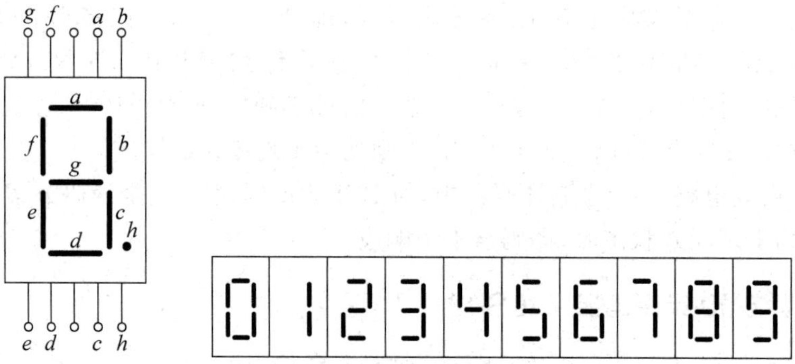

(a) 显示器　　　　(b) 7段组合图

图 3-28　七段数码显示器及发光段组合图

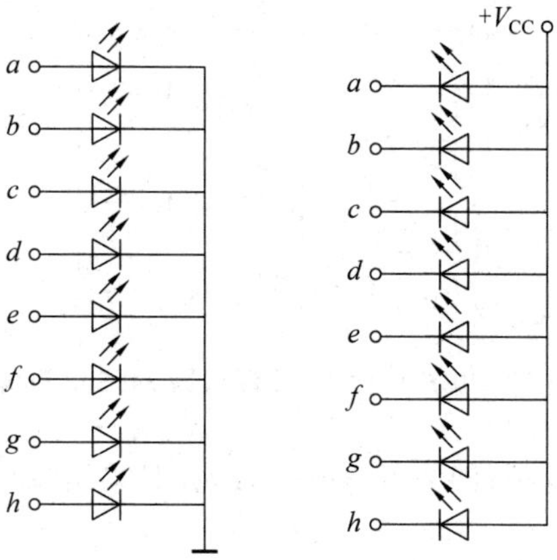

(a) 共阳极接法　　　　(b) 共阴极接法

图 3-29　半导体数码显示器的内部接法

2. 显示译码器

显示译码器是将输入信号经译码后驱动不同的发光二极管，达到显示不同字形的目的。假如要驱动共阴极的七段数码显示器，在表 3-13 中列出其真值表。输入信号为 A_3、A_2、A_1、A_0BCD 码，输出信号为驱动七段数码管发光显示 10 个十进制数码的显示信号，共阴极数码管是高电平有效。

表 3-13　七段显示译码器的真值表

输　入				输　出							显示字形
A_3	A_2	A_1	A_0	a	b	c	d	e	f	g	
0	0	0	0	1	1	1	1	1	1	0	0
0	0	0	1	0	1	1	0	0	0	0	1
0	0	1	0	1	1	0	1	1	0	1	2
0	0	1	1	1	1	1	1	0	0	1	3

续表

输入				输出							显示字形
A_3	A_2	A_1	A_0	a	b	c	d	e	f	g	
0	1	0	0	0	1	1	0	0	1	1	4
0	1	0	1	1	0	1	1	0	1	1	5
0	1	1	0	1	0	1	1	1	1	1	6
0	1	1	1	1	1	1	0	0	0	0	7
1	0	0	0	1	1	1	1	1	1	1	8
1	0	0	1	1	1	1	1	0	1	1	9

3. 集成七段显示译码器 74LS48

集成七段显示译码器 74LS48 是一种与共阴极数字显示器配合使用的集成译码器，它的功能是将输入的 4 位二进制代码转换成显示器所需要的七个段信号。使用时可直接接显示器。

74LS48 的引脚图如图 3-30 所示。$A_3A_2A_1A_0$ 为信号输入端，$a \sim g$ 为译码输出端。真值表如表 3-14 所示。

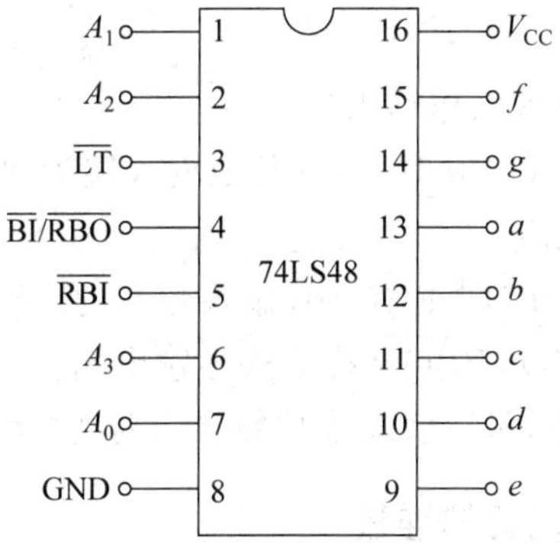

图 3-30 集成七段显示译码器 74LS48 引脚图

表 3-14 集成七段显示译码器的真值表

功能	输入						输出							
	$\overline{LT}$	$\overline{RBI}$	A_3	A_2	A_1	A_0	$\overline{BI}/\overline{RBO}$	a	b	c	d	e	f	g
灭灯	×	×	×	×	×	×	0(输入)	0	0	0	0	0	0	0
试灯	0	×	×	×	×	×	1	1	1	1	1	1	1	1
动态灭零	1	0	0	0	0	0	0	0	0	0	0	0	0	0
0	1	1	0	0	0	0	1	1	1	1	1	1	1	0
1	1	×	0	0	0	1	1	0	1	1	0	0	0	0
2	1	×	0	0	1	0	1	1	1	0	1	1	0	1
3	1	×	0	0	1	1	1	1	1	1	1	0	0	1
4	1	×	0	1	0	0	1	0	1	1	0	0	1	1
5	1	×	0	1	0	1	1	1	0	1	1	0	1	1
6	1	×	0	1	1	0	1	1	0	1	1	1	1	1

续表

功能	输入						输出							
	$\overline{LT}$	$\overline{RBI}$	A_3	A_2	A_1	A_0	$\overline{BI}/\overline{RBO}$	a	b	c	d	e	f	g
7	1	×	0	1	1	1	1	1	1	1	0	0	0	0
8	1	×	1	0	0	0	1	1	1	1	1	1	1	1
9	1	×	1	0	0	1	1	1	1	1	1	0	1	1

另外，它还有 3 个控制端：试灯输入端$\overline{LT}$、灭零输入端$\overline{RBI}$、特殊控制端$\overline{BI}/\overline{RBO}$。其功能如下。

（1）正常译码显示

$\overline{LT}=1$，$\overline{BI}/\overline{RBO}=1$ 时，对输入为十进制数 1～9 的二进制码（0001～1001）进行译码，产生对应的七段显示码。

（2）灭零

当输入$\overline{RBI}=0$，而输入为 0 的二进制码 0000 时，则译码器的 a～g 输出全 0，使显示器全灭；只有当$\overline{RBI}=1$ 时，才产生 0 的七段显示码，所以$\overline{RBI}$称为灭零输入端。

（3）试灯

当$\overline{LT}=0$ 时，无论输入怎样，a～g 输出全 1，数码管七段全亮。由此可以检测显示器七个发光段的好坏。$\overline{LT}$称为试灯输入端。

（4）特殊控制端$\overline{BI}/\overline{RBO}$

$\overline{BI}/\overline{RBO}$可以作输入端，也可以作输出端。

作输入使用时，如果$\overline{BI}/\overline{RBO}=0$ 时，不管其他输入端为何值，a～g 均输出 0，显示器全灭，因此$\overline{BI}/\overline{RBO}$称为灭灯输入端。

作输出端使用时，受控于$\overline{RBO}$当$\overline{RBI}=0$，输入为 0 的二进制码 0000 时，$\overline{RBO}=0$，用以指示该片正处于灭零状态。所以，$\overline{RBO}$又称为灭零输出端。

将$\overline{BI}/\overline{RBO}$和$\overline{RBI}$配合使用，可以实现多位数显示时的“无效 0 消隐”功能。

4. 集成显示译码器与数码管的连接

集成七段显示译码器 74LS48 与共阴极七段数码管显示器的连接如图 3-31 所示。

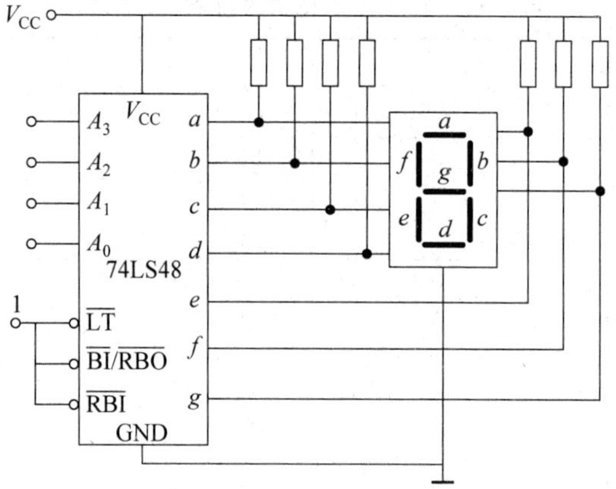

图 3-31　集成七段显示译码器与数码显示器的连接

微课 7：二-十进制译码器和显示译码器

3.5 数据选择器

数据选择器是一种多路选择开关，是一个有多输入单输出的组合逻辑电路，通过地址选择信号决定某一路输入信号作为输出信号。

3.5.1 数据选择器原理

若数据选择器有 M 个数据输入端 X_0、X_1…X_{m-1}，n 个通道选择地址码输入端 C_0、C_1…C_{n-1} 和一个数据输出端 Y。数据选择器的逻辑框图与等效电路如图 3-32 所示。

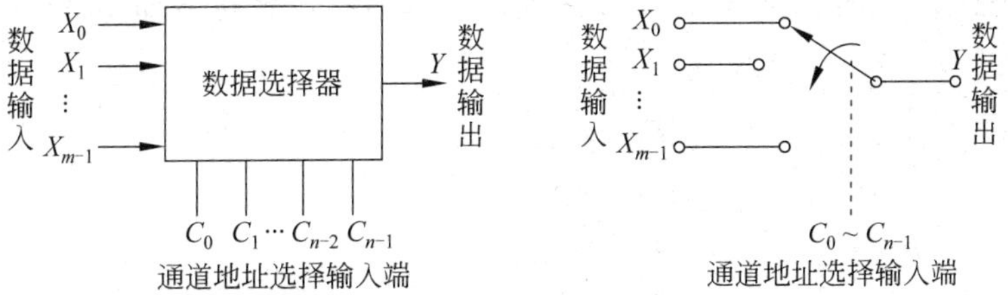

(a) 逻辑框图 (b) 等效电路图

图 3-32 数据选择器的逻辑框图与等效电路

数据输入端数目 m 与输入通道选择地址码位数 n 有如下关系：

$$m = 2^n$$

设 m_i 为 C_0、C_1…C_{n-1} 组成的最小项，则数据选择器输出与输入之间关系为

$$Y = \sum_{i=0}^{m-1} m_i X_i \quad (i = 0 \sim m-1)$$

以 4 选 1 数据选择器为例，输入信号有 D_3、D_2、D_1、D_0 四个，输出信号有一个 Y，选择控制信号有两个 A_1 和 A_0，可列出 4 选 1 数据选择器的真值表，如表 3-15 所示。

表 3-15 4 选 1 数据选择器的真值表

输 入			输 出
D	A_1	A_0	Y
D_0	0	0	D_0
D_1	0	1	D_1
D_2	1	0	D_2
D_3	1	1	D_3

根据真值表得到输出 Y 的逻辑表达式为

$$Y=D_0\overline{A_1}\,\overline{A_0}+D_1\overline{A_1}A_0+D_2A_1A_0+D_3A_1A_0$$

4 选 1 数据选择器的逻辑图如图 3-33 所示。

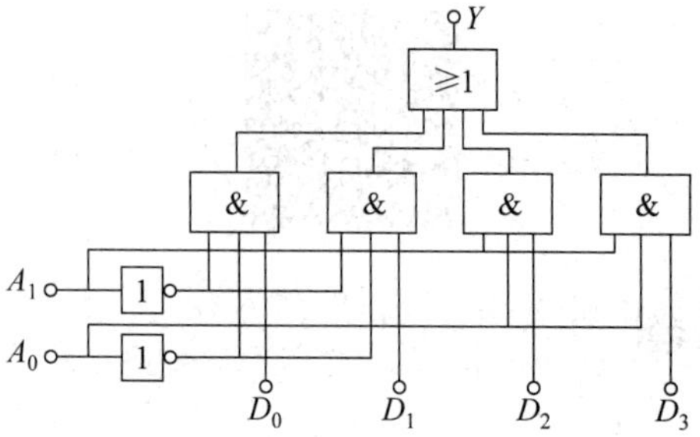

图 3-33　4 选 1 数据选择器的逻辑图

3.5.2　集成数据选择器

1. 集成双 4 选 1 数据选择器 74LS153

集成双 4 选 1 数据选择器 74LS153 的外部引脚图和逻辑符号如图 3-34 所示，其逻辑功能表如表 3-16 所示。

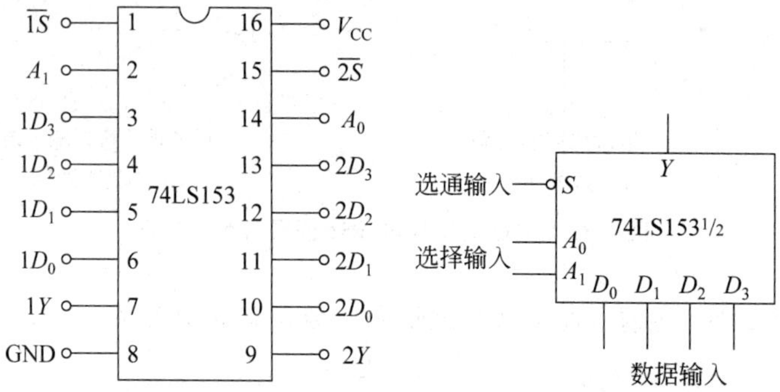

(a) 引脚排列图　　(b) 逻辑符号

图 3-34　集成双 4 选 1 数据选择器 74LS153 的外部引脚图和逻辑图

表 3-16　集成双 4 选 1 数据选择器 74LS153 的逻辑功能表

输入				输出
S	D	A_1	A_0	Y
1	×	×	×	0
0	D_0	0	0	D_0
0	D_1	0	1	D_1
0	D_2	1	0	D_2
0	D_3	1	1	D_3

【例 3-4】　用 74LS153 实现逻辑函数 $Z=f(A,B)=\sum m(0,3)$。

解

$$Z=\sum m(0,3)=m_0+m_3=\overline{A}\overline{B}+AB$$

由最小项表达式得出该函数的真值表，用半片 74LS153 即可实现该函数，接法如图 3-35 所示，输入变量 A、B 分别接选择输入端 A_1、A_0 选通输入，S 端接 0，数据输入端 D_0、D_1、D_2、D_3 根据真值表(表 3-17)分别接 1、0、0、1。

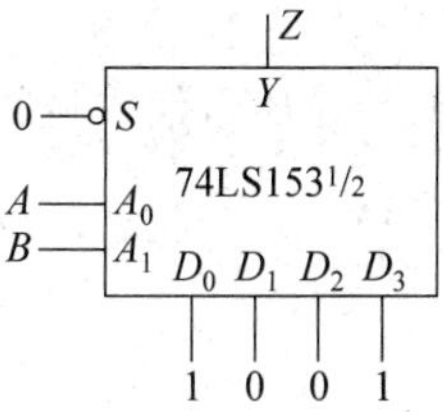

图 3-35 用 74LS153 实现逻辑

表 3-17 真值表

A	B	Z
0	0	1
0	1	0
1	0	0
1	1	1

2. 集成 8 选 1 数据选择器 74LS151

集成 8 选 1 数据选择器 74LS151 的外部引脚排列图如图 3-36 所示，其逻辑功能表如表 3-18 所示。

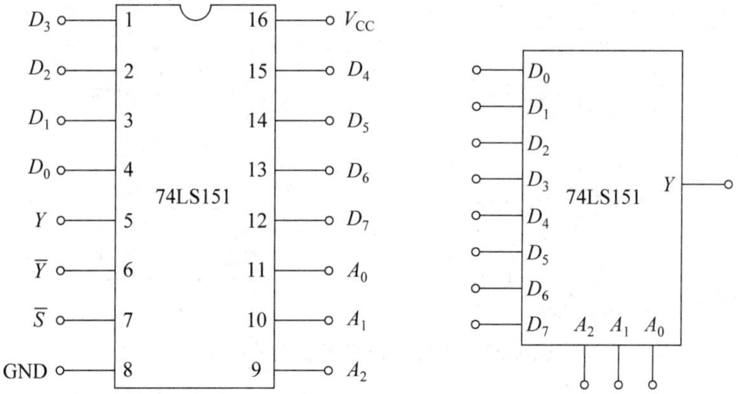

图 3-36 集成 8 选 1 数据选择器 74LS151 的外部引脚排列图和逻辑图

表 3-18 集成 8 选 1 数据选择器 74LS151 的逻辑功能表

输入					输出
S	A_2	A_1	A_0	D	Y
1	×	×	×	×	0
0	0	0	0	D_0	D_0
0	0	0	1	D_1	D_1
0	0	1	0	D_2	D_2
0	0	1	1	D_3	D_3
0	1	0	0	D_4	D_4
0	1	0	1	D_5	D_5
0	1	1	0	D_6	D_6
0	1	1	1	D_7	D_7

【例 3-5】 用数据选择器实现逻辑函数 $L=\overline{A}\overline{B}C+A\overline{B}\overline{C}+BC$。

解 表达式中有 A、B、C 三个输入变量，选定数据选择器，选择器的通道地址码变量个数应等于或小于逻辑函数的输入变量个数。所以选择器的通道地址变量个数应等于或小于 3，既可选用 8 选 1 数据选择器，也可选用 4 选 1 数据选择器。

(1) 选用 8 选 1 数据选择器

8 选 1 数据选择器的通道地址码为 $A_2A_1A_0$，设 $A_2A_1A_0=ABC$，代入逻辑表达式，得：

$$L=\overline{A_2}\,\overline{A_1}A_0+A_2\overline{A_1}\,\overline{A_0}+A_1A_0$$

整理成最小项表达式为

$$\begin{aligned}L&=\overline{A_2}\,\overline{A_1}A_0+A_2\overline{A_1}\,\overline{A_0}+A_1A_0\\&=\overline{A_2}\,\overline{A_1}A_0+A_2\overline{A_1}\,\overline{A_0}+\left(A_2+\overline{A_2}\right)A_1A_0\\&=\overline{A_2}\,\overline{A_1}A_0+A_2\overline{A_1}\,\overline{A_0}+A_2A_1A_0+\overline{A_2}A_1A_0\\&=m_1+m_3+m_4+m_7\end{aligned}$$

则 $D_1=D_3=D_4=D_7=1$，$D_0=D_2=D_5=D_6=0$，相应的逻辑电路图如图 3-37(a)所示。

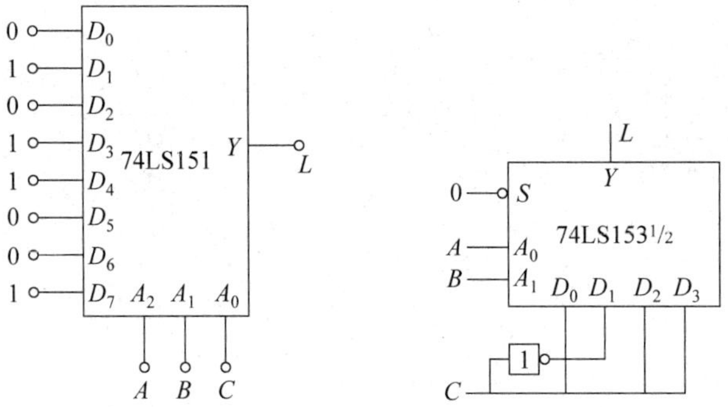

(a) (b)

图 3-37 用数据选择器实现逻辑函数

(2) 选用 4 选 1 数据选择器

4 选 1 数据选择器的通道地址码为 A_1A_0 两个，设 $A_1A_0=AB$，代入逻辑表达式，得：

$$\begin{aligned}L&=\overline{A}\overline{B}C+A\overline{B}\overline{C}+BC\\&=\overline{A_1}\,\overline{A_0}C+A_1\overline{A_0}\overline{C}+A_0C\\&=\overline{A_1}\,\overline{A_0}C+A_1\overline{A_0}\,\overline{C}+A_0C(A_1+\overline{A_1})\end{aligned}$$

整理成最小项表达式为

$$\begin{aligned}L&=\overline{A}_1\overline{A}_0C+\overline{A}_1A_0\overline{C}+A_1\overline{A}_0C+A_1A_0C\\&=m_0C+m_1\overline{C}+m_2C+m_3C\end{aligned}$$

而 4 选 1 数据选择器输出信号的表达式为

$$Y=m_0D_0+m_1D_1+m_2D_2+m_3D_3$$

因此，$D_0=D_2=D_3=C$，$D_1=\overline{C}$，相应的逻辑电路图如图 3-37(b)所示。

微课 8：数据选择器

3.6 数据分配器

数据分配器又叫多路分配器。其逻辑功能是将一个输入信号传送到多个输出中的某一个输出端，是由一组控制信号确定。N 根选择控制线可以决定分配 2^N 个输出端。如图 3-38 所示，描述了 1 路-4 路数据分配器的示意图，类似于多路开关。

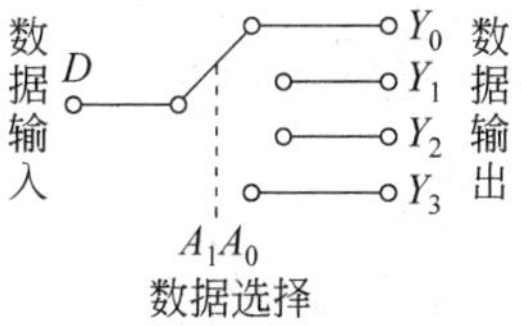

图 3-38 1 路-4 路数据分配器等效电路

3.6.1 数据分配器原理

假定数据分配器有一路输入信号，用 D 表示，有四路数据输出端，用 Y_0、Y_1、Y_2、Y_3 表示，则需要 2 个输入选择控制信号，用 A_1、A_0 表示，根据 A_1、A_0 的取值，选中输出端的作为输入信号的输出。其数据分配真值表如表 3-19 所示。

表 3-19 1 路-4 路数据分配器的真值表

输入			输出			
	A_1	A_0	Y_0	Y_1	Y_2	Y_3
D	0	0	D	0	0	0
	0	1	0	D	0	0
	1	0	0	0	D	0
	1	1	0	0	0	D

由表 3-15 可以写出各输出函数的逻辑表达式：

$$Y_0=D\overline{A_1}\,\overline{A_0} \qquad Y_1=D\overline{A_1}A_0 \qquad Y_2=DA_1\overline{A_0} \qquad Y_3=DA_1A_0$$

根据上述逻辑可画出如图 3-39 所示的逻辑图。

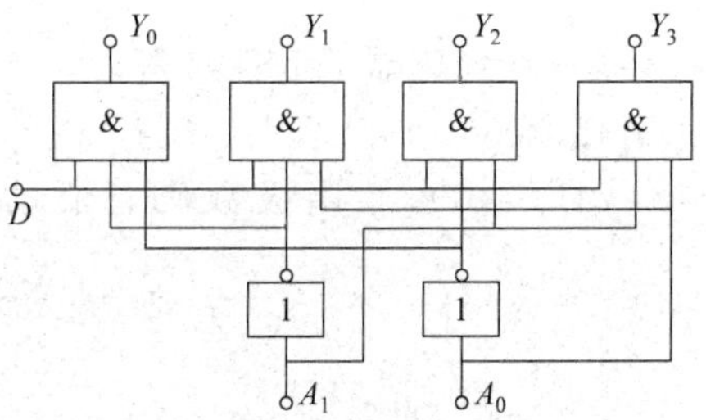

图 3-39 1 路-4 路数据分配器逻辑电路

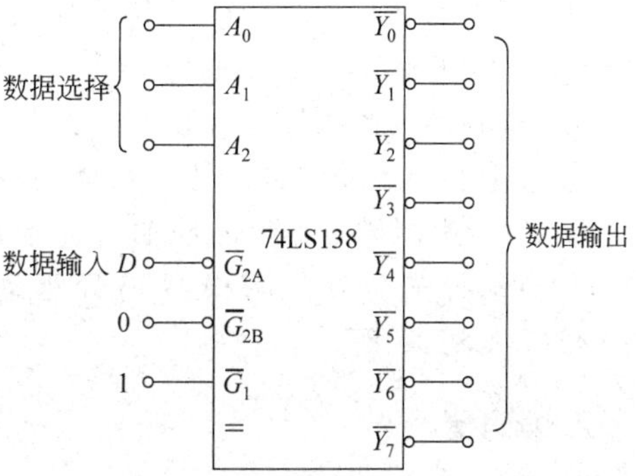

图 3-40 74LS138 译码器实现 1 路-8 路数据分配器

3.6.2 集成数据分配器

74LS138 是 3 线-8 线译码器，还可以用 1 路-8 路数据分配器，如图 3-40 所示，8 个输出 $\overline{Y_0}\sim\overline{Y_7}$ 作为数据分配器的 8 个输出，3 个译码输入 $A_0\sim A_2$ 作为 3 个选择输入端，将 3 个选通信号输入端改为输入端 D，取 $D=\overline{G_{2A}}$，设定 $G_1=1$，$\overline{G_{2B}}=0$，则有以下结论。

当 $D=\overline{G_{2A}}=0$ 时，输出端 $\overline{Y_0}\sim\overline{Y_7}$ 中有一个输出是有效信号（低电平），其余都为高电平，至于哪一个输出有效信号取决于 $A_2\sim A_0$ 的取值，相当于通过 $A_2\sim A_0$ 的取值选择指定的输出端信号与 $D=0$ 相同，其余输出为高电平 1。

当 $D=\overline{G_{2A}}=1$ 时，输出端 $\overline{Y_0}\sim\overline{Y_7}$ 中的输出均为无效信号（高电平），可以认为选通信号 $A_2\sim A_0$ 的取值，选择指定的输出端信号与 $D=1$ 相同，其余当然仍然为高电平 1。

微课 9：数据分配器

技能测试 1：译码器和编码器

一、实验目的

（1）掌握译码器、编码器的工作原理和特点。

（2）熟悉常用译码器、编码器的逻辑功能和它们的典型应用。

二、实验原理

数字电路分为两大类：一类是组合逻辑电路，另一类是时序逻辑电路。组合电路在任何时刻的输出仅由该时刻的输入信号的取值组合确定，输入信号到来以前电路所处的状态不影响输出信号。通常组合逻辑电路是由门电路组成。

1. 译码器

（1）译码器是一种组合逻辑电路，就是将代码的特定含义“翻译”出来的过程，而实现译码的电路就是译码器。如果有 N 个输入变量，那么最多有 2^N 输出。

（2）译码器按照功用分为以下三类。

① 二进制译码器：如 2 线-4 线译码器 74LS139、3 线-8 线译码器 74LS138 等。

② 二-十进制译码器：如 BCD-十进制译码器 74LS145 等。

③ 显示译码器：共阴极数码管驱动器 74LS48（74LS248），共阳极数码管驱动器 74LS47（74LS247）等。

2. 编码器

（1）编码器也是一种组合逻辑电路。所谓编码，就是用二进制代码表示有某种有特定含义信号的过程。如3位二进制数有8种状态，可指定它们表示1～8的数，也可指定它们表示8种含义。

(2) 按照不同特点和要求，编码器分为以下三类。

① 二进制编码器：用 N 位二进制代码表示 2^N 个状态。如用门电路构成的4线-2线、8线-3线编码器。

② 二-十进制编码器：将十进制的数码0～9变成BCD码，如10线十进制-4线BCD编码器74LS147等。

③ 优先编码器：优先编码器的优点在于当存在两个以上的信号同时输入时，输出不会出现混乱，而且能对同时输入的信号中优先级高的信号进行编码。常见的集成编码器有10线-4线的74LS147、8线-3线的74LS148等。

三、实验内容及步骤

(1) 译码器功能测试

① 74LS139功能测试。将74LS139接入实验系统IC空插座，按图3-41(a)接线，输入 E、A、B 信号，观察LED输出 Y_0、Y_1、Y_2、Y_3 的状态，将结果记录在表3-20中。

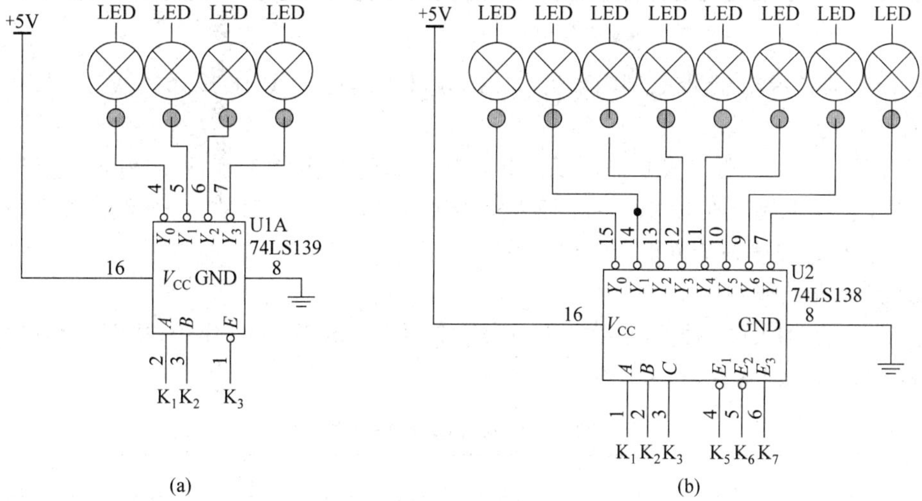

图3-41 74LS139及74LS138逻辑功能

表3-20 74LS139功能表

输入			输出			
E	B	A	Y_0	Y_1	Y_2	Y_3
1	×	×	1	1	1	1
0	0	0				
0	0	1				
0	1	0				
0	1	1				

② 74LS138功能测试。将74LS138接入实验系统IC空插座，按图3-41(b)接线，输入 E_1、E_2、E_3、A、B、C 信号，观察LED输出 Y_0～Y_7。将实验结果记录在表3-21中。E_1、E_2、

E_3 为使能端，E_3 为高电平有效，E_1、E_2 为低电平时有效。

表 3-21　74LS138 功能表

输　入					输　出							
使　能		选　择			Y_0	Y_1	Y_2	Y_3	Y_4	Y_5	Y_6	Y_7
E_3	E^*	C	B	A	1	1	1	1	1	1	1	1
×	1	×	×	×	1	1	1	1	1	1	1	1
0	×	×	×	×								
1	0	0	0	0								
1	0	0	0	1								
1	0	0	1	0								
1	0	0	1	1								
1	0	1	0	0								
1	0	1	0	1								
1	0	1	1	0								
1	0	1	1	1								

注：E^* 代表 E_1、E_2，E_1 和 E_2 的状态完全相同。

③ 译码器扩展功能测试。用两片 74LS138 可扩展成 4 线-16 线译码器。按图 3-42 接线，验证其功能。

④ 译码驱动器和数码管功能测试。共阴数码管的结构如图 3-43(a)所示，将译码驱动器 74LS48 和共阴数码管 LC5011-11 插入实验箱 IC 座中，按图 3-43(b)接线。接通电源后，观察数码管是否和拨码开关指示数据一致。

（2）编码器功能测试

① 编码器 74LS147 功能测试。将 74LS147 插入实验系统 IC 座中，按图 3-44(a)接线，观察输出结果，并记录在表 3-22 中。

表 3-22　十进制/BCD 编码器功能表

输　入									输　出			
1	2	3	4	5	6	7	8	9	D	C	B	A
1	1	1	1	1	1	1	1	1	1	1	1	1
×	×	×	×	×	×	×	×	0				
×	×	×	×	×	×	×	0	1				
×	×	×	×	×	×	0	1	1				
×	×	×	×	×	0	1	1	1				
×	×	×	×	0	1	1	1	1				
×	×	×	0	1	1	1	1	1				
×	×	0	1	1	1	1	1	1				
×	0	1	1	1	1	1	1	1				
0	1	1	1	1	1	1	1	1				

注：×代表状态随意。

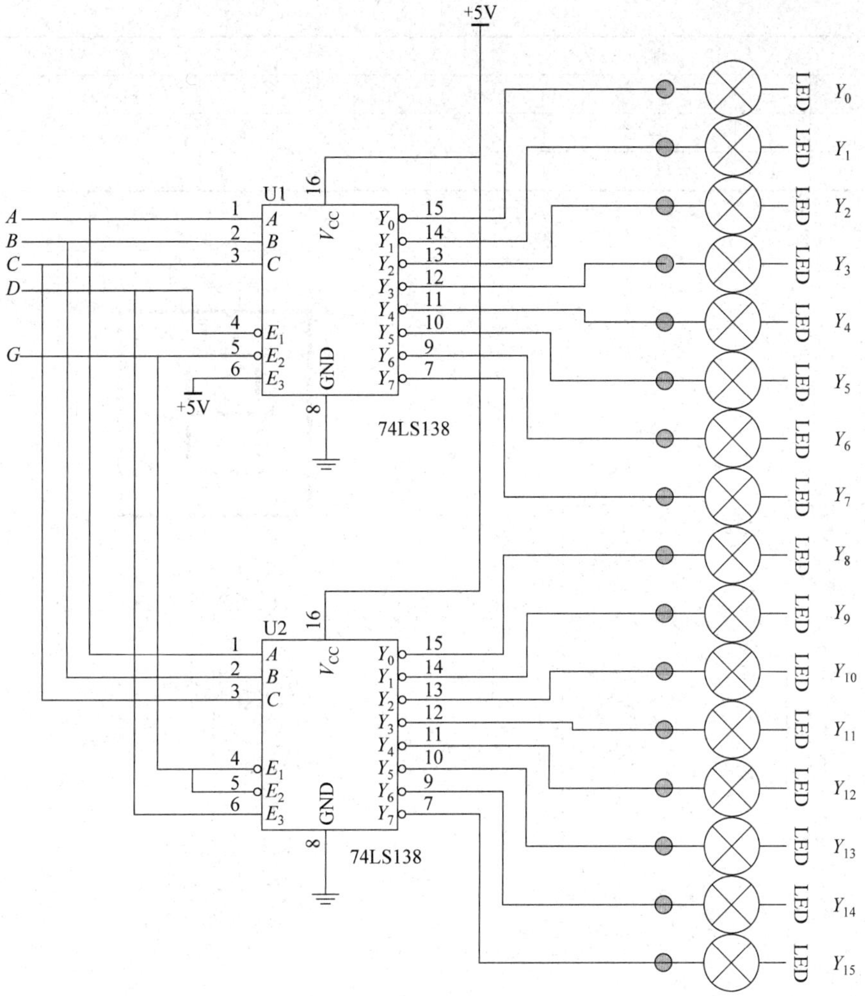

图 3-42 译码器扩展

② 优先编码器 74LS148 功能测试。将 8 线-3 线优先编码器 74LS148 按图 3-44(b)接线验证功能，其中 GS 为输出有效引脚，EO 为输出使能引脚。将观察结果填入表 3-23 中。

表 3-23 8 线-3 线编码器功能表

输入									输出				
EI	0	1	2	3	4	5	6	7	C	B	A	GS	EO
1	×	×	×	×	×	×	×	×	1	1	1	1	1
0	1	1	1	1	1	1	1	1					
0	×	×	×	×	×	×	×	0					
0	×	×	×	×	×	×	0	1					
0	×	×	×	×	×	0	1	1					
0	×	×	×	×	0	1	1	1					
0	×	×	×	0	1	1	1	1					
0	×	×	0	1	1	1	1	1					

续表

输入									输出				
EI	0	1	2	3	4	5	6	7	C	B	A	GS	EO
0	×	0	1	1	1	1	1	1					
0	0	1	1	1	1	1	1	1					

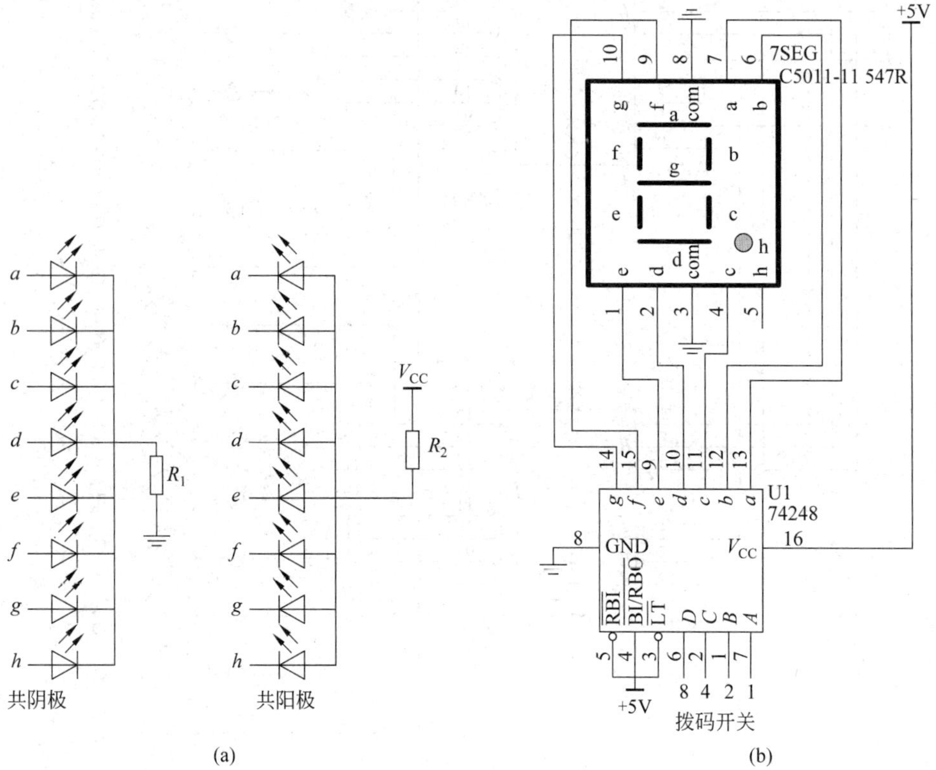

图 3-43　译码驱动器功能测试

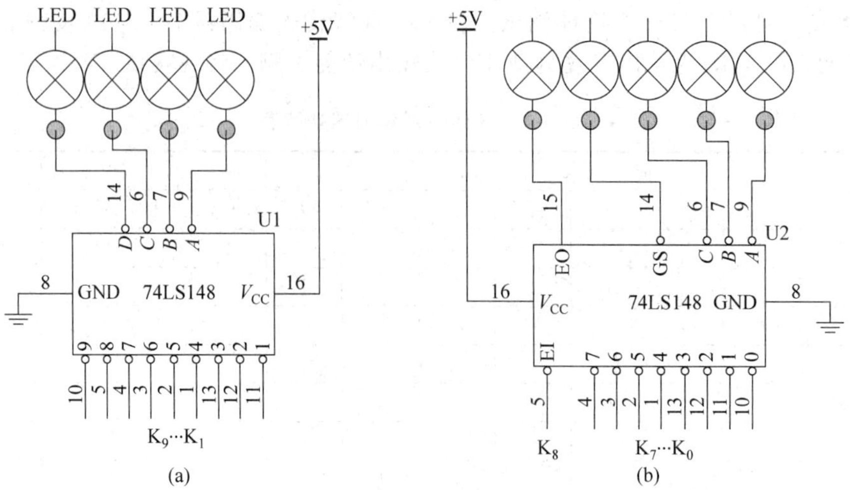

图 3-44　编码器功能测试接线图

四、实验设备与器件

（1）5V 直流电源。

（2）逻辑电平开关和拨码开关。

（3）逻辑状态显示 LED。

（4）IC：74LS147、74LS148、74LS139、74LS145 各 1 片，74LS138 译码器 2 片。

五、实验报告

（1）整理实验线路和实验数据、表格。

（2）思考题。

① 总结扩展译码器的方法。

② 比较优先编码器与普通编码器的特点。74LS148 的编码输入端中，哪个优先级最高，哪个优先级最低？

技能测试 2：半加器、全加器及数据分配器

一、实验目的

（1）掌握半加器、全加器及数据选择器、分配器的工作原理。

（2）熟悉常用半加器、数据选择器、分配器的引脚排列和逻辑功能。

二、实验原理

（1）组合电路的分析是根据所给的逻辑电路，写出其输入与输出之间的逻辑函数表达式或真值表，从而确定该电路的逻辑功能。

（2）使用中、小规模集成电路设计组合电路是最常见的逻辑电路。设计组合电路的一般步骤如下。

① 根据设计任务的要求，列出真值表。

② 用卡诺图或代数化简法求出最简的逻辑表达式。

③ 根据逻辑表达式，画出逻辑图，用标准器件构成电路。

④ 用实验来验证设计的正确性。

三、实验内容及步骤

（1）半加器功能测试。用异或门、与门搭接出半加器，A、B 为输入，S 为和，C 为进位。按图 3-45 所示电路接好线验证逻辑功能并自制表格将实验结果记录于表中。

（2）全加器功能测试。可用两个半加器构成全加器，74LS183 为集成全加器。依据图 3-46 的原理，自己画出接线图，接好线验证逻辑功能，并将数据记录于表 3-24 中。

（3）数据选择器功能测试。按图 3-47 所示电路接线，其中，C、B、A 为地址码端、D_0～D_7 为数据端，拨动逻辑开关 K_3～K_1 分别为 000～111（置数据输入端为 00001111），观察 Z、Z 输出结果并记录。

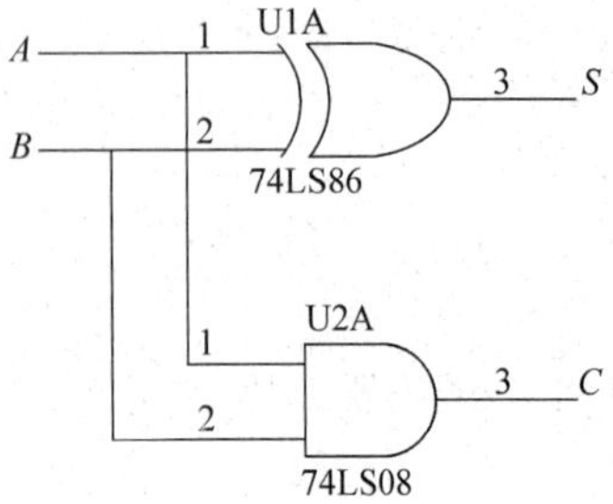

图 3-45　半加器电路图

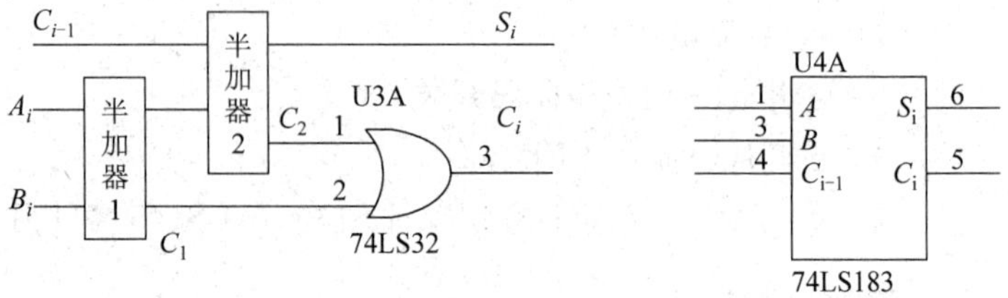

图 3-46　全加器电路

表 3-24　全加器结果记录表

A_i	B_i	C_{i-1}	S_i	C_i
0	0	0		
0	1	0		
1	0	0		
1	1	0		
0	0	1		
0	0	1		
1	0	1		
1	1	1		

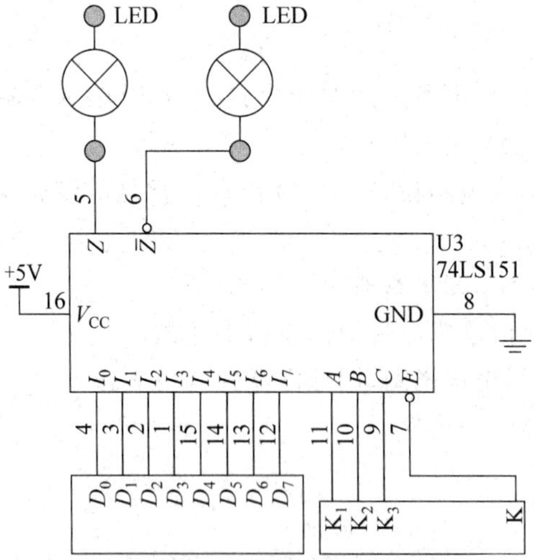

图 3-47　数据选择器功能实验

（4）数据分配器功能测试。译码器也可以接成数据分配器。实验中，用 74LS138 接成数据分配器，从而完成多路信号的传输。按图 3-48 所示电路接线。$I_0 \sim I_7$ 分别接数据开关，C、B、A 地址输入可选用 8421 拨码开关的 4、2、1 位，$I_0 \sim I_7$ 分别置为 00001111 和 10101010 两种状态。拨动拨码开关，观察数据选择器、分配器的输出端并做记录。

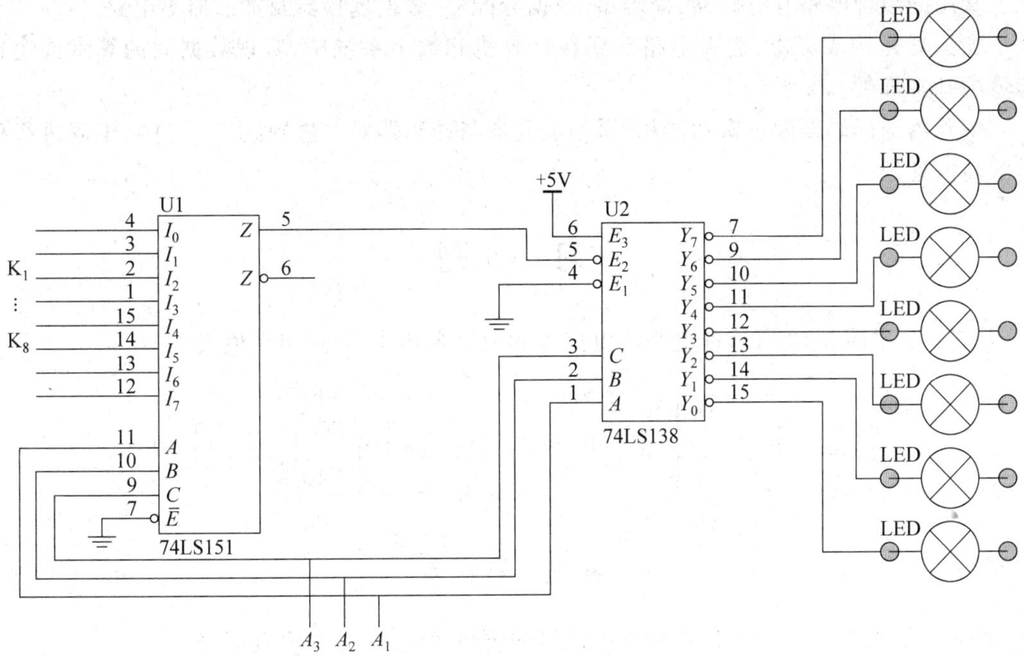

图 3-48　多路信号传输实验电路

四、实验设备与器件

(1) 5V 直流电源。

(2) 逻辑电平开关。

(3) 逻辑状态显示 LED。

(4) IC：74LS08、74LS86、74LS32、74LS138、74LS151 各 1 片。

五、实验报告

(1) 画出实验线路和整理实验数据。

(2) 说明 74LS138 作为数据分配器和作为译码器的区别。

(3) 写出全加器 S_i 和 C_i 的逻辑表达式，用逻辑代数公式证明图 3-48 的接法。

本章小结

本章主要介绍组合逻辑电路的基本概念和特点，组合逻辑电路的分析方法和设计方法，以及各种常用组合电路的构成、工作原理及其应用。还讲述了组合逻辑电路中竞争冒险现象产生原因及消除冒险的方法。

组合逻辑电路任一时刻的输出状态，取决于该时刻各输入状态的组合，而与电路原来的输出状态无关。

组合逻辑电路由逻辑门电路构成。组合逻辑电路的逻辑功能可用逻辑图、真值表、逻辑表达式、卡诺图等方法来描述。

常用的组合电路有编码器、译码器、数据分配器、数据选择器及加法器等电路。

加法器是构成算术、逻辑电路常用在计算机和数字系统中，实现数据间的算术或逻辑运算的基本部件。

编码器与译码器的逻辑功能相反，用编码器与译码器对二进制或二-十进制编码进行代码的转换处理。

习　　题

3-1　写出图 3-49 所示各电路输出信号的逻辑表达式，并列出真值表。

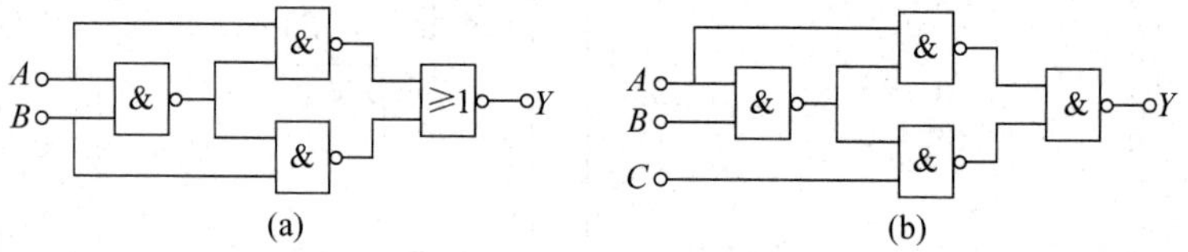

图 3-49　题 3-1 图

3-2　写出图 3-50 所示各电路输出信号的逻辑表达式，并列出真值表。

3-3　写出图 3-51 所示电路中输出信号的逻辑表达式，列出真值表，说明电路的逻辑功能。

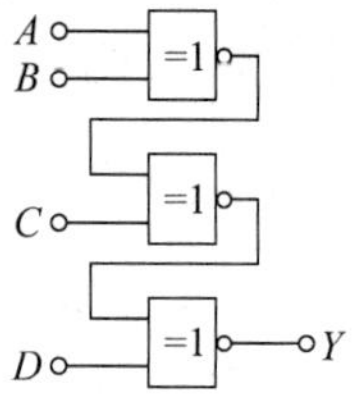

图 3-50　题 3-2 图

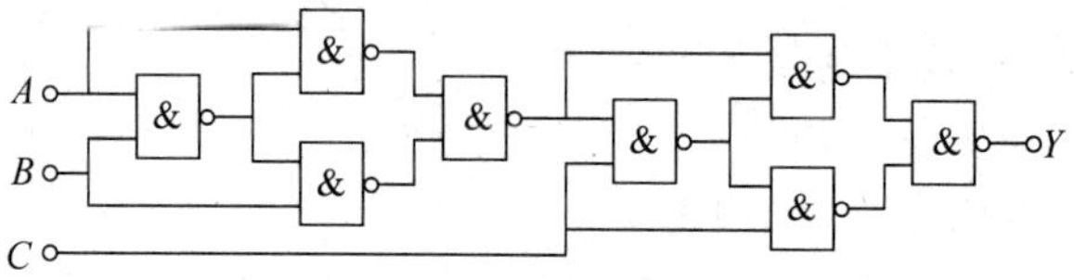

图 3-51　题 3-3 图

3-4　写出图 3-52 所示电路中输出信号的逻辑表达式，列出真值表，说明电路的逻辑功能。

3-5　分析图 3-53 所示电路的逻辑功能，画出其简化的逻辑电路图。

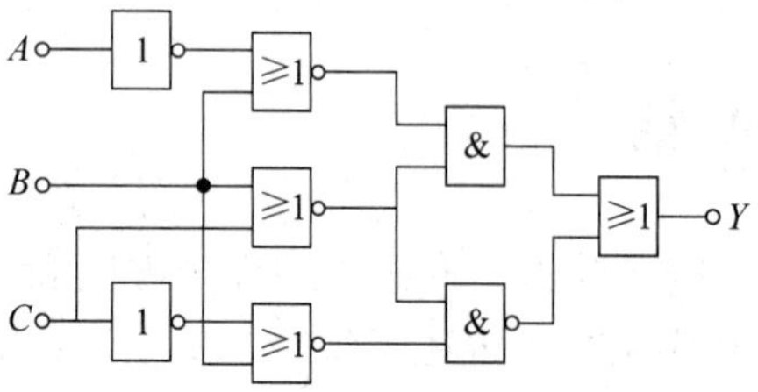

图 3-52　题 3-4 图

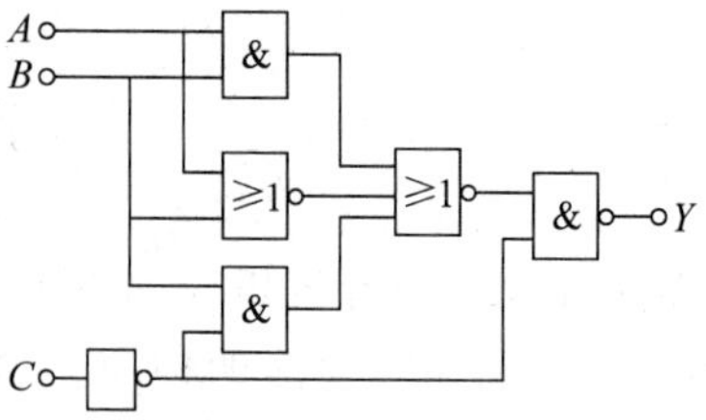

图 3-53　题 3-5 图

3-6　用 4 选 1 数据选择器 74LS153 分别实现下列逻辑函数。

(1) $Y=\sum m(1,2,3)$

(2) $Y=\sum m(0,1,2,3,6,7)$

(3) $Y=\sum m(0,2,3,6,10,14,15)$

3-7 试用 3 线-8 线译码器 74LS138 和适当的门电路实现以下逻辑函数。

(1) $Y=\overline{AB}+A\bar{C}+BC$

(2) $Y=\overline{ABC}+AB\bar{C}$

(3) $Y=\overline{ABC}D+AB\bar{C}+\bar{A}C\bar{D}+BCD$

(4) $Y=\sum m(3,4,5,6)$

(5) $Y=\sum m(0,2,3,6,8)$

(6) $Y=\sum m(7,8,12,14)$

3-8 试用 8 选 1 数据选择器 74LS151 和适当门电路实现下列逻辑函数。

(1) $Y=A\bar{B}+A\bar{C}+\bar{B}C$

(2) $Y=\overline{AB}D+A\,\overline{CD}+\bar{B}CD$

(3) $Y=\overline{AB}C+AB\bar{C}+A\bar{B}C$

3-9 试用 4 选 1 数据选择器 74LS153 扩展成 16 选 1 数据选择器。

3-10 试分析用下列方法设计全加器。

(1) 用与非门。

(2) 用异或门和与非门。

(3) 用 4 选 1 数据选择器 74LS153。

(4) 用 3 线-8 线译码器 74LS138 和与非门。

第4章 触发器

教学提示

触发器是构成各种时序逻辑电路的基础，是数字电路中的基本逻辑单元电路，其主要特点是具有记忆功能，可以以电平的高和低来表示1和0两种二进制信息，因此，触发器具有两种稳定的状态：0状态和1状态。

教学目标

本章主要介绍触发器的基本电路结构及其逻辑功能。通过对本章的学习，熟练掌握各种触发器的逻辑功能及常用芯片的使用，理解触发器的概念及其工作原理。

在数字电路中，除了使用数字逻辑门电路来输出各种信息，还需要记忆和保存数字二进制数码信息，能够存储一位二进制信息的逻辑电路称为触发器(flip-flop)。它是构成时序逻辑电路的基本单元。

触发器的种类很多，本章主要介绍基本触发器、主从触发器和边沿触发器等触发器的电路结构和工作原理，重点说明触发器的功能及其应用，特别是构成触发器集成芯片的工作特性及主要参数。

4.1 基本触发器

基本触发器是构成其他各种功能触发器的最基本的单元电路。

4.1.1 触发器的基本概念

1. 触发器的稳定状态

由于二进制数字信号是由0和1两种信号组成的，在数字电路中，基本的工作信号也有0和1这两种二进制信号或两种逻辑状态信号。触发器就是存放这两种信号的逻辑单元。

一般情况下，触发器具有两种稳定的状态：0状态和1状态，这表示触发器能反映数字电路中0和1这两种逻辑状态。

在触发器电路中，用$Q=1$、$\bar{Q}=0$表示“1状态”；用$Q=0$、$\bar{Q}=1$表示“0状态”。

需要注意的是：Q、$\bar{Q}$为两个互斥的信号，即当$Q=1$时，必定有$\bar{Q}=0$；当$Q=0$时，必定有$\bar{Q}=1$。

2. 触发器的现态和次态

触发器在接收输入信号之前的状态称为现态，用 Q^n 表示。触发器接收输入信息之后的状态称为次态，用 Q^{n+1} 表示。

在输入信息的作用下，触发器可以从一种稳定状态（现态）转换到另一种稳定状态（次态），触发器的这种状态转换过程称为翻转。

3. 触发器逻辑功能的表示方法

触发器的逻辑功能常用真值表（在触发器中称为特性表）、卡诺图、特性方程、状态图和波形图 5 种方法描述。其中特性方程是指触发器的次态与当前输入信号及现态之间的逻辑关系，类似于组合逻辑电路中的逻辑表达式。

4.1.2 基本 RS 触发器

1. 基本 RS 触发器的电路组成原理

图 4-1(a)所示是用两个与非门交叉连接起来而成的基本 RS 触发器。图中有 $\bar{R}$、$\bar{S}$ 两个信号的输入端，有 Q、$\bar{Q}$ 两个信号输出端。

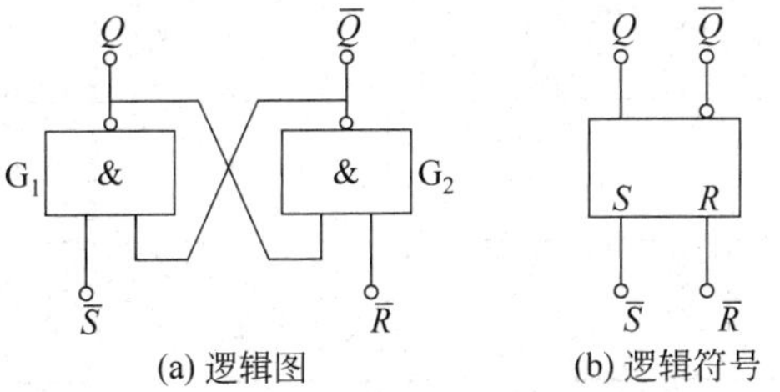

图 4-1 基本 RS 触发器的逻辑图与逻辑符号

2. 基本 RS 触发器的工作原理

根据输入信号，可分为 4 种情况分析基本 RS 触发器的逻辑关系。

(1) 当输入信号 $\bar{R}=0$、$\bar{S}=1$ 时，由于 $\bar{R}=0$，不论 Q 为 0 还是 1，与非门 G_2 输出都有 $\bar{Q}=1$；再由 $\bar{S}=1$、$\bar{Q}=1$ 可得与非门 G_1 的输出 $Q=0$。即不论基本 RS 触发器原来处于什么状态，都将变成 $Q=0$、$\bar{Q}=1$ 情况下的“0 状态”，这种情况称为触发器置 0 或复位。$\bar{R}$ 端称为触发器的置 0 端或复位端。

(2) 当输入信号 $\bar{R}=1$、$\bar{S}=0$ 时，由于 $\bar{S}=0$，不论为 $\bar{Q}$ 为 0 还是 1，都有 $Q=1$；再由 $\bar{R}=1$、$Q=1$ 可得 $\bar{Q}=0$。即不论基本 RS 触发器原来处于什么状态，都将变成 $Q=1$、$\bar{Q}=0$ 情况下的“1 状态”，这种情况称为触发器置 1 或置位。$\bar{S}$ 端称为触发器的置 1 端或置位端。

(3) 当输入信号 $\bar{R}=1$、$\bar{S}=1$ 时，假如触发器原来的状态为“1 状态”($Q=1$、$\bar{Q}=0$)，$\bar{Q}=0$ 和 $\bar{S}=1$ 将维持 $Q=1$，而 $Q=1$ 和 $\bar{R}=1$ 维持 $\bar{Q}=0$，即维持触发器的“1 状态”；假如触发器原来的状态为“0 状态”($Q=0$、$\bar{Q}=1$)，$Q=0$ 和 $\bar{R}=1$ 将维持 $\bar{Q}=1$，而 $\bar{Q}=1$ 和 $\bar{S}=1$ 将维

持 $Q=0$，即维持触发器的“0 状态”。也就是说，不论基本 RS 触发器原来处于什么状态，若 $\bar{R}=1$、$\bar{S}=1$，将保持触发器原有的状态不变，可以理解为原来的状态被触发器存储起来了，体现了触发器具有记忆能力。

(4) 当输入信号 $\bar{R}=0$、$\bar{S}=0$ 时，很显然，这种情况将导致两个与非门的输出端 Q 和 $\bar{Q}$ 都将输出为 1，这与 Q、$\bar{Q}$ 为互斥信号相矛盾，也不符合触发器的逻辑关系。另外，由于与非门延迟时间不可能完全相同，当输出信号同时撤除后，将不能确定触发器处于 1 状态还是 0 状态，所以基本 RS 触发器不允许出现这种情况，可以描述为 $\bar{R}+\bar{S}=1$ 是基本 RS 触发器的约束条件。

3. 基本 RS 触发器的特性表

描述触发器次态 Q^{n+1} 与输入信号及现态 Q^n 之间关系的表格称为特性表。实际上，特性表是触发器次态的真值表，如表 4-1 所示，列出的是基本 RS 触发器的特性表。

表 4-1　基本 RS 触发器的特性表

$\bar{R}$	$\bar{S}$	Q^n	Q^{n+1}	功　能
0	0	0	不用	不允许
0	0	1	不用	
0	1	0	0	$Q^{n+1}=0$　置 0
0	1	1	0	
1	0	0	1	$Q^{n+1}=1$　置 1
1	0	1	1	
1	1	0	0	$Q^{n+1}=Q^n$　保持
1	1	1	1	

概括起来，当 $\bar{R}=0$、$\bar{S}=1$ 时，触发器的输出端置 0，即 $Q=0$；当 $\bar{R}=1$、$\bar{S}=0$ 时，触发器的输出端置 1，即 $Q=1$；当 $\bar{R}=\bar{S}=1$ 时，触发器的输出端保持原来的状态；而 $\bar{R}=\bar{S}=0$ 是不允许的。

4. 基本 RS 触发器的特性方程

基本 RS 触发器次态 Q^{n+1} 不仅与输入 $\bar{R}$、$\bar{S}$ 有关，而且与现态 Q^n 有关，可以列出其逻辑关系式：

$$\begin{cases} Q^{n+1}=S+\bar{R}Q^n \\ \bar{R}+\bar{S}=1 \end{cases}$$

这个逻辑关系式称为触发器的特性方程。式中，$\bar{R}+\bar{S}=1$ 为约束条件。

5. 基本 RS 触发器的状态图

描述触发器的状态转换关系及转换条件的图形称为状态图。在状态图中，分别在圈中填入二进制信息(0 和 1)代表触发器的状态，用有向箭头表示状态的转换状况，并在箭头线旁用数字标注出输入信号的值，也就是状态转换的条件。

基本 RS 触发器状态图如图 4-2 所示，左边圆圈中的 0 表示基本 RS 触发器的 0 稳定状态，右边圆圈中的 1 表示基本 RS 触发器的 1 稳定状态。由图可以得出以下结论。

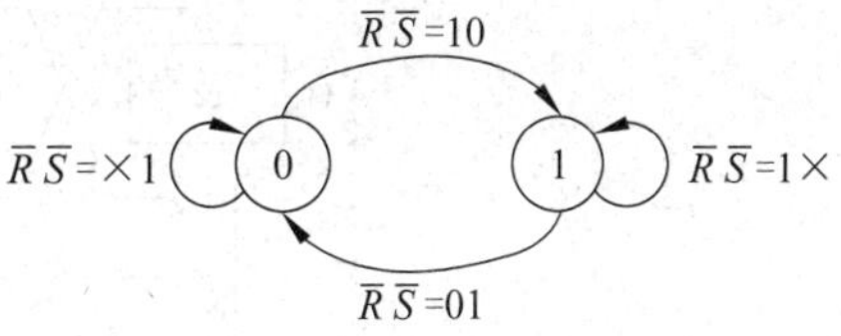

图 4-2 基本 RS 触发器状态图

(1) 触发器由 0 状态翻转到 1 状态时的条件是：输入信号 $\overline{R}=1$、$\overline{S}=0$。

(2) 触发器由 1 状态翻转到 0 状态时的条件是：输入信号 $\overline{R}=0$、$\overline{S}=1$。

(3) 触发器维持 0 状态不变时的条件是：输入信号 $\overline{S}=1$，而 $\overline{R}$ 可以为任意值（"×"表示可以是 0，也可以为 1）。

(4) 触发器维持 1 状态不变时的条件是：输入信号 $\overline{R}=1$，而 $\overline{S}$ 可以为任意值。

6. 基本 RS 触发器的特点

综上所述，基本 RS 触发器具有以下几个特点。

(1) 触发器的次态 Q^{n+1} 不仅与输入信号 $\overline{R}$、$\overline{S}$ 有关，而且还与触发器的现态 Q^n 有关。

(2) 触发器具有两个稳定状态，在无输入信号的情况下，触发器的输出端将保持原来的状态不变。

(3) 在输入信号的作用下，输出状态可以置 0 或置 1，也可以触发翻转。

(4) 触发器的两个输出端的状态 Q 和 $\overline{Q}$ 必须是互补的，即有约束条件。

微课 1：基本触发器

4.2 同步触发器

基本 RS 触发器直接由输入信号控制输出端的状态，这不仅使电路的抗干扰能力下降，而且也不便于多个触发器同步工作。而同步触发器可以克服基本 RS 触发器直接控制的缺点。

4.2.1 同步 RS 触发器

1. 电路组成结构

同步 RS 触发器在基本 RS 触发器的基础上增加一级与非门控制电路，并且在输入端增加输入信号 CP，这个输入控制信息 CP 称为时钟脉冲，如图 4-3 所示。

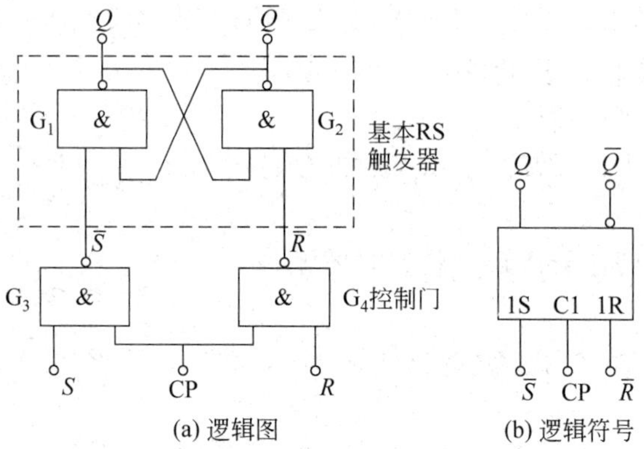

图 4-3　同步 RS 触发器的逻辑电路与逻辑符号

2. 同步 RS 触发器的逻辑功能

（1）当 CP=0 时，无论输入信号 S、R 是什么信号，G_3、G_4 与非门的输出始终为 1，相当于上部的基本 RS 触发器的输入 $\bar{R}=1$、$\bar{S}=1$，能维持触发器的输出信号不变，即 $Q^{n+1}=Q^n$。

（2）当 CP=1 时，G_3、G_4 相当于与非门，即 $\bar{S}=\overline{S\cdot CP}=\overline{S\cdot 1}$，$\bar{R}=\overline{R\cdot CP}=\overline{R\cdot 1}$。

根据基本 RS 触发器的工作原理，在 CP=1 的情况下：

① 当 $R=0$、$S=1$ 时，触发器置 1，即 $Q^{n+1}=1$；

② 当 $R=1$、$S=0$ 时，触发器置 0，即 $Q^{n+1}=0$；

③ 当 $R=0$、$S=0$ 时，触发器保持原来的状态，即 $Q^{n+1}=Q^n$；

④ 当 $R=1$、$S=1$ 时，触发器的两个输出全为 1，是不允许的。

因此，当 CP=1 时，同步 RS 触发器的工作原理与基本 RS 触发器的工作原理相似，不同的是增加了一级控制门，输入信号变成了 R、S。

3. 同步 RS 触发器的特性表

表 4-2 列出了同步 RS 触发器的特性表。

表 4-2　同步 RS 触发器的特性表

CP	R	S	Q^n	Q^{n+1}	功能	
0	×	×	0	0	$Q^{n+1}=Q^n$	保持
			1	1		
1	0	0	0	0	$Q^{n+1}=Q^n$	保持
1	0	0	1	1		
1	0	1	0	1	$Q^{n+1}=1$	置 1
1	0	1	1	1		
1	1	0	0	0	$Q^{n+1}=0$	置 0
1	1	0	1	0		
1	1	1	0	不用	不允许	
1	1	1	1	不用		

4. 同步 RS 触发器的特性方程

由表 4-2 所示的特性表可列出同步 RS 触发器的特性方程：

$$\begin{cases} Q^{n+1}=S+\bar{R}Q^{n} \\ RS=0 \end{cases} \quad (\text{CP}=1\text{ 时有效})$$

5. 同步 RS 触发器的状态图和波形图

图 4-4 所示为同步 RS 触发器的状态图。状态图用几何图形反映触发器的逻辑关系，由状态图可以直观地观察触发器输入、输出之间的逻辑关系。

设触发器初始状态为 0 状态，根据 CP 时钟和 R、S 输入信号的波形就可以画出触发器输出端 Q 和 $\bar{Q}$ 的波形，如图 4-5 所示。

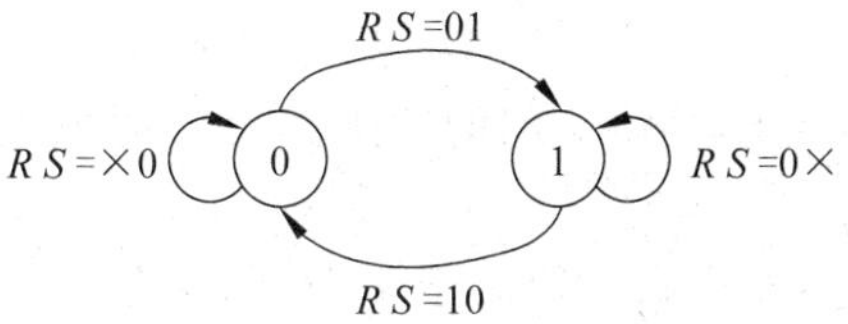

图 4-4　同步 RS 触发器状态图

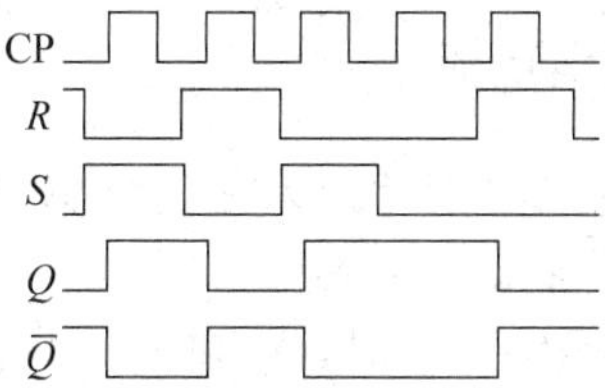

图 4-5　同步 RS 触发器的输出波形图

6. 同步 RS 触发器的特点

(1) 时钟控制。在时钟 CP＝1 期间，输出信号根据输入信号决定状态，在时钟 CP＝0 期间，输出信号的状态保持不变，与输入信号无关。这样，输出信号在 CP 时钟的控制下，接收输入信号，对于多个触发器均可在同一时钟脉冲控制下同步工作。并且在 CP＝0 时，输入信号被禁止，可以有效地防止输出端的干扰信号。

(2) R、S 有约束。不允许 R 和 S 同时为 1 的情况出现，否则触发器处于不确定的状态。

微课 2：同步 RS 触发器

4.2.2　同步 JK 触发器

1. 电路组成结构

在同步 RS 触发器中，有 $RS=0$ 的约束条件，即输入端 R、S 不能同时为 1，使用时带来许多不便。同步 JK 触发器则没有约束条件，如图 4-6 所示，在同步 RS 触发器的基础上，把 $\bar{Q}$ 引回到 G_3 门，把 Q 引回到 G_4 门的输入端，将 S 端改为 J，将 R 端改为 K，就构成同步

JK 触发器。

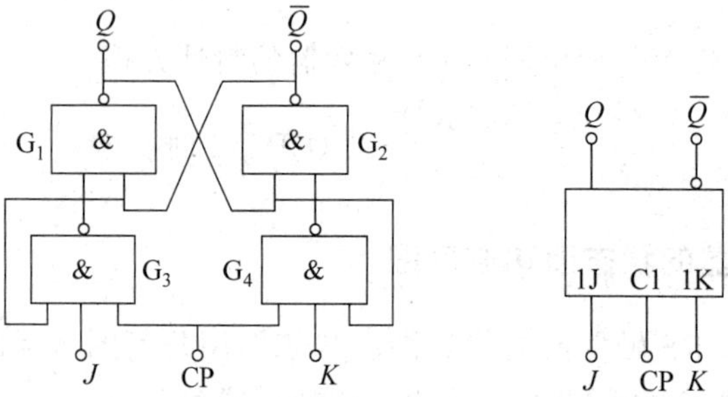

(a) 逻辑图　　(b) 逻辑符号

图 4-6　同步 JK 触发器的逻辑图和逻辑符号

2. 逻辑功能

(1) 当 CP=0 时，无论 J 和 K 是什么信号，G_3 和 G_4 门的输出都为 0，触发器的状态将保持不变，即 $Q^{n+1}=Q^n$。

(2) 当 CP=1 时，G_3 和 G_4 门打开，触发器输出状态取决于 J、K 的状态。

① 若 $J=0$、$K=0$，触发器保持原来的状态不变，即 $Q^{n+1}=Q^n$；

② 若 $J=0$，$K=1$，无论触发器的现态如何，触发器的次态总是 0，即 $Q^{n+1}=0$；

③ 若 $J=1$，$K=0$，无论触发器的现态如何，触发器的次态总是 1，即 $Q^{n+1}=1$；

④ 若 $J=1$，$K=1$，触发器的翻转，触发器的次态与现态相反，即 $Q^{n+1}=\overline{Q^n}$。

3. 特性表

由此可列出同步 JK 触发器的特性表，如表 4-3 所示。

表 4-3　同步 JK 触发器的特性表

CP	J	K	Q^n	Q^{n+1}	功能说明	
0 0	× ×	× ×	0 1	0 1	$Q^{n+1}=Q^n$	保持
1 1	0 0	0 0	0 1	0 1	$Q^{n+1}=Q^n$	保持
1 1	0 0	1 1	0 1	0 0	$Q^{n+1}=0$	置 0
1 1	1 1	0 0	0 1	1 1	$Q^{n+1}=1$	置 1
1 1	1 1	1 1	0 1	1 0	$Q^{n+1}=\overline{Q^n}$	翻转

4. 特性方程

$$Q^{n+1}=J\overline{Q^n}+\overline{K}Q^n \quad (\text{CP}=1\text{ 期间有效})$$

5. 状态图

如图 4-7 所示为同步 JK 触发器的状态图。在状态图中可以看出，当 $J=0$ 时，触发器的状态为 0；当 $K=0$ 时，触发器状态为 1；当 $J=1$ 或 $K=1$ 时，触发器翻转，由 0 变 1 或者由 1 变 0。

图 4-8 所示为同步 JK 触发器的波形图示例，在波形图中，假如给定 CP、J、K 的波形状态，触发器初始状态为 0。在 CP 时钟脉冲的控制下，根据输入信号 J、K 的情况，可以得到同步 JK 触发器的输出状态。这样，输出状态的值与触发器状态及输入信号之间在时间上对应关系的波形图也叫时序图。

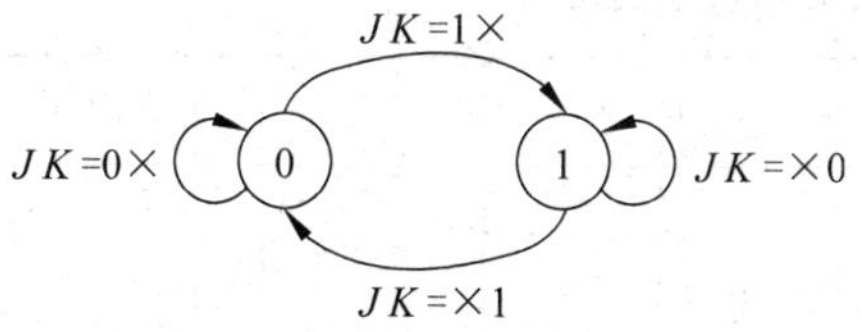

图 4-7 同步 JK 触发器的状态图

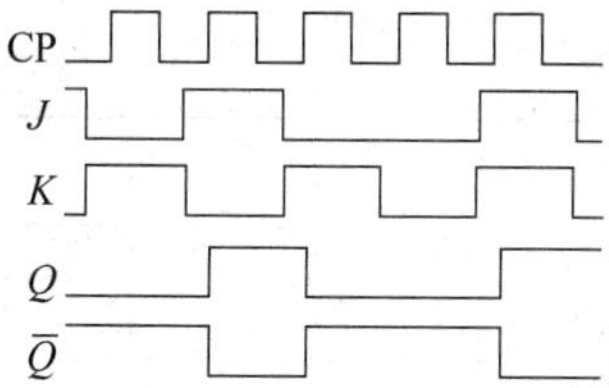

图 4-8 同步 JK 触发器的波形图

微课 3：同步 JK 触发器

4.2.3 同步 D 触发器

1. 电路组成结构

在同步 RS 触发器的 R、S 两个输入端之间增加一个反相器，这样可以避免触发器的两个输入信号同时为 1 或同时为 0，这样便构成了只有一个输入端的同步 D 触发器，如图 4-9 所示。同步 D 触发器也叫 D 锁存器。

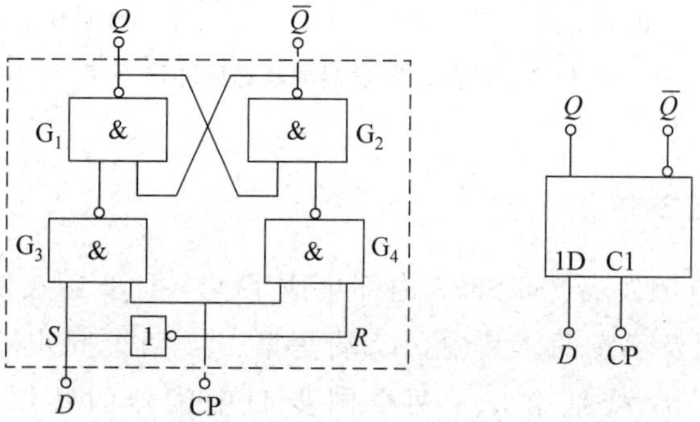

(a) 逻辑图 (b) 逻辑符号

图 4-9 同步 D 触发器的逻辑图和逻辑符号

2. 逻辑功能

同步 D 触发器的逻辑功能比较简单。

(1) 当 CP=0 时，触发器状态保持不变，即 $Q^{n+1}=Q^{n}$；

(2) 当 CP=1 时，若 $D=0$，相当于 $R=1$、$S=0$，则触发器置 0，输出为 0，即 $Q^{n+1}=0$。若 $D=1$，相当于 $R=0$、$S=1$，则触发器置 1，输出为 1，即 $Q^{n+1}=1$。

3. 特性表

同步 D 触发器的特性表如表 4-4 所示。

表 4-4　同步 D 触发器的特性表

CP	D	Q^n	Q^{n+1}	功能说明	
0	×	0 1	0 1	$Q^{n+1}=Q^n$	保持
1	0	0	0	$Q^{n+1}=0$	置 0
1	1	1	1	$Q^{n+1}=1$	置 1

4. 特性方程

同步 D 触发器特性方程为

$$Q^{n+1}=D \quad \text{（CP=1 期间有效）}$$

5. 状态图和波形图

同步 D 触发器的状态图和波形图如图 4-10 所示。

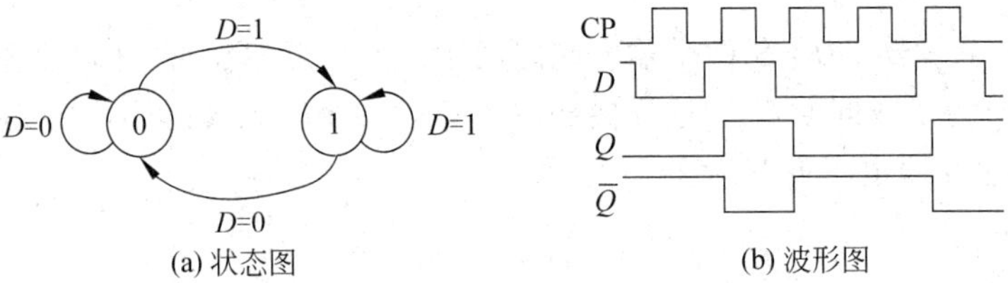

图 4-10　同步 D 触发器的状态图和波形图

6. 集成同步 D 触发器

TTL 集成同步 D 触发器 74LS375 内部集成了 4 个同步 D 触发器。图 4-11 所示为 74LS375 的引脚排列及示意图。其中，1G 端是第 1、2 两个同步 D 触发器的共用时钟 CP1、CP2 的输入端，3G 端是第 3、4 两个同步 D 触发器的共用时钟 CP3、CP4 的输入端。

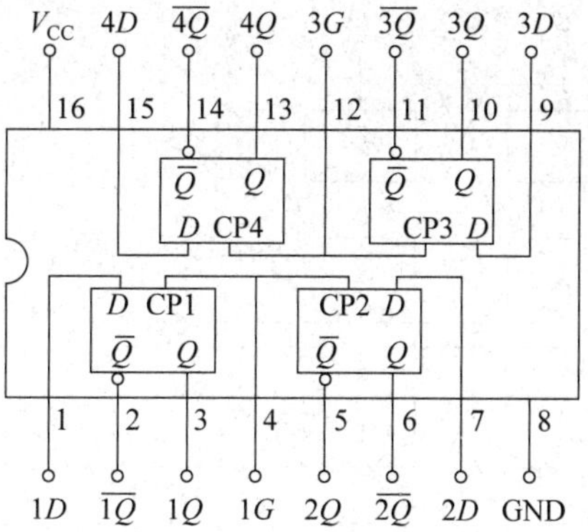

图 4-11 74LS375 的引脚及示意图

微课 4：同步 D 触发器

4.3 主从触发器

主从触发器由两级触发器构成，其中一级直接接收输入信号，称为主触发器，另一级接收主触发器的输出信号，称为从触发器。两级触发器的时钟信号互补，从而有效地克服了空翻。

4.3.1 主从 RS 触发器

1. 电路结构

主从 RS 触发器的逻辑电路如图 4-12(a)所示，由两个同步 RS 触发器级联起来构成，主触发器的控制信号是 CP，从触发器的控制信号是 CP′。

2. 工作原理

主从 RS 触发器的触发翻转分为以下两个节拍。

(1) 接收输入信号，当 CP=1 时，CP′=0，从触发器被封锁，保持原状态不变。这时，G_7、G_8 打开，主触发器工作，接收 R 和 S 端的输入信号。即有

$$\begin{cases} Q'^{n+1} = S + \bar{R}Q'^{n} \\ RS = 0 \end{cases} \quad (\text{CP}=1\text{ 期间有效})$$

(2) 输出信号，当 CP 由 1 跃变到 0 时，即 CP=0、CP′=1。主触发器被封锁，输入信号 R、S 不再影响主触发器的状态。而这时，由于 CP′=1，G_3、G_4 打开，从触发器接收主触发器输出端的状态，得出从触发器的输出，即整个触发器的输出特性方程为

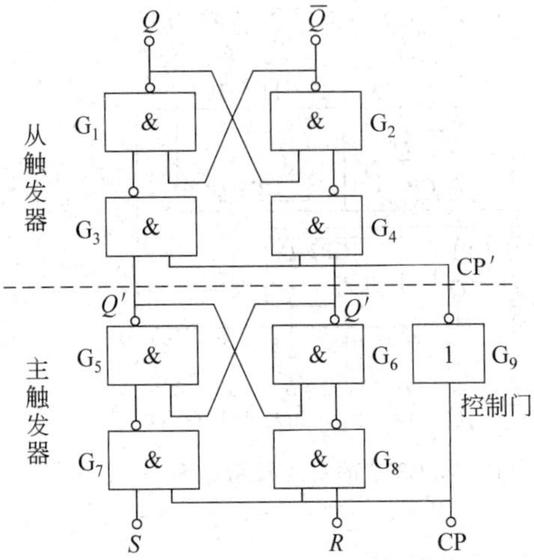

(a) 逻辑电路

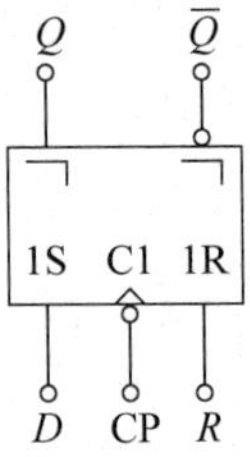

(b) 逻辑符号

图 4-12　主从 RS 触发器

$$\begin{cases} Q^{n+1}=S+\bar{R}Q^n \\ RS=0 \end{cases} \quad \text{（CP 下降沿到来时有效）}$$

由以上分析可知，主从 RS 触发器的翻转是在 CP 由 1 变 0 时刻（CP 下降沿）发生的，CP 一旦变为 0 后，主触发器被封锁，其状态不再受 R、S 影响，故主从触发器对输入信号的敏感时间大大缩短，只在 CP 由 1 变 0 的时刻触发翻转，因此不会有空翻现象。

图 4-12(b)所示是主从 RS 触发器的逻辑符号，方框内的“¬”表示延迟，即到 CP 脉冲下降沿到来时触发器的输出端才会改变状态，时钟脉冲端 C1 的小圆圈表示 CP 下降沿有效。

3. 特性表

主从 RS 触发器的特性表如表 4-5 所示。

表 4-5　主从 RS 触发器的特性表

CP	R	S	Q^n	Q^{n+1}	功　能
0	×	×	0	0	$Q^{n+1}=Q^n$　保持
			1	1	
↓	0	0	0	0	$Q^{n+1}=Q^n$　保持
↓	0	0	1	1	
↓	0	1	0	1	$Q^{n+1}=1$　置 1
↓	0	1	1	1	
↓	1	0	0	0	$Q^{n+1}=0$　置 0
↓	1	0	1	0	
×	1	1	0	不用	不允许
×	1	1	1	不用	

4. 特性方程

主从 RS 触发器的特性方程为

$$\begin{cases} Q^{n+1} = S + \bar{R}Q^{n} \\ RS = 0 \end{cases} \quad \text{（CP 下降沿时触发）}$$

微课 5：主从 RS 触发器

4.3.2 主从 JK 触发器

1. 电路结构

主从 RS 触发器的特性方程中同样也有约束条件 $RS=0$，即在工作时，不允许输入信号 R、S 同时为 1。这一约束条件使得主从 RS 触发器在使用时，有时感觉不方便。如何解决这一问题呢？我们注意到，触发器的两个输出端 Q、$\bar{Q}$ 在正常工作时是互补的，即一个为 1，另一个一定为 0。因此，如果把这两个信号通过两根反馈线分别引到输入端 G_7、G_8 门，就一定有一个门被封锁，这时，就不怕输入信号同时为 1 了。这就是主从 JK 触发器的构成思路。

主从 JK 触发器如图 4-13 所示。

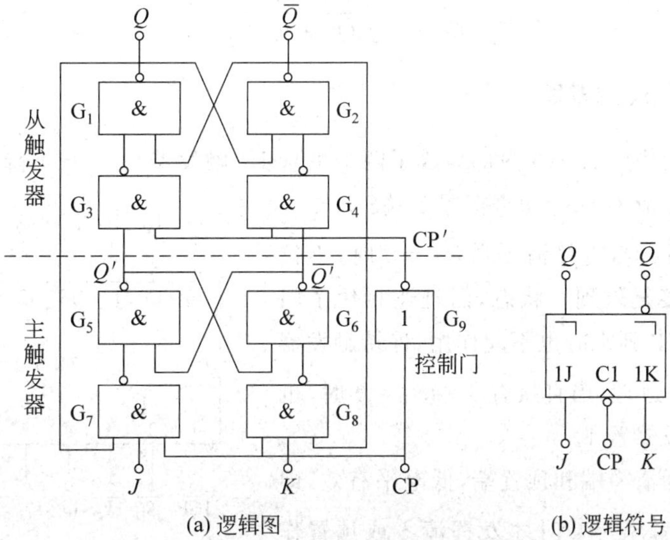

(a) 逻辑图　　(b) 逻辑符号

图 4-13　主从 JK 触发器

在主从 RS 触发器的基础上增加两根反馈线，一根从 Q 端引到 G_7 门的输入端，一根从

$\overline{Q}$ 端引到 G_8 门的输入端，并把原来的 S 端改为 J 端，把原来的 R 端改为 K 端。

2. 逻辑功能

主从 JK 触发器的逻辑功能与主从 RS 触发器的逻辑功能基本相同，不同之处是主从 JK 触发器没有约束条件，在 $J=K=1$ 时，每输入一个时钟脉冲后，触发器向相反的状态翻转一次。

3. 特性表

主从 JK 触发器的特性表如表 4-6 所示。

表 4-6　主从 JK 触发器的特性表

CP	J	K	Q^n	Q^{n+1}	功能说明
↓	0	0	0	0	$Q^{n+1}=Q^n$
↓	0	0	1	1	保持原状态
↓	0	1	0	0	输出状态与 J 状态相同
↓	0	1	1	0	置 0
↓	1	0	0	1	输出状态与 J 状态相同
↓	1	0	1	1	置 1
↓	1	1	0	1	每次 CP 下降沿
↓	1	1	1	0	输出状态翻转

4. 特性方程

根据表 4-6 可得到主从 JK 触发器的特性方程为

$$Q^{n+1}=J\overline{Q^n}+\overline{K}Q^n$$

5. 集成主从 JK 触发器

如图 4-14 所示为 74LS76 内部集成了两个主从 JK 触发器，在 CP 下降沿到来时触发。并且还增加了直接清零端$\overline{R_D}$和直接置 1 端$\overline{S_D}$。

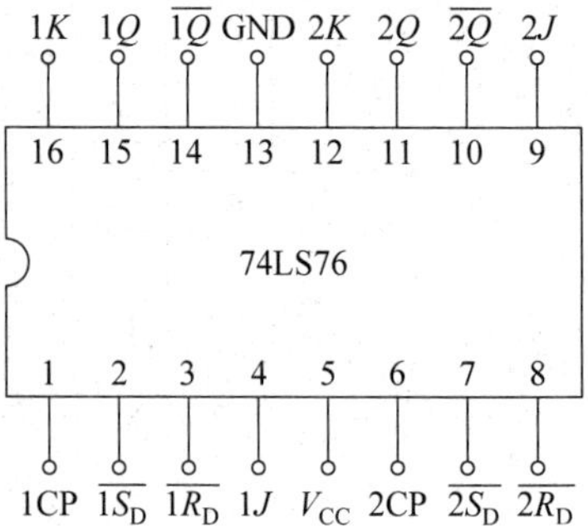

图 4-14　TTL 集成主从 JK 触发器 74LS76 引脚图

如图 4-15 所示，当直接清零端$\overline{R_D}=0$ 时，不仅可以把触发器直接复位到 0 状态，而且还封住了门 G_7，使 J 即使在 CP 到来时也不起作用，保持触发器可靠地置 0。同样道理，当直接置 1 端$\overline{S_D}=0$ 时，也能可靠地保证触发器置 1。

$\overline{R_D}$、$\overline{S_D}$被称为清零端和预置端，低电平有效，即只有在$\overline{R_D}=0$ 或者$\overline{S_D}=0$ 时才发挥清零或预置作用，并且不受 J、K 输入端和 CP 时钟的影响。当然不允许$\overline{R_D}$和$\overline{S_D}$同时为 0。

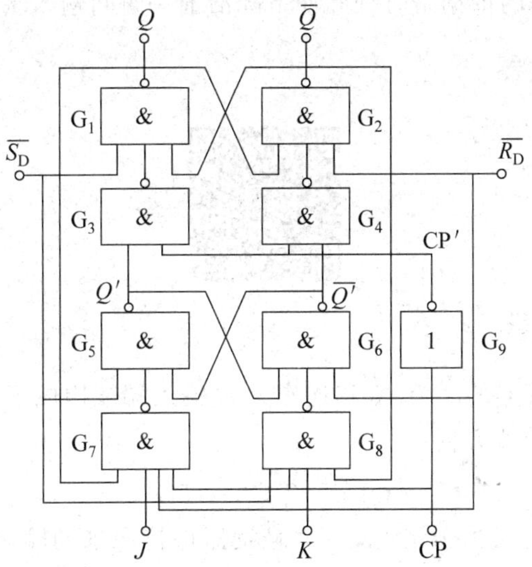

图 4-15 74LS76 内部逻辑电路

74LS76 的特性表如表 4-7 所示，表中“↓”表示下降沿。

表 4-7 集成主从 JK 触发器 74LS76 的特性表

$\overline{R_D}$	$\overline{S_D}$	CP	J	K	Q^{n+1}	功能说明
0	0	×	×	×	不用	不允许
0	1	×	×	×	0	异步置 0
1	0	×	×	×	1	异步置 1
1	1	↓	0	0	Q^n	保持
1	1	↓	0	1	0	置 0
1	1	↓	1	0	1	置 1
1	1	↓	1	1	$\overline{Q^n}$	翻转

主从 JK 触发器功能完善，输入信号 J、K 之间没有约束条件。其输出信号的变化不仅与输入信号 J、K 有关，而且输出信号只有在 CP 时钟的边沿时才被触发。而$\overline{R_D}$、$\overline{S_D}$是异步清零、预置端，不受 CP 和 J、K 的控制，直接对触发器的输出端进行清零或置 1。

设主从 JK 触发器的初始状态为 0，已知输入 J、K 的波形图如图 4-16 所示，画出输出端 Q 的波形图。

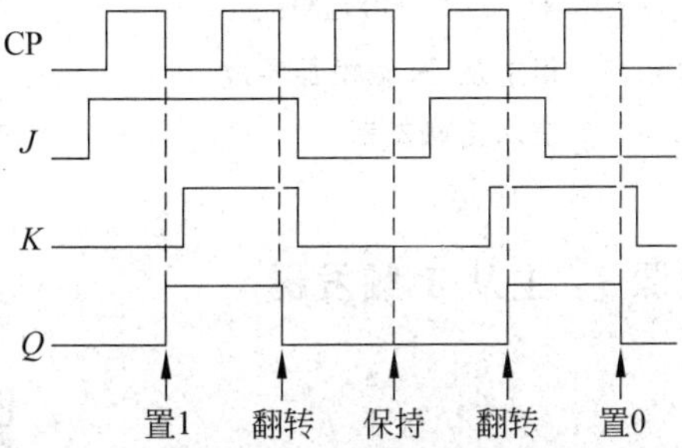

图 4-16 主从 JK 触发器波形图

在画主从 JK 触发器的波形图时，应注意以下两点。

(1) 触发器的触发翻转发生在时钟脉冲的触发沿(这里是下降沿)。

(2) 在 CP=1 期间，如果输入信号的状态没有改变，判断触发器次态的依据是时钟脉冲下降沿前一瞬间输入端的状态。

微课 6：主从 JK 触发器

4.3.3 主从 T 触发器

如果将主从 JK 触发器的 J 和 K 相连作为 T 输入端就构成了主从 T 触发器如图 4-17 所示，主从 T 触发器的特性方程：

$$Q^{n+1}=T\overline{Q^n}+\overline{T}Q^n$$

很显然，当 $T=0$ 时，相当于 $J=K=0$，触发器保持原来的输出状态，当 $T=1$ 时，相当于 $J=K=0$，在 CP 时钟下降沿到时，触发器的输出将翻转。表 4-8 为主从 T 触发器的特性表，表中“↓”表示 CP 下降沿有效。

表 4-8　主从 T 触发器的特性表

CP	T	Q^n	Q^{n+1}	功能说明
↓	0	0	0	$Q^{n+1}=Q^n$　保持
↓	0	1	1	
↓	1	0	1	$Q^{n+1}=\overline{Q^n}$　翻转
↓	1	1	0	

主从 T 触发器的状态图和时序图如图 4-18 所示。

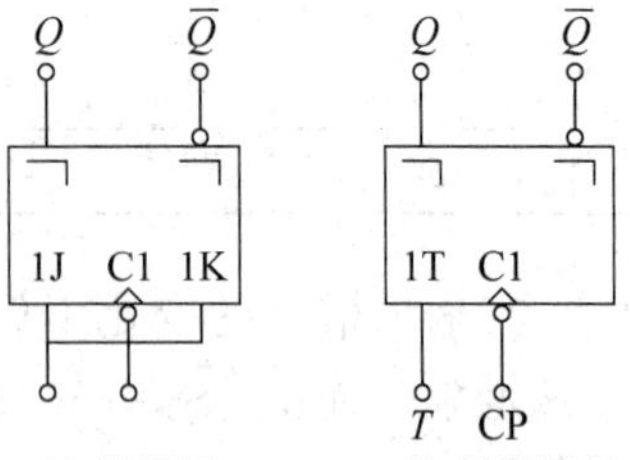

图 4-17　用主从 JK 触发器构成主从 T 触发器

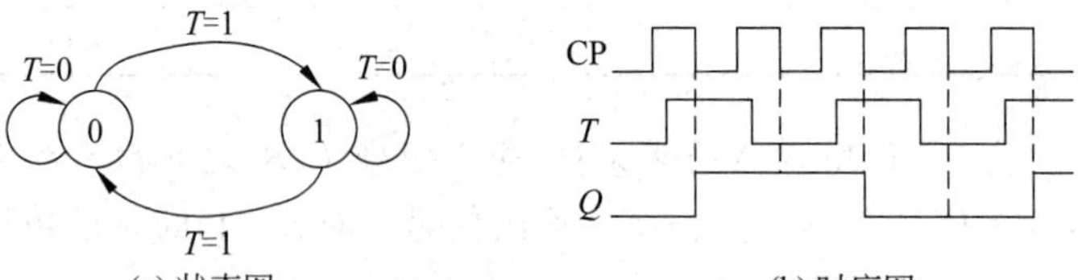

图 4-18　主从 T 触发器的状态图和时序图

微课 7：主从 T 触发器

4.4 边沿触发器

在JK触发器中，若当 $J=K=0$ 时主触发器在CP=1期间遇到外界干扰，使 J 由0变为1，主触发器被置成了1状态，当 J 又由1变为0后，回复到 $J=K=0$ 后，此时主触发器被置成1状态，在CP下降沿到时，使从触发器也被置成1状态。

边沿触发器是为了解决主从JK触发器的这种一次变化问题而设计的。要求在CP=1期间 J、K 的状态不能改变。

4.4.1 边沿D触发器

边沿触发器不仅将触发器的触发翻转控制在CP触发沿到来的一瞬间，而且将接收输入信号的时间也控制在CP触发沿到来的前一瞬间。因此，边沿触发器既没有空翻现象，也没有一次变化问题，从而大大提高了触发器工作的可靠性和抗干扰能力。

1. 边沿D触发器的功能

边沿D触发器只有一个触发输入端 D，因此，逻辑关系非常简单，其特性方程为 $Q^{n+1}=D$。

2. 维持-阻塞边沿D触发器的结构及工作原理

在同步RS触发器的基础上，再加两个门 G_5、G_6，将输入信号 D 变成互补的两个信号分别送给 R、S 端，即 $R=\overline{D}$，$S=D$，如图4-19(a)所示，就构成了同步D触发器。很容易验证，该电路满足D触发器的逻辑功能，但有同步触发器的空翻现象。

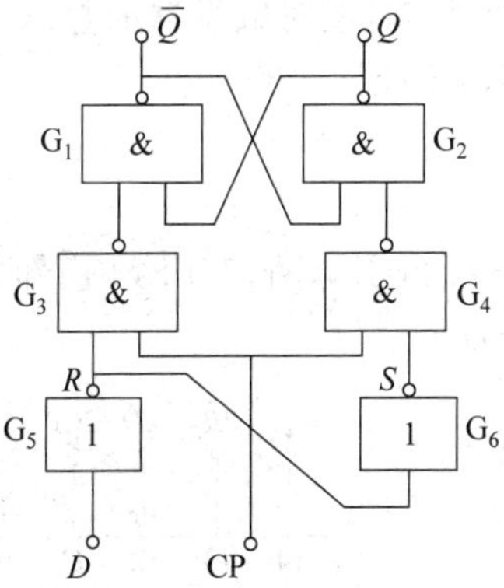

(a) 同步D触发器

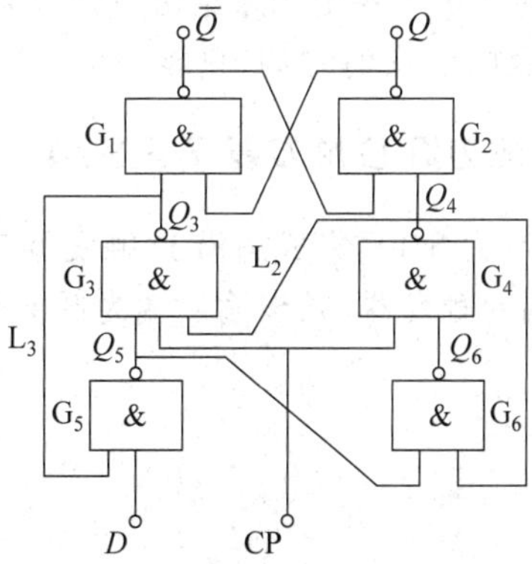

(b) 维持-阻塞边沿D触发器

图4-19 D触发器的逻辑图

为了克服空翻，并具有边沿触发器的特性，在图4-19(a)电路的基础上引入三根反馈线 L_1、L_2、L_3，如图4-19(b)所示，其工作原理从以下两种情况分析。

(1) 输入 $D=1$。在CP=0时，G_3、G_4 被封锁，$Q_3=1$、$Q_4=1$，G_1、G_2 组成的基本RS触发器保持原状态不变。因 $D=1$，G_5 输入全1，输出 $Q_5=0$，它使 $Q_3=1$，$Q_6=1$。当CP由

0 变 1 时，G_4 输入全 1，输出 Q_4 变为 0。继而，Q 翻转为 1，$\bar{Q}$ 翻转为 0，完成了使触发器翻转为 1 状态的全过程。同时，一旦 Q_4 变为 0，通过反馈线 L_1 封锁了 G_6 门，这时如果 D 信号由 1 变为 0，只会影响 G_5 的输出，不会影响 G_6 的输出，维持了触发器的 1 状态。因此，称 L_1 线为置 1 维持线。同理，Q_4 变 0 后，通过反馈线 L_2 也封锁了 G_3 门，从而阻塞了置 0 通路，故称 L_2 线为置 0 阻塞线。

（2）输入 $D=0$。在 CP=0 时，G_3、G_4 被封锁，$Q_3=1$、$Q_4=1$，G_1、G_2 组成的基本 RS 触发器保持原状态不变。因 $D=0$，$Q_5=1$，G_6 输入全 1，输出 $Q_6=0$。当 CP 由 0 变 1 时，G_3 输入全 1，输出 Q_3 变为 0。继而，$\bar{Q}$ 翻转为 1，Q 翻转为 0，完成了使触发器翻转为 0 状态的全过程。同时，一旦 Q_3 变为 0，通过反馈线 L_3 封锁了 G_5 门，这时无论 D 信号如何变化，也不会影响 G_5 的输出，从而维持了触发器的 0 状态。因此，称 L_3 线为置 0 维持线。

可见，维持-阻塞触发器是利用了维持线和阻塞线，将触发器的触发翻转控制在 CP 上跳沿到来的一瞬间，并接收 CP 上跳沿到来前一瞬间的 D 信号。维持-阻塞触发器因此而得名。

设维持-阻塞边沿 D 触发器的初始状态为 0，若知输入 D 的波形图如图 4-20 所示，画出输出 Q 的波形图。

由于是边沿触发器，在波形图时，应注意以下两点。

（1）触发器的触发翻转发生在时钟脉冲的触发沿（这里是上升沿）。

（2）判断触发器次态的依据是时钟脉冲触发沿前一瞬间（这里是上升沿前一瞬间）输入端的状态。

根据 D 触发器的功能表或特性方程或状态转换图可画出输出端 Q 的波形图。

3. 触发器的直接置 0 和置 1 端

同样也可以增加直接置 0 端 R_D，直接置 1 端 S_D。电路中的 R_D 和 S_D 端都为低电平有效。R_D 和 S_D 信号不受时钟信号 CP 的制约，具有最高的优先级。

R_D 和 S_D 的作用主要是用来给触发器设置初始状态，或对触发器的状态进行特殊的控制。在使用时要注意，任何时刻，只能一个信号有效，不能同时有效。

4. TTL 集成边沿 D 触发器 74LS74

图 4-21 所示为 TTL 集成边沿 D 触发器 74LS74 的引脚图，74LS74 内部包括两个带有清零端和预置端的触发器，异步输入端为低电平有效。

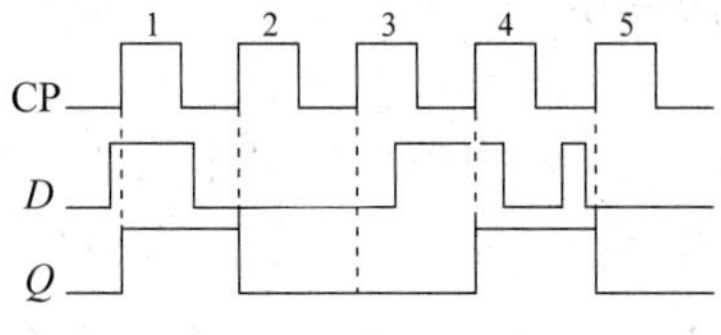

图 4-20　维持-阻塞边沿 D 触发器的波形图

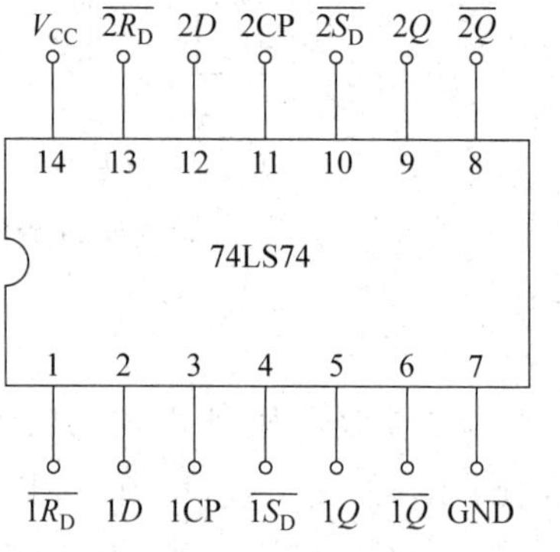

图 4-21　TTL 集成触发器 74LS74 引脚图

表 4-9 为 74LS74 的特性表，表中的符号“↑”表示上升沿触发。

表 4-9 集成边沿 D 触发器 74LS74 的特性表

$\overline{R_D}$	$\overline{S_D}$	CP	D	Q^{n+1}	功能说明
0	0	×	×	不用	不允许
0	1	×	×	0	异步置 0
1	0	×	×	1	异步置 1
1	1	↑	0	0	置 0
1	1	↑	1	1	置 1

微课 8：边沿 D 触发器

4.4.2 边沿 JK 触发器

用两个同步 D 触发器级联起来可以构成下降沿触发的边沿 D 触发器，在此基础上再增加 3 个门电路可以构成边沿 JK 触发器，如图 4-22 所示。

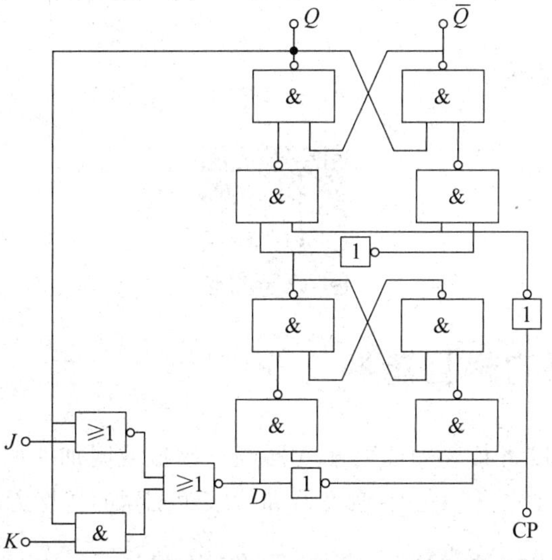

图 4-22 边沿 JK 触发器的逻辑电路和逻辑符号

由图 4-22 可得：

$$D=\overline{\overline{\overline{J+Q^n}}+KQ^n}=(J+Q^n)\cdot\overline{KQ^n}=(J+Q^n)\left(\overline{K}+\overline{Q^n}\right)=J\,\overline{Q^n}+\overline{K}Q^n+J\overline{K}$$

$$=J\,\overline{Q^n}+\overline{K}Q^n$$

代入边沿 D 触发器的特性方程，可以得到：

$$Q^{n+1}=D=J\overline{Q^n}+\overline{K}Q^n \quad (\text{CP 下降沿时有效})$$

边沿 JK 触发器在 CP＝0、上升沿、CP＝1 期间输入信号都不起作用，只有在 CP 下降沿时刻才会按其特性方程改变状态，边沿 JK 触发器没有一次变化问题。

集成边沿 JK 触发器的 TTL 电路有 74LS112，其引脚排列图如图 4-23 所示。

74LS112 内部集成了两个带清零端$\overline{R_D}$和预置端$\overline{S_D}$的边沿 JK 触发器，它们都是 CP 下降沿触发，异步输入端$\overline{R_D}$和$\overline{S_D}$均为低电平有效，其特性表如表 4-10 所示，表中"↓"表示下降沿。

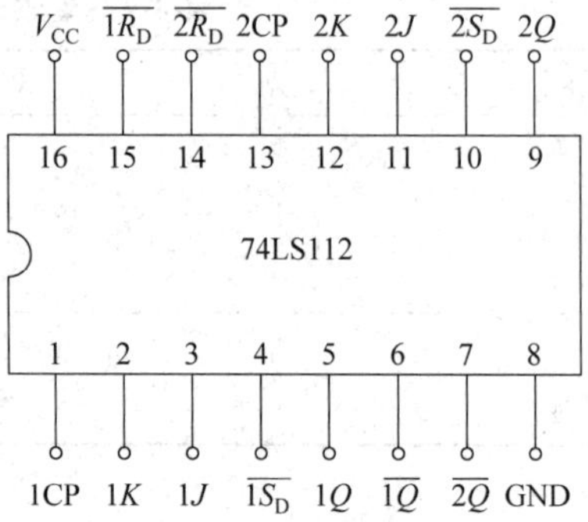

图 4-23　集成边沿 JK 触发器 74LS112 引脚图

表 4-10　集成边沿 JK 触发器 74LS112 的特性表

$\overline{R_D}$	$\overline{S_D}$	CP	J	K	Q^{n+1}	功能说明
0	0	×	×	×	不用	不允许
0	1	×	×	×	0	异步置 0
1	0	×	×	×	1	异步置 1
1	1	↓	0	0	Q^n	保持
1	1	↓	0	1	0	置 0
1	1	↓	1	0	1	置 1
1	1	↓	1	1	$\overline{Q^n}$	翻转

微课 9：边沿 JK 触发器

4.5 触发器的相互转换

根据实际需要，可以将某些功能的触发器经过改接或附加一些门电路，转换为另一种功能的触发器。转换方法是利用已有触发器和待求触发器的特性方程相等的原则。

4.5.1 JK 触发器转换为 RS、D 和 T 触发器

JK 触发器的特性方程为

$$Q^{n+1}=J\overline{Q^n}+\overline{K}Q^n$$

1. JK 触发器转换为 RS 触发器

RS 触发器的特性方程为

$$\begin{cases}Q^{n+1}=S+\bar{R}Q^n\\RS=0\end{cases}$$

变换 RS 触发器的特性方程：

$$\begin{aligned}Q^{n+1}&=S+\bar{R}Q^n=S\left(\overline{Q^n}+Q^n\right)+\bar{R}Q^n\\&=S\,\overline{Q^n}+SQ^n+\bar{R}Q^n\\&=S\,\overline{Q^n}+SQ^n(\bar{R}+R)+\bar{R}Q^n\\&=S\,\overline{Q^n}+SQ^n\bar{R}+SQ^nR+\bar{R}Q^n\\&=S\,\overline{Q^n}+\bar{R}Q^n+SQ^n\bar{R}+SQ^nR\end{aligned}$$

$SQ^n\bar{R}$ 可被 $\bar{R}Q^n$ 吸收，SQ^nR 中的 RS 是约束项，从而得到：

$$Q^{n+1}=S\,\overline{Q^n}+\bar{R}Q^n$$

与 JK 触发器的特性方程相比，得：

$$\begin{cases}J=S\\K=R\end{cases}$$

由此可知，RS 触发器与 JK 触发器基本相同，只是 JK 触发器没有约束条件，而 RS 触发器有 $RS=0$ 的约束条件。

2. JK 触发器转换为 D 触发器

D 触发器的特性方程为：

$$Q^{n+1}=D$$

经过变换后可得：

$$Q^{n+1}=D=D\left(\overline{Q^n}+Q^n\right)=D\,\overline{Q^n}+DQ^n$$

与 JK 触发器的特性方程相比，得：

$$\begin{cases}J=D\\K=\bar{D}\end{cases}$$

画出电路图，如图 4-24 所示。

3. JK 触发器转换为 T 触发器

在数字电路中，T 触发器是指在 CP 时钟脉冲控制下，根据输入信号 T 的取值，使触发器具有保持和翻转功能的电路，即当 $T=0$ 时，能保持状态不变，$T=1$ 时，一定翻转。图 4-25 所示为用 JK 触发器构成的 T 触发器。

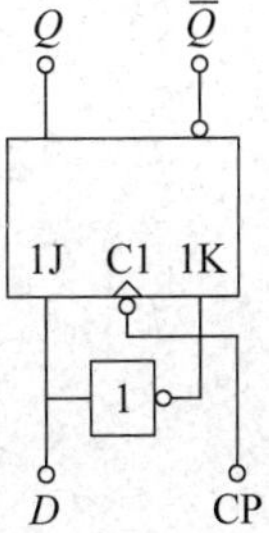

图 4-24 JK 触发器转换为 D 触发器

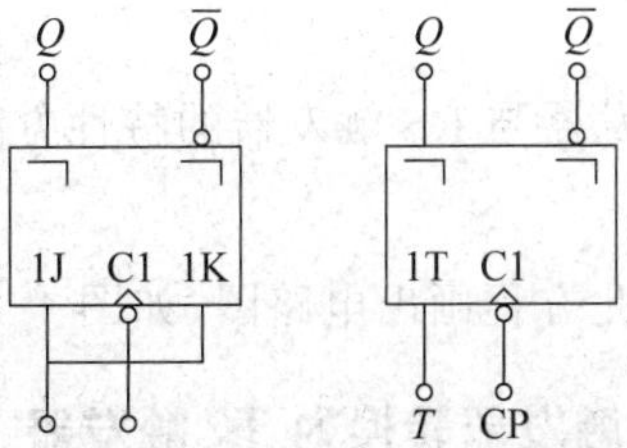

图 4-25 JK 触发器转换为 T 触发器

4.5.2 将D触发器转换为JK、T和RS触发器

1. D触发器转换为JK触发器

D触发器的特性方程为

$$Q^{n+1}=D$$

JK触发器的特性方程为

$$Q^{n+1}=J\overline{Q^n}+\overline{K}Q^n$$

D触发器与JK触发器的特性方程相比较，可得到：

$$D=J\overline{Q^n}+\overline{K}Q^n$$

根据此方程画出电路图，如图4-26所示。

2. D触发器转换为T触发器

D触发器的特性方程为

$$Q^{n+1}=D$$

T触发器的特性方程为

$$Q^{n+1}=T\overline{Q^n}+\overline{T}Q^n$$

D触发器与T触发器的特性方程相比较，可得到：

$$D=T\overline{Q^n}+\overline{T}Q^n=T\oplus Q^n$$

根据此方程画出电路图，如图4-27所示。

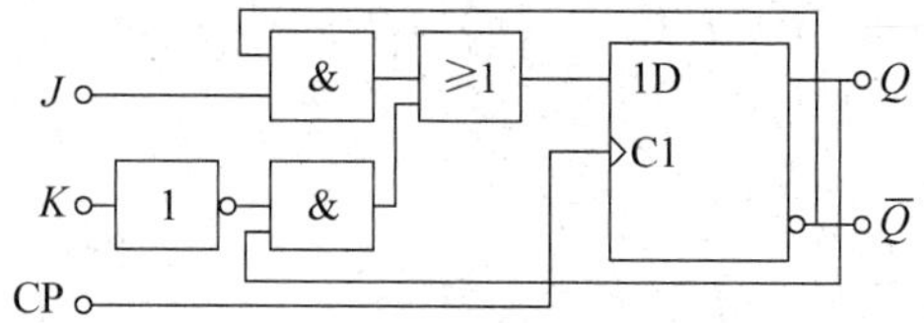

图4-26　D触发器转换为JK触发器

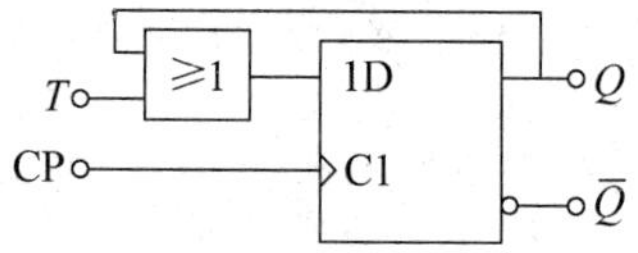

图4-27　D触发器转换为T触发器

3. D触发器转换为RS触发器

D触发器的特性方程为

$$Q^{n+1}=D$$

RS触发器的特性方程为

$$Q^{n+1}=S\overline{Q^n}+\overline{R}Q^n$$

D触发器与RS触发器的特性方程相比较，可得到

$$D=S\overline{Q^n}+\overline{R}Q^n$$

根据此方程画出电路图，如图4-28所示。

4. D触发器转换为T′触发器

若将D触发器的输出端$\overline{Q}$接到输入端D，则构成T′触发器，在数字电路中，凡每来一

个时钟脉冲就翻转一次的电路，都称为 T′触发器，即 $D=\overline{Q^n}$，如图 4-29 所示。

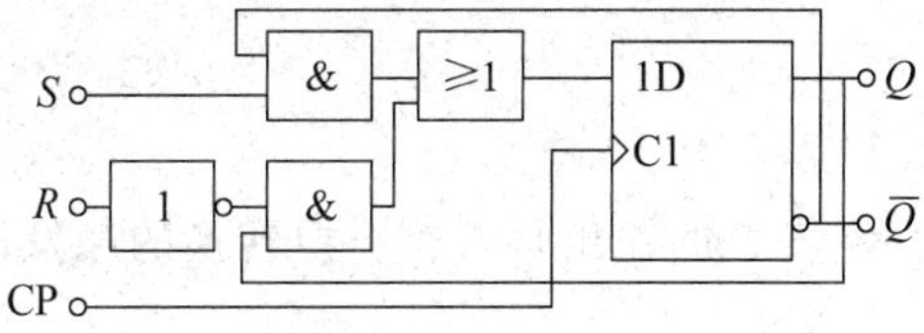

图 4-28 D 触发器转换为 RS 触发器

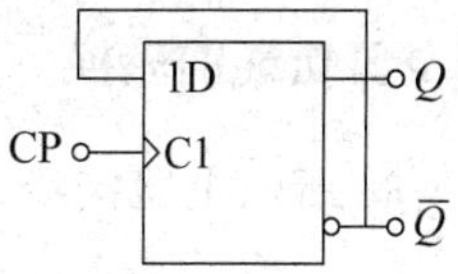

图 4-29 T′触发器

微课 10：触发器状态转换

技能测试：触发器应用

一、实验目的

（1）熟练掌握触发器的两个基本性质——两个稳态和触发翻转。

（2）熟练掌握触发器的分类——基本触发器和时钟触发器。

（3）掌握的时钟触发器逻辑功能和触发方式。了解时钟触发器的不同功能之间的转换。

二、实验内容及步骤

1. 基本触发器

由 74LS00 与非门组成基本 RS 触发器，按照图 4-30 所示接线图接线，并检验其逻辑功能。RS 触发器状态真值表如表 4-11 所示。

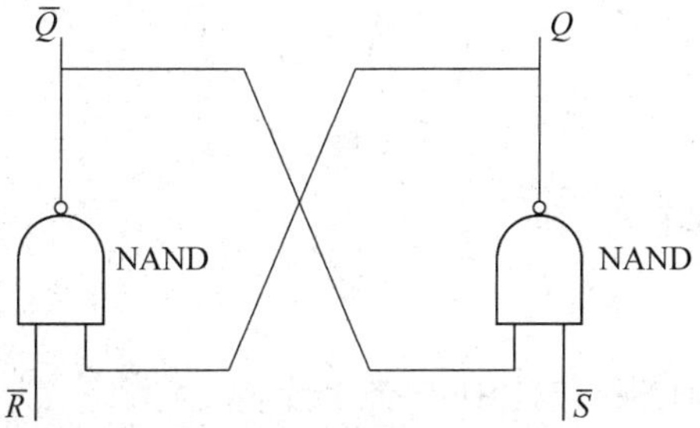

图 4-30 与非门组成基本 RS 触发器

表 4-11 RS 触发器状态真值表

$\overline{S}$	$\overline{R}$	Q	$\overline{Q}$
1	1	不变	不变
1	0	0	1
0	1	1	0
0	0	不定	不定

2. 时钟触发器

（1）D 触发器功能验证。按图 4-31 所示电路接线，输入信号，观察并记录实验结果。

（2）JK 触发器的功能验证。引脚排列如图 4-32 所示，输入信号，观察并记录实验结果。

3. 触发器功能的转换

按图 4-33 所示电路接线，输入信号，观察各自的输出是否符合要转换的触发器功能。

三、实验设备与器件

（1）5V 直流电源。

（2）逻辑电平开关。

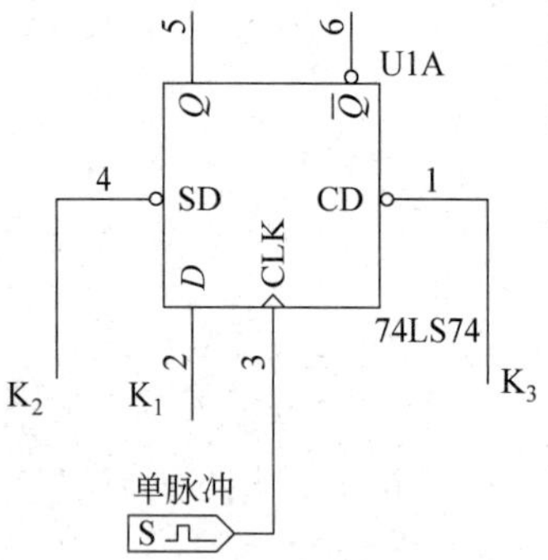

图 4-31　D 触发器实验线路图

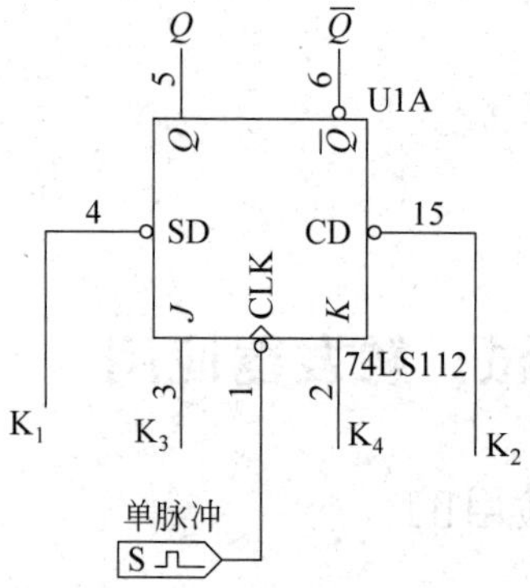

图 4-32　双 JK 触发器实验线路图

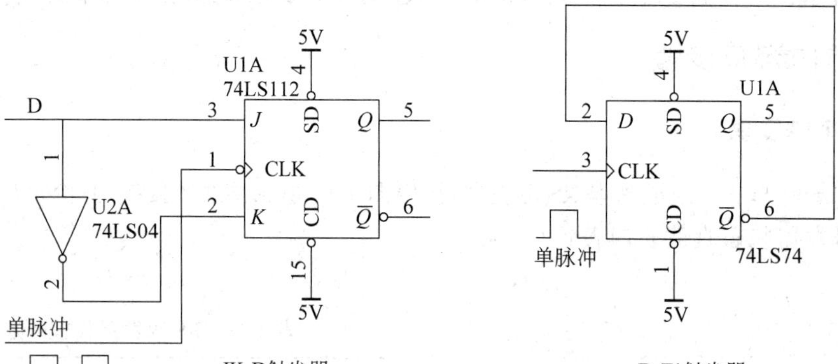

JK-D触发器　　D-T′触发器

图 4-33　触发器功能转换电路

（3）逻辑状态显示 LED。

（4）IC：74LS00、74LS02、74LS04、74LS08、74LS74、74LS112 各 1 片。

（5）单次脉冲源。

四、实验报告

（1）整理实验结果，并进行分析、总结。

（2）测绘实验板上的单脉冲产生部分的电路，画出原理图。

本章小结

触发器一般有两个稳定状态：0 状态和 1 状态。在一定的外加信号作用下，触发器可以从一个稳定状态转换到另一个稳定状态。利用这一特性，触发器能够记忆二进制的两种信息：0 和 1。

触发器的输出端的状态称为现态，由于输入信号的作用使输出端的状态发生变化，出现的新状态称为次态，次态不仅与输入信号有关，还与触发器现态有关。描绘触发器逻辑功能的方法有特性表、特性方程、状态图和波形图等。

按结构不同，可以将触发器分为基本 RS 触发器、同步触发器、主从触发器和边沿触发器 4 种。

根据逻辑功能不同，又可以将触发器分为 RS 触发器、JK 触发器、D 触发器、T 触发器和 T′触发器等。

习　　题

4-1　将 JK 触发器构成 T′触发器，画出外部连线。

4-2　将 JK 触发器构成 D 触发器。

4-3　设同步 RS 触发器的初状态为 0，根据 R、S 输入信号，在图 4-34 中画出相应的 Q 和 $\overline{Q}$ 的波形。

4-4　设主从 JK 触发器的初始状态为 0，试根据 J、K 信号作用，在图 4-35 中画出相应的 Q 和 $\overline{Q}$ 的波形。

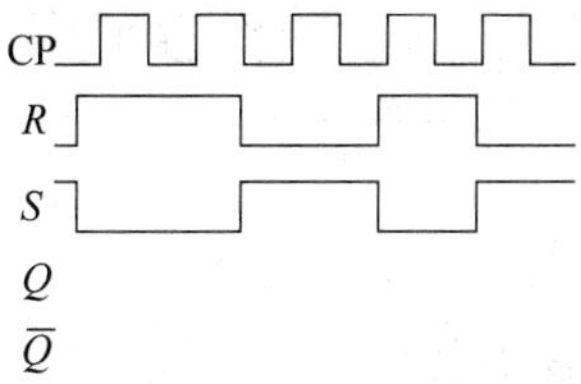

图 4-34　题 4-3 图

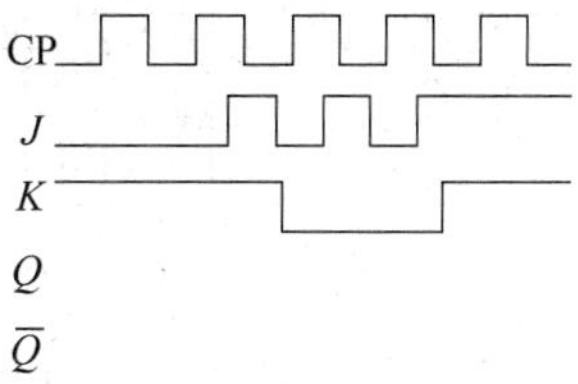

图 4-35　题 4-4 图

4-5　设图 4-36 触发器初始状态为 0，试在图 4-36 中画出在 CP 脉冲作用下，触发器 Q 端的波形。

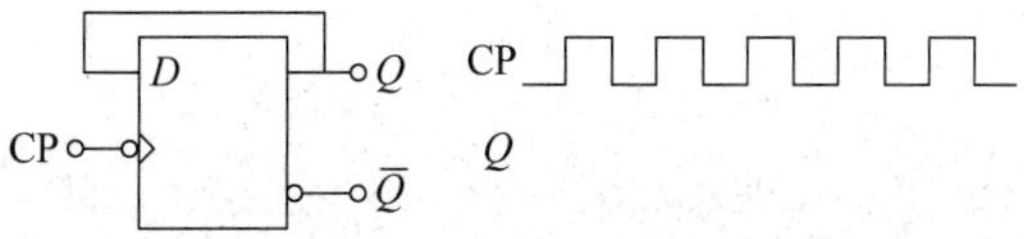

图 4-36　题 4-5 图

4-6　设图 4-37 触发器初始状态为 0，试在图 4-37 中画出在 CP 脉冲作用下，触发器 Q 端的波形。

4-7　设图 4-38 触发器初始状态为 0，试在图 4-38 中画出在 CP 脉冲作用下，触发器 Q

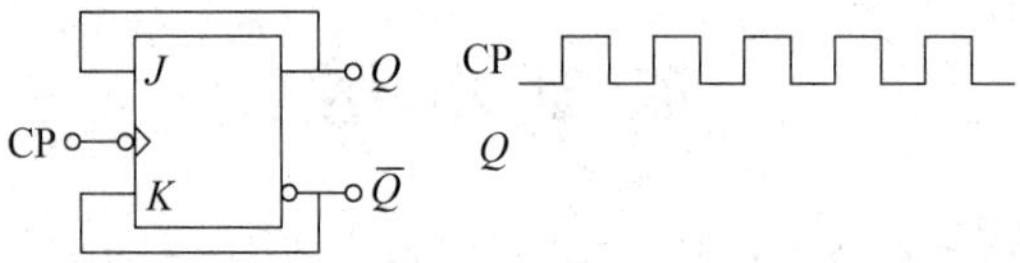

图 4-37　题 4-6 图

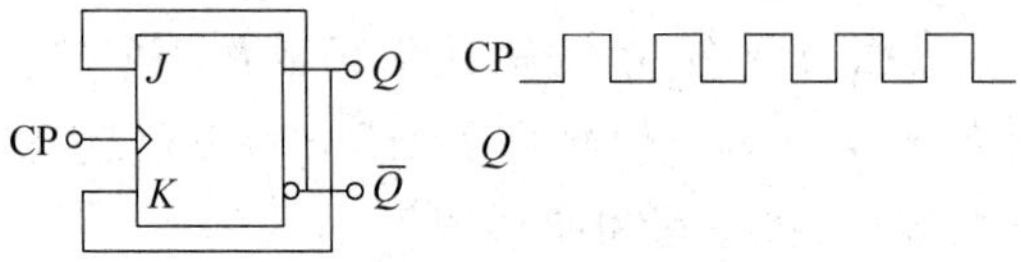

图 4-38　题 4-7 图

端的波形。

4-8　维持-阻塞 D 触发器接成如图 4-39 所示的电路,画出在 CP 脉冲作用下 Q_1、Q_2 的波形(设 Q_1、Q_2 的初始状态均为 0)。

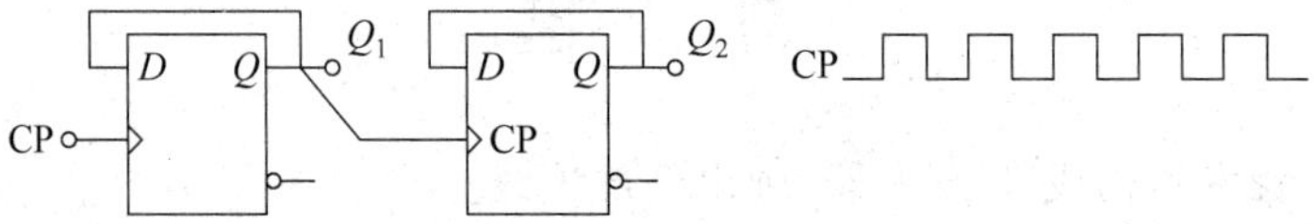

图 4-39　题 4-8 图

4-9　设各触发器的初始状态均为 0,输入信号如图 4-40 所示,试画出各触发器 Q 端的波形。

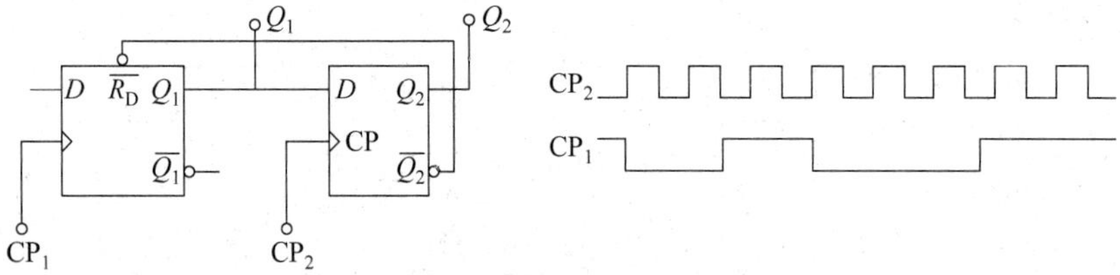

图 4-40　题 4-9 图

第5章

时序逻辑电路

教学提示

在数字逻辑电路中，任何时刻电路的稳定输出不仅与该时刻的输入信号有关，还与电路原来的状态有关的逻辑电路，称为时序逻辑电路。时序逻辑电路一般由组合电路和存储电路两部分组成，触发器是构成时序电路的基本单元电路。本章主要介绍时序逻辑电路的分析和设计方法，还包括常用计数器、寄存器、顺序脉冲发生器的工作原理及其应用。

教学目标

通过对本章的学习，熟练掌握常用中规模集成计数器、寄存器的逻辑功能及使用方法，熟悉时序逻辑电路的分析方法和一般设计方法，学会用移位寄存器实现数据的串行-并行转换，组成环形计数器、扭环计数器、顺序脉冲发生器等。

5.1 时序逻辑电路的基本原理

5.1.1 时序逻辑电路的结构

如果电路某一时刻的输出状态不仅取决于当前时刻电路的输入信号，而且还与电路先前的输出状态有关，则我们把这类具有存储、记忆逻辑功能的电路叫作时序逻辑电路。

时序电路从结构上来说，有两个显著的特点：①时序电路通常包含组合电路和存储电路两部分，其中存储电路是必需的，用于记忆此刻之前的电路状态；②存储电路输出的状态必须反馈到输入端，与输入信号共同决定组合电路的输出。

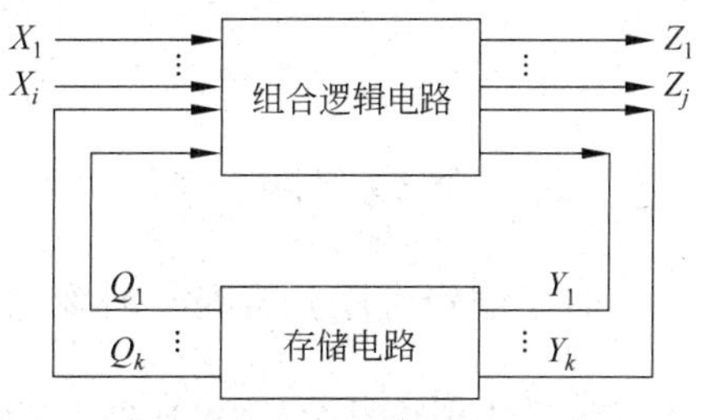

图5-1 时序逻辑电路的结构框图

时序逻辑电路的结构框图如图5-1所示，其中$X(X_1 \cdots X_i)$是时序电路的输入信号；$Q(Q_1 \cdots Q_k)$是存储电路的输出信号，它被反馈到组合电路的输入端；$Z(Z_1 \cdots Z_i)$是时序电路的输出信号；$Y(Y_1 \cdots Y_k)$是存储电路的输入信号。这些信号之间的关系可表示为

输出方程 $Z=F_1(X, Q^n)$

驱动方程 $Y=F_2(X, Q^n)$

状态方程　　　　　　　　　　$Q^{n+1}=F_3(Y,Q^n)$

时序逻辑电路按照存储电路内部触发器动作的转换时刻不同，可分为同步时序电路和异步时序电路。在同步时序电路中，所有触发器的状态变化都在同一时钟控制下同时进行，如果时钟没有到来，即使输入信号发生变化，电路的状态仍不改变。而在异步时序电路中触发器的变化不是同时发生的，它没有统一的时钟信号，输入信号的变化就能引起状态的变化。

5.1.2 时序逻辑电路的描述方法

描述时序逻辑电路的方法有很多，主要有逻辑方程式、状态转换图、状态表和时序图。

1. 逻辑方程式

时序逻辑电路的功能可由输出方程和状态方程来确定，其中逻辑方程可描述时序电路的逻辑功能，但逻辑方程不够直观，且在设计时序逻辑电路时，很难根据实际问题的基本描述直接写出。

2. 状态转换图

状态转换图简称状态图。在状态图中，圆圈表示电路中的各个状态，箭头表示状态的转换方向，并在箭头一侧标注状态转换前输入信号 X 值及输出信号 Y 值。

3. 状态表

将输入变量及逻辑电路现态 Q^n 的所有可能的取值代入状态方程和输出方程，可求出相应的电路次态 Q^{n+1} 和输出 Z 的数值，并将其结果进行有序的排序，就得到整个时序电路的状态转换真值表，简称状态表。状态表通常被用于状态化简。

4. 时序图

在时钟脉冲序列的作用下，时序逻辑电路中各个状态随时间变化的波形称作时序图。它是时序电路的工作波形图。

5.1.3 时序逻辑电路分析

1. 时序逻辑电路分析的一般步骤

分析时序逻辑电路，就是根据给出的时序逻辑电路，确定该时序电路所能完成的功能。分析的一般步骤如下。

(1) 根据给定的时序逻辑电路图，写出下列各方程式。

① 各触发器的时钟方程。

② 各触发器的驱动方程。

③ 时序电路的输出方程。

(2) 求出时序电路的状态方程。将各触发器的驱动方程分别代入相应的触发器的特性方程,求出各个触发器的次态方程,并将各触发器的次态方程作有序的排列,应得到整个时序电路的状态方程。

(3) 列出完整的状态表。设定初态,并代入电路的状态方程和输出方程,求出次态和输出状态。把输入变量和初态列在状态表的左边,次态和输出状态列在真值表的右边,从而得到状态转换表。

(4) 画出状态转换图和时序图。根据状态表可以很轻松地画出状态转换图和时序图,同时检查电路的自启动能力。

(5) 用文字描述时序电路的逻辑功能。

2. 同步时序逻辑电路的分析举例

【例 5-1】 时序电路如图 5-2 所示,试分析其逻辑功能。

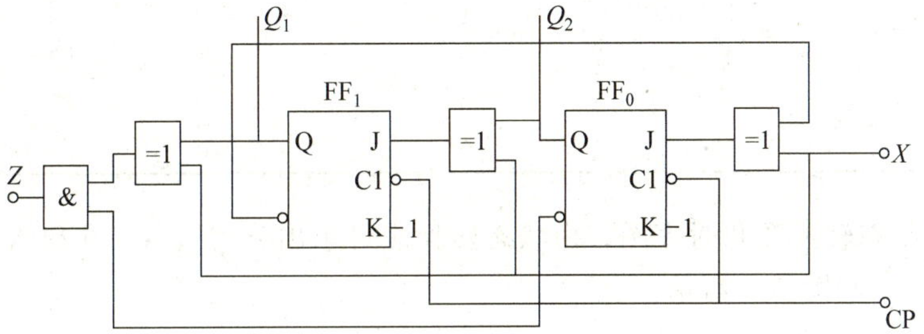

图 5-2 同步逻辑电路图

解 (1) 写出逻辑方程式。

① 各触发器的时钟方程:该电路是同步时序逻辑电路,时钟方程可以省略不写。

② 驱动方程:

$$J_0 = X \oplus \overline{Q_1^n} \qquad K_0 = 1$$

$$J_1 = X \oplus Q_0^n \qquad K_1 = 1$$

③ 时序电路的输出方程:

$$Z = (X \oplus Q_1^n) \cdot \overline{Q_0^n}$$

(2) 求出时序电路的状态方程。将各驱动方程代入 JK 触发器的特性方程,得各触发器的次态方程:

$$Q_0^{n+1} = J_0\overline{Q_0^n} + \overline{K_0}Q_0^n = (X \oplus \overline{Q_1^n})\overline{Q_0^n} \quad (\text{其中 } J_0 = X \oplus \overline{Q_1^n}, K_0 = 1)$$

$$Q_1^{n+1} = J_1\overline{Q_1^n} + \overline{K_1}Q_1^n = (X \oplus Q_0^n) \cdot \overline{Q_1^n} \quad (\text{其中 } J_1 = X \oplus Q_0^n, K_1 = 1)$$

(3) 列出状态表。

① 当 $X=0$ 时:$Q_0^{n+1} = \overline{Q_1^n}\,\overline{Q_0^n}$,$Q_1^{n+1} = Q_0^n\overline{Q_1^n}$,$Z = (X \oplus Q_1^n) \cdot \overline{Q_0^n} = Q_1^n\overline{Q_0^n}$

设电路初态为 $Q_1^nQ_0^n = 00$,代入可得 $Q_1^{n+1}Q_0^{n+1} = 01$,$Z=0$。以此类推,求出所有 $Q_1^nQ_0^n$ 可能取值对应下的 $Q_1^{n+1}Q_0^{n+1}$ 的状态表如表 5-1 所示。

表 5-1　当 $X=0$ 时的状态转换表

现态		次态		输出
Q_1^n	Q_0^n	Q_1^{n+1}	Q_0^{n+1}	Z
0	0	0	1	0
0	1	1	0	0
1	0	0	0	1
1	1	0	0	0

② 当 $X=1$ 时：$Q_0^{n+1}=Q_1^n\overline{Q_0^n}$，$Q_1^{n+1}=\overline{Q_0^nQ_1^n}$，$Z=(X\oplus Q_1^n)\cdot\overline{Q_0^n}=\overline{Q_1^nQ_0^n}$

同理可得状态表如表 5-2 所示。

表 5-2　当 $X=1$ 时的状态转换表

现态		次态		输出
Q_1^n	Q_0^n	Q_1^{n+1}	Q_0^{n+1}	Z
0	0	1	0	0
0	1	0	1	0
1	0	0	0	1
1	1	0	0	0

(4) 画出状态转换图和时序图。由状态转换表可求出分别当 $X=0$ 和 $X=1$ 时的状态转换图，如图 5-3 和图 5-4 所示。

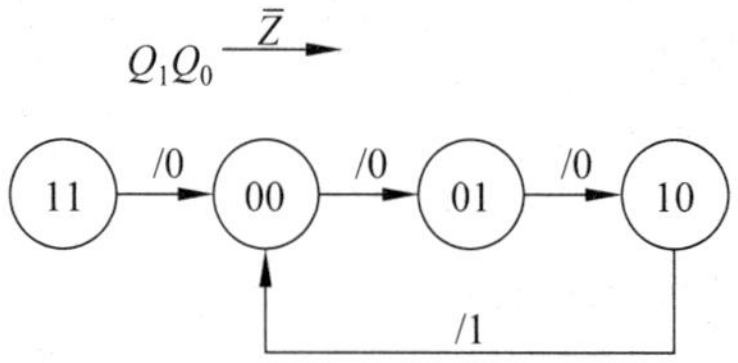

图 5-3　当 $X=0$ 时的状态转换

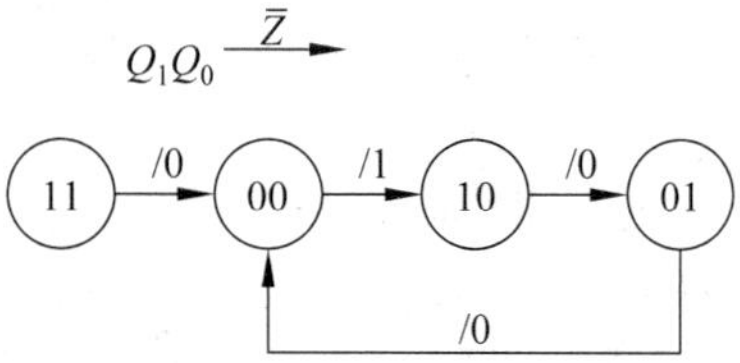

图 5-4　当 $X=1$ 时的状态转换

根据状态表或状态图，可画出在 CP 脉冲作用下电路的时序图，如图 5-5 所示。

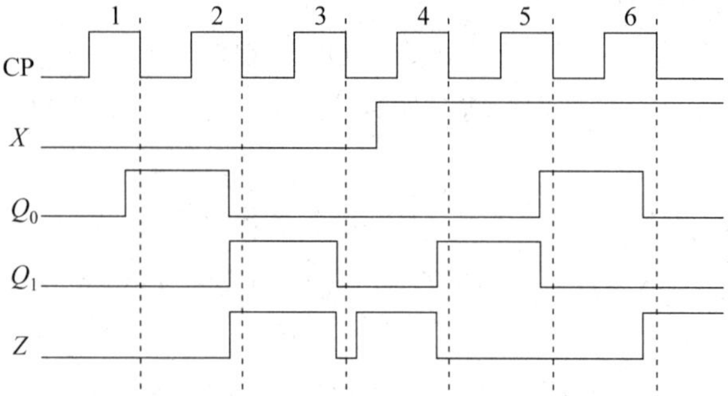

图 5-5　时序图

(5) 逻辑功能分析。当 $X=0$ 时，按照加 1 规律从 00→01→10→00 循环变化，并且每当转换为 10 状态（最大数）时，输出 $Z=1$。

当 $X=1$ 时，按照减 1 规律从 10→01→00→10 循环变化，并每当转换为 00 状态（最小数）时，输出 $Z=1$。

所以该电路是一个可控的三进制计数器。

微课 1：同步时序逻辑电路分析

3. 异步时序逻辑电路的分析举例

【例 5-2】 分析图 5-6 所示电路的逻辑功能。

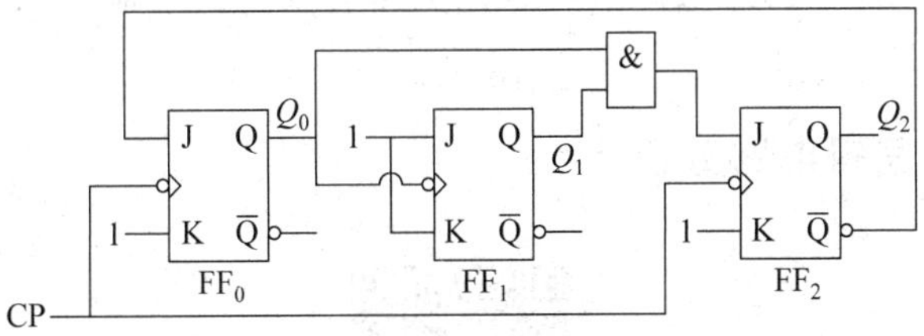

图 5-6　异步时序逻辑电路图

解　(1) 写出逻辑方程式。

① 各触发器的时钟方程：　$CP_0=CP$　$CP_1=Q_0$　$CP_2=CP$

② 驱动方程：　$J_0=\overline{Q_2^n}$　$K_0=1$

$J_1=1$　$K_1=1$

$J_2=Q_0^nQ_1^n$　$K_2=1$

③ 时序电路的输出方程：电路无输出信号，不用列出输出方程。

(2) 求出时序电路的状态方程。将各驱动方程代入 JK 触发器的特性方程，化简可得各触发器的次态方程：

$$Q_0^{n+1}=J_0\overline{Q_0^n}+\overline{K_0}Q_0^n=\overline{Q_2^n}\,\overline{Q_0^n}\quad (CP_0=CP\downarrow)$$

$$Q_1^{n+1}=J_1\overline{Q_1^n}+\overline{K_1}Q_1^n=\overline{Q_1^n}\quad (CP_1=Q_0^n\downarrow)$$

$$Q_2^{n+1}=J_0\overline{Q_0^n}+\overline{K_0}Q_0^n=\overline{Q_2^n}Q_1^nQ_0^n\quad (CP_2=CP\downarrow)$$

(3) 列出状态表。在异步时序电路中，判断触发器状态是否改变必须先看 CP 脉冲是否来到，CP 来了才能按状态方程计算 Q^{n+1} 状态。否则，触发器状态不变。计算各触发器的次态方程可得状态表，如表 5-3 所示。

(4) 画出状态转换图和时序图。由状态转换表可得到状态转换图，如图 5-7 所示，时序图如图 5-8 所示。

表 5-3 状态转换表

Q_2^n	Q_1^n	Q_0^n	Q_2^{n+1}	Q_1^{n+1}	Q_0^{n+1}	Q_2^n	Q_1^n	Q_0^n	Q_2^{n+1}	Q_1^{n+1}	Q_0^{n+1}
0	0	0	0	0	1	1	0	0	0	0	0
0	0	1	0	1	0	1	0	1	0	1	0
0	1	0	0	1	1	1	1	0	0	1	0
0	1	1	1	0	0	1	1	1	0	0	0

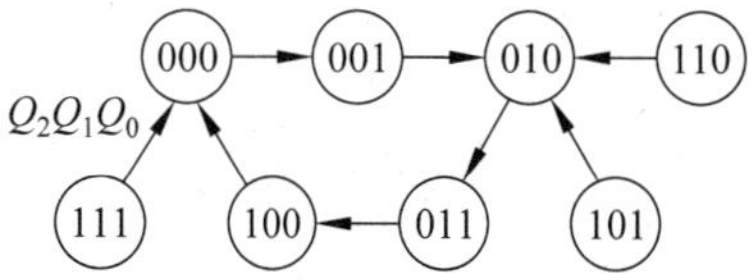

图 5-7 状态转换图

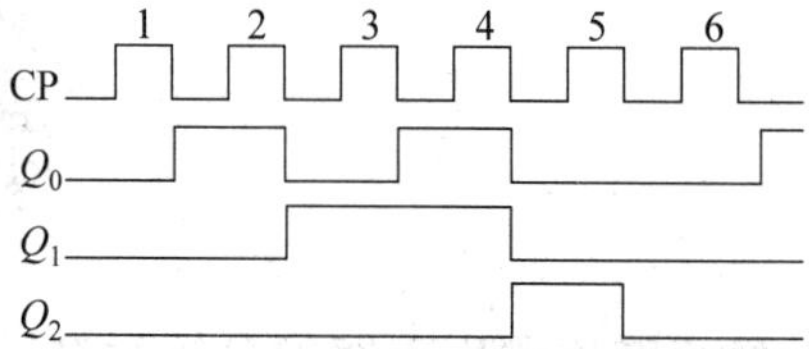

图 5-8 时序图

（5）逻辑功能分析。由分析过程可知，该电路为异步五进制加法计数器，并具有启动能力。

微课 2：异步时序逻辑电路分析

5.2 计数器

计数器是数字电路中最常用的基本逻辑器件之一，它不仅能统计输入脉冲 CP 的个数，还可以实现分频、定时、产生脉冲等功能。如果按计数进制划分，可分为二进制计数器和非二进制计数器，其中非二进制计数器中最典型的是十进制计数器；按数字的增减趋势可分为加法计数器、减法计数器和可逆计数器；按计数器中触发器翻转是否与计数脉冲同步分为同步计数器和异步计数器。

5.2.1 二进制计数器

1. 二进制异步计数器

（1）二进制异步加法计数器

图 5-9 为由 4 个 JK 触发器组成的 4 位二进制异步加法计数器逻辑图。图中 JK 触发器都接成 T′触发器。最低位触发器 FF_0 的时钟脉冲直连外接 CP 计数脉冲，其他触发器的时钟分别连接相邻触发器的输出端 Q。

该电路的连线较为简单且具有很强的规律性。所有的 J 与 K 均直连高电平 1，即 $J_0=K_0=J_1=K_1=\cdots=J_{n-1}=K_{n-1}=1$。其工作原理为：每来一个 CP 的下降沿时，$FF_0$ 向相

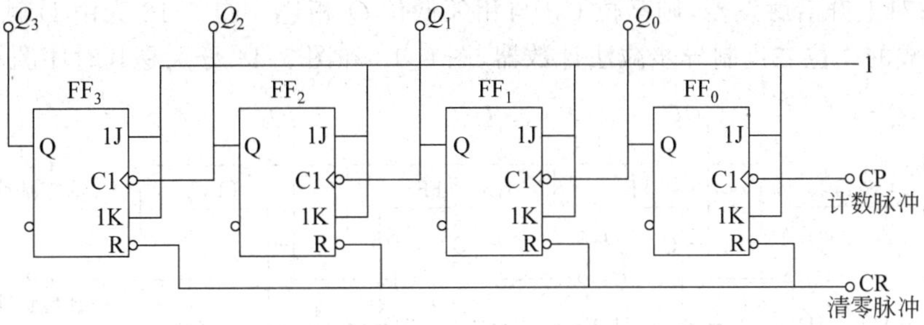

图 5-9 由 JK 触发器组成的 4 位二进制异步加法计数器

反的状态翻转一次；每当 Q_0 由 1 变 0，FF_1 向相反的状态翻转一次；当 Q_1 由 1 变 0，FF_2 向相反的状态翻转一次；当 Q_2 由 1 变 0，FF_3 向相反的状态翻转一次。

由此直接观察可得，该电路的时序波形如图 5-10 所示，状态图如图 5-11 所示。由状态图可知，从初态 0000 开始，每输入一个时钟脉冲，计数器的状态按二进制加法的规律依次加 1，所以是二进制加法计数器。同时可以看到，该计数器从 0000 到 1111 共有 16 个状态，所以也称十六进制加法计数器。

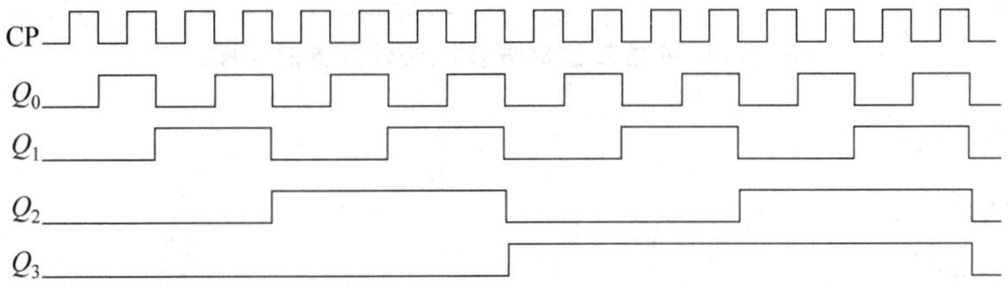

图 5-10 时序波形图

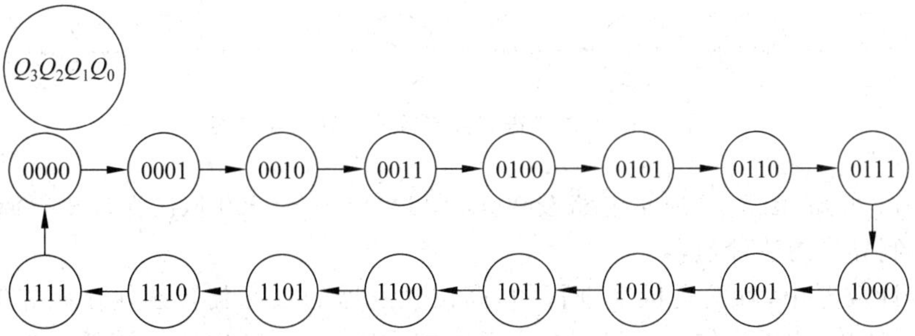

图 5-11 状态图

从时序图可以看出，$Q_0Q_1Q_2Q_3$ 的周期分别是时钟脉冲 CP 周期的 2 倍、4 倍、8 倍和 16 倍，即 $Q_0Q_1Q_2Q_3$ 对 CP 分别进行了二分频、四分频、八分频、十六分频，故计数器也可称为分频器。

异步二进制加法计数器结构简单，改变触发器级联的个数，可以很方便地改变二进制计数器的位数，从而构成 n 位二进制计数器或 n 分频器。

(2) 二进制异步减法计数器

将所有计数器接成计数工作状态。最低位的时钟脉冲输入端直接与外部时钟 CP 相连，其他计数器的时钟与相邻低位的 Q 或 $\overline{Q}$ 相连。对下降沿触发器，其高位 CP 与相邻低

位 $\overline{Q}$ 相连；对上升沿触发器，则高位 CP 与相邻低位 Q 相连。图 5-12 为由 D 触发器（上升沿触发）组成的 4 位二进制异步减法计数器，图 5-13 和图 5-14 分别是其时序图和状态图。

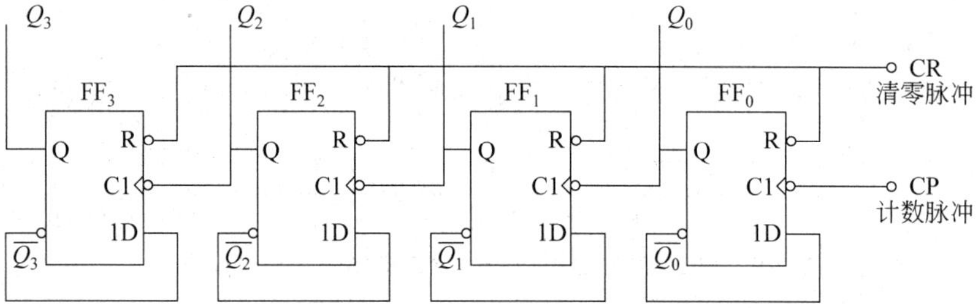

图 5-12　4 位二进制异步减法计数器

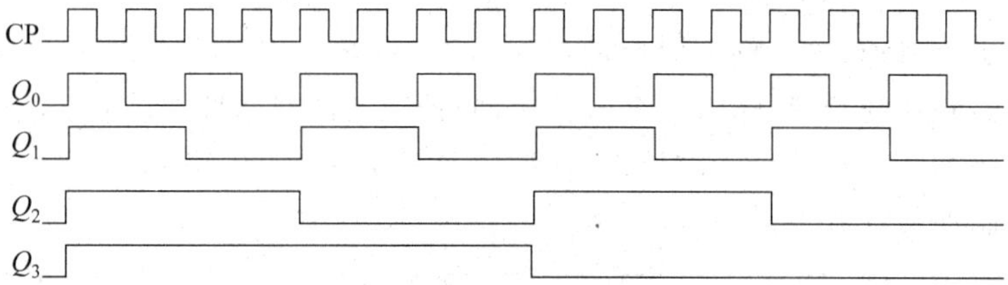

图 5-13　4 位二进制异步减法计数器时序图

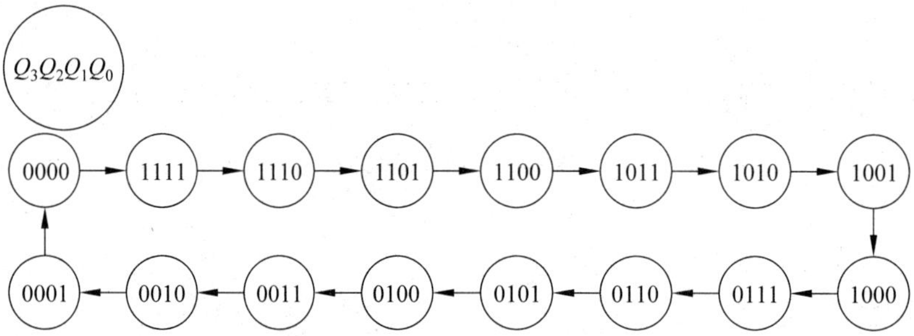

图 5-14　4 位二进制异步减法计数器状态图

由图 5-14 可知，图 5-12 所示电路按 0000→1111→…→0000 依次循环进行减 1 动作，即为 4 位二进制异步减法计数器。

在异步计数器中，触发是依次进行的，高位触发器的状态翻转必须在相邻触发器产生进位信号（加计数）或借位信号（减计数）之后才能实现，所以工作速度较低。为了提高计数速度，可采用同步计数器。

2. 二进制同步计数器

（1）二进制同步加法计数器

在同步计数器，组成计数器的各个触发器的时钟均来自同一个时钟脉冲源，当时钟 CP 的有效边沿来到时，各触发器的次态方程均有效，所有触发器同时动作。

图 5-15 是由 JK 触发器组成的 4 位二进制同步加法计数器，在该电路中，各触发器的驱动方程很有规律，分别为

$$J_0 = K_0 = 1$$

$$J_1=K_1=Q_0^n$$
$$J_2=K_2=Q_1^nQ_0^n$$
$$J_3=K_3=Q_2^nQ_1^nQ_0^n$$

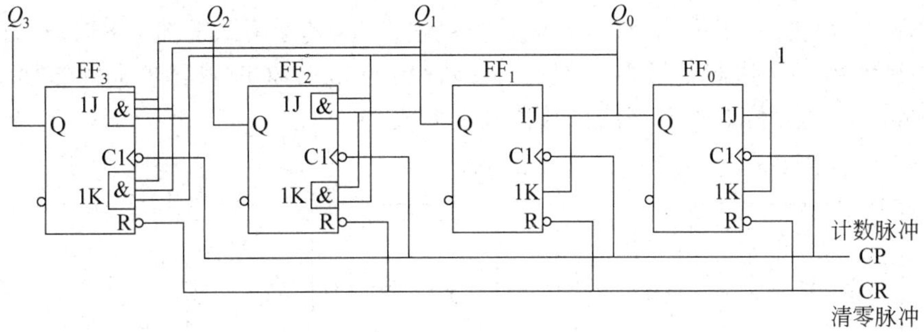

图 5-15　4 位二进制同步加法计数器

其时序图和状态图与二进制异步加法计数器相同，如图 5-10 和图 5-11 所示。

(2) 二进制同步减法计数器

通过对二进制减法计数规律研究可知，最低位触发器对应每一个时钟脉冲就翻转一次，高位触发器只有在低位全部为 0，发生向高位借位时，在时钟的作用下才进行翻转。用 JK 触发器实现时，其各级 J、K 输入的驱动方程为

$$J_0=K_0=1$$
$$J_1=K_1=\overline{Q_0^n}$$
$$J_2=K_2=\overline{Q_1^n}\,\overline{Q_0^n}$$

3 位二进制同步减法计数器如图 5-16 所示。

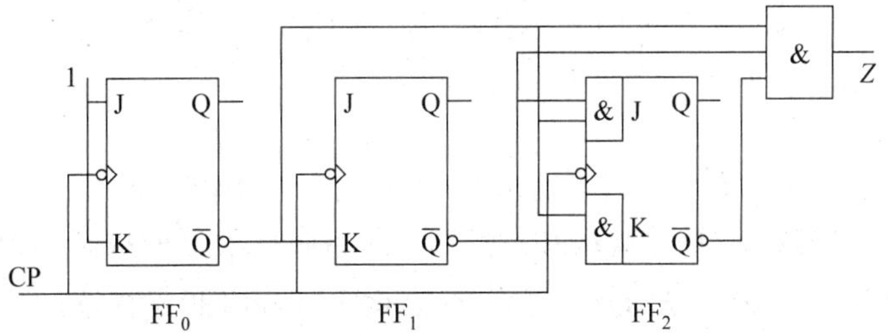

图 5-16　3 位二进制同步减法计数器

二进制同步减法计数器的时序图和状态图与二进制异步减法计数器相同，如图 5-13 与图 5-14 所示，这里不再赘述。

微课 3：二进制计数器

5.2.2 十进制计数器

1. 异步十进制计数器

十进制的编码方式很多，其计数器的种类也很多，因其读出结果都是 BCD 码，所以十进制计数器也称为二-十进制计数器。图 5-17 是常用的 8421BCD 码异步十进制加法计数器的典型电路。它由 4 位二进制加法计数器改进而成。

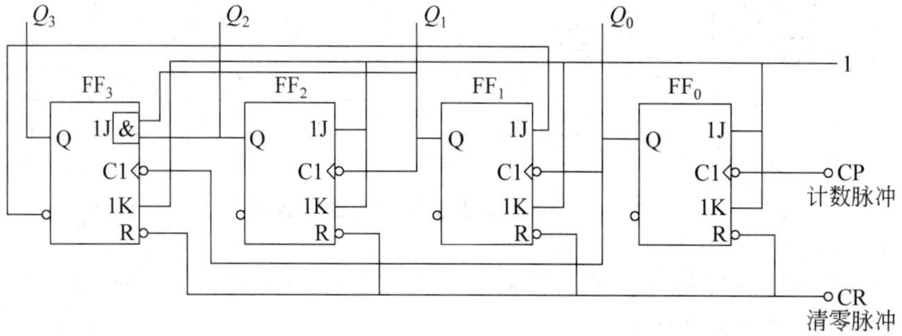

图 5-17 异步十进制加法计数器

用前面介绍的时序逻辑电路分析方法对该电路进行分析。

(1) 写出逻辑方程式。

① 各触发器的时钟方程：

$$CP_0 = CP \quad CP_1 = Q_0 \quad CP_2 = Q_1 \quad CP_3 = Q_0$$

② 驱动方程：

$$J_0 = 1,\quad K_0 = 1$$

$$J_1 = \overline{Q_3^n},\quad K_1 = 1$$

$$J_2 = 1,\quad K_2 = 1$$

$$J_3 = Q_2^n Q_1^n,\quad K_3 = 1$$

③ 时序电路的输出方程：电路无输出信号，不用列出输出方程。

(2) 将各驱动方程代入 JK 触发器的特性方程，得各触发器的次态方程。

$$Q_0^{n+1} = J_0\overline{Q_0^n} + \overline{K_0}Q_0^n = \overline{Q_0^n} \quad (\text{CP 由 } 1 \rightarrow 0 \text{ 时此式有效})$$

$$Q_1^{n+1} = J_1\overline{Q_1^n} + \overline{K_1}Q_1^n = \overline{Q_3^n}\,\overline{Q_1^n} \quad (Q_0 \text{ 由 } 1 \rightarrow 0 \text{ 时此式有效})$$

$$Q_2^{n+1} = J_2\overline{Q_2^n} + \overline{K_2}Q_2^n = \overline{Q_2^n} \quad (Q_1 \text{ 由 } 1 \rightarrow 0 \text{ 时此式有效})$$

$$Q_3^{n+1} = J_3\overline{Q_3^n} + \overline{K_3}Q_3^n = Q_2^n Q_1^n\,\overline{Q_3^n} \quad (Q_0 \text{ 由 } 1 \rightarrow 0 \text{ 时此式有效})$$

(3) 列出状态表。设初态为 $Q_3Q_2Q_1Q_0 = 0000$，代入次态方程进行计算，得状态转换表，如表 5-4 所示。

表 5-4 十进制计数器状态转换表

现态				次态				现态				次态			
Q_3^n	Q_2^n	Q_1^n	Q_0^n	Q_3^{n+1}	Q_2^{n+1}	Q_1^{n+1}	Q_0^{n+1}	Q_3^n	Q_2^n	Q_1^n	Q_0^n	Q_3^{n+1}	Q_2^{n+1}	Q_1^{n+1}	Q_0^{n+1}
0	0	0	0	0	0	0	1	1	0	0	0	1	0	0	1
0	0	0	1	0	0	1	0	1	0	0	1	0	0	0	0

续表

现态				次态				现态				次态			
Q_3^n	Q_2^n	Q_1^n	Q_0^n	Q_3^{n+1}	Q_2^{n+1}	Q_1^{n+1}	Q_0^{n+1}	Q_3^n	Q_2^n	Q_1^n	Q_0^n	Q_3^{n+1}	Q_2^{n+1}	Q_1^{n+1}	Q_0^{n+1}
0	0	1	0	0	0	1	1	1	0	1	0	1	0	1	1
0	0	1	1	0	1	0	0	1	0	1	1	0	1	0	0
0	1	0	0	0	1	0	1	1	1	0	0	1	1	0	1
0	1	0	1	0	1	1	0	1	1	0	1	0	1	0	0
0	1	1	0	0	1	1	1	1	1	1	0	1	1	1	1
0	1	1	1	1	0	0	0	1	1	1	1	0	0	0	0

(4) 画出状态转换图和时序图。异步十进制计数器状态转换图和时序图如图 5-18 和图 5-19 所示。

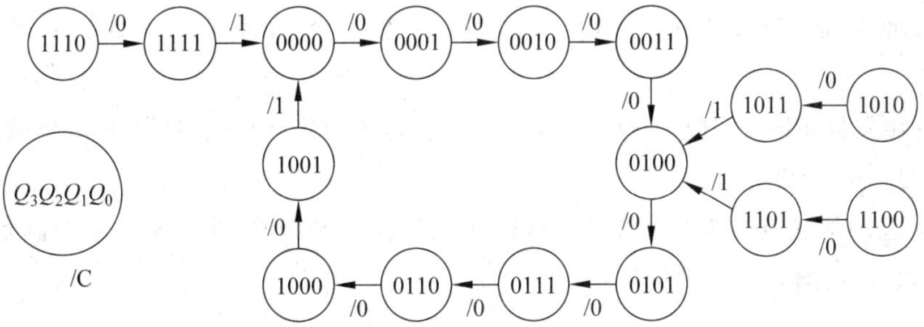

图 5-18 异步十进制计数器状态转换图

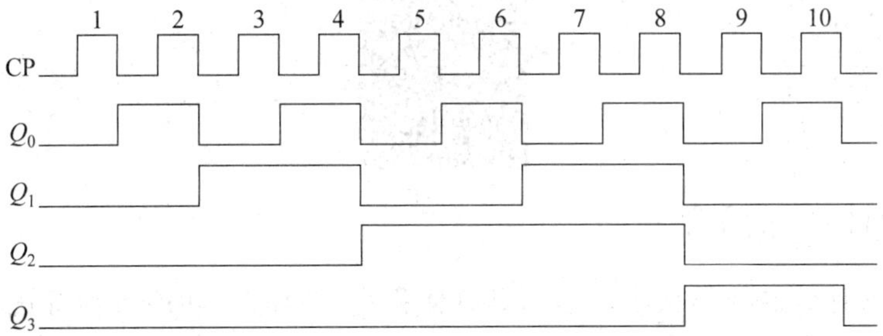

图 5-19 异步十进制计数器时序图

(5) 逻辑功能分析。由于电路中有 4 个触发器，它们的状态组合共有 16 种。而在 8421BCD 码计数器中只用了 10 种，称为有效状态。其余 6 种状态称为无效状态。当由于某种原因，使计数器进入无效状态时，电路能在时钟信号作用下，最终进入有效状态，10 个有效状态组成了一个循环模数为十的加法计数器。

2. 同步十进制计数器

同步十进制计数器的计数脉冲同时加到各级触发器的 CP 端，由 JK 触发器组成的同步十进制加法计数器如图 5-20 所示。

(1) 对触发器 FF_0，每来一个计数脉冲翻转一次，故 $J_0=K_0=1$。

(2) 对触发器 FF_1，当 $Q_0=1$ 且 $\overline{Q_3}=1$ 时，再来一个脉冲 Q_1 才翻转一次，故 $J_1=\overline{Q_3^n}Q_0^n$，

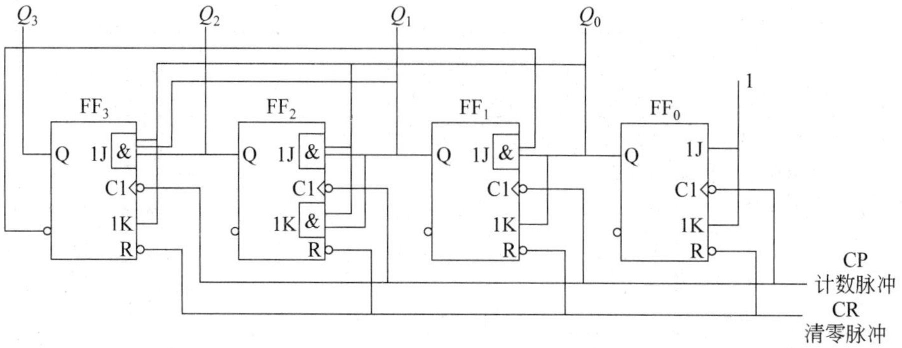

图 5-20　同步十进制加法计数器

$K_1=Q_0^n$。

（3）对触发器 FF_2，当 $Q_1=Q_0=1$ 时，再来一个脉冲 Q_2 就翻转一次，故 $J_2=K_2=Q_1^nQ_0^n$。

（4）对触发器 FF_3，当 $Q_2=Q_1=Q_0=1$ 或 $Q_3Q_2Q_1Q_0=1001$ 时再来一个脉冲就翻转，$J_3=Q_2^nQ_1^nQ_0^n$，$K_3=Q_0^n$。

同步十进制加法计数器的状态转换表、状态转换图和时序图与异步十进制加法计数器相同，参看表 5-4、图 5-18 和图 5-19。

微课 4：十进制计数器

5.2.3　集成计数器简介

中规模集成计数器种类很多。它们具有体积小、功耗低、功能灵活等优点。下面介绍两个典型集成计数器。

1. 74161 功能介绍

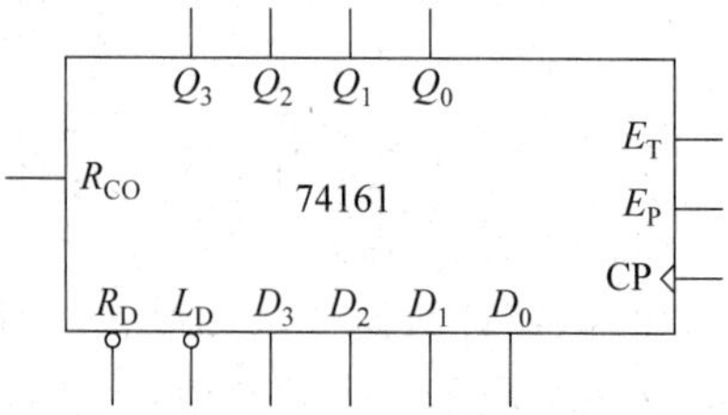

图 5-21　74161 逻辑符号图

74161 是同步四位二进制加法计数器，它有异步清零、同步置数等功能。其逻辑符号图如图 5-21 所示，CP 脉冲上升沿控制电路计数工作，R_D 端为异步清零端，L_D 是预置数控制端，D_3、D_2、D_1、D_0 是预置数输入端，E_P 和 E_T 是计数使能端，R_{CO} 是进位输出端，Q_3、Q_2、Q_1、Q_0 是数据输出端，该器件的功能如表 5-5 所示。

（1）异步清零：当 $R_D=0$ 时，不仅可将所有的触发器全部置零，而且清零操作既不受其他输入端的影响，也不需 CP 脉冲的配合，这就是计数器的异步清零功能。

表 5-5 74161 功能表

清零	预置	使能		时钟	预置数据输入				输出				工作模式
R_D	L_D	E_P	E_T	CP	D_3	D_2	D_1	D_0	Q_3	Q_2	Q_1	Q_0	
0	×	×	×	×	×	×	×	×	0	0	0	0	异步清零
1	0	×	×	↑	d_3	d_2	d_1	d_0	d_3	d_2	d_1	d_0	同步置数
1	1	0	×	×	×	×	×	×	保持				数据保持
1	1	×	0	×	×	×	×	×	保持				数据保持
1	1	1	1	↑	×	×	×	×	计数				加法计数

(2) 同步预置数：当 $R_D=1, L_D=0$，且有 CP 脉冲上升沿作用时，完成将输入端 $d_3d_2d_1d_0$ 的数据置入计数器，使得 $Q_3Q_2Q_1Q_0=d_3d_2d_1d_0$。由于这项操作需要借助时钟脉冲 CP 上升沿同步，因此称为同步预置数。

(3) 保持：当 $R_D=L_D=1$ 时，若 $E_P \cdot E_T=0$，则计数器保持输出原状态不变，不管有无 CP 脉冲作用。如果 $E_T=0$ 时，进位输出 $R_{CO}=0$。

(4) 计数：当 $R_D=L_D=1, E_P=E_T=1$ 时，在 CP 脉冲上升沿的作用下，74161 完成四位二进制加法计数功能。这里进位输出 $R_{CO}=CPQ_3Q_2Q_1Q_0$，表明当第 1～14 个 CP 到来时，R_{CO}输出为低电平，当且仅当第 15 个计数脉冲到来时，计数器输出 1111，此时 R_{CO}由低电平变为高电平。而当第 16 个计数脉冲到来时，计数器返回 000 状态，R_{CO}信号即由高电平变为低电平，输出了一个进位脉冲信号。

74LS161 的逻辑电路如图 5-22 所示，时序图如图 5-23 所示。

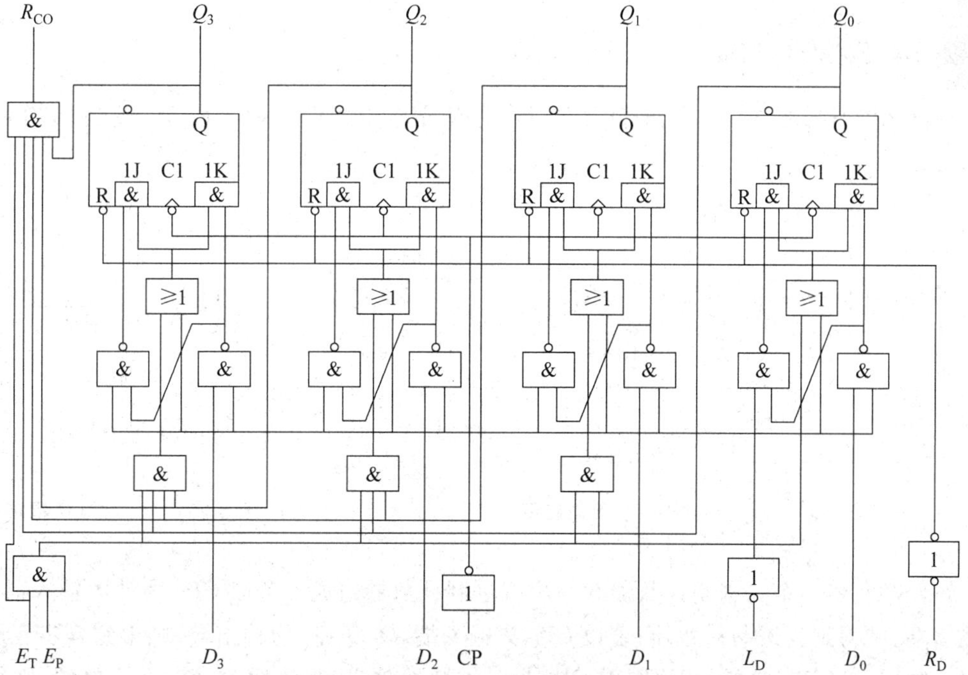

图 5-22 74LS161 逻辑电路图

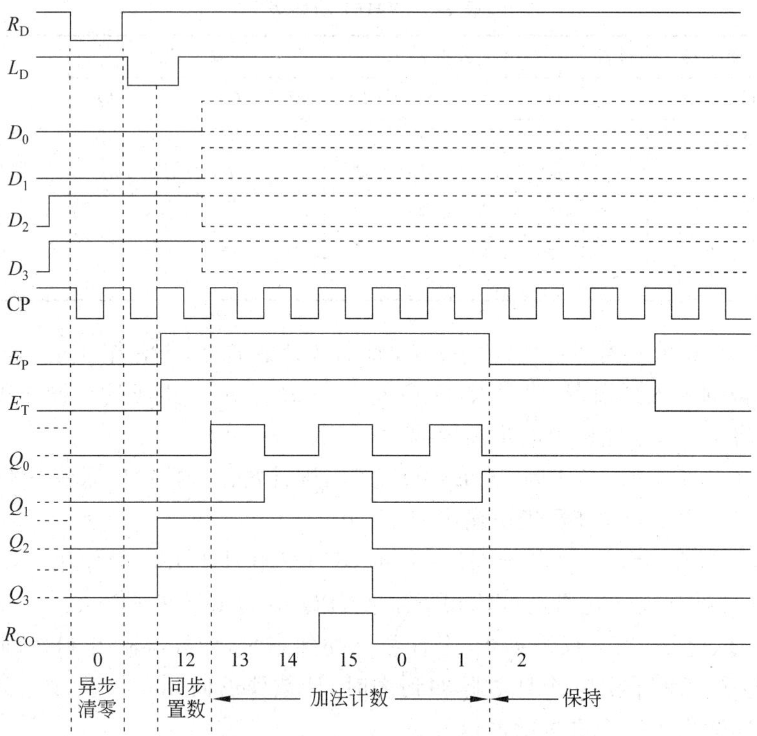

图 5-23　74LS161 的时序图

2. 74LS290 的功能

74LS290 是异步二-五-十进制计数器，它的逻辑图如图 5-24 所示，其逻辑符号如图 5-25 所示。

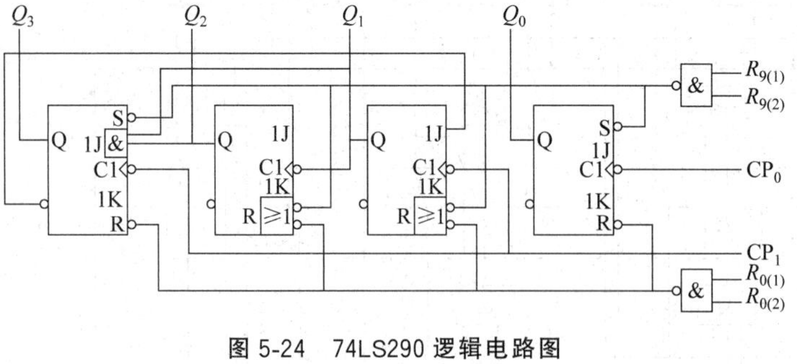

图 5-24　74LS290 逻辑电路图

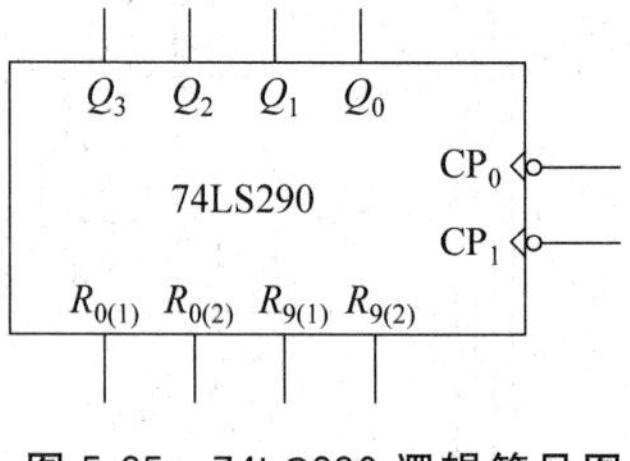

图 5-25　74LS290 逻辑符号图

74LS290 由一个二进制计数器和一个五进制计数器组成。若以 CP_0 为计数输入器、Q_0 为输出端，则得到二进制计数器；若以 CP_1 为输入端，$Q_3Q_2Q_1$ 为输出端，则得到异步五进制加法计数器；将 CP_1 与 Q_0 相连并以 CP_0 为时钟脉冲输入端，$Q_3Q_2Q_1Q_0$ 为输出端，则得到十进制计数器（8421BCD 码）；若将 CP_0 与 Q_3 相连，以 CP_1 为输入端，从 $Q_3Q_2Q_1Q_0$ 端输出，也得到十进制计数器（5421BCD 码）。具体功能见表 5-6。

表 5-6 74LS290 功能表

复位输入		置数输入		时 钟		输 出			
R_{01}	R_{02}	R_{91}	R_{92}	CP_0	CP_1	Q_3	Q_2	Q_1	Q_0
1	1	0	×	×	×	0	0	0	0
1	1	×	0	×	×	0	0	0	0
0	×	1	1	×	×	1	0	0	1
×	0	1	1	×	×	1	0	0	1
0	×	0	×	CP	×	二进制计数			
0	×	×	0	×	CP	五进制计数			
×	0	0	×	CP	Q_0	十进制计数(8421 码)			
×	0	×	0	Q_3	CP	十进制计数(5421 码)			

从表 5-6 所示功能表中可以看出,74LS290 共分为三种工作模式。

(1) 异步清零:当 $R_{01}=R_{02}=1$ 且 $R_{91}\cdot R_{92}=0$ 时,不需要 CP 脉冲配合,就可使所有的触发器全部清零。

(2) 异步置 9:当 $R_{91}=R_{92}=1$ 且 $R_{01}\cdot R_{02}=0$ 时,不需要 CP 脉冲配合,就可使 $Q_3Q_2Q_1Q_0$ 置数为 9。

(3) 加法计数:$R_{01}\cdot R_{02}=0$ 且 $R_{91}\cdot R_{92}=0$ 时,在时钟 CP_0 或 CP_1 下降沿的作用下,电路呈现计数状态。

微课 5:集成计数器简介

5.2.4 集成计数器的应用

1. 构成任意进制计数器

利用集成计数器可构成任意进制计数器,具体实现的方法归纳起来主要有级联法、反馈清零法和反馈置数法三种。

(1) 级联法

两个 N 和 M 进制计数器进行级联,可实现 $N\times M$ 进制计数器。

【例 5-3】 用两片 4 位二进制加法计数器 74LS161 采用同步进位方式构成的 8 位二进制同步加法计数器,模为 $16\times16=256$。

图 5-26 中第一片 74LS161 的 E_P和 E_T都为 1,处于计数状态,第一片计数器的进位输出 R_{CO}作为第二片计数器的 E_P和 E_T的输入。两个计数器的时钟信号同为 CP 信号。

当第一片计数器计到 1111 时,进位输出 $R_{CO}=1$,使第二片计数器的 $E_P=E_T=1$,下一个 CP 信号到达时,第二片计数器开始进入计数状态,计到 0001,第一片计数器回到 0000,

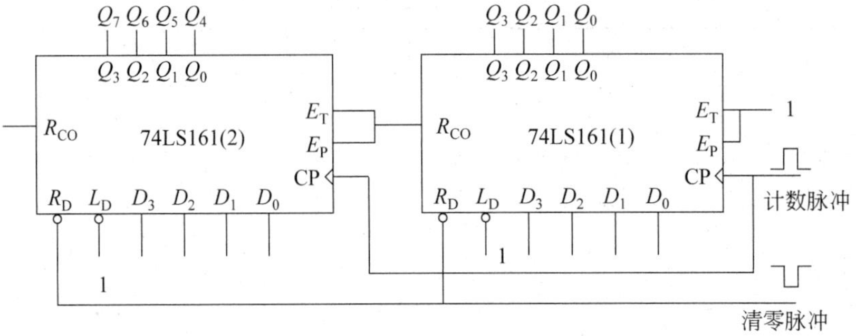

图 5-26　同步进位方式的连接方法

进位输出 R_{CO} 回到 0。

【例 5-4】 用两片 74LS290 采用异步级联方式组成的二位 8421BCD 码十进制加法计数器。

如图 5-27 所示，两片 74LS290 均满足 $R_{01}\cdot R_{02}=0$，$R_{91}\cdot R_{92}=0$，且 $CP_2=Q_0$，所以计数器处于 8421 码计数状态。在 74290 中由于没有提供进位/借位输出端，这时可根据具体情况，用计数器的输出信号 Q_3、Q_2、Q_1、Q_0 产生一个进位/借位。本例中取第一片计数器的 Q_3 作为进位输出。

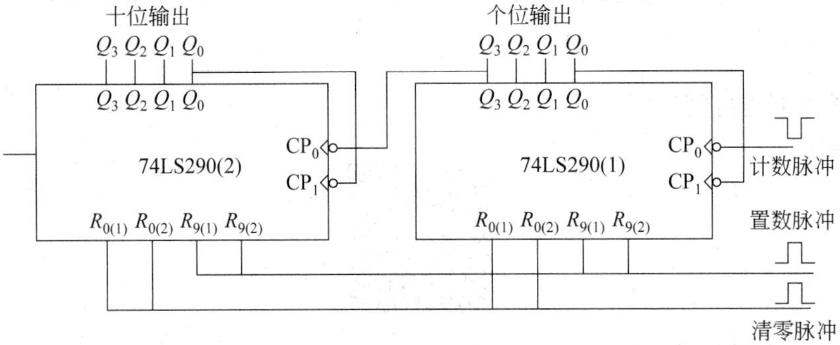

图 5-27　异步进位方式的连接方法

当第一片计数器计到 1001 时，Q_3 输出一个高电平，下一个 CP 到达后，第一片计数器的状态回到 0000，在 Q_3 上形成一个脉冲，相当于第二片时钟信号得到了一个脉冲，使得第二片计数器计到 0001。由此可见，两个计数器的工作是异步进行的。

(2) 反馈清零法

反馈清零法的基本思想是：计数器从全 0 状态 S_0 开始计数，计满 M 个状态产生清零信号，使计数器恢复到初态 S_0，然后重复前面的过程。

在反馈清零中，根据计数器清零动作的不同可分为异步清零和同步清零两种。

① 异步清零：计数器在 $S_0\sim S_{N-1}$ 共 N 个状态中工作，当计数器进入 S_N 状态时，利用 S_N 状态进行译码产生清零信号并反馈到异步清零端，使计数器立即返回 S_0 状态。异步清零时，清零动作不需时钟即可实现，且清零信号 S_N 不计算在主循环内，S_N 是过渡态。

② 同步清零：计数器在 $S_0\sim S_{N-1}$ 共 N 个状态中工作，当计数器进入 S_{N-1} 状态时，利用

S_{N-1}状态产生清零信号并反馈到同步清零端，要等下一个 CP 来到时，才完成清零动作，使计数器返回 S_0 状态。同步清零没有过渡状态。

【例 5-5】 用反馈清零法把集成计数器 74LS161 组成六进制计数器。

方法 1：异步清零法。

异步清零法的电路图如图 5-28 所示，利用 $Q_3Q_2Q_1Q_0$ 组合得到反馈信号。假设计数器从 $Q_3Q_2Q_1Q_0=0000$ 开始计数，当计数到 $Q_3Q_2Q_1Q_0=0110$ 时，返回信号使得清零端 $R_D=0$，所以很快计数器的状态就被清零，回到 0000 状态。此外，由于 R_D清零是采用异步方式，不需要时钟，因此，0110 是一过渡状态，不计入计数的稳定循环状态中。其状态转换图如图 5-29 所示。

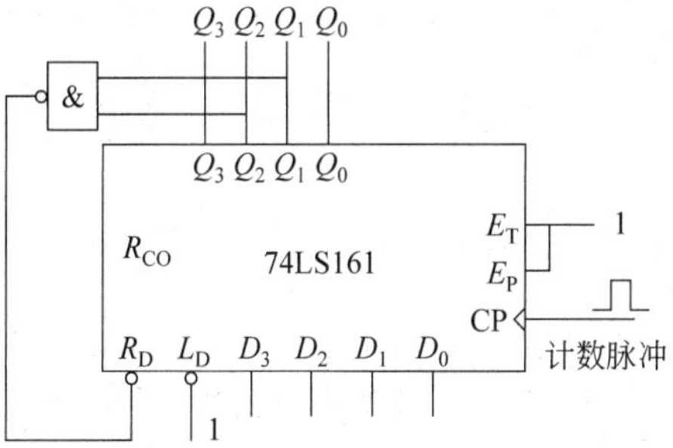

图 5-28 异步反馈清零电路图

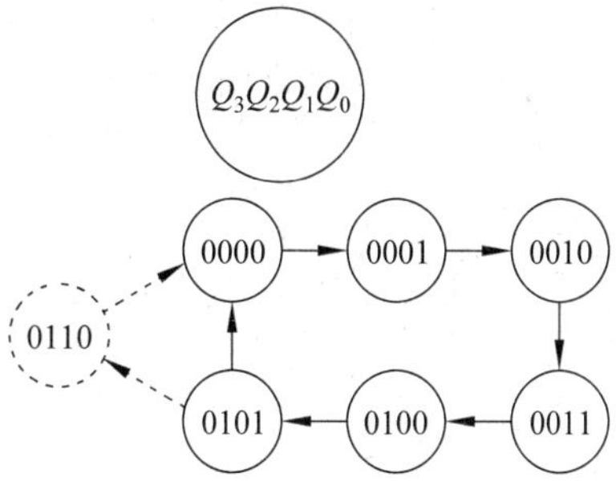

图 5-29 异步反馈清零状态转换图

方法 2：同步清零法。

同步清零法的电路如图 5-30 所示，计数器从 $Q_3Q_2Q_1Q_0=0000$ 开始计数，当计数到 $Q_3Q_2Q_1Q_0=0101$ 时，返回信号使得同步清零端 $L_D=0$，由于 L_D 是一预置数端，其置数功能的实现需时钟 CP 的配合，当没有 CP 时，计数器处于 0101 状态，当下一个 CP 到来时，将计数器置数为 0000，之后循环。状态转换图如图 5-31 所示。

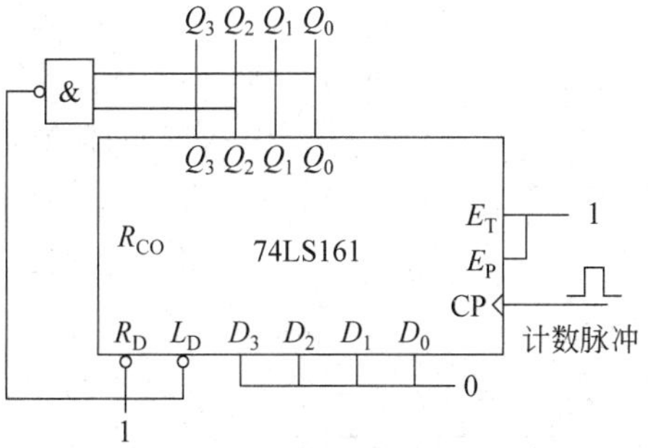

图 5-30 同步反馈清零电路图

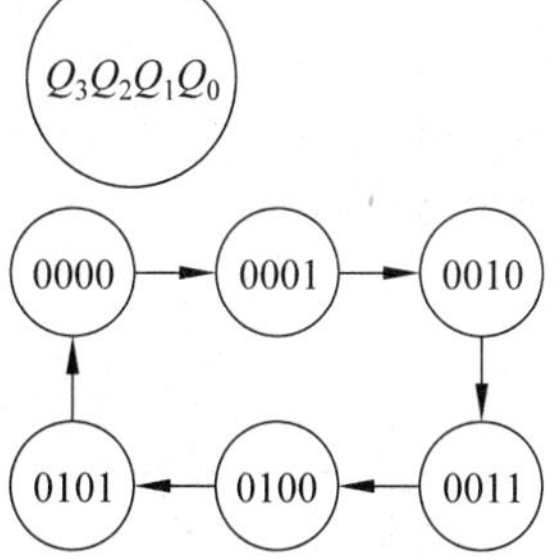

图 5-31 同步反馈清零状态转换图

比较图 5-28 和图 5-30，从中可看出同步与异步清零的不同之处：反馈所取信号不同，同步清零时取 0110 状态，而异步清零时取 0101 状态；二者的状态转换图不同，异步清零中存在过渡状态 0110，并不计入计数循环，而同步清零中没有。

(3) 反馈置数法

置数法和清零法不同，由于置数操作可以在任意状态下进行，因此，计数器不一定从全

0 状态 S_0 开始计数。它可以通过预置功能使计数器从某个预置状态 S_i 开始计数，计满 N 个状态后产生置数信号，使计数器进入预置状态 S_i，然后再重复前面过程。

同步置数：置数有效信号从 S_{i+N-1} 状态译出，等下一个 CP 到来时，才将预置数置入计数器，计数器在 S_i、S_{i+1}…S_{i+N-1} 共 N 个状态中循环。

异步置数：置数有效信号从 S_{i+N} 状态译出，当 S_{i+N} 状态一出现，置数信号立即就将预置数置入计数器，它不受 CP 控制，所以 S_{i+N} 状态只在极短的瞬间出现。稳定状态中不包含 S_{i+N}。

【例 5-6】 利用反馈置数法实现余 3 码十进制计数器。

解 余 3 码十进制计数从 0011～1100，选集成计数器 74LS161，由于该电路是同步置数，即在 CP 作用下才能完成置数，故取 $i+N-1$ 作为置数控制信号，数据输入端 $D_3D_2D_1D_0$ 接 0011，由 Q_3Q_2 端引出的 1 信号经与非门送置数控制端 L_D 即可，逻辑图如图 5-32 所示，状态转换图如图 5-33 所示。

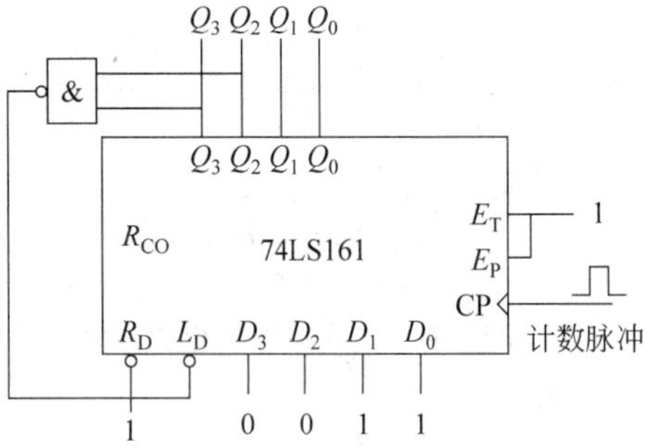

图 5-32 例 5-6 逻辑图

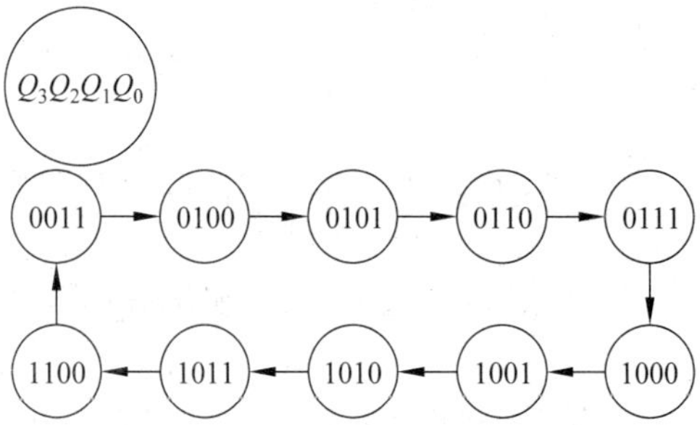

图 5-33 例 5-6 状态转换图

2. 组成序列信号发生器

在数字信号传输和数字系统的测试中，往往需要用到特定性能的串行数字信号，这种串行数字信号通常被称为序列信号，产生这种序列信号的电路称为序列信号发生器。

序列信号发生器的构成方法较多，一种比较直接、简单的方法就是用计数器和数据选择器组成。比如，如果要产生一个 8 位的序列信号 11000110，用一个八进制计数器和一个 8 选 1 数据选择器组 0 成，如图 5-34 所示。其中计数器取自 74LS161 的低三位，数据选择器取 74LS152。

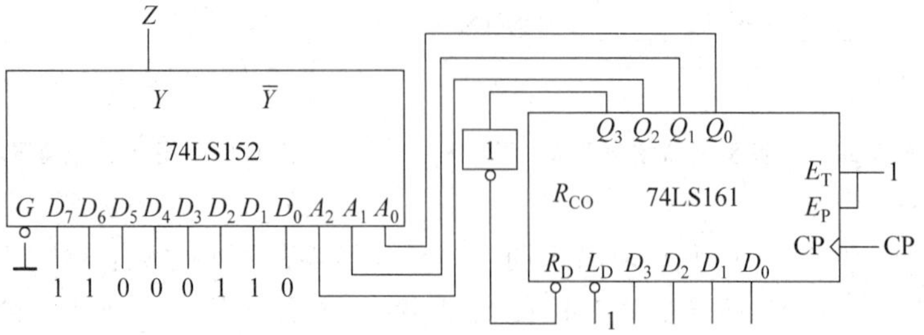

图 5-34 用计数器和数据选择器组成的序列信号发生器

随着时钟信号 CP 的不断输入，$Q_2Q_1Q_0$ 的状态从 000 开始，依次输入到 74LS152 的地

址输入端 $A_2A_1A_0$，则 74LS152 依次输出 $D_7 \sim D_0$ 的值，形成 11000110。所以只要将 $D_7 \sim D_0$ 的值分别设置为 11000110 即可。

3. 组成顺序脉冲发生器

在计算机和控制系统中，常常要求系统的某些操作按时间顺序分时工作，因此需要产生节拍控制脉冲，以协调各部分的工作。这种能产生节拍脉冲的电路称为节拍脉冲发生器，也称顺序脉冲发生器或脉冲分配器。

顺序脉冲发生器可以用计数器和译码器组合而成。图 5-35 即为由计数器 74LS161 和译码器 74LS138 组成的顺序脉冲发生器的电路结构图。图中 74LS161 的低 3 位输出 $Q_2Q_1Q_0$ 作为 74LS138 的输入信号。74LS138 的 G_1 端选通信号与 $\overline{CP}$ 相连，$\overline{CP}$ 与触发器的翻转时间错开，可以有效地消除电路的竞争-冒险现象。顺序脉冲发生器输出波形如图 5-36 所示。

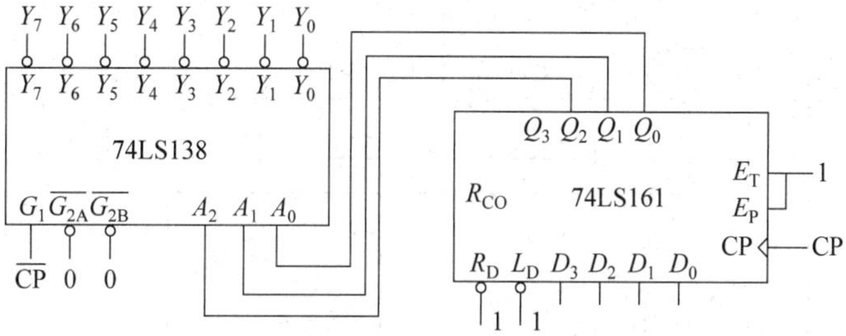

图 5-35 计数器和译码器组成的顺序脉冲发生器

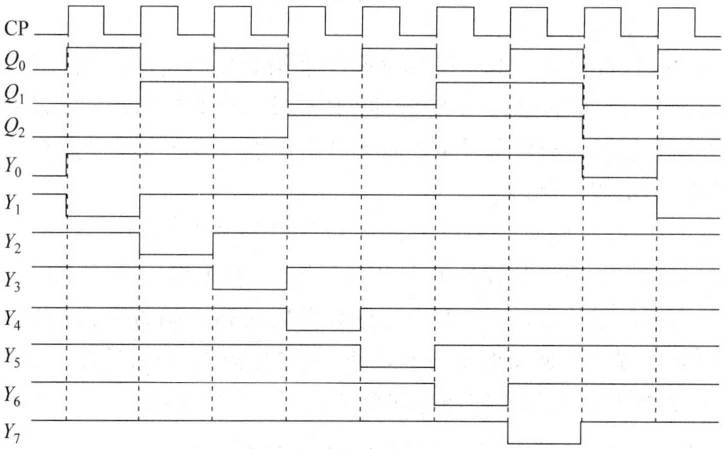

图 5-36 顺序脉冲发生器输出波形

微课 6：集成计数器应用

5.3 寄存器

寄存器的功能是存储二进制代码，它由具有存储功能的触发器构成。因为一个触发器只有0和1两个状态，只能存储1位二进制代码，所以N个触发器构成的寄存器能存储N位二进制代码。

5.3.1 数码寄存器

图5-37是由D触发器组成的4位集成数码寄存器74LS175的逻辑电路图。

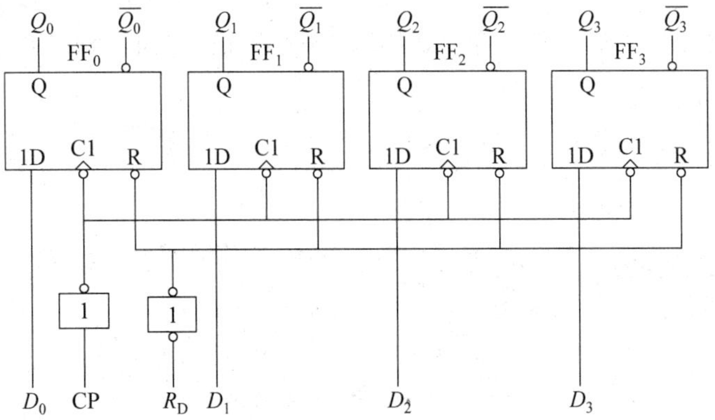

图5-37　数码寄存器

由图5-37可看出，寄存器74LS175由4个下降沿触发的边沿D触发器组成，4个D触发器受同一个时钟脉冲CP的控制，时钟脉冲CP经过一个非门到达各触发器的时钟脉冲控制端，因此，4个D触发器在时钟脉冲CP的上升沿触发。D_3～D_0为数据输入端，Q_3～Q_0为数据输出端，R_D为清零控制端。

数码寄存器工作时，首先将需要存储的4位二进制数码送到数据输入端D_3～D_0，当CP端输入一个时钟脉冲，在CP脉冲的上升沿作用后，数据输入端的4位二进制数码将同时出现在4个触发器的输出端Q_3～Q_0。这种数据同时输入到寄存器的数据输入端，并且触发器中数据同时出现在数据输出端的形式，叫作并行输入、并行输出方式。当清零端R_D输入一个低电平时，则将各触发器的输出端全部清零。具体功能如表5-7所示。

表5-7　74LS175功能表

清零	时钟	输入				输出				工作模式
R_D	CP	D_3	D_2	D_1	D_0	Q_3	Q_2	Q_1	Q_0	
0	×	×	×	×	×	0	0	0	0	异步清零
1	↑	d_0	d_1	d_2	d_3	d_0	d_1	d_2	d_3	数码寄存
1	1	×	×	×	×		保	持		数据保持
1	0	×	×	×	×		保	持		数据保持

5.3.2 移位寄存器

在数字系统中，有时需要将寄存器的数据在CP作用下依次进行左移、右移，以实现数值运算及数据的串行-并行转换等。因此，需要具有移位功能的寄存器，称为移位寄存器。

图5-38是由4个D触发器组成的四位移位寄存器。FF_0输入端接收信号D_I，其余每个触发器输入均与左边触发器的输出相连。

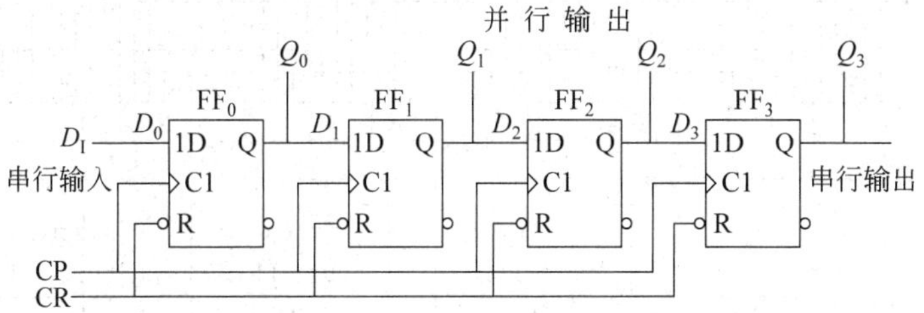

图5-38 由上升沿D触发器组成的四位移位寄存器

当CP的上升沿同时作用于所有的触发器时，触发器都将形成与D触发器输入端相同的新状态，即等于左边触发器的输出。因此，总的效果相当于移位寄存器中的代码依次右移，同时，从D_I端输入一位数据到Q_0。设$Q_0Q_1Q_2Q_3=0000$，若在4个时钟周期内，由D_I输入代码为1101。则在CP脉冲作用下，移位寄存器工作波形如图5-39所示。

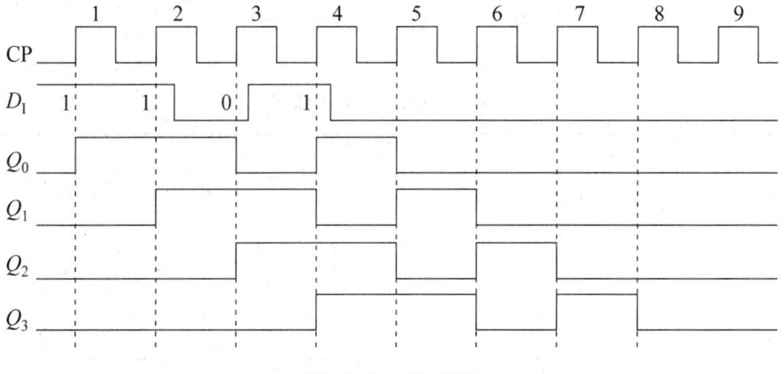

图5-39 时序图

经过4个时钟脉冲后，1101出现在寄存器的输出$Q_3Q_2Q_1Q_0$端。实现了数据串行输入-并行输出的转换。第8个时钟脉冲作用后，数码从Q_3端全部移出寄存器，说明存入该寄存器的数码也可以从Q_3端串行输出。

为了便于扩展移位寄存器的功能和使用的灵活性，集成移位寄存器又附加了左右移位控制、数据并行输入、异步复位、保持等功能。图5-40为D触发器组成的双向移位寄存器74LS194。其中，D_{SR}为右移串行输入端；D_{SL}为左移串行输入端；D_0、D_1、D_2和D_3是并行输入端；Q_0和Q_3分别为左移和右移时的串行输出端；Q_0、Q_1、Q_2和Q_3为并行输出端；S_0、S_1为双向移位寄存器的工作状态控制器。

74LS194既可以实现串行输入，也可以并行输入；既可以实现串行输出，也可以并行输出，在串行寄存方式中，既可以实现右移寄存，也可以实现左移寄存，还可以保持数据不变。

而所有这些工作状态都是由控制端 S_0、S_1 实现，如表 5-8 所示。

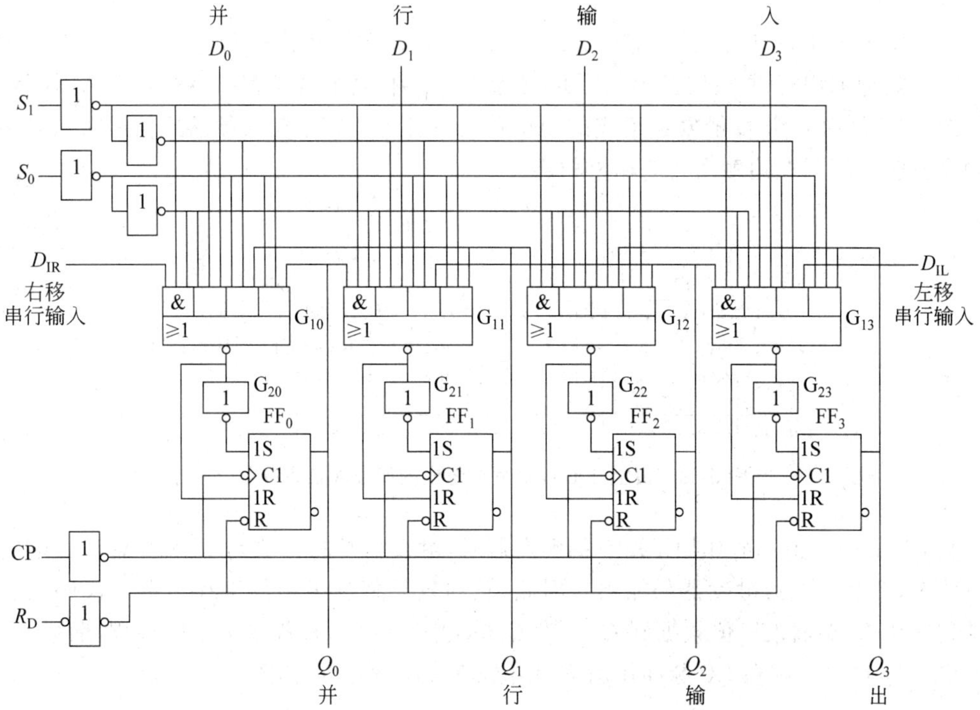

图 5-40　双向移位寄存器

表 5-8　74LS194 功能表

输入										输出				工作模式
清零	控制		串行输入		时钟	并行输入								
R_D	S_1	S_0	D_{SL}	D_{SR}	CP	D_0	D_1	D_2	D_3	Q_0	Q_1	Q_2	Q_3	
0	×	×	×	×	×	×	×	×	×	0	0	0	0	异步清零
1	0	0	×	×	×	×	×	×	×	Q_0^n	Q_1^n	Q_2^n	Q_3^n	保持
1	0	1	×	1	↑	×	×	×	×	1	Q_0^n	Q_1^n	Q_2^n	右移
1	0	1	×	0	↑	×	×	×	×	0	Q_0^n	Q_1^n	Q_2^n	
1	1	0	1	×	↑	×	×	×	×	Q_1^n	Q_2^n	Q_3^n	1	左移
1	1	0	0	×	↑	×	×	×	×	Q_1^n	Q_2^n	Q_3^n	0	
1	1	1	×	×	↑	D_0	D_1	D_2	D_3	D_0	D_1	D_2	D_3	并行置数

当 $S_1=S_0=0$ 时，移位寄存器处于数据保持状态。此时不论输入端和移位脉冲输入端有何变化，移位寄存器各输出端的状态保持不变。

当 $S_1=0,S_0=1$ 时，移位寄存器处于右移寄存状态。随着移位脉冲的到来，右移串行输入端 D_{IR} 的数据依次寄存到寄存器中，并且移位寄存器中的数据依次右移。

当 $S_1=1,S_0=0$ 时，移位寄存器处于左移寄存状态。随着移位脉冲的到来，左移串行输入端 D_{IL} 的数据依次寄存到寄存器中，并且移位寄存器中的数据依次左移。

当 $S_1=1,S_0=1$ 时，移位寄存器处于并行输入寄存状态。此时串行输入端的数据不起作用。当移位脉冲 CP 来一个脉冲时，寄存器将并行输入端 $D_3 \sim D_0$ 的数据并行输入到并行输出端 $Q_3 \sim Q_0$。

5.3.3 移位寄存器构成的移位型计数器

1. 环形计数器

用 4 个 D 触发器构成的 4 位环形计数器如图 5-41(a)所示，它将移位寄存器的串行输出端 Q_3 直接反馈到它的串行输入端 D_0 组成。

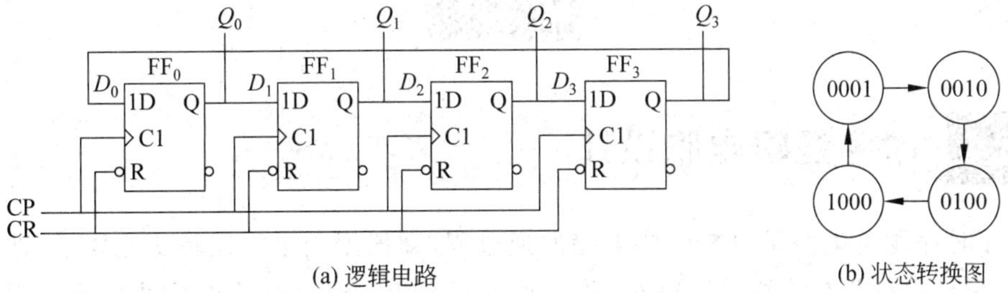

图 5-41　4 位环形寄存器

设计数器的初始状态为 $Q_0Q_1Q_2Q_3 = 1000$，在 CP 脉冲作用下，该环形计数器的状态转换顺序为 1000→0100→0010→0001→1000→…。因此，它用电路的不同状态表示输入时钟信号的数目，即可以把这个电路用作计数器。根据环形寄存器的工作特点，可画出图 5-41(b)所示的状态转换图。

环形计数器的特点是电路简单，N 位移位寄存器可以计 N 个数，实现模 N 计数器。状态为 1 的输出端的序号等于计数脉冲的个数，通常不需要译码电路，但是其利用率不高。

2. 扭环形计数器

为了增加有效计数状态，扩大计数器的模，可用扭环形计数器。扭环形计数器的实现非常简单，只需将移位寄存器的末级输出反相后接到串行输入端即可。图 5-42 是一个由 74LS194 组成的扭环形计数器。

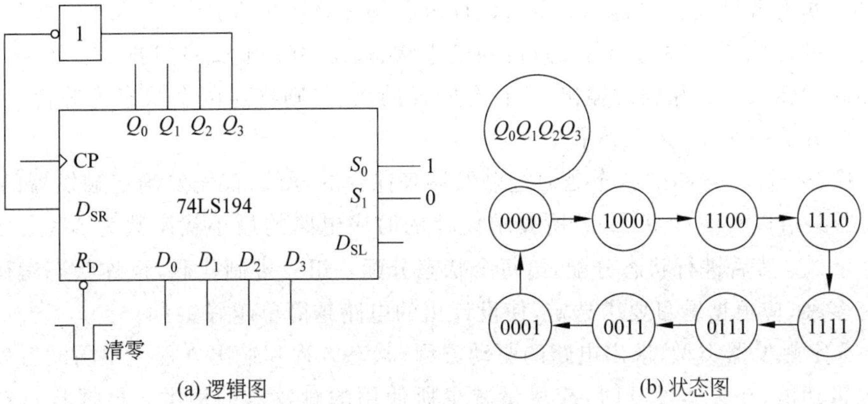

图 5-42　用 74LS194 构成的扭环形计数器

当移位寄存器的位数相同时，扭环形计数器提供的有效状态比环形计数器多了1倍，但要识别这些状态，必须另加译码电路。另外，扭环形计数器在状态改变时，只有一个触发器状态发生变化，因此不存在译码干扰问题。

微课7：寄存器

5.4 时序逻辑电路设计

设计时序逻辑电路是分析时序电路的逆过程，即根据给定的逻辑功能要求，选择适当的器件，设计出符合要求的时序电路，并力求电路简单。电路最简的标准是所使用的触发器和门电路数目最少，而且输入端也最少。

5.4.1 同步时序逻辑电路的设计

1. 同步时序逻辑电路设计的一般步骤

设计同步时序逻辑电路，一般按照以下几个步骤。

（1）建立原始状态或状态转换表。依据文字描述的设计要求进行逻辑抽象，得到状态转换图，称为原始状态图，它是设计时序电路的关键资料，一般来讲，只要不影响逻辑设计的正确性，在建立原始状态图时，允许引入冗余状态。在本阶段，具体需做以下工作：①分析给定的逻辑问题，确定输入变量、输出变量以及电路的状态数。通常取原因作为输入量，取结果作为输出变量。②定义输入、输出逻辑状态和电路每个状态的含义，并将电路状态顺序编号。③按照要求写出状态转换表或状态转换图，确定状态之间的转换关系。

（2）状态化简。由于在建立原始状态图时，主要考虑的是如何正确地反映设计要求，因此没有做到状态数目最少。为了减少所设计电路的复杂程度及所用元器件的数量，需要对原始状态力进行化简，消去冗余状态，得到最小状态表。状态化简的标准是：如果两个电路状态在相同的输入下有相同的输出，并且有同样的次态，则称这两个状态为等价状态，等价状态可以合并成一个状态，不必重复。

（3）状态分配。电路的状态是通过触发器来保存的，所以首先要确定触发器的数目n。n个触发器共可以有2^n个状态，若所要求设计的时序电路的最小状态数为M，则必须满足$2^{n-1}<M<2^n$。然后进行状态分配，给每个状态分配一组二进制代码，也称状态编码。编码方案可有多种，应根据题目要求选定，使设计出的电路越简单越好。

（4）选定触发器类型，求出电路的驱动方程、状态方程和输出方程。不同的触发器具有不同的逻辑功能，在具体设计时，应尽量减少所使用的触发器的种类。根据状态转移表或状态转移图及所使用触发器的种类写出输出方程和次态方程。获得次态方程后，与所选触发器的特性方程相比较,即可得驱动方程。

(5) 检查自启动能力。如果所设计的时序电路包括无效状态,应检查电路有无自启动能力。如果电路不能自启动,则应采取以下措施使之能够自启动。

① 电路开始工作之前,将电路的初始状态预置为有效状态的一种。

② 通过修改设计加以解决。

(6) 根据输出方程和驱动方程画出逻辑电路。

2. 同步时序逻辑电路设计举例

【例 5-7】 设计一个带有进位的同步七进制加法计数器。

解 (1) 根据设计要求,画出电路的原始状态图,如图 5-43 所示。计数器不需要输入变量,可有一个输出变量(进位),把 S_6 回到 S_0 时进位信号作为输出。

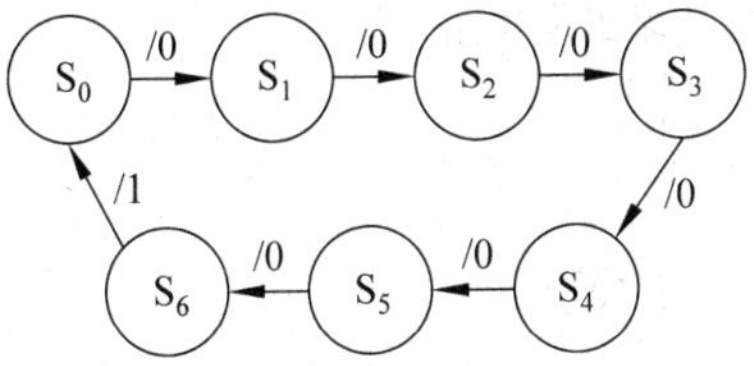

图 5-43 原始状态图

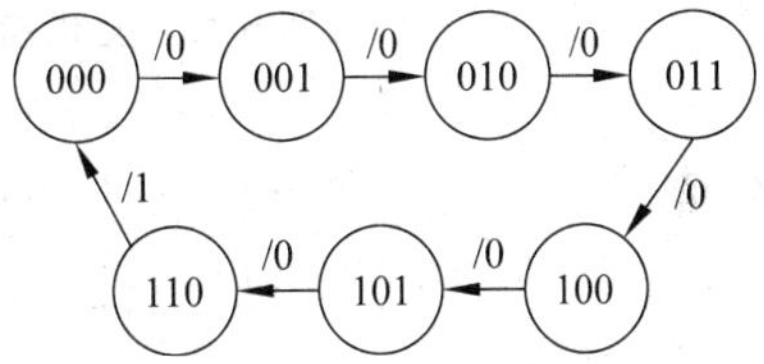

图 5-44 状态转换图

(2) 状态化简:同步七进制计数器的 7 个状态无须化简。

(3) 状态分配:根据 $2^{n-1} < M \leqslant 2^n$ 可选定 JK 触发器数量为 3,并选择 000～110 为 S_0～S_6 的编码,可得状态转换图,如图 5-44 所示。

(4) 由状态编码后的转换图可列出状态转换表,如表 5-9 所示。表 5-9 中把现态作为自变量,次态和输出作为函数。状态转换表清楚地表达了计数器的次态、输出函数与现态之间的关系。

表 5-9 状态转换表

CP	Q_2^n	Q_1^n	Q_0^n	Q_2^{n+1}	Q_1^{n+1}	Q_0^{n+1}	C
1	0	0	0	0	0	1	0
2	0	0	1	0	1	0	0
3	0	1	0	0	1	1	0
4	0	1	1	1	0	0	0
5	1	0	0	1	0	1	0
6	1	0	1	1	1	0	0
7	1	1	0	0	0	0	1
1	1	1	1	×	×	×	×

根据状态转换表可得到 Q_2^{n+1}、Q_1^{n+1}、Q_0^{n+1} 和 C 的次态卡诺图,如图 5-45 所示。

对每个卡诺图进行化简求出每个触发器的次态方程,应注意把包含因子 Q^n 和 $\overline{Q^n}$ 的最小项分开进行合并,这样就可得到在形式上和特性方程一致的状态方程。

$$Q_2^{n+1} = Q_2^n \overline{Q_1^n} + Q_1^n Q_0^n = Q_1^n Q_0^n \overline{Q_2^n} + \overline{Q_1^n} Q_2^n$$

Q_2^n \ $Q_1^n Q_0^n$

Q_2^n	00	01	11	10
0	0	0	1	0
1	1	1	×	0

Q_2^{n+1}

Q_2^n	00	01	11	10
0	0	1	0	1
1	0	1	×	0

Q_1^{n+1}

Q_2^n	00	01	11	10
0	1	0	0	1
1	1	0	×	0

Q_0^{n+1}

Q_2^n	00	01	11	10
0	0	0	0	0
1	0	0	×	1

C

图 5-45　七进制计数器的次态及输出卡诺图

$$Q_1^{n+1} = Q_0^n \overline{Q_1^n} + Q_2^n \overline{Q_0^n} Q_1^n$$

$$Q_0^{n+1} = \overline{Q_1^n}\,\overline{Q_0^n} + \overline{Q_2^n}\,\overline{Q_0^n} = \overline{Q_1^n Q_2^n}\,\overline{Q_0^n}$$

$$C = Q_2^n Q_1^n$$

将状态方程分别与相应触发器特性方程进行比较，求出驱动方程为

$$J_2 = Q_1^n Q_0^n,\quad K_2 = Q_1^n$$

$$J_1 = Q_0^n,\quad K_1 = \overline{Q_2^n \overline{Q_0^n}}$$

$$J_0 = \overline{Q_1^n Q_2^n},\quad K_0 = 1$$

(5) 检查自启动能力。将无效状态 111 代入状态方程进行计算，可得次态为 000，而 000 是有效状态，故所设计的计数器具有自启动能力。

(6) 画出逻辑电路图。根据输出方程和驱动方程画出逻辑电路，如图 5-46 所示。

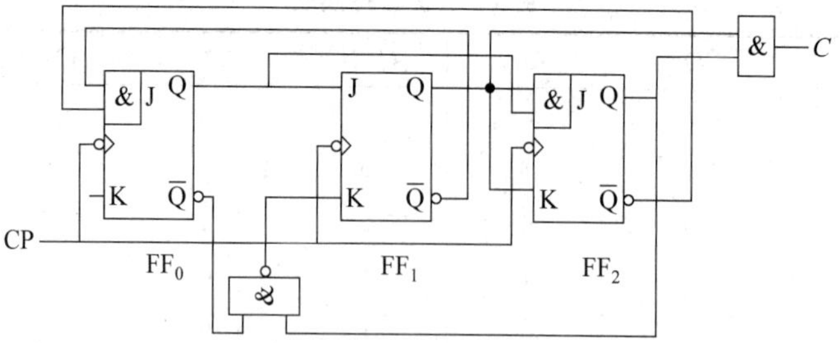

图 5-46　逻辑电路图

【例 5-8】 设计一个串行数据检测器。该检测器有一个输入端 X，它的功能是对输入信号进行检测。当连续输入三个 1(以及三个以上 1)时，该电路输出 $Y=1$，否则输出 $Y=0$。

解　(1) 建立原始状态或状态转换表。

根据设计要求，设定状态：S_0 为没有收到 1 时的状态；S_1 为收到一个 1 后的状态，S_2 为连续收到两个 1 后的状态；S_3 为连续收到三个 1 后的状态。由此可画出原始状态图，如图 5-47 所示。

(2) 状态化简。仔细分析图5-47所示原始状态图,可发现 S_2 和 S_3 输入为1时,次态均为 S_3,输入为0时,次态均为 S_0,因此,两者是等价状态,所以,将 S_2 和 S_3 合并,并用 S_2 表示,得简化状态图如图5-48所示。

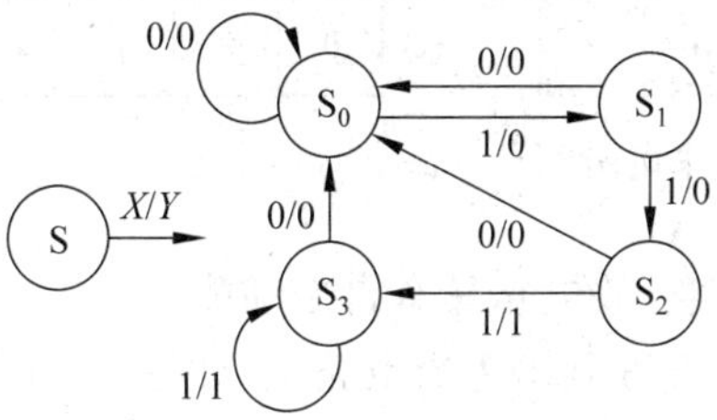

图5-47 原始状态图

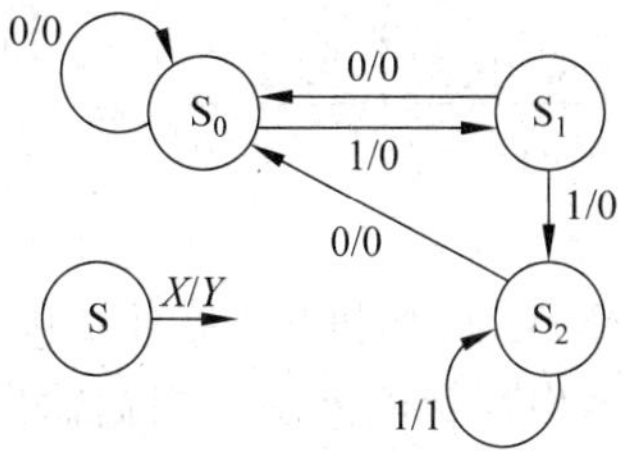

图5-48 简化状态图

(3) 状态分配。根据 $2^{n-1}<M<2^n$ 可选定D触发器数量为2,并选择 $S_0=00$,$S_1=01$,$S_2=11$,得到状态分配转换图,如图5-49所示,状态表如表5-10所示。

表5-10 状态表

Q_1^n	Q_0^n	X	Q_1^{n+1}	Q_0^{n+1}	Y
0	0	0	0	0	0
0	0	1	0	1	0
0	1	0	0	0	0
0	1	1	1	1	0
1	1	0	0	0	0
1	1	1	1	1	1
1	0	0	×	×	×
1	0	1	×	×	×

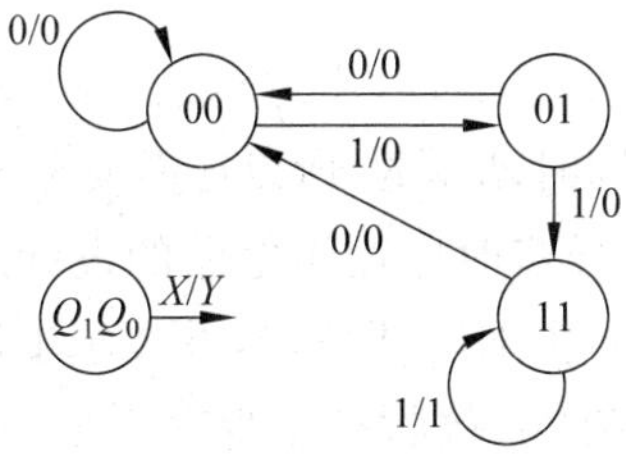

图5-49 状态分配转换图

(4) 求电路的状态方程、输出方程和驱动方程。

根据状态表可得到 Q_1^{n+1}、Q_0^{n+1} 和 Y 的卡诺图,如图5-50所示,由此,可得出状态方程为

$$Q_1^{n+1}=XQ_0^n,\quad Q_0^{n+1}=X$$

输出方程为 $Y=XQ_1^n$。

结合D触发器的特性方程,可推导出电路的驱动方程为 $D_1=XQ_0^n$,$D_0=X$。

(5) 检查自启动能力。在无效状态10时,分别将 $X=0$ 和1代入状态方程进行计算,

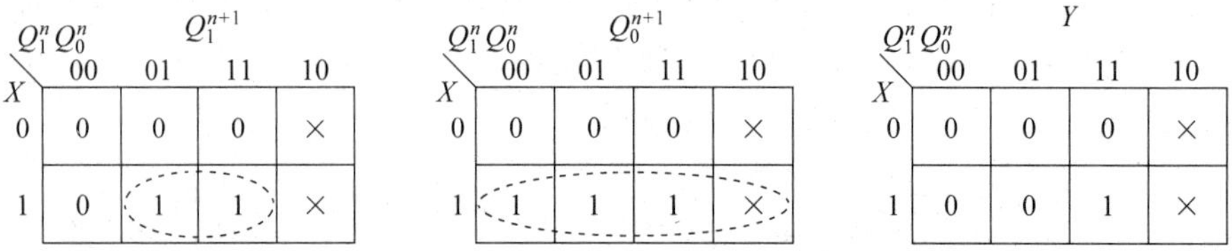

图 5-50 次态卡诺图

可得次态依次为 00 和 01，是有效状态，且符合题意，故电路具有自启动能力。

（6）画出逻辑电路图。根据输出方程和驱动方程画出逻辑电路图，如图 5-51 所示。

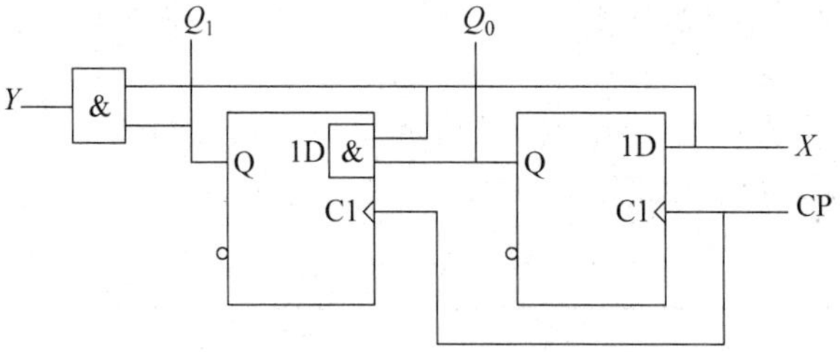

图 5-51 例 5-8 逻辑电路图

微课 8：同步时序逻辑电路设计

5.4.2 异步时序逻辑电路的设计

异步时序逻辑电路的设计方法与同步时序逻辑电路的设计方法相似，唯一不同的是异步时序逻辑电路的各个触发器是不同时动作的，所以还需要考虑各个触发器时钟信号的选定。

下面用一个具体的例子说明异步时序逻辑电路的设计过程。

【例 5-9】 设计一个七进制异步加法计数器，并要求电路能够自启动。

解 （1）根据设计要求，电路的有效状态至少有 7 个，根据同步时序逻辑电路中的规定 $2^{n-1}<M<2^n$，触发器的个数至少需要 3 个，即状态变量有 $Q_2Q_1Q_0$ 3 个，设定 7 个状态 $S_0 \sim S_6$。进行状态编码后，列出状态转换表，如表 5-11 所示。

表 5-11 七进制计数器状态转换表

状态转换顺序	现态			次态			进位输出
	Q_2^n	Q_1^n	Q_0^n	Q_2^{n+1}	Q_1^{n+1}	Q_0^{n+1}	Y
S_0	0	0	0	0	0	1	0
S_1	0	0	1	0	1	0	0
S_2	0	1	0	0	1	1	0

续表

状态转换顺序	现态			次态			进位输出
	Q_2^n	Q_1^n	Q_0^n	Q_2^{n+1}	Q_1^{n+1}	Q_0^{n+1}	Y
S_3	0	1	1	1	0	0	0
S_4	1	0	0	1	0	1	0
S_5	1	0	1	1	1	0	0
S_6	1	1	0	0	0	0	1
1	1	1	1	×	×	×	×

由状态转换表可以画出状态转换图，如图 5-52 所示。

(2) 选择触发器的类型和各个触发器的时钟信号。在这里选取下降沿触发的 JK 触发器，为了方便选择各个触发器的时钟信号，可以画出电路的时序图，如图 5-53 所示。

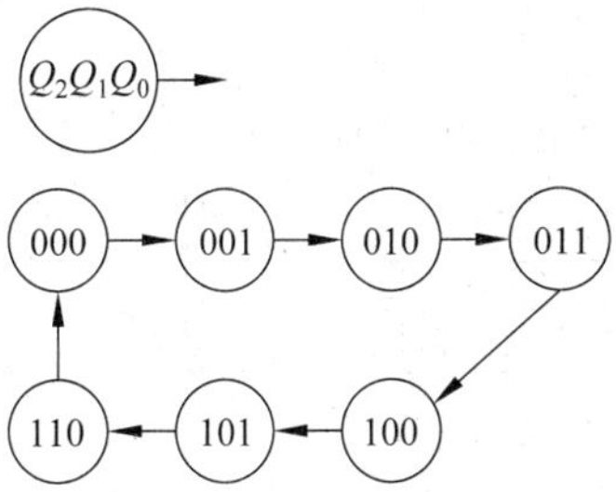

图 5-52 例 5-9 电路的状态转换图

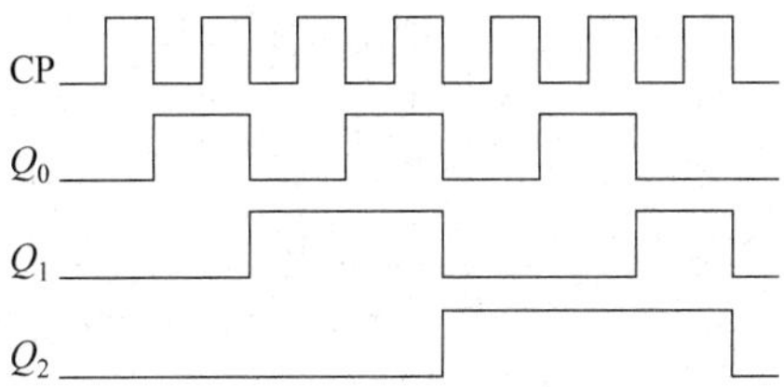

图 5-53 例 5-9 电路的时序图

为触发器选择时钟信号的原则如下。

① 触发器状态需要翻转时，必须要有时钟信号的翻转沿送到。

② 触发器状态不需要翻转时，"多余的"时钟信号越少越好。

根据以上两条原则，选定触发器 FF_0 的时钟信号为 CP，即 $CP_0=CP$；触发器 FF_1 的时钟信号也为 CP，即 $CP_1=CP$；触发器 FF_2 的时钟信号为 Q_1，即 $CP_2=Q_1$。

(3) 求各触发器的驱动方程和进位输出方程。

画出电路的次态/输出卡诺图，如图 5-54 所示。其中 $Q_2Q_1Q_0=111$ 为无效状态，在卡诺图中做任意项处理。

将卡诺图进行分解化简，如图 5-55 所示。

根据卡诺图可得到电路的驱动方程：

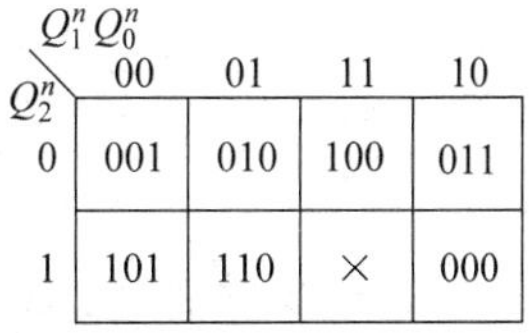

图 5-54 例 5-9 电路的次态卡诺图

$$\begin{cases} J_0=\overline{Q_2}+\overline{Q_1}, K_0=1 \\ J_1=\overline{Q_0}, K_1=Q_0+Q_2 \\ J_2=1, K_2=1 \end{cases}$$

再画出输出卡诺图，如图 5-56 所示，得电路的输出方程：$Y=Q_2Q_1$。

(4) 检查自启动能力：将 111 状态代入状态方程求出次态，在 CP 脉冲作用下可进入有效状态 000，所以电路能够自启动。完整的状态转移图如图 5-57 所示。

(5) 画出逻辑电路图：按照上述得到的驱动方程和输出方程，可以画出电路的逻辑图，如图 5-58 所示。

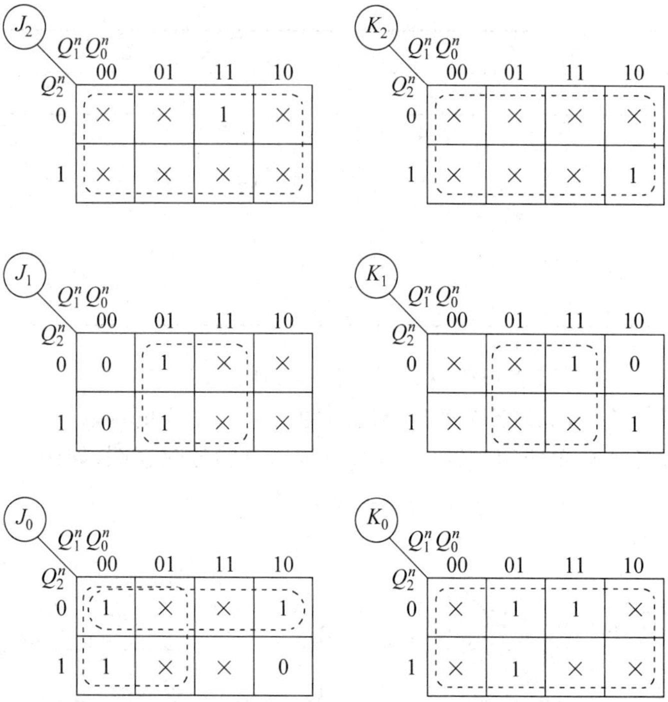

图 5-55　例 5-9 电路卡诺图的分解化简

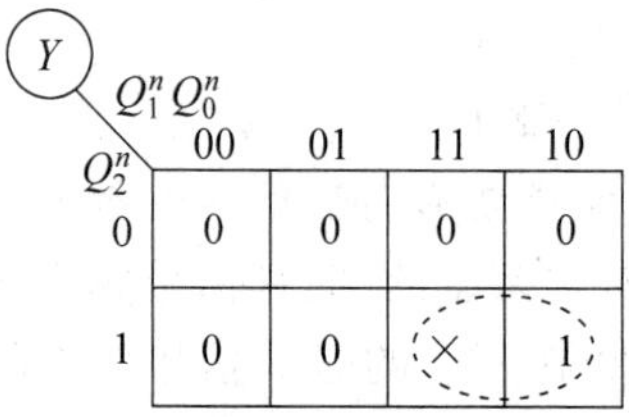

图 5-56　例 5-9 输出卡诺图

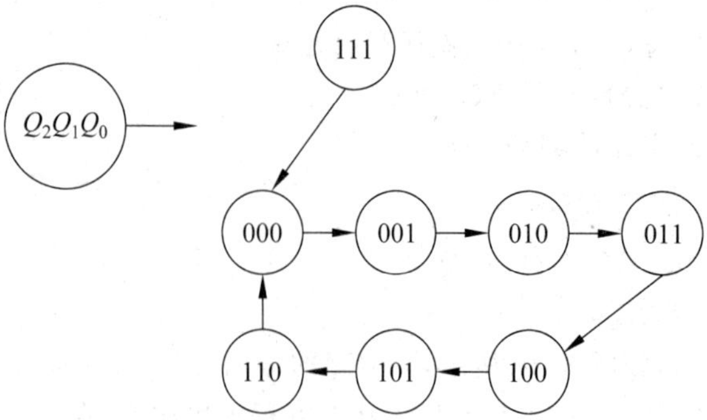

图 5-57　例 5-9 完整的状态转移图

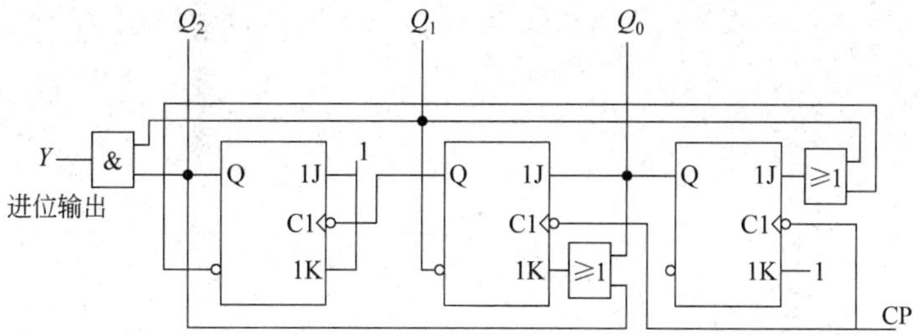

图 5-58 例 5-9 设计出的异步七进制加法计数器

微课 9：异步时序逻辑电路设计

技能测试 1：计数器及其应用

一、实验目的

（1）掌握同步计数器电路、异步计数器的原理和特点。

（2）熟练掌握常用中规模集成电路计数器的使用方法。

二、实验内容及步骤

（1）异步加法二进制计数器

按图 5-59 所示连接异步加法二进制计数器电路。验证逻辑功能并记录结果。画出状态转换图。

（2）同步加法二进制计数器

按图 5-60 所示连接同步加法二进制计数器电路。验证逻辑功能并记录结果。画出状态转换图。

（3）集成计数器

按图 5-61 接线，进行以下功能验证，并记录结果。

① 清零功能。

② 加计数功能。

③ 减计数功能。

④ 置数功能。

（4）集成计数器 74LS161 的功能验证和应用

① 按图 5-62 所示电路接线，验证该器件的清零、置数、保持、计数功能。

② 用集成计数器 74LS161 实现十进制计数。常用异步清零法和同步置数法。按图 5-63 所示电路接线，记录实验结果，画出状态转换图。

③ 用两片 74LS161 完成更多位数的计数器。按图 5-64 所示电路接线，记录实验结果，验证电路的多位数计数功能。

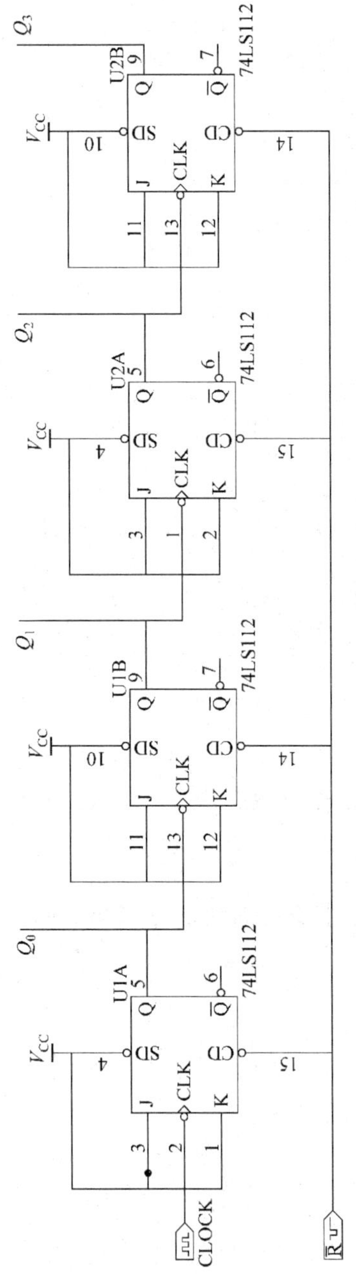

图 5-59　异步二进制加法计数器

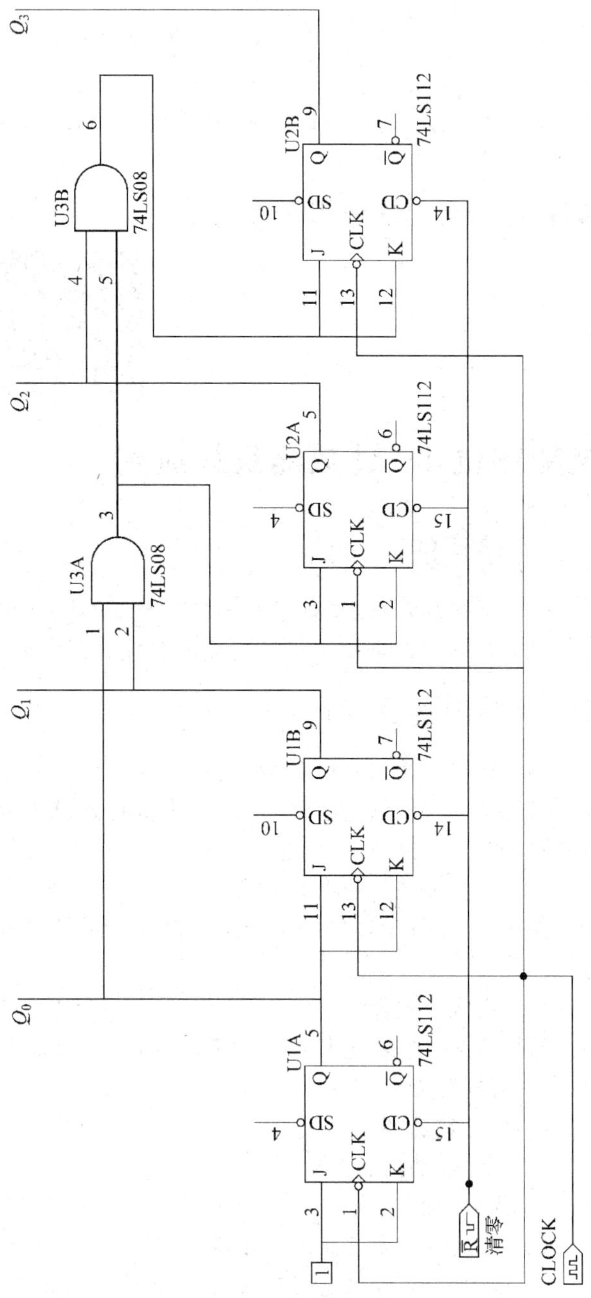

图 5-60　同步加法二进制计数器

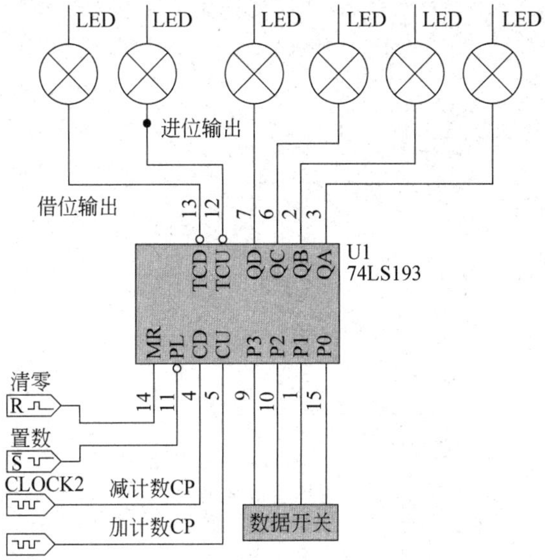

图 5-61　74LS193 功能验证

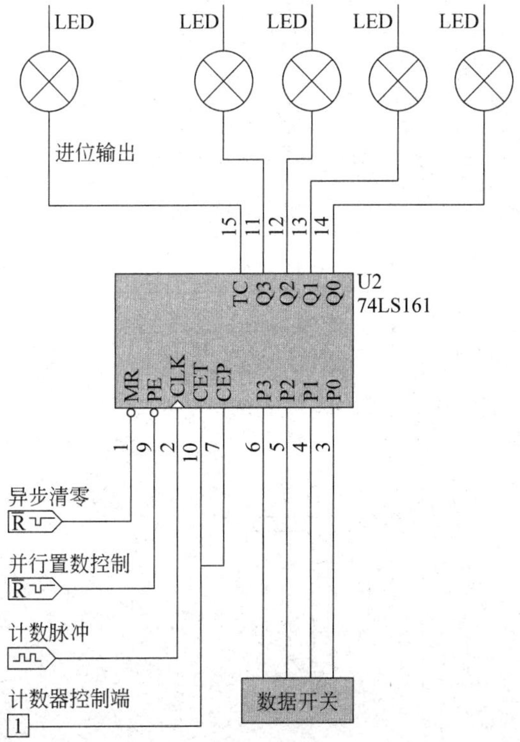

图 5-62　74LS161 的功能验证

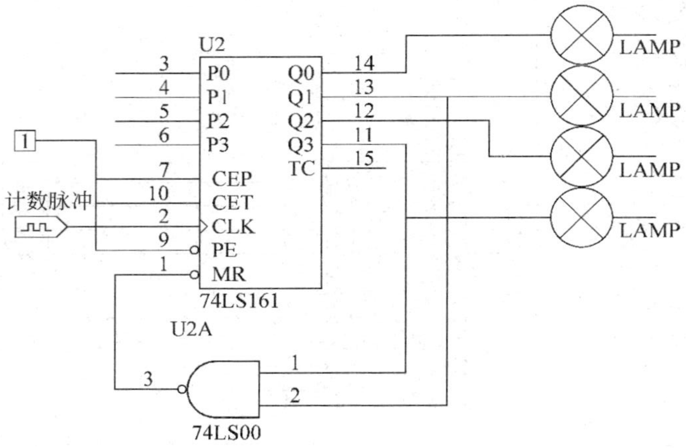

F5-5　　异步清零

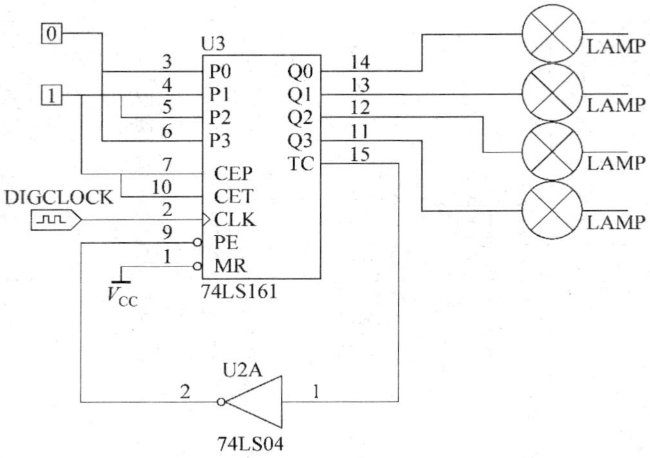

F5-5　　同步置位

图 5-63　用异步清零法和同步置数法构成任意进制计数器

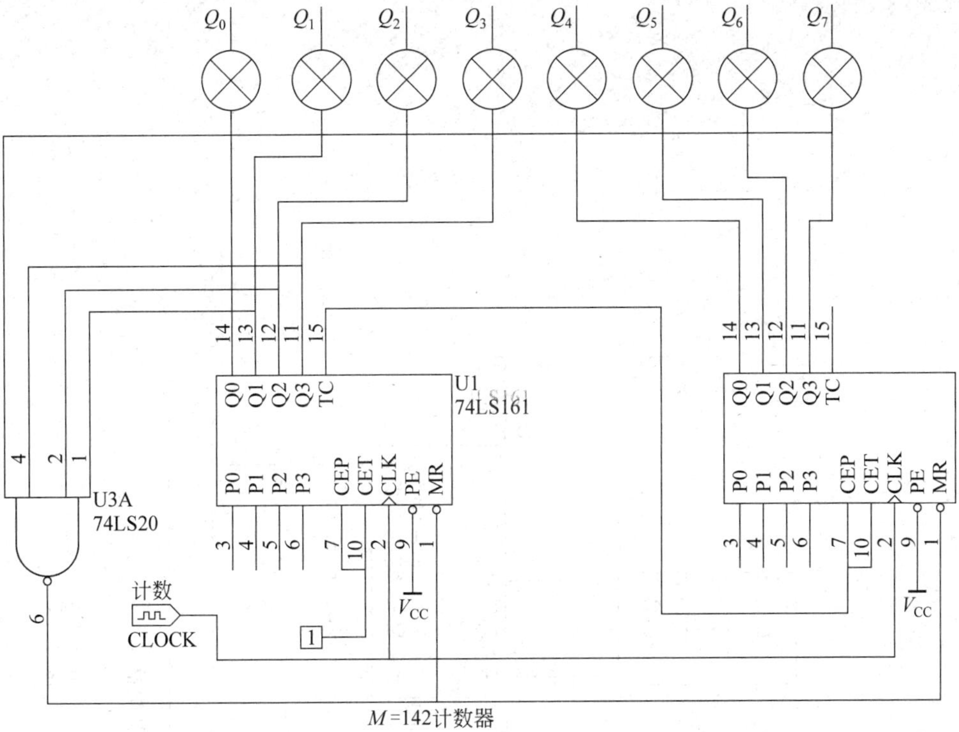

图 5-64　两片 74LS161 构成更多位数的计数器

④ 用两片 74LS161 二进制计数器组成六十进制计数器。依据图 5-65 所示电路接线，并用数码管显示计数器工作情况，记录实验结果。

三、实验设备与器件

(1) 5V 直流电源。

(2) 逻辑电平开关。

(3) 逻辑状态显示 LED。

(4) 译码显示器。

(5) IC：74LS00、7474LS04、74LS08、74LS20、74LS193 各 1 片，74LS161、74LS112 各 2 片。

(6) 连续脉冲源、单次脉冲源。

四、实验报告

(1) 画出实验电路，整理实验结果。

(2) 比较同步计数器和异步计数器在组成、应用方面的特点。

(3) 对于 74LS161，利用同步置位法，使用前 10 个状态，实现 $M=10$ 的计数器，画出原理图。总结集成计数器级联的方法。

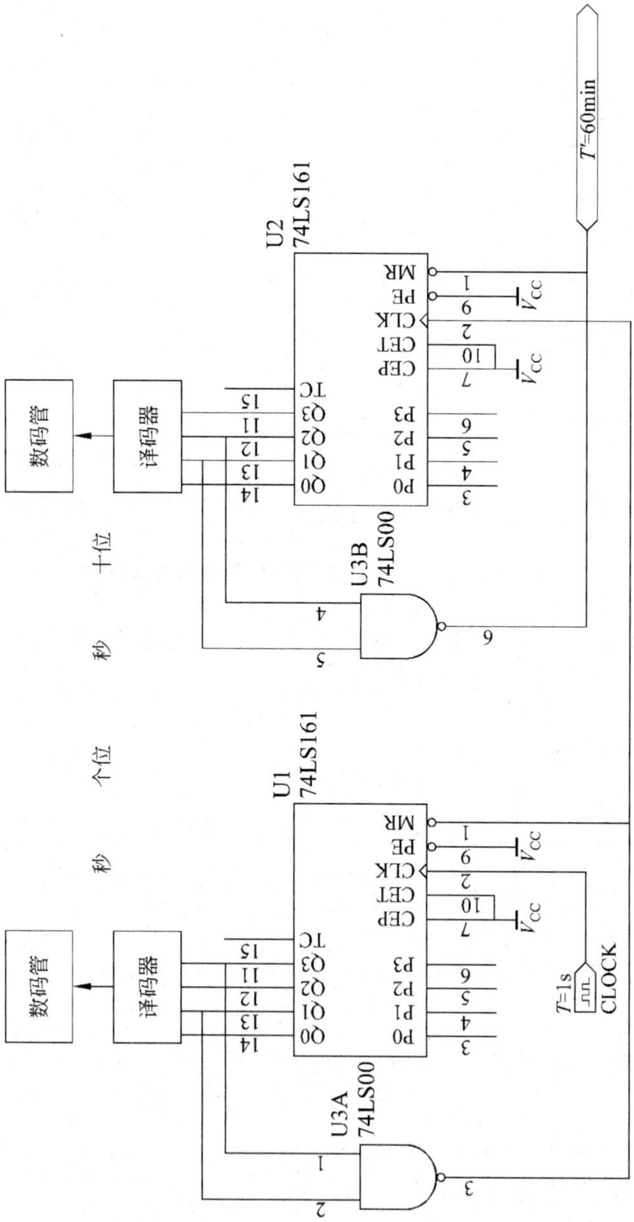

图 5-65 $M=60\text{s}$ 的计数器

技能测试 2：寄存器的应用

一、实验目的

(1) 熟悉寄存器的电路结构和工作原理。

(2) 熟悉中规模集成电路 74LS194 双向移位寄存器的逻辑功能和使用方法。

(3) 熟悉移位寄存器、环形计数器、扭环计数器的应用。

二、实验内容及步骤

(1) 数据寄存器

按图 5-66 所示电路接线，验证电路的清零、接收、存数、传送功能。

(2) 移位寄存器

按图 5-67 所示电路接线，验证向左移、串入/串出、串入/并出功能。

按图 5-68 所示电路接线，验证向右移、串入/串出、串入/并出功能。

(3) 集成移位寄存器 74LS194

① 基本功能验证。将 74LS194 按图 5-69 所示电路接线，验证清零、保持、置数、右移、左移功能。记录实验结果。

a. 清零：$\overline{\mathrm{MR}}=0$ 不论原 $Q_0 \sim Q_3$ 的状态如何，当 $\overline{\mathrm{MR}}=0$ 清零端加低电平后，$Q_0 \sim Q_3=0000$。

b. 保持：当 $\overline{\mathrm{MR}}=1$，CP＝0，改变数据开关 K_5、K_6，输出状态不变。或使 $\overline{\mathrm{MR}}=1$，$S_0=S_1=0$，按动单脉冲，输出状态不变。

c. 置数：使 $\overline{\mathrm{MR}}=1$，$S_0=S_1=1$ 扳动数据开关，使 $D_3D_2D_1D_0$ 为 0101，按动单脉冲，数据 0101 被置入，此时 $Q_3Q_2Q_1Q_0=0101$。

d. 右移：使 $\overline{\mathrm{MR}}=1$，$S_1=0$，$S_0=1$。将 Q_3 接到 DSR，预先置入数据 $Q_0Q_1Q_2Q_3=0001$，每按动一次单脉冲，移位寄存器在 CLK 的上升沿实现一次右移操作。四次一个循环结束。将 Q_3 与 DSR 断开，DSR 悬空按动单脉冲，观察移位情况。

e. 左移：使 $\overline{\mathrm{MR}}=1$，$S_1=1$，$S_0=0$。Q_0 接到 DSL，预先置入数据 $Q_0Q_1Q_2Q_3=1000$，每按动一次单脉冲，移位寄存器在 CLK 的上升沿实现一次左移操作。四次一个循环结束。Q_0 与 DSL 断开，按动单脉冲，观察移位情况并做记录、分析。

② 74LS194 的应用。

a. 用 74LS194 构成环形计数器。按图 5-70 所示电路接线，给寄存器置数，使 $Q_0Q_1Q_2Q_3=0001$，按动单脉冲，观察寄存器的输出状态并记录，画出状态转换图。

b. 用 74LS194 构成扭环计数器。按图 5-71 所示电路接线，先让电路实现清零。之后按动单脉冲，观察寄存器的输出状态并记录，并画出状态转换图。

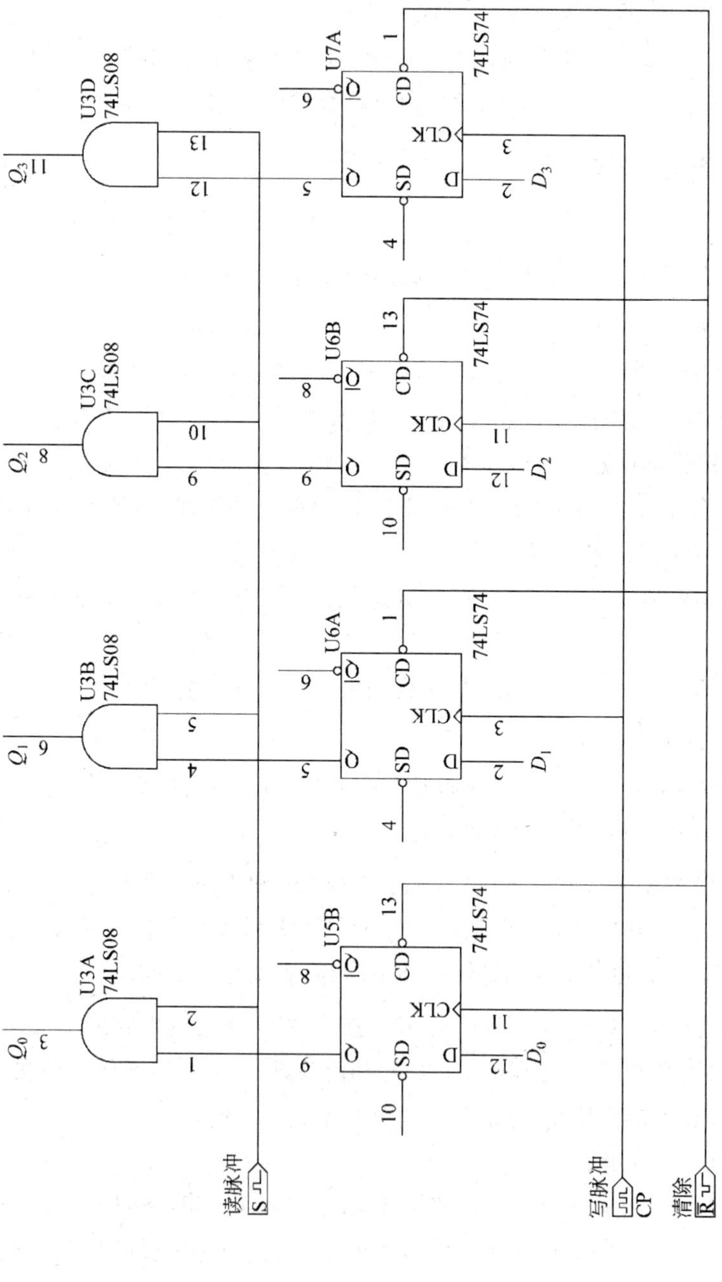
U3A 74LS08
U3B 74LS08
U3C 74LS08
U3D 74LS08
U5B 74LS74
U6A 74LS74
U6B 74LS74
U7A 74LS74
Q0
Q1
Q2
Q3
D0
D1
D2
D3
SD
CD
CLK
D
Q
读脉冲
写脉冲 CP
清除

图 5-66 数据寄存器

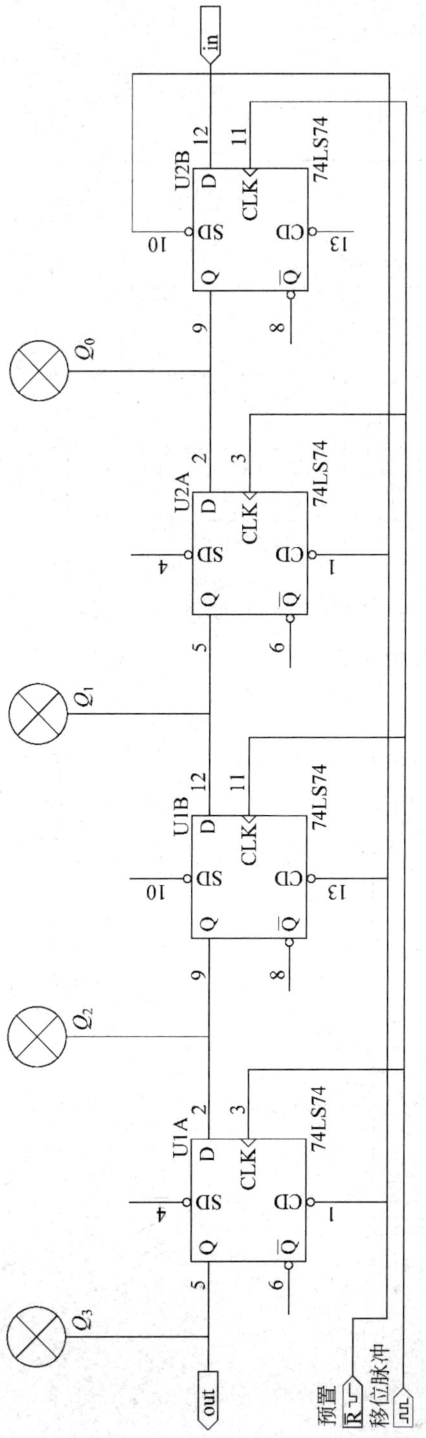

图 5-67 左移寄存器

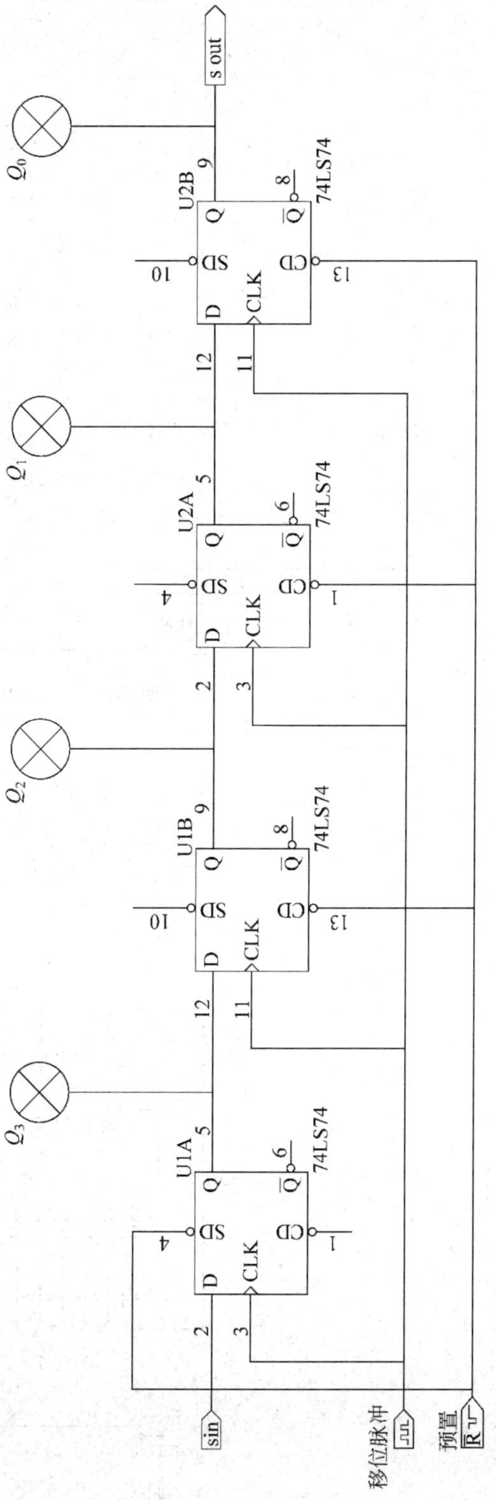

图 5-68 右移寄存器

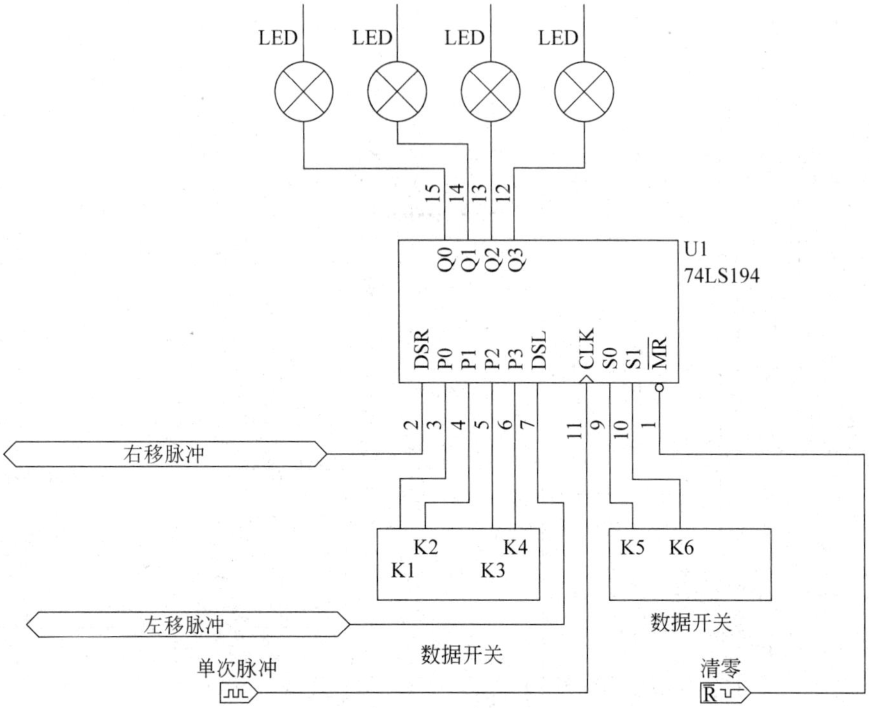

图 5-69　74LS194 逻辑功能验证

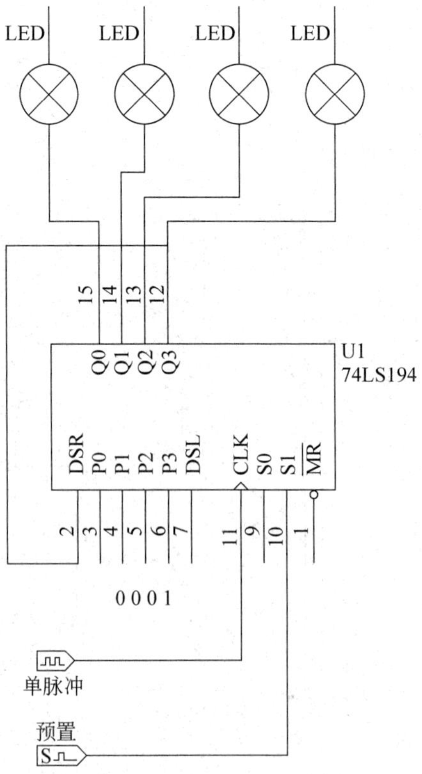

图 5-70　用 74LS194 构成环形计数器

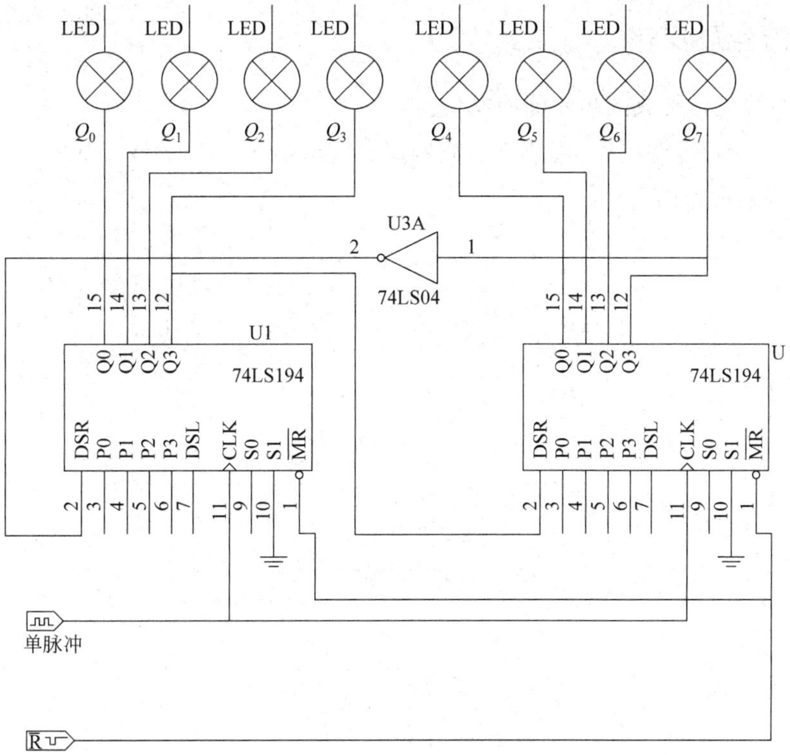

图 5-71　用 74LS194 构成扭环计数器 $M=16$

三、实验设备与器件

(1) 5V 直流电源。

(2) 逻辑电平开关。

(3) 逻辑状态显示 LED。

(4) IC：74LS74 和 74LS194 各 2 片，74LS04、74LS08、74LS138、74LS20 各 1 片。

(5) 连续脉冲源、单次脉冲源。

四、实验报告

(1) 画出各实验电路的时序状态图。

(2) 画出由 74LS194 构成八位移位寄存器的接线图，并实现 $M=15$ 的扭环计数器。

技能测试 3：顺序脉冲发生器、交通灯控制器

一、实验目的

(1) 掌握顺序脉冲发生器的特点和工作原理。

(2) 掌握交通灯控制器的工作原理及电路组成。

(3) 了解竞争冒险现象。

二、实验内容及步骤

（1）异步计数器构成的顺序脉冲发生器

按图 5-72 所示电路接线，用数字示波器观察输出端 Y_0、Y_4 的波形并做记录，解释产生的竞争冒险现象的原因。

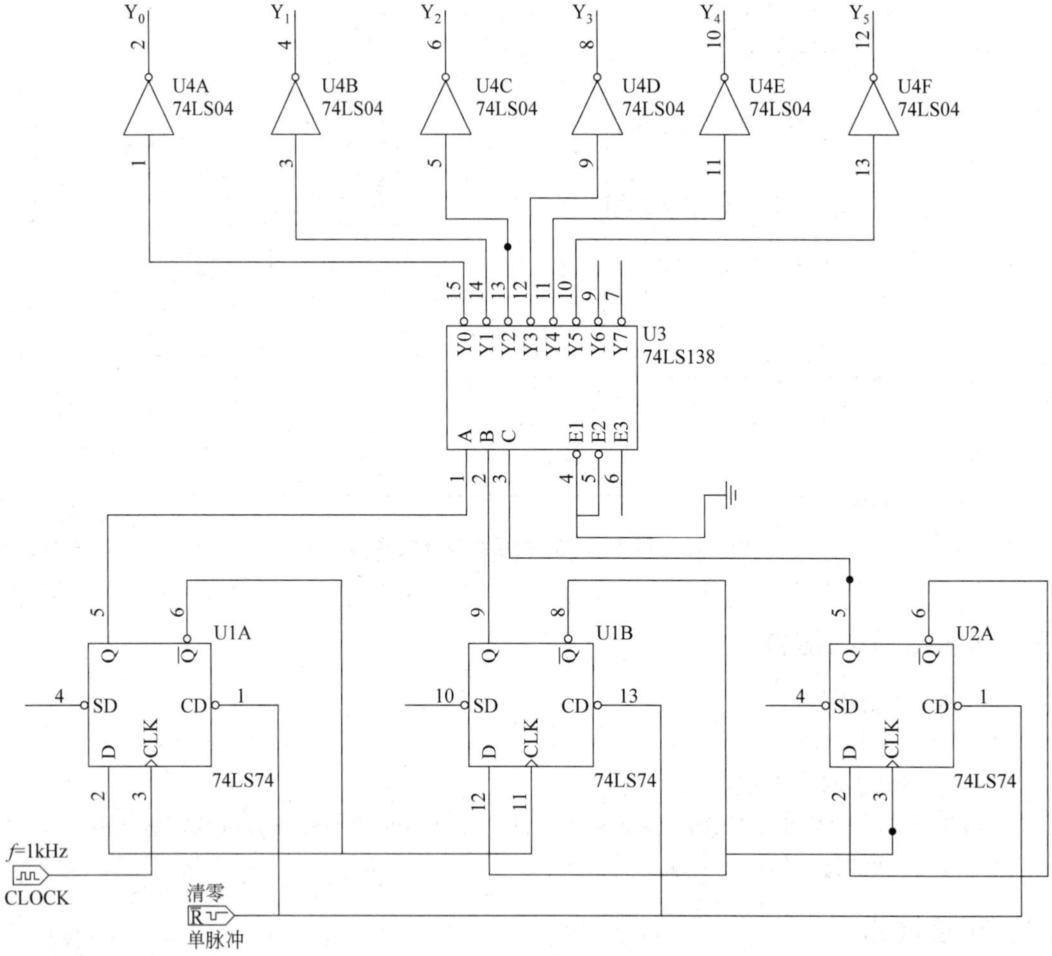

图 5-72　异步顺序脉冲发生器

（2）用于插补器的顺序脉冲发生器

① 按图 5-73 所示电路接好线，t_1、t_2、t_3、t_4 接 LED 发光二极管，计数脉冲接单脉冲。清零端接复位开关。

② 先清零，按动单次脉冲，使计数器工作。

③ 观察 t_1、t_2、t_3、t_4 的状态并做记录，验证结果是否正确。

（3）交通灯控制器

如图 5-74 所示电路为交通灯控制器电路，$M=12$ 的扭环计数器由两片 74LS164（也可

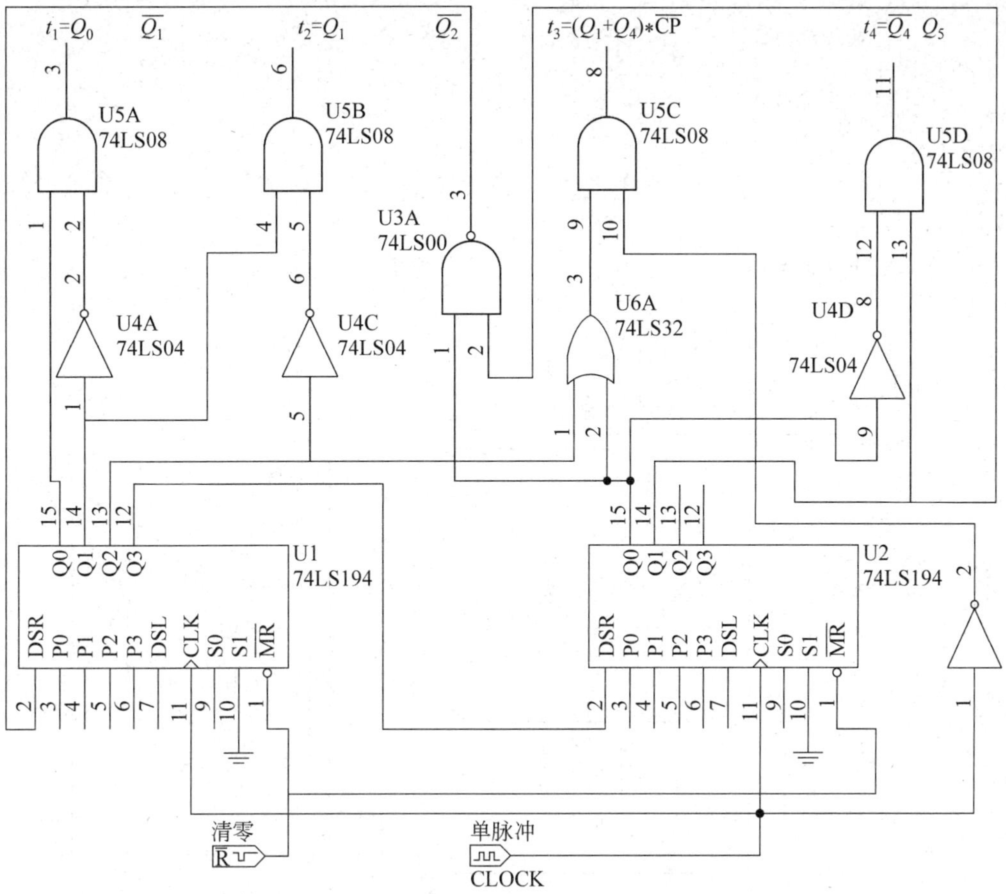

图 5-73 插补器的顺序脉冲发生器

参照图 5-73)构成。按图 5-74 所示电路接好线，各输出接 LED 发光二极管，计数脉冲接单脉冲。清零端接复位开关。

① 先按复位开关，清零。

② 发单脉冲，观察输出端的情况并记录，验证结果是否正确。

三、实验设备与器件

（1）5V 直流电源。

（2）逻辑电平开关。

（3）连续脉冲源、单次脉冲源。

（4）逻辑状态显示 LED。

（5）数字示波器。

（6）IC：74LS74、74LS194、74LS08 各 2 片，74LS00、74LS04、74LS32、74LS164、74LS138 各 1 片。

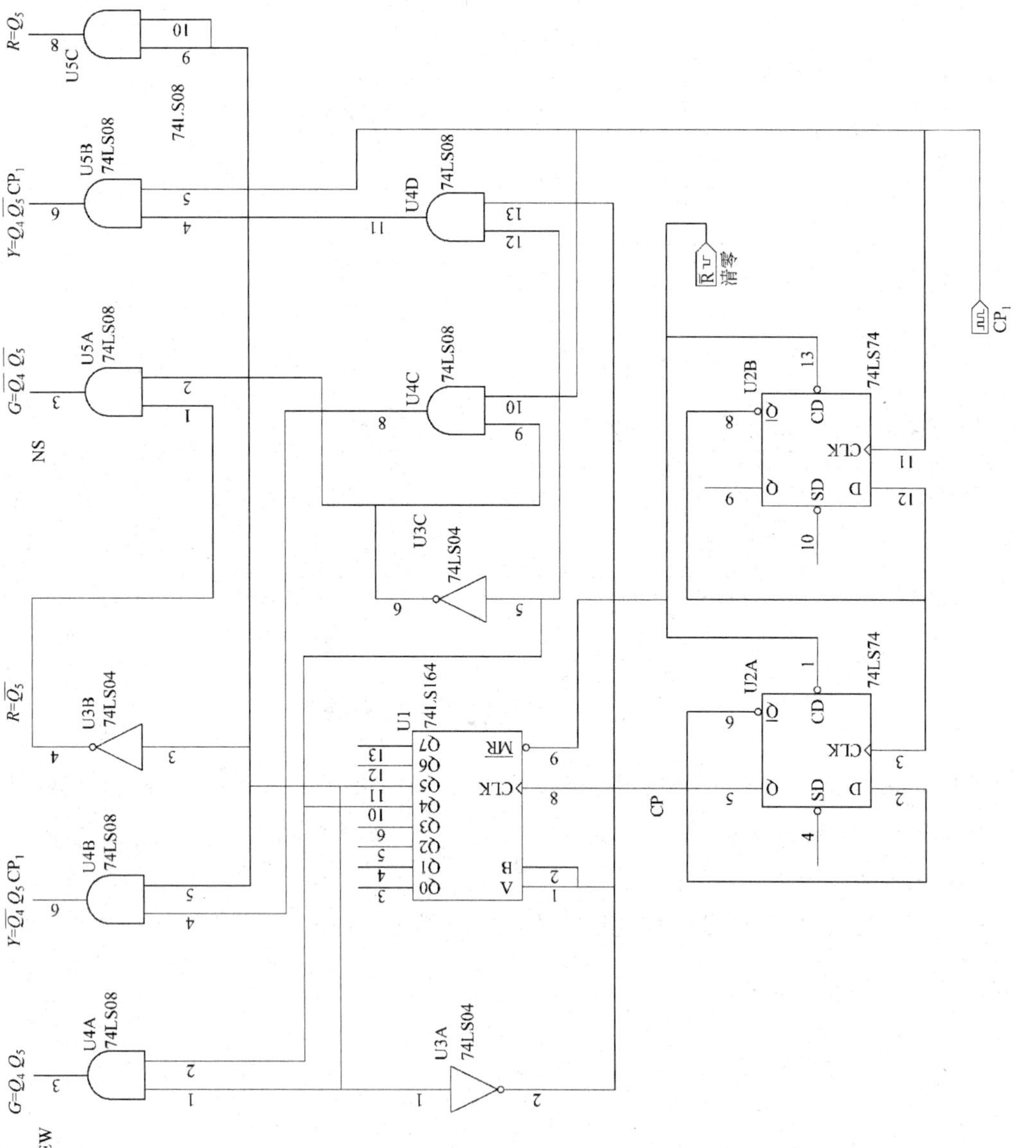
EW
NS
$G=Q_4 Q_5$
$Y=\overline{Q_4} Q_5 CP_1$
$R=\overline{Q_5}$
$G=\overline{Q_4}\,\overline{Q_5}$
$Y=Q_4 \overline{Q_5} CP_1$
$R=Q_5$
U4A 74LS08
U4B 74LS08
U3B 74LS04
U5A 74LS08
U5B 74LS08
U5C 74LS08
U4C 74LS08
U4D 74LS08
U3A 74LS04
U3C 74LS04
U1 74LS164
U2A 74LS74
U2B 74LS74
CP
CP_1
$\overline{R_D}$ 清零
CLK
MR
SD
CD
D
Q
A
B

图 5-74　交通灯控制器

四、实验报告

(1) 分析译码器输出产生竞争冒险现象的原因。

(2) 做出交通灯控制器的状态表。

本章小结

时序逻辑电路在任何一个时刻的输出状态不仅取决于当时的输入信号,还与电路的原来状态有关。因此,时序逻辑电路中必须含有具有记忆能力的存储器件,触发器是最常用的存储器件。

描述时序逻辑电路逻辑功能的方法有状态转换真值表、状态转换图和时序图等。

时序逻辑电路的分析方法一般为逻辑图→时序方程、驱动方程、输出方程→状态方程→状态转换真值表→状态图和时序图→逻辑功能。

寄存器也是一种常用的时序逻辑器件。寄存器分为数码寄存器和移位寄存器两种,移位寄存器又分为单向移位寄存器和双向移位寄存器。集成移位寄存器使用方便、功能全、输入和输出灵活。用移位寄存器可实现数据的串行-并行转换、组成环形计数器、扭环计数器、顺序脉冲发生器等。

计数器是一种简单又常用的时序逻辑器件。它们在计算机和其他数字系统中起着非常重要的作用。计数器不仅用于统计输入时钟的个数,还能用于分频、定时、产生节拍脉冲等。

习　题

5-1 选择题。

(1) 同步计数器和异步计数器比较,同步计数器的显著优点是(　　)。

A. 工作速度高　　B. 触发器利用率高

C. 电路简单　　D. 不受时钟 CP 控制

(2)下列逻辑电路中为时序逻辑电路的是(　　)。

A. 变量译码器　　B. 加法器　　C. 数码寄存器　　D. 数据选择器

(3) N 个触发器可以构成最大计数长度(进制数)为(　　)的计数器。

A. N　　B. $2N$　　C. N^2　　D. 2^N

(4) 同步时序电路和异步时序电路比较,其差异在于后者(　　)。

A. 没有触发器　　B. 没有统一的时钟脉冲控制

C. 没有稳定状态　　D. 输出只与内部状态有关

(5) 8 位移位寄存器,串行输入时经(　　)个脉冲后,8 位数码全部移入寄存器中。

A. 1　　B. 2　　C. 4　　D. 8

(6) 某移位寄存器的时钟脉冲频率为 100kHz,欲将存放在该寄存器中的数左移 8 位,完成该操作需要(　　)时间。

A. 10μs　　B. 80μs　　C. 100μs　　D. 800ms

5-2　试比较时序逻辑电路和组合逻辑电路在结构和功能上有何不同。

5-3　分析如图 5-75 所示电路的逻辑功能,要求:(1)写出驱动方程;(2)写出状态方程;(3)列出状态转换真值表;(4)画出完整的状态转换图和时序图;(5)写出完整的电路名称。

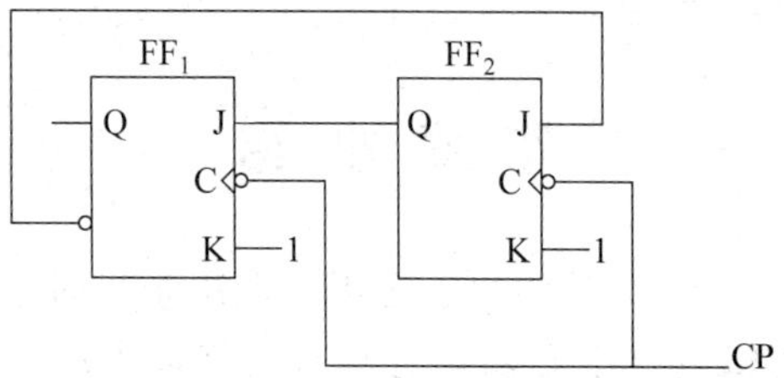

图 5-75　题 5-3 图

5-4　分析图 5-76 所示时序电路的逻辑功能,写出电路的驱动方程、状态方程和输出方程,设各触发器的初始状态为 0,画出电路的状态转换图,说明电路能否自启动。

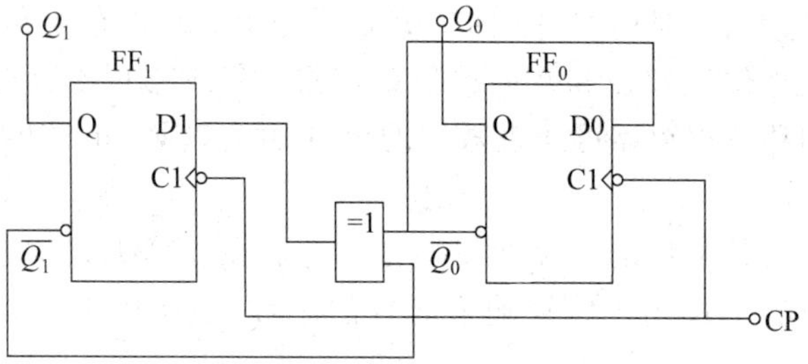

图 5-76　题 5-4 图

5-5　试求图 5-77 所示电路的状态转换表和状态转换图,并说明当控制信号 $X=0$ 及 $X=1$ 时电路的逻辑功能。

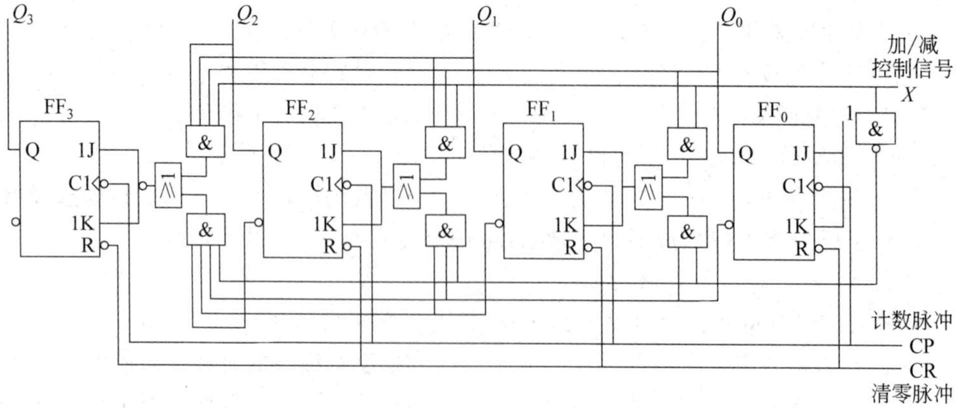

图 5-77　题 5-5 图

5-6　试求如图 5-78 所示时序电路的状态转换表和状态转换图,并说明电路的逻辑功能。

5-7　如图 5-79 所示电路是可变进制计数器。试分析当控制变量 A 为 1 和 0 时,电路各是几进制计数器。

5-8 电路如图 5-80 所示，试分析该电路的逻辑功能。

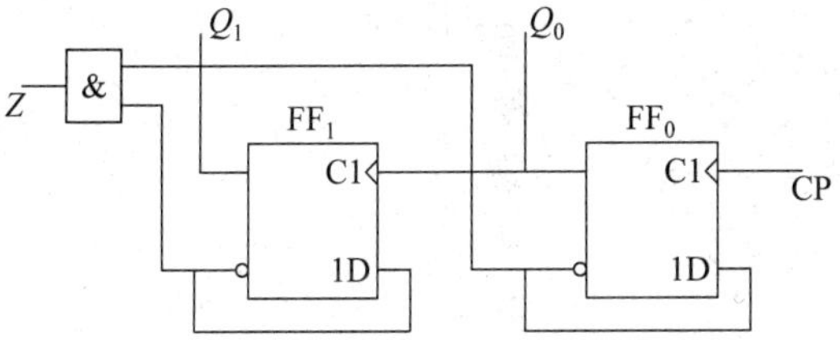

图 5-78 题 5-6 图

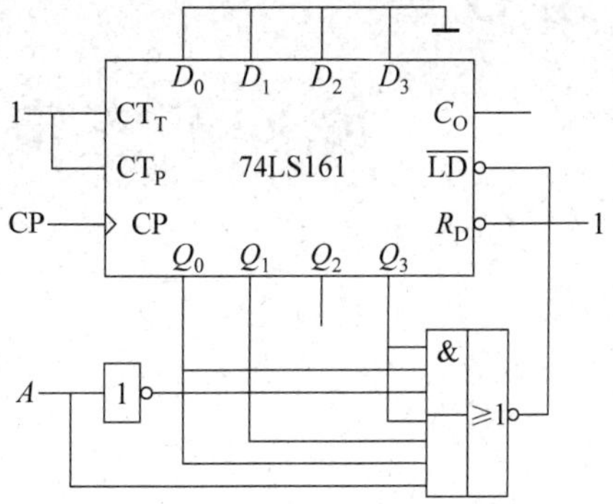

图 5-79 题 5-7 图

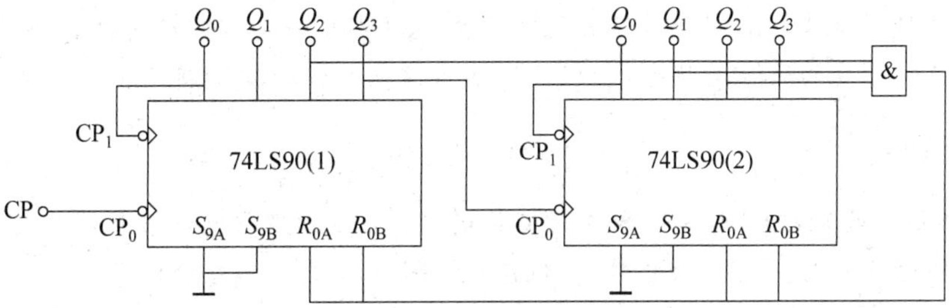

图 5-80 题 5-8 图

5-9 试用 74LS161 设计一个计数器，其计数状态为 0111～1111。

5-10 试用两片 74LS161 构成二十四进制计数器。

5-11 试设计一个能产生 011100111001110 的序列脉冲发生器。

5-12 设计 1111 序列信号检测器，设输入信号为 X，输出信号为 Z。

X：00110001111101…

Z：00000000001100…

5-13 设计一个灯光控制逻辑电路。要求红、绿、黄三种颜色的灯在时钟信号作用下按表 5-12 规定的顺序转换状态。表 5-12 中的 1 表示灯“亮”，0 表示灯“灭”。

表 5-12 灯亮控制表

CP	红	黄	绿
0	0	0	0
1	0	0	1
2	0	1	0
3	0	1	1
4	1	0	0
5	1	0	1
6	1	1	0
7	1	1	1
8	0	0	0

第 6 章 脉冲产生电路

教学提示

脉冲波形是数字电路或数字系统中最常用的信号，常常需要将各种脉冲波形用于时钟、定时等电路。脉冲波形的获取通常采用两种方法：一种是利用脉冲信号发生器直接产生；另一种是对已有的信号进行变换，以便变换后的脉冲信号波形满足数字系统的要求。

教学目标

本章主要讨论几种脉冲波形产生与变换的基本单元电路，包括多谐振荡器、单稳态触发器、施密特触发器、定时器等，并对它们的功能、特点以及主要应用作简要介绍。

6.1 集成 555 定时器

6.1.1 集成 555 定时器简介

集成 555 定时器是一种将模拟电路与数字电路的功能巧妙地结合在一起的多用途中规模集成电路芯片，只需外接少量元器件，便可构成多谐振荡器、单稳态触发器和施密特触发器等基本单元电路。因而 555 定时器在波形的产生与变换、信号的测量与控制、家用电器等许多领域中都得到广泛的应用。

首片集成 555 定时器于 1972 年由 Signetics 公司率先推出，随后各电子器件公司都相继生产了各种同类定时器产品。555 集成定时器按内部器件类型可分双极型（TTL 型）和单极型（CMOS 型），一般来说，TTL 型的定时器静态功耗高，电源电压使用范围为 5～15V，最大输出电流可达 200mA，产品型号的最后 3 位数码标注为 555 或 556，如 CB555 是国产双极型电路；CMOS 型的定时器静态功耗较低，输入阻抗高，电源电压使用范围为 3～18V，最大输出电流仅为 3～4mA，CMOS 型产品型号的最后 4 位数码标注都是 7555 或 7556，如 CH7555 是 CMOS 型电路，然而不管是单极性还是双极性电路，它们的逻辑功能和外部引线排列非常类似。本书中主要以 CC7555 为例，其他类型的 555 定时器类似。

6.1.2 555 定时器电路结构

555 定时器内部结构由电阻分压器、电压比较器 A_1 和 A_2，基本 RS 触发器和 MOS 开关管 V 四部分组成。如图 6-1 所示，图 6-1(a)是 555 内部逻辑图，图 6-1(b)是 555 逻辑符号，图 6-1(c)555 引脚分布图。

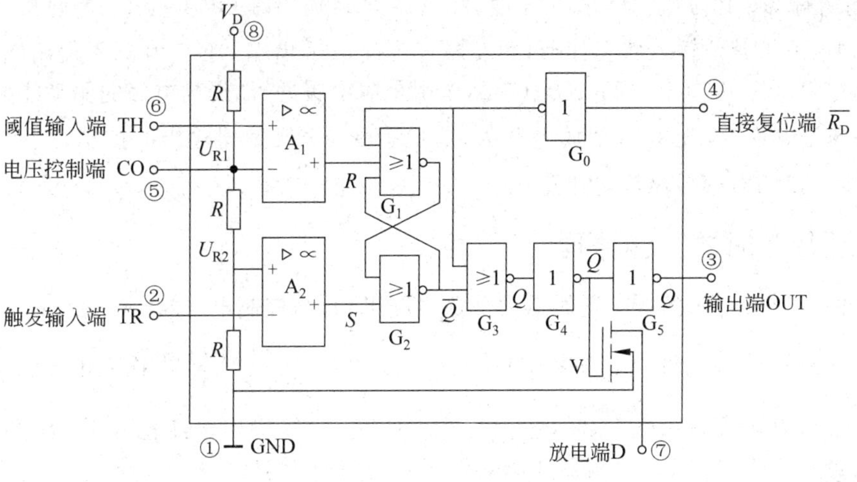

(a) 555定时器内部逻辑图

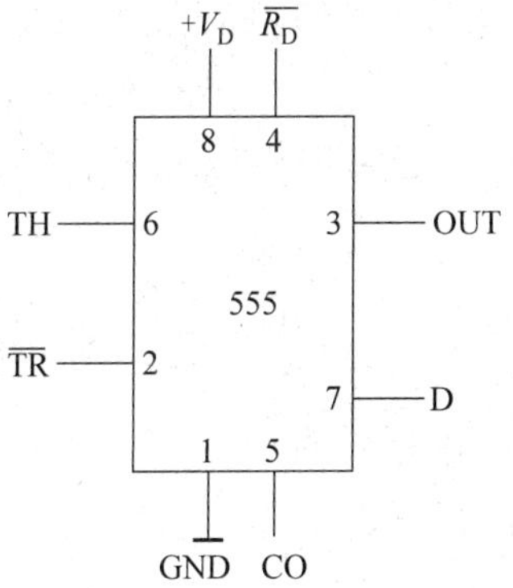

(b) 555定时器逻辑符号

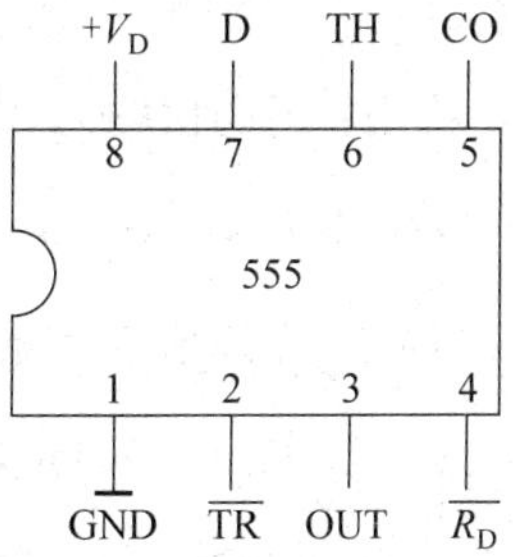

(c) 555定时器引脚分布图

图 6-1 集成 555 定时器

(1) 电阻分压器：由 3 个阻值(一般为 5kΩ)相同的电阻 R 组成，由于两个运算放大电路是理想元件，其输入电阻为无穷大，输入电流可忽略不计，所以在外加电源电压为 V_D 作用下，可提供两个参考电压为

$$U_{R1}=\frac{2}{3}V_D,\quad U_{R2}=\frac{1}{3}V_D$$

(2) 电压比较器 A_1 和 A_2：A_1 和 A_2 是两个完全相同的电压比较器。A_1 的反相输入端接参考电压 U_{R1}，其引出线称为控制端 CO，同相输入端 TH 称为阈值输入端；A_2 的同相输入端接参考电压 U_{R2}，反相输入端 $\overline{TR}$ 称为触发输入端。如果在控制端 CO 外加电压，便可改变 U_{R1} 和 U_{R2} 的值。

当阈值输入端 TH 的电压超过 $\frac{2}{3}V_D$ 时，则 A_1 输出高电平，使基本 RS 触发器翻转，$Q=0$；而当触发输入端 $\overline{TR}$ 的电压低于 $\frac{1}{3}V_D$ 时，A_2 输出高电平，使基本 RS 触发器翻转，$Q=1$。

(3) 基本 RS 触发器：基本 RS 触发器由两个或非门 G_1、G_2 组成。当 R 端为 1 时，触发器置 0，输出端 OUT 为 0；当 S 端为 1 时，触发器置 1，输出端 OUT 为 1。当直接复位端$\overline{R_D}$加低电平时，不管其他输入状态如何，触发器直接置 0，输出端 OUT 为 0；不使用$\overline{R_D}$时，应将此端接高电平。图 6-1(a)中 G_3、G_4、G_5 的作用是输出缓冲，以提高电路的驱动能力。

(4) 场效应管 V：V 是一个放电开关，其状态受 RS 触发器输出的控制。当 $\bar{Q}=1$ 时，V 导通，为外接的电容提供放电通路；$\bar{Q}=0$ 时，V 截止。

6.1.3 555 定时器工作原理

分析图 6-1(a)所示的 555 定时器内部逻辑图可知，当控制电压端 CO 悬空时，电阻分压器为两个比较器提供了两个参考电压 $U_{R1}=\frac{2}{3}V_D$ 和 $U_{R2}=\frac{1}{3}V_D$。当输入电压分别加到阈值输入端 TH 和触发输入端$\overline{TR}$时，它们与 U_{R1} 和 U_{R2} 比较决定电压比较器 A_1 和 A_2 的输出。比较器的输出确定 RS 触发器和场效应管开关 V 的状态。

(1) 复位功能：当直接复位端$\overline{R_D}=0$ 时，这时不管其他输入端的状态如何，输出 OUT 总是为低电平 0，场效应管开关 V 导通。由此可见定时器 555 在正常工作时，$\overline{R_D}$应接高电平，实际应用中往往将该端与电源$+V_D$ 相连。

(2) 置 0 功能：当阈值输入端 TH$>\frac{2}{3}V_D$，触发输入端$\overline{TR}>\frac{1}{3}V_D$ 时，比较器 A_1 输出 0，A_2 输出 1，触发器 $R=0$、$S=1$，定时器 OUT 为 0，开关 V 导通。

(3) 置 1 功能：当阈值输入端 TH$<\frac{2}{3}V_D$，触发输入端$\overline{TR}<\frac{1}{3}V_D$ 时，比较器 A_1 输出 1，A_2 输出 0，触发器 $R=1$、$S=0$，定时器 OUT 为 1，开关 V 截止。

(4) 保持功能：当阈值输入端 TH$<\frac{2}{3}V_D$，触发输入端$\overline{TR}>\frac{1}{3}V_D$ 时，比较器 A_1 输出 1，A_2 输出 1，触发器 $R=1$、$S=1$，保持原状态，定时器 OUT 也保持不变，开关 V 状态不变。

由以上分析可列出 555 定时器功能如表 6-1 所示。

表 6-1　555 定时器的功能表

直接复位$\overline{R_D}$④	阈值输入 TH⑥	触发输入$\overline{TR}$②	输出 OUT③	放电管 V⑦
0	×	×	0	导通
1	$>\frac{2}{3}V_D$	$>\frac{1}{3}V_D$	0	导通
1	$<\frac{2}{3}V_D$	$<\frac{1}{3}V_D$	1	截止
1	$<\frac{2}{3}V_D$	$>\frac{1}{3}V_D$	不变	不变

微课 1：集成 555 定时器

6.2 多谐振荡器

多谐振荡器是在接通电源以后，不需外加输入信号，就能自动地产生矩形脉冲波。由于矩形波中除基波外，还含有丰富的高次谐波，所以习惯上又把矩形波振荡器叫作多谐振荡器。多谐振荡器通常由门电路和基本的RC电路组成。多谐振荡器一旦振荡起来后，电路没有稳态，只有两个暂稳态，它们在作交替变化，输出矩形波脉冲信号，因此，它又被称作无稳态电路。

6.2.1 由门电路构成多谐振荡器

1. 环形多谐振荡器

将3个或大于3个的奇数个非门首尾相接成环状，组成的电路称为环形多谐振荡器。用3个非门构成的环形振荡器电路如图6-2(a)所示。

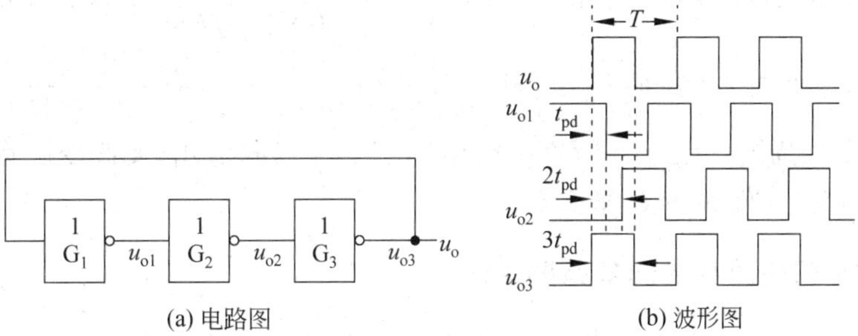

图6-2 由非门构成的环形多谐振荡器

由于非门的输入与输出的波形总是反相的，即当输入从高电平跳变到低电平时，输出就要从低电平跳变到高电平；反之亦然，其中输入的变化引起输出的变化需要一定的延迟时间，这个延迟时间是门电路的平均传输延迟时间 t_{pd}。根据这个原理可画出电路中 u_{o1}、u_{o2}、u_{o3} 的电压波形如图6-2(b)所示。

由电路的波形图可知，3级与非门构成的环形多谐振荡器的周期为 $6t_{pd}$，对于 N 级（N 为大于3的奇数）非门组成的环形多谐振荡器的周期为 $2\times N\times 6t_{pd}$。

环形多谐振荡器的振荡周期取决于 t_{pd}，此值较小且不可调，所以，产生的脉冲信号频率较高且无法控制。但在实际应用中，这种方式可以用来测量每个门电路的平均传输延迟时间 t_{pd}。

2. RC环形多谐振荡器

RC环形多谐振荡器由3个非门、两个电阻（R、R_S）和一个电容 C 组成，如图6-3所示。其中电阻 R_S 是非门 G_3 的限流保护电阻，一般为100Ω左右；R、C 为定时器件，R 的取值应小于非门的关门电阻，一般在700Ω以下，否则电路无法正常工作。此时，由于 RC 的值远远大于门电路的平均传输延迟时间 t_{pd}，从 u_2 到 u_4 的传输时间大大增加，基本上由 RC 的参数决定，门延迟时间 t_{pd} 可以忽略不计。

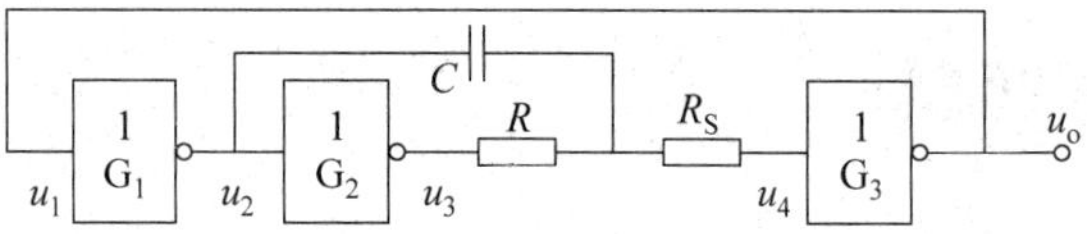

图 6-3　RC 环形多谐振荡器

当电源刚接通时，电路输出端 u_o 为高电平，由于此时电容器 C 尚未充电，其两端电压为 0，则 u_2、u_4 为低电平，u_3、u_o输出低电平，电路处于第 1 暂稳态；随着 u_3 高电平通过电阻 R 对电容 C 充电，u_4 电位逐渐升高。当 u_4 超过 G_3 的输入阈值电平 U_{TH}时，G_3 翻转，$u_o=u_1$ 变为低电平，使 G_1 也翻转，u_2 变为高电平，由于电容电压不能突变，u_4 也有一个正突跳，保持 G_3 输出为低电平，此时电路进入第 2 暂稳态。随着 u_2 高电平对电容 C 并经电阻 R 的反向充电，u_4 电位逐渐下降，当 u_4 低于 U_{TH}时，G_3 再次翻转，电路又回到第 1 暂稳态。如此循环，形成连续振荡。电路各点的工作波形如图 6-4 所示。

振荡器输出脉冲分为充电时间（t_{w1}）和放电时间（t_{w2}）两部分，根据 RC 电路的基本工作原理，利用三要素法，可以得到充电时间：$t_{w1}=\tau\ln\dfrac{u_4(\infty)-u_4(0+)}{u_4(\infty)-u_4(t_1)}=RC\ln\dfrac{U_{OH}+U_{TH}}{U_{OH}-U_{TH}}=1.1RC$。同理，求得放电时间：$t_{w2}=\tau\ln\dfrac{u_4(\infty)-u_4(0+)}{u_4(\infty)-u_4(t_2)}=RC\ln\dfrac{U_{OL}-(U_{OH}+U_{TH})}{U_{LH}-U_{TH}}=1.1RC$。振荡脉冲周期：$T=t_{w1}+t_{w2}=2.2RC$。从以上分析看出，要改变脉宽和周期，可以直接通过改变定时元件 R 和 C 来实现。

3. CMOS 门电路构成的多谐振荡器

由于 CMOS 门电路的输入阻抗高，不需要大容量电容就能获得较大的时间常数，且 CMOS 门电路的阈值电压 U_{TH} 比较稳定，因此常用来构成振荡电路，尤其适用于频率稳定度和准确度要求不太严格的低频时钟振荡电路。

图 6-5 所示为一个由 CMOS 反相器与 R、C 元件构成的多谐振荡器。接通电源 V_D 后，电路中将产生自激振荡，因 RC 串联电路中电容 C 上的电压随电容充放电过程不断变化，从而使两个反相器的状态不断发生翻转。

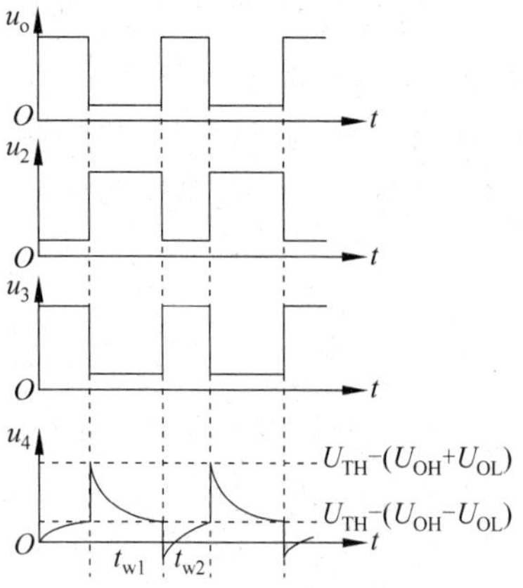

图 6-4　RC 环形多振荡器工作波形

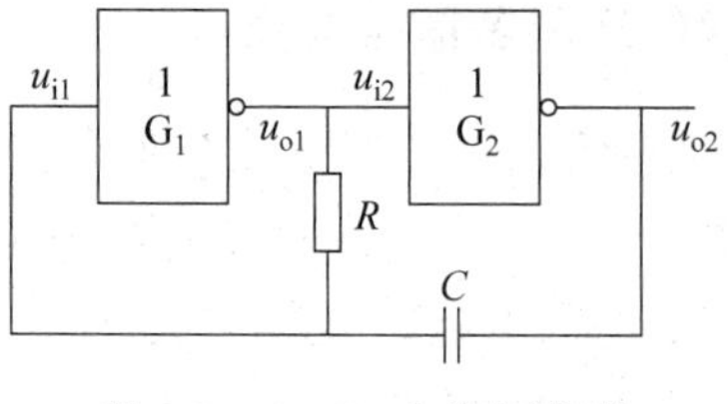

图 6-5　CMOS 多谐振荡器

接通电源后，假设电路初始状态 $u_{i1}=0$，门 G_1 截止，$u_{o1}=1$，门 G_2 导通，$u_{o2}=0$，这一状态称为第 1 暂稳态。

此时，电阻 R 两端的电位并不相等，于是电源经门 G_1、电阻 R 和门 G_2 对电容 C 充电，使得 u_{i1} 的电位按指数规律上升，当 u_{i1} 达到门 G_1 的阈值电压 U_{TH} 时，门 G_1 由截止变为导通，电路发生如下正反馈过程：$u_{i1}\uparrow\rightarrow u_{o1}\downarrow\rightarrow u_o\uparrow\rightarrow u_{i1}\uparrow$，即门 G_1 导通，门 G_2 截止，$u_{o1}=0$，$u_{o2}=1$，这称为电路的第 2 暂稳态。

这个暂稳态也不能稳定保持下去。当电路进入该状态的瞬间时，门 G_2 的输出电位 u_{o2} 由 0 上跳至 1。由于电容两极电位不能突变，使得 u_{i1} 的电压值也上跳至 1。此时电阻两端电位不等，电容通过电阻 R、门 G_1 及门 G_2 放电，使得 u_{i1} 电位不断下降，当 u_{i1} 下降到 U_{TH} 时，电路发生如下正反馈过程：$u_{i1}\downarrow\rightarrow u_{o1}\uparrow\rightarrow u_o\downarrow\rightarrow u_{i1}\downarrow$，使得门 G_1 再次截止，门 G_2 导通，即 $u_{o1}=1$，$u_{o2}=0$，电路发生翻转，又回到第 1 暂稳态。如此周而复始，电路形成多谐振荡。

微课 2：门电路构成的多谐振荡器

6.2.2 由 555 定时器构成多谐振荡器

用 555 定时器构成的多谐振荡器如图 6-6(a)所示。其中电容 C 经 R_2、定时器的场效应 V 构成放电回路，而电容 C 的充电回路却由 R_1 和 R_2 串联组成。为了提高定时器的比较电路参考电压的稳定性，通常在引脚 5 与地之间接有 0.01μF 的滤波电容，以消除干扰。

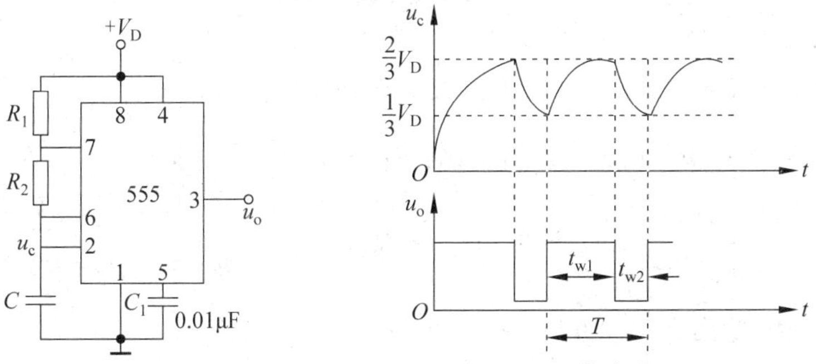

(a) 电路图　　(b) 工作波形图

图 6-6　555 构成的多谐振荡器

在接通电源 V_D 后，电容 C 上的电压 u_c 为零，电路输出 u_o 为高电平，放电管 V 截止，处于第 1 暂稳态；V_D 经 R_1 和 R_2 对 C 充电，使 u_c 不断上升，当电容被充电到 $u_c\geqslant\frac{2}{3}V_D$ 时，电路翻转为 0，输出 u_o 变为低电平，放电管 V 由截止变为导通，进入第 2 暂稳态；此时 C 经 R_2 和 V 开始放电，使 u_c 下降，当 $u_c\leqslant\frac{1}{3}V_D$ 时，电路又翻转置 1，输出 u_o 回到高电平，V 截止，回到第 1 暂稳态。再次重复上述过程，在输出端 u_o 产生了连续的矩形脉冲。工作波形如图 6-6(b)所示。

由以上分析可知，输出脉冲高、低电平的持续时间 t_{w1}、t_{w2} 分别为两个暂态的维持时间。其中第一个暂态是 u_c 从 $\frac{1}{3}V_D$ 充电上升到 $\frac{2}{3}V_D$ 所需的时间：

$$t_{w1}=(R_1+R_2)C\ln\frac{V_D-\frac{1}{3}V_D}{V_D-\frac{2}{3}V_D}=0.7(R_1+R_2)C$$

第二个暂态是 u_c 从 $\frac{2}{3}V_D$ 放电下降到 $\frac{1}{3}V_D$ 所需的时间：

$$t_{w2}=R_2C\ln\frac{0-\frac{2}{3}V_D}{0-\frac{1}{3}V_D}=0.7R_2C$$

振荡周期：$$T=t_{w1}+t_{w2}=0.7(R_1+2R_2)C$$

占空比(脉冲宽度与周期之比)：

$$q=\frac{t_{w1}}{t_{w1}+t_{w2}}=\frac{R_1+R_2}{R_1+2R_2}>50\%$$

由此可见，改变 R_1 或 R_2 都会引起周期 T 的改变，然而在实际应用中经常需要频率固定而占空比可调脉冲。我们可对图 6-6(a)稍作改动组成占空比可调的多谐振荡器电路，如图 6-7 所示。图中把电容 C 的充、放电通路分别用二极管 D_1 和 D_2 进行隔离。其中 R_w 为可调电位器。

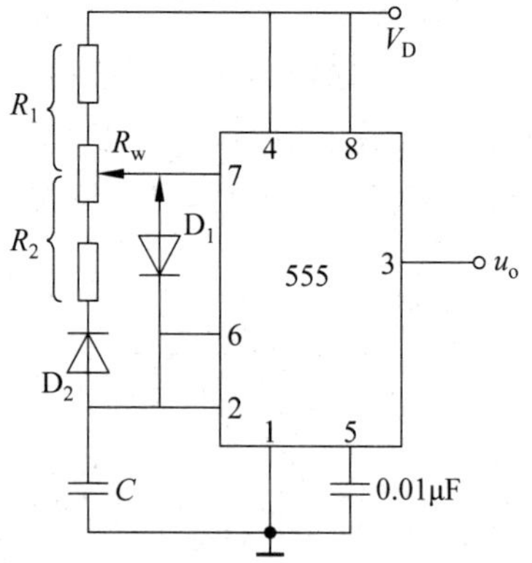

图 6-7　占空比可调的多谐振荡器

电路充电时，只和 R_1 有关，$t_{w1}=0.7R_1C$；放电时，只和 R_2 有关，$t_{w2}=0.7R_2C$。通过改变 R_w，可改变 R_1 和 R_2 的值，而不改变 R_1+R_2 相加之和。此时电路振荡周期：$T=0.7(R_1+R_2)C$，输出方波占空比：$q=\frac{T_{w1}}{T}=\frac{0.7R_1C}{0.7(R_1+R_2)C}=\frac{R_1}{R_1+R_2}$。如果取 $R_1=R_2$，$q=\frac{R_1}{R_1+R_2}=50\%$，$u_o$ 输出为对称方波。

微课 3：555 多谐振荡器

6.2.3 多谐振荡器的应用实例

1. 简易电子琴电路

图 6-8 是一由多谐振荡器组成的简易电子琴电路，$S_1 \sim S_8$ 代表 8 个琴键开关，按下不同的琴键时，振荡器接入不同的电阻 $R_{21} \sim R_{28}$，电路产生不同的振荡频率。如果 $R_{21} \sim R_{28}$ 阻值选配得当，喇叭便可以发出 8 个不同音阶。

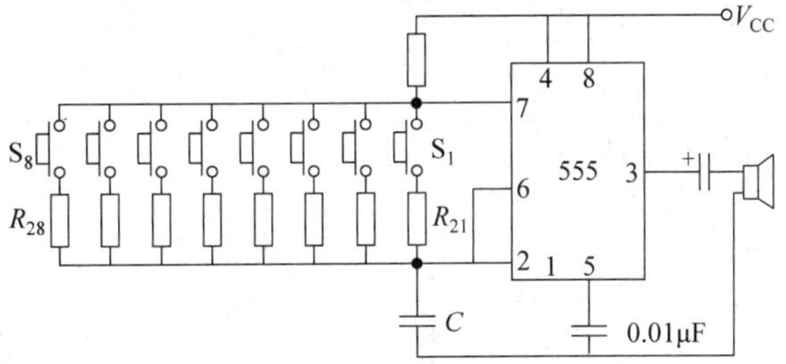

图 6-8 简易电子琴电路

2. 简易温控报警器

图 6-9 是一个简易温度控制报警器，图中三极管 T 的基极外接温度传感器，当测量温度正常时，三极管 T 外接输入为高电平，处于截止状态，A 点通过 R_3 直接与地相接，此时 $\overline{R_D}=V_A=0$，555 定时器处于复位状态，OUT 输出为 0，扬声器不发出声音。当测量温度超出正常时，外接输入电压降低，致使三极管 T 导通，此时电源 V_{CC} 通过 T 把电压加载到 A 点，$\overline{R_D}=V_A=1$，为高电平，致使 555 定时器处于多谐振荡状态，OUT 输出脉冲波形，扬声器发出警报。

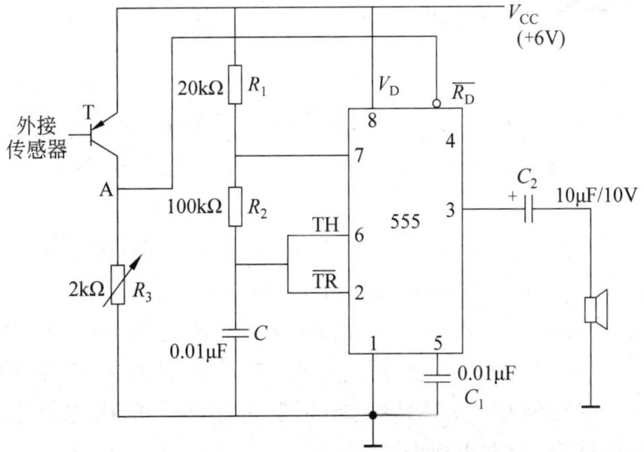

图 6-9 简易温控报警器

3. 模拟声响电路

图 6-10 所示是用两个多谐振荡器组成模拟声响电路。振荡器 1 的输出电压 u_{o1}，接到

振荡器 2 中 555 定时器的复位端，当 u_{o1} 为高电平时振荡器 2 振荡，为低电平时 555 定时器复位，振荡器 2 停止振荡。适当选择定时元件，使 $f_A=1\text{Hz}$，$f_B=1\text{kHz}$。当 u_{o1} 输出高电平时，振荡器 1 振荡；u_{o1} 输出低电平时，振荡器 2 置 0，停止振荡，其波形如图 6-11 所示。此时扬声器发出 1kHz 的间歇声响信号。适当调整振荡器 2 的电阻 R_3、R_4 也可以做出警笛、救护等声音效果。

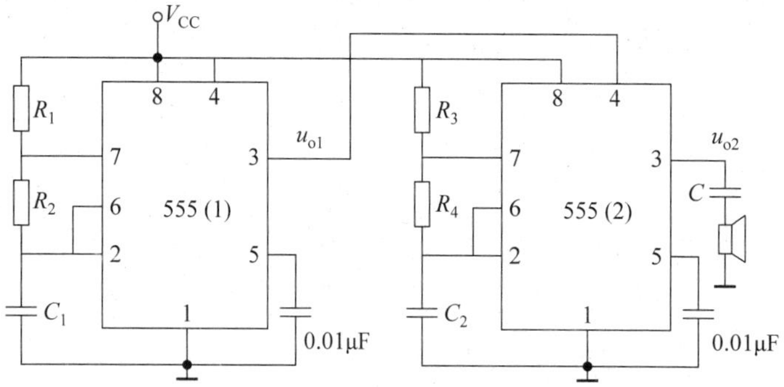

图 6-10　模拟声响电路

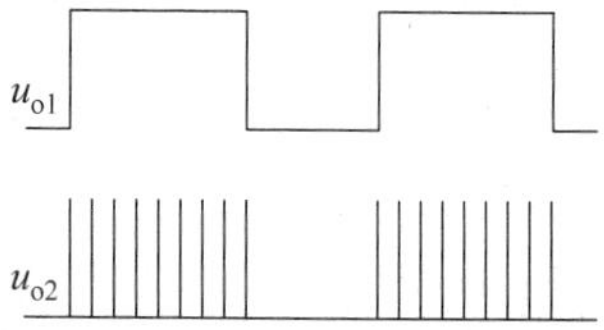

图 6-11　模拟声响工作波形

微课 4：多谐振荡器的应用

6.3 单稳态触发器

单稳态触发器是指只有一个稳态和一个暂稳态的触发器。所谓稳态，是在无外加信号的情况下，电路能长久保持的状态，稳态时，电路中电流和电压是不变的。暂稳态是一个不能长久保持的状态，在暂稳态期间，电路中一些电压和电流会随着电容器的充放电发生变化。

单稳态的触发器的特点是：没有外加触发信号的作用，电路始终处于稳态；在外加触发脉冲作用下，电路能从稳态翻转到暂稳态，经过一段时间后，又能自动返回原来所处的稳态。电路处于暂稳态的时间通常取决于 RC 电路的充、放电的时间，这个时间等于单稳态触发器输出脉冲的宽度 t_w，与触发信号无关。因此，单稳态触发器在外加触发脉冲信号的作用下，能够产生具有一定宽度和一定幅度的矩形脉冲信号。单稳态触发器属于脉冲整形电路，常用于脉冲波形的整形、定时和延时。

6.3.1 由门电路构成单稳态触发器

单稳态触发器可以由 TTL 或 CMOS 门电路与外接 RC 电路组成，其中 RC 电路称为定时电路。根据 RC 电路的不同接法，可以将单稳态触发器分为微分型和积分型两种。

1. 微分型单稳态触发器

图 6-12 所示为 CMOS 或非门组成的单稳态触发器电路，由两个或非门和 RC 电路连接而成。门电路 G_1 的一个输入端作为整个电路的信号输入 u_{i1}，G_2 的输出端作为整个电路的信号输出 u_{o2}，RC 环节构成微分电路，故称为微分型单稳态触发器。

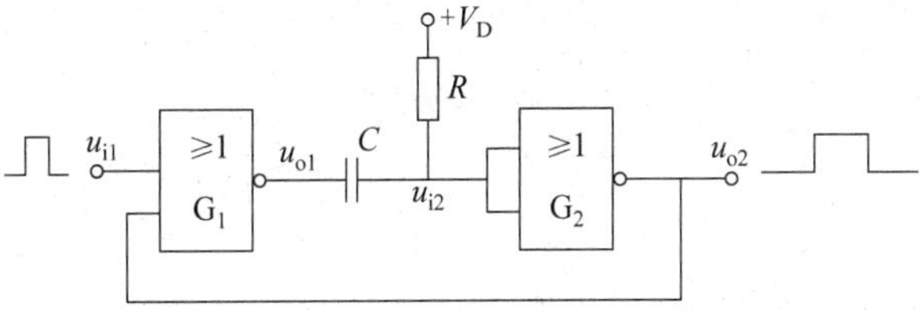

图 6-12 CMOS 或非门微分型单稳态触发器

为讨论方便，假定 CMOS 或非门的电压传输特性曲线为理想化折线，即开门电平 V_{ON} 和关门电平 V_{OFF} 相等且与阈值电压 U_{TH} 也相等，即 $V_{ON}=V_{OFF}=U_{TH}=\frac{1}{2}V_D$。当输入 $u_i \geqslant U_{TH}$ 时，输出 $u_o=0$；当 $u_i<U_{TH}$ 时，$u_o=V_D=1$。

(1) 没有触发信号时电路工作在稳态

当没有触发信号时，u_{i1} 为低电平。因为门 G_2 的输入端经电阻 R 接至 V_D，u_{i2} 为高电平，因此 u_{o2} 为低电平；门 G_1 的两个输入均为 0，其输出 u_{o1} 为高电平，电容 C 两端的电压接近为 0。这是电路的稳态，在触发信号到来之前，电路一直处于这个状态：$u_{o1}=1$，$u_{o2}=0$。

(2) 外加触发信号使电路由稳态翻转到暂稳态

当正触发脉冲 $u_{i1}=1$ 到来时，门 G_1 输出 u_{o1} 由 1 变为 0。由于电容电压不能跃变，u_{i2} 也随之跳变到低电平，使门 G_2 的输出 u_{o2} 变为 1，并反馈到门 G_1 的输入端，此时即使 u_{i1} 的触发信号撤除，仍能维持门 G_1 的低电平输出。但是电路的这种状态是不能长久保持的，所以称为暂稳态。暂稳态时，$u_{o1}=0$，$u_{o2}=1$。

(3) 电容充电使电路由暂稳态自动返回到稳态

在暂稳态期间，V_D 经 R 和 G_1 的导通工作管对 C 充电，随着充电的进行，C 上的电荷逐渐增多，使 u_{i2} 升高。当 u_{i2} 上升到阈值电压 U_{TH} 时，G_2 的输出 u_{o2} 由 1 变为 0。由于这时 G_1 输入触发信号已经过去，G_1 的输出状态只由 u_{o2} 决定，所以 G_1 又返回到稳定的高电平输出。u_{i2} 随之向正方向跳变，加速了 G_2 的输出向低电平变化。最后使电路退出暂稳态而进入稳态，此时 $u_{o1}=1$，$u_{o2}=0$。

根据以上分析画出电路各点的工作波形，如图 6-13 所示。

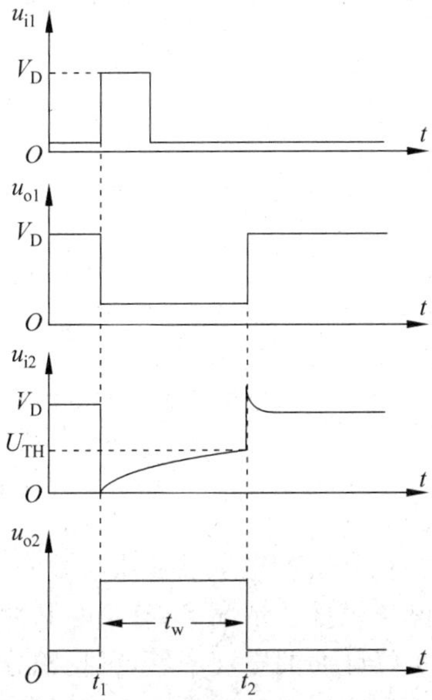

图 6-13 CMOS 微分型单稳态电路工作波形

主要参数计算如下。

(1) 输出脉冲宽度 t_w

从电路的工作过程可知，输出脉宽 t_w 是电容器 C 的充电时间。设电容 C 充电起点(即 t_1 时刻)为 0 时

刻,则有:

$$u_{i2}(0+)=0,\quad u_{i2}(\infty)=V_D,\quad \tau=RC,$$

$$u_{i2}(t_w)=U_{TH}=\frac{1}{2}V_D$$

根据 RC 电路暂态过程全响应公式:

$$u_{i2}(t_w)=u_{i2}(\infty)+[u_{i2}(0+)-u_{i2}(\infty)]e^{-\frac{t}{\tau}}$$

代入可得:

$$t_w=\tau\ln\frac{u_{i2}(\infty)-u_{i2}(0+)}{u_{i2}(\infty)-u_{i2}(t_w)}=RC\ln\frac{V_D-0}{V_D-\frac{1}{2}V_D}\approx 0.7RC$$

(2) 恢复时间 t_{re}

暂态结束到电路恢复到稳态初始值所需时间 $t_{re}\approx 3\tau_d=3RC$。

(3) 最高工作频率 f_{max}

在第一个触发脉冲作用后,必须等待电路恢复到稳态初始值才能输入第二个触发脉冲。因此,触发脉冲工作最小周期 T_{min} 必须大于 t_w+t_{re},这样电路的最高工作频率为

$$f_{max}=\frac{1}{T_{min}}<\frac{1}{t_w+t_{re}}$$

2. 积分型单稳态触发器

积分型单稳态触发电路如图 6-14(a)所示,稳态时,$u_i=1$,G_1、G_2 均导通。$u_{o1}=0$,$u_{i2}=0$,$u_{o2}=0$;u_i 负跳变到 0 时,G_1 截止,u_{o1} 随之跳变到 1。由于电容电压不能跃变,u_{i2} 仍为 0,故门 G_2 截止,u_{o2} 跳变到 1。

在 G_1、G_2 截止时,C 通过 R 和 G_1 的导通管放电,使 u_{i2} 逐渐上升。当 u_{i2} 上升到管子的开启电压 U_{TH} 时,如果 u_i 仍为低电平,G_2 导通,u_{o2} 变为 0。当 u_i 回到高电平后,G_1 导通,C 又通过 R 和 G_1 的导通管充电,电路恢复到稳定状态。其工作波形图如图 6-14(b)所示。

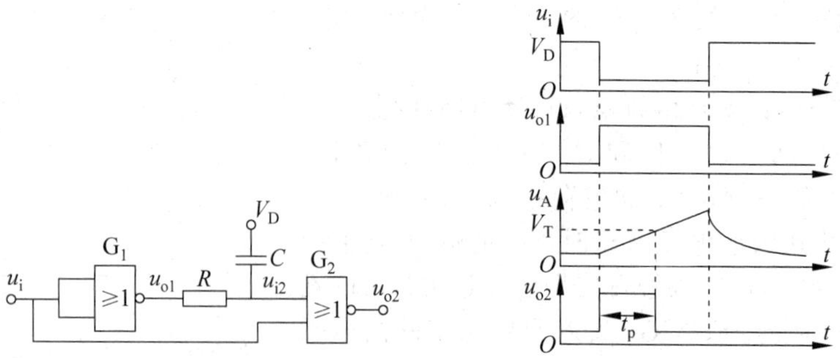

(a) 电路图　　(b) 工作波形图

图 6-14 积分型单稳态触发器

积分型单稳态触发器与微分型单稳态触发器相比,具有抗干扰能力强的特点。因为在有噪声干扰的情况下,有尖峰脉冲输入,但对积分型单稳态触发器的输出没有影响,因为这些尖峰脉冲的宽度不够,可见积分型单稳态触发器有较强的抗干扰性。

积分型的缺点是输出波形的边沿不是很好,这是由于电路的状态转换过程中没有正反馈的原因,而且它只能在触发脉冲宽度大于输出脉冲宽度的情况下才能正常工作。

6.3.2 由555定时器构成单稳态触发器

由555定时器构成的单稳态触发电路如图6-15(a)所示，MOS开关T与TH连接后，与外接电源$+V_D$与地之间的定时元件R和C相连。负触发脉冲u_i加在$\overline{TR}$端，CO接0.01μF电容，以稳定电压U_{R1}和U_{R2}，输出信号u_o由OUT端输出。

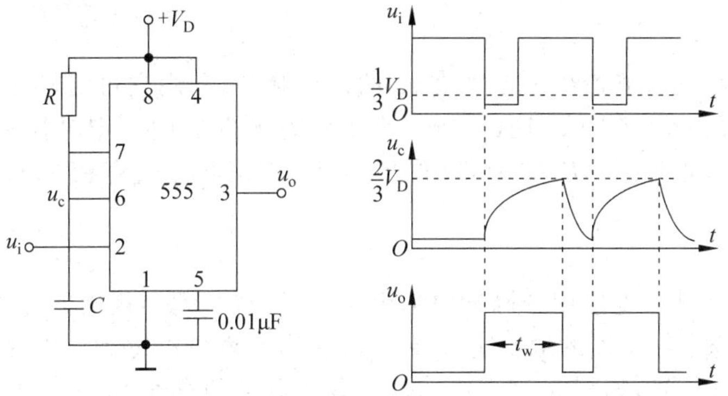

(a) 电路图 (b) 工作波形图

图6-15 555定时器构成的单稳态触发

接通V_D后瞬间，V_D通过R对C充电，当u_c上升到$\frac{2}{3}V_D$时，比较器A_1输出为0，将触发器置0，$u_o=0$。这时$Q=1$，放电管T导通，C通过T放电，电路进入稳态。

u_i到来时，因为$u_i<\frac{1}{3}V_D$，使A_2输出为0，触发器置1，u_o又由0变为1，电路进入暂稳态。由于此时放电管T截止，V_D经R对C充电。

当u_c上升到$\frac{2}{3}V_D$时，由于此时触发脉冲已消失，$\overline{TR}$端的电压也大于$\frac{1}{3}V_D$，比较器A_1输出为0，将触发器置0，电路输出$u_o=0$，T再次导通，C放电，电路恢复到稳定状态。

综上所述，图6-15所示电路经历了单稳态触发器的状态转换过程，其u_i、u_o、u_c的波形如图6-15(b)所示。从这些波形可以看出，单稳态触发器在外加一个触发脉冲的作用下，其输出端产生了一个脉宽为t_w的定时脉冲。根据上述分析可知，电路处于暂稳态的持续时间t_w等于电容C上的电压u_c从零充到$\frac{2}{3}V_D$所需的时间，是由定时电容C的充电时间常数$\tau=RC$所决定的。

$$t_w=RC\ln\frac{V_D-0}{V_D-\frac{2}{3}V_D}=1.1RC$$

由上式可以看出，输出脉宽t_w仅与定时元件R、C值有关，与输入信号无关。

为了保证电路正常工作还需要注意两点：一是负脉冲u_i的宽度应小于t_w且低电平小于$\frac{1}{3}V_D$，当单稳态触发器的输入负脉冲宽度大于t_w时，则应在u_i与555定时器触发输入端之间加接RC微分电路；二是相邻两次触发脉冲的时间间隔应大于t_w+t_{re}。

6.3.3 单稳态触发器的应用

单稳态触发器可用于脉冲信号的定时和延时。定时，即产生一定时间宽度的矩形脉冲波、整形，把不规则的波形转换成宽度、幅度都相等的脉冲；延时，即将输入信号延迟一定的时间之后输出。

1. 定时

由于单稳态触发器能产生一定宽度 t_w 的矩形脉冲，利用它可定时开、关门电路，也可定时控制某电路的动作。图 6-16(a)所示为单稳态触发器用于定时控制的电路连接图，图 6-16(b)是其工作波形图。从图中可以看出 u_{i1} 只有在矩形波 u_{i3} 存在的时间 t_w 内才能通过。

2. 整形

单稳态触发器可以直接用于脉冲整形电路，假设有一列不规则的脉冲信号，将这一列信号直接加至单稳态触发器的触发输入端，在其输出端就可以得到一组幅度和脉冲宽度一样的矩形脉冲序列信号，如图 6-17 所示。输出矩形脉冲的宽度为 t_w。

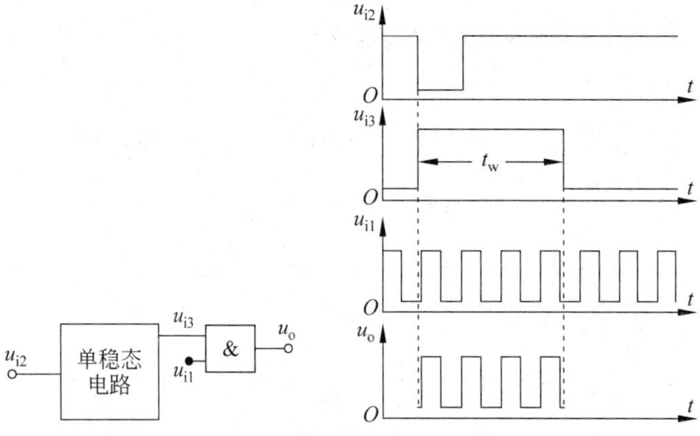

(a) 电路连接图　　(b) 工作波形图

图 6-16　单稳态触发器用于定时

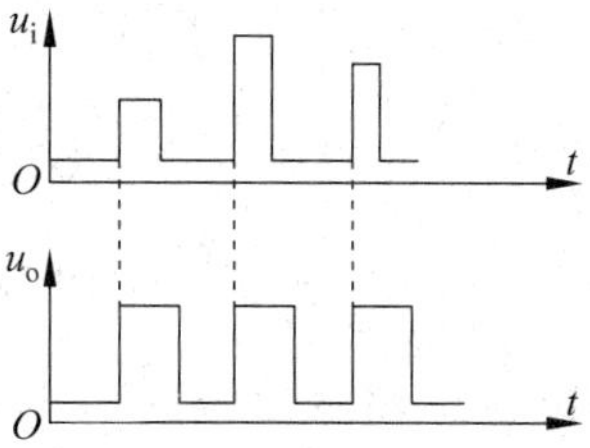

图 6-17　整形波形图

3. 延时

在数字系统中，往往需要在一个脉冲信号到达后，延迟一段时间再产生一个滞后的脉冲，以控制两个相继进行的操作。利用两个单稳态触发器串接，可以实现脉冲延迟。其连接方法如图 6-18(a)所示，其电压波形图如图 6-18(b)所示，上升沿延时 t_{w1}。

单稳态触发器在实际应用中非常广泛，下面介绍两个生活中常用的例子。

(1) 触摸定时控制开关

图 6-19 所示是一个生活中常用的楼梯间夜间照明触摸开关。图中 555 定时器构成单稳态触发器。只要用手触摸一下金属片 P，由于人体感应电压相当于在触发输入端(引脚 2)加入一个负脉冲，555 输出端输出高电平，灯泡(R_L)发光，当暂稳态时间(t_w)结束时，555 输出端恢复低电平，灯泡熄灭。控制开关的定时时间可以通过调节电阻 R 的阻值及电容 C 的值来改变。

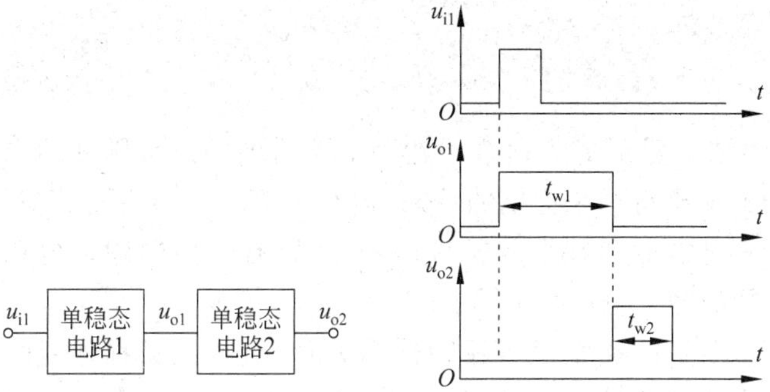

(a) 电路连接图　　(b) 电压波形图

图 6-18　单稳态触发器用于脉冲延时

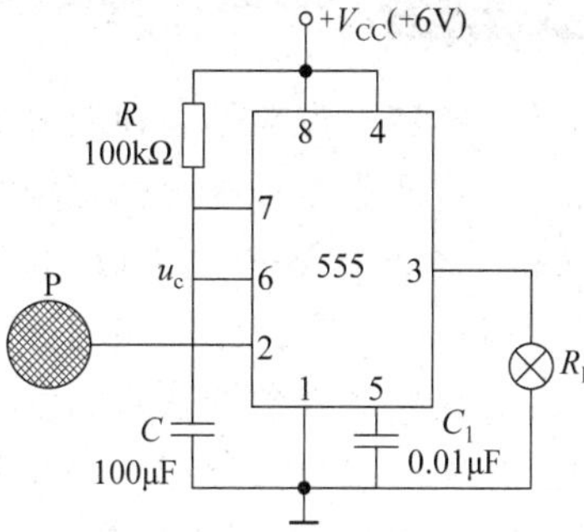

图 6-19　触摸定时控制开关

(2) 触摸、声控双功能延时灯

图 6-20 所示是单稳态触发器用于触摸、声控双功能延时灯的电路。图中 555 定时器和三极管 T_1、R_3、R_2、C_4 组成单稳态定时电路，定时(即灯亮)时间约为 1min。当击掌声或脚步声传至压电陶瓷片 HTD 时，HTD 将声音信号转换成电信号，经 T_2、T_1 放大，触发 555 定时器，使其输出高电平，触发导通晶闸管 SCR，电灯亮。当暂稳态时间(t_w)结束时，555 输出端恢复低电平，灯泡熄灭。

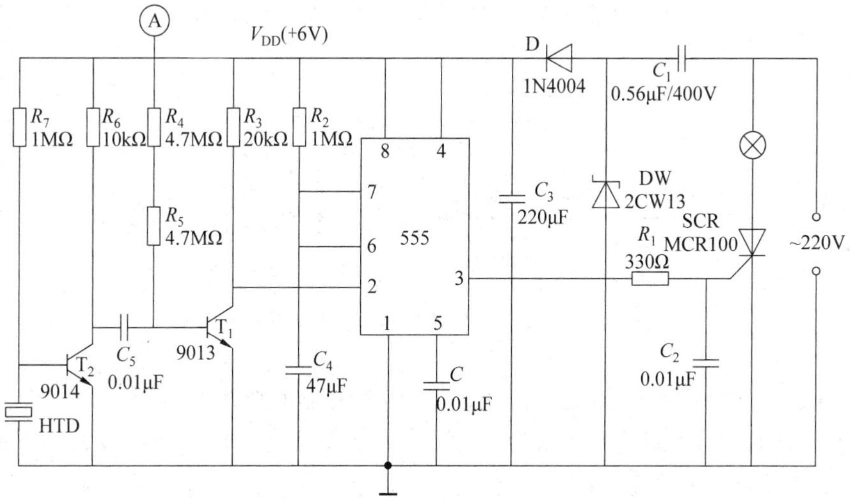

图 6-20　触摸、声控双功能延时灯电路

同样，若触摸金属片 A 时，人体感应电信号经 R_4、R_5 加至 T_1 基极，也能使 T_1 导通，触发 555 定时器，达到上述效果。

微课 5：单稳态触发器

6.4 施密特触发器

施密特触发器是一种能够把输入波形整形成为适合于数字电路需要的矩形脉冲的电路。它本质上是一种双稳态触发电路，输出有两个稳定的状态，但与一般触发器不同的是：施密特触发器属于电平触发；对于正向增加和减小的输入信号，电路有不同的阈值电压 U_{T+} 和 U_{T-}，即引起输出电平两次翻转的输入电压是不同的。

施密特触发器的输入与输出信号之间的关系用传输特性来表示，此特性又称回差特性。施密特触发器分同相输出和反相输出两种类型，同相输出是当输入信号正向增加到 U_{T+} 时，输出由 0 态翻转到 1 态，而当输入信号正向减小到 U_{T-} 时，输出由 1 态翻转到 0 态；反相输出只是输出状态转换时与上述相反。它们的回差特性和逻辑符号如图 6-21 所示。

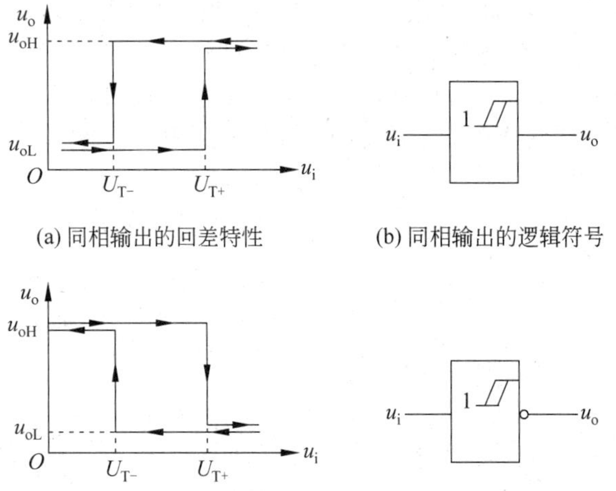

(a) 同相输出的回差特性　　(b) 同相输出的逻辑符号

(c) 反相输出的回差特性　　(d) 反相输出的逻辑符号

图 6-21　施密特触发器的回差特性和逻辑符号

施密特触发器具有很强的抗干扰性，广泛用于波形的变换与整形。门电路、555 定时器、运算放大器等均可构成施密特触发器，此外，还有集成化的施密特触发器。下面介绍由门电路构成的同相输出的施密特触发器。

6.4.1 由门电路构成的施密特触发器

施密特触发器的电路形式较多，图 6-22 所示是由 CMOS 反相器和电阻构成的施密特触发器，为保证电路正常工作，要求 $R_1 < R_2$。

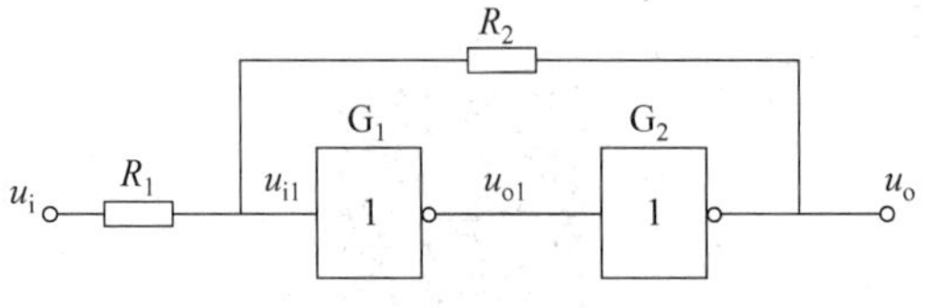

图 6-22　CMOS 门构成的施密特触发器

1. 工作原理分析

分析施密特触发器的工作原理，讨论输入信号增大或减小时，电路状态是如何翻转的，以及阈值电压 U_{T+} 和 U_{T-} 与电路参数的关系。

设电路输入端 u_i 输入一个三角波，其波形如图 6-23 所示。

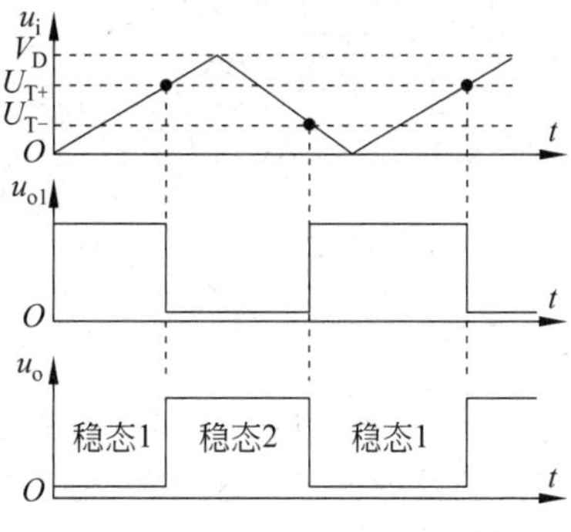

图 6-23 施密特触发器工作波形

开始阶段 $u_i=0$，门 G_1 截止，输出高电平，门 G_2 导通，输出低电平，此低电平通过电阻 R_2 反馈到输入端，使门 G_1 输入端 u_{i1} 保持低电平，此时施密特触发器保持输出信号 u_o 为低电平的稳态，电路进入第 1 稳态。随着 u_i 逐渐上升，u_{i1} 也随之上升，但此时只要小于 CMOS 门电路的开启电压 U_T，电路始终保持在第 1 稳态。

当 u_i 上升到使 u_{i1} 等于 U_T 时，此时在电路中引起如下正反馈连锁反应：

$$u_i\uparrow \longrightarrow u_{i1}\uparrow \longrightarrow u_{o1}\downarrow \longrightarrow u_o\uparrow$$

在此连锁反应的作用下，门电路的状态发生翻转，使门 G_1 导通，输出低电平，从而引起 G_2 截止，输出高电平，电路进入第 2 稳态。以后，即使 u_i 继续上升，只要满足 u_{i1} 大于 CMOS 门电路的开启电压 U_T，电路就保持在第 2 稳态。

当 u_i 从最高值 V_D 逐步下降时，u_{i1} 也随之下降，当 u_{i1} 降至 U_T 时，在电路中再次发生正反馈连锁反应：

$$u_i\downarrow \longrightarrow u_{i1}\downarrow \longrightarrow u_{o1}\uparrow \longrightarrow u_o\downarrow$$

在此连锁反应的作用下，电路重新进入门 G_1 截止、门 G_2 导通的状态，电路输出为低电平，再次翻转到第 1 稳态。若电路已处于第 1 稳态，则 u_i 继续下降，施密特触发器仍维持第 1 稳态不变。

在输入 u_i 三角波形的作用下，门 G_1 输出波形 u_{o1} 及门 G_2 输出波形 u_o 如图 6-23 所示。

2. 回差特性分析

通过以上分析可以看出，在输入电压上升过程中电路由第 1 稳态翻转到第 2 稳态所要求的输入电压 U_{T+} 与输入电压下降过程中电路由第 2 稳态回到第 1 稳态所要求的输入电压 U_{T-} 是不相同的，这种现象称回差（或滞后）现象。我们把 U_{T+} 称为正向阈值电压，U_{T-} 称为负向阈值电压，两者之间的差值 $\Delta U=U_{T+}-U_{T-}$ 称作回差电压，简称回差。

(1) U_{T+} 的计算

当 u_i 由 0V 逐渐增大时，由于此时 $u_o=0$，电路状态发生翻转发生在 $u_{i1}=U_T$ 时，可得

$$u_{i1}=\frac{u_i-u_o}{R_1+R_2}\times R_2+u_o=\frac{u_i}{R_1+R_2}\times R_2=U_T$$

$$U_{T+}=u_i=\left(1+\frac{R_1}{R_2}\right)U_T$$

（2）U_{T-} 的计算

在 u_i 下降过程中，$u_o=+V_D$，此时电路状态发生翻转，发生在 $u_{i1}=U_T$，由下面的计算式可求得能使施密特触发器翻转的输入电压 u_i，也就可求得 U_{T-}。

$$u_{i1}=\frac{u_i-u_o}{R_1+R_2}\times R_2+u_o=\frac{u_i-V_D}{R_1+R_2}\times R_2+V_D=\frac{u_iR_2+V_DR_1}{R_1+R_2}=U_T$$

$$U_{T-}=u_i=\left(1+\frac{R_1}{R_2}\right)U_T-\frac{R_1}{R_2}V_D$$

（3）ΔU 的计算

$$\Delta U=U_{T+}-U_{T-}=\frac{R_1}{R_2}V_D$$

根据上面的分析，可知施密特触发器的回差 ΔU，可以通过改变 R_1、R_2 阻值来调节。但一定要满足 $R_1<R_2$ 这个条件，否则出现 $U_{T+}>2U_T\approx V_D$，$U_{T-}<0$ 的情况，电路会进入自锁状态，不能正常工作。

6.4.2 由555定时器构成施密特触发器

由于门电路构成的施密特触发器的阈值稳定性较差，抗干扰能力弱等缺点，不能满足一些数字系统的需要，因此在实际应用中往往利用555定时器来构成施密特触发器。

1. 电路组成

将555定时器的第2脚和第6脚短接并作为信号输入端，即可组成施密特触发器。电路如图6-24(a)所示。为了滤除高频干扰，提高555定时器中参考电压的稳定性，通常将引脚5通过0.01μF电容接地。

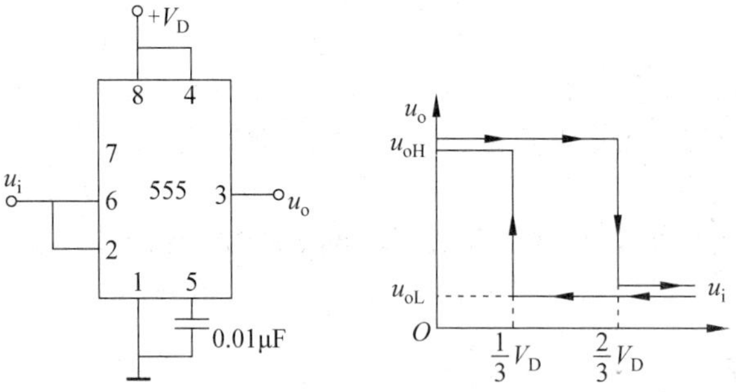

(a) 电路图　　(b) 输入、输出特性曲线

图6-24　555定时器构成施密特触发器及输入、输出特性曲线

2. 工作原理

设在电路的输入端输入三角波。

（1）当 $u_i=0$ 时，引脚6电压 $<\frac{2}{3}V_D$，引脚2电压 $<\frac{1}{3}V_D$，比较器 $A_1=1$、$A_2=0$，触发器置1，即 $Q=1$、$\bar{Q}=0$，$u_o=1$，放电管V截止。u_i 升高时，当满足 $\frac{1}{3}V_D<u_i<\frac{2}{3}V_D$ 时，电路维持原态，$u_o=1$ 的状态不会改变。

(2) 当 u_i 升高到电压 $u_i > \frac{2}{3}V_D$ 时，比较器 A_1 输出为 0、A_2 输出为 1，触发器置 0，即 $Q=0$、$\bar{Q}=1$，$u_{o1}=u_o=0$，放电管 V 导通，电路状态翻转。可见，该施密特触发器的正向阈值电压 $U_{T+}=\frac{2}{3}V_D$。

(3) u_i 上升到最高值，然后再降低，当 $\frac{1}{3}V_D < u_i < \frac{2}{3}V_D$ 时，电路仍维持不变的状态，输出 $u_o=0$。

(4) u_i 继续下降，当 $u_i \leqslant \frac{1}{3}V_D$ 时，比较器 A_1 输出为 1、A_2 输出为 0，触发器置 1，即 $Q=1$、$\bar{Q}=0$，输出 $u_o=1$，放电管 V 截止。由此可见，该电路负向阈值电压 $U_{T-}=\frac{1}{3}V_D$，回差电压 $\Delta U=\frac{2}{3}V_D-\frac{1}{3}V_D=\frac{1}{3}V_D$。其回差特性如图 6-24(b)所示。

之后，随输入电压周期变化，输出电压重复以上过程。其工作波形如图 6-25 所示。

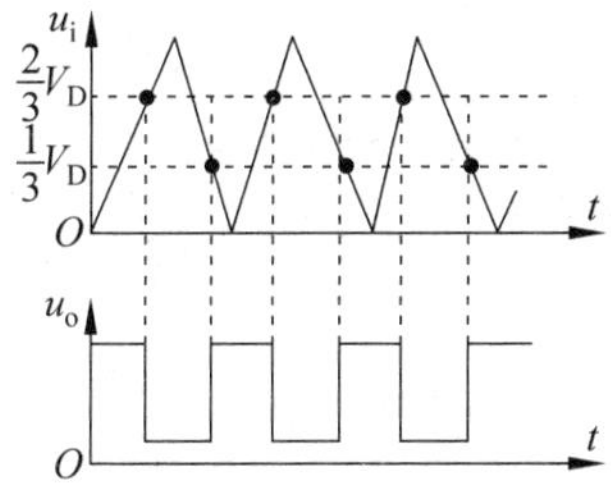

图 6-25 工作波形

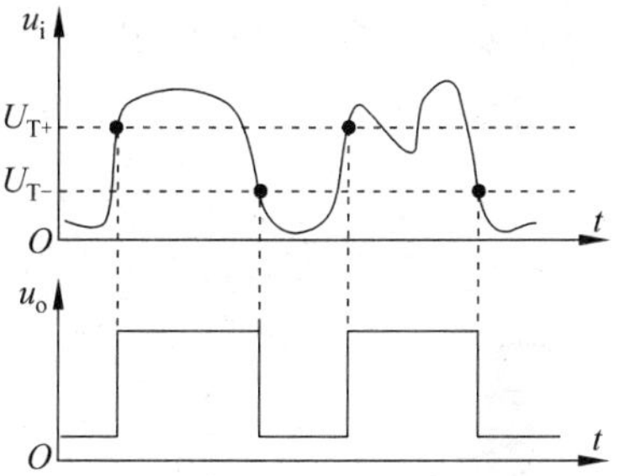

图 6-26 施密特触发器的波形变换

6.4.3 施密特触发电路的应用

施密特触发器的应用十分广泛，不仅可以应用于波形的变换、整形、展宽，还可应用于鉴别脉冲幅度、构成多谐振荡器、单稳态触发器等。

1. 波形的变换

利用施密特触发器状态转换过程中的正反馈作用，可以将变化平缓的信号波形变换为较理想的矩形脉冲信号波形，即可将正弦波或三角波变换成矩形波。图 6-26 所示为将输入的正弦波转换为矩形波，其输出脉宽 t_w 可由回差 ΔU 调节。

2. 波形的整形

在数字系统中，矩形脉冲信号经过传输之后往往会发生失真现象或带有干扰信号，波形会发生畸变。利用施密特触发器可以有效地将波形整形和去除干扰信号，其中干扰信号的幅度应小于回差 ΔU，如图 6-27 所示。

3. 幅度鉴别

如果有一串幅度不相等的脉冲信号输入到施密特触发器，则只有那些幅度大于 U_{T+} 的信号才会再输出一个脉冲，而幅度小于 U_{T+} 的输入信号被剔除，如图 6-28 所示。

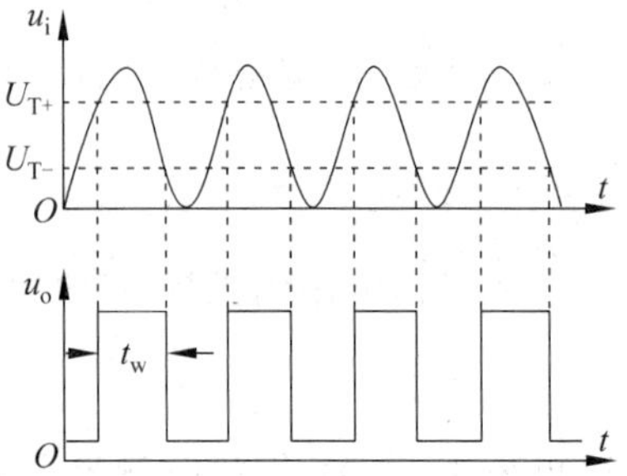

图 6-27　施密特触发器的波形整形

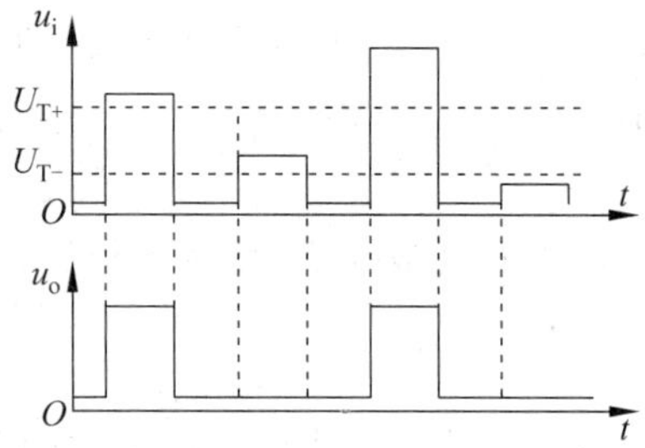

图 6-28　施密特触发器的脉冲幅度鉴别

4. 构成多谐振荡器

施密特触发器的特点是电压传输具有滞后特性。如果能使它的输入电压在 U_{T+} 与 U_{T-} 之间不停地往复变化，在输出端即可得到矩形脉冲。因此，利用施密特触发器外接 RC 电路就可以构成多谐振荡器，电路如图 6-29(a)所示。

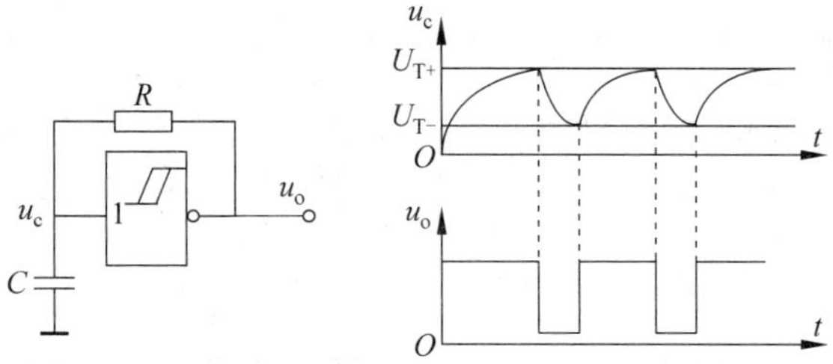

(a) 电路图　　(b) 工作波形

图 6-29　反相输出的施密特触发器构成多谐振荡器及其工作波形

工作过程：接通电源后，电容 C 上的电压为 0，输出 u_o 为高电平。u_o 的高电平通过电阻 R 对 C 充电，使 u_c 上升，当 u_c 到达 U_{T+} 时，触发器翻转，输出 u_o 由高电平变为低电平。然后 C 经 R 到 u_o 放电，使 u_c 下降，当 u_c 下降到 U_{T-} 时，电路又发生翻转，输出 u_o 变为高电平，u_o 再次通过 R 对 C 充电，如此反复，形成振荡。工作波形如图 6-29(b)所示。

5. 构成单稳态触发器

利用施密特触发器的回差特性，可以很方便地构成单稳态触发器，电路如图 6-30(a)所示。

工作过程：当 $u_i=0$ 时，$u_R=0$，$u_o=0$，电路进入稳态；当 u_i 正跳变时，由于电容 C 上的电压不能突变，u_R 也上跳与 u_i 相同的幅值，一旦超过正向阈值电压 U_{T+}，输出就翻转为高电平，电路进入暂稳态。此时，由于电阻 R 两端电位不等，C 通过 R 对地放电，使 u_R 下降，当降至 U_{T-} 时，电路又将自动翻转，$u_o=0$，回到稳态。工作波形如图 6-30(b)所示。

输出脉冲宽度 t_w 只与 ΔU 有关而与输入脉冲无关，ΔU 越小，则脉宽越窄；反之，ΔU 越大，则脉宽越大。

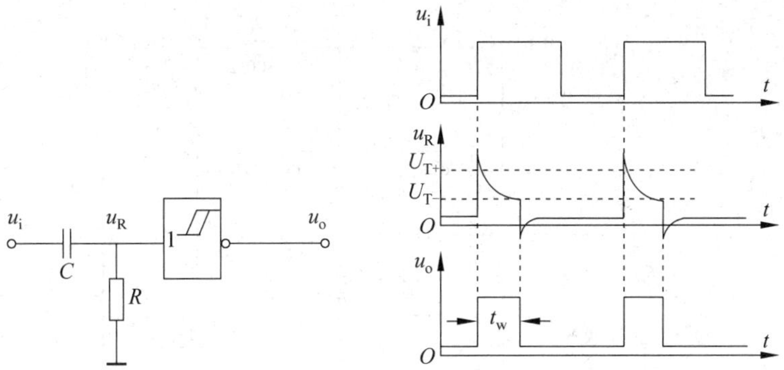

(a) 电路图　　(b) 工作波形

图 6-30　施密特触发器构成单稳态触发器及其工作波形

微课 6：施密特触发器

技能测试：555 应用电路

一、实验目的

（1）熟悉基本定时电路的工作原理及定时组件 RC 对振荡周期和脉冲宽度的影响。

（2）掌握用 555 定时电路构成多谐振荡器、施密特触发器、单稳态触发器等。

（3）掌握用示波器测量脉冲波形的幅值和周期、脉冲宽度等参数。

二、实验内容及步骤

（1）按图 6-31 所示的多谐振荡器电路接线，用示波器观察输出波形并记录。

分别调节 R_w、C 的数值，用示波器观察输出并记录波形。测量波形的周期和幅度，并与理论计算值比较。

（2）按图 6-32 所示的施密特触发器电路接线，输入端接函数发生器的三角波输出 0～5V，V_i、V_o 接双踪示波器的两输入端，用示波器观察输出并记录波形。调节 R_w，使外加电压 V_m 变化，用示波器观察输出并记录波形。

（3）按图 6-33 所示的单稳态触发器电路接线。用函数发生器给 V_i 加 100Hz 的矩形波，调节函数发生器占空比旋钮，使 V_i 的输出脉宽小于 0.1ms。调节函数发生器 OFFSET 旋钮，使矩形波的幅度为 0～5V，用示波器观察输出波形。调节 R_w 的数值，用示波器测量脉冲宽度，并将测量值与理论计算值比较。

（4）按图 6-34 所示电路接线，使 $V_{CC}=12V$，R_w 调在中间，正常情况下，蜂鸣器会发出“嘀嘟”声响。解释产生这种现象的原因。

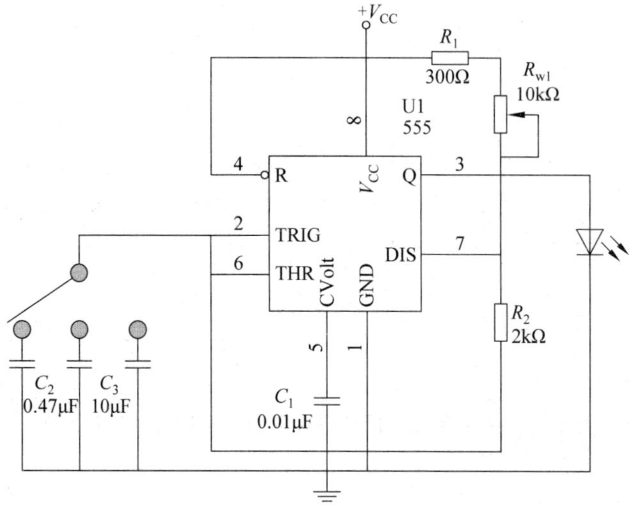

图 6-31　多谐振荡器

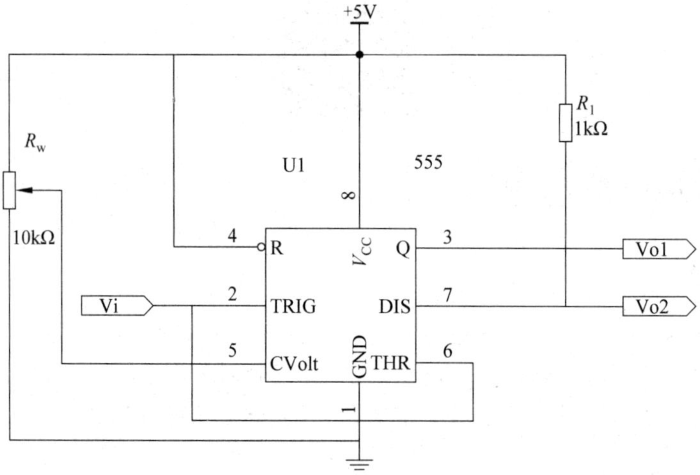

图 6-32　施密特触发器

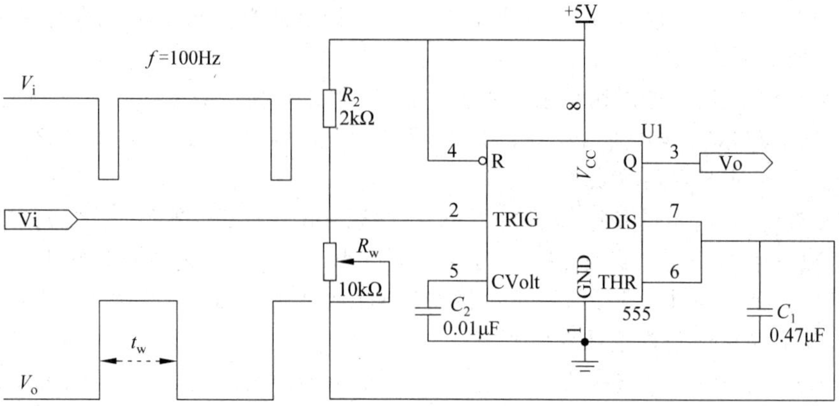

图 6-33　单稳态触发器

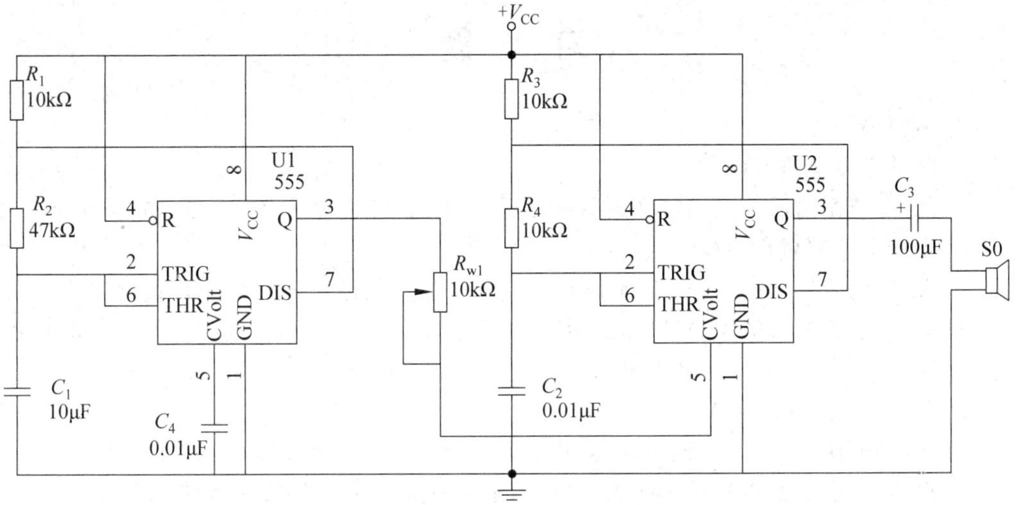

图 6-34 555 应用电路图

三、实验设备与器件

(1) 5V、12V 直流电源。

(2) 逻辑电平开关。

(3) 逻辑状态显示 LED。

(4) IC：555 定时器 2 片，电阻、电容、电位器等若干。

(5) 数字示波器、函数信号发生器。

四、实验报告

(1) 整理实验结果，画出各个波形。

(2) 比较测量值与实际值的误差，并分析产生误差的原因。

本章小结

多谐振荡器是一种自激振荡电路，不需要外加输入信号，就可以自动产生矩形脉冲。石英晶体多谐振荡器是利用石英晶体的选频特性，只有频率和石英晶体谐振频率相同的信号才能满足自激条件，产生自激振荡，其主要特点是振荡频率的稳定性极好。

单稳态触发器在外加触发信号的作用下，能从稳态自动翻转到暂稳态。依靠定时元件的充、放电作用，暂态持续一段时间后，又会自动返回到稳态。可用于定时、延时、俯冲展宽及脉冲宽度鉴别。

施密特触发器和单稳触发器虽然不能自动产生矩形脉冲，但可以把其他形状的信号变换成矩形波，为数字系统提供标准的脉冲信号。

555 定时器是一种用途广泛的集成电路，除了能组成施密特触发器、单稳态触发器、多谐振荡器以外，还可以接成各种灵活多变的电路。

习　题

6-1　选择题。

（1）脉冲整形电路有（　　）。

A. 多谐振荡器　B. 单稳态触发器　C. 施密特触发器　D. 555 定时器

（2）多谐振荡器可产生（　　）。

A. 正弦波　B. 矩形脉冲　C. 三角波　D. 锯齿波

（3）TTL 单定时器型号的最后几位数字为（　　）。

A. 555　B. 556　C. 7555　D. 7556

（4）555 定时器可以组成（　　）。

A. 多谐振荡器　B. 单稳态触发器　C. 施密特触发器　D. JK 触发器

（5）用 555 定时器组成施密特触发器，当输入控制端 CO 外接 10V 电压时，回差电压为（　　）V。

A. 3.33　B. 5　C. 6.66　D. 10

（6）以下各电路中，（　　）可以产生脉冲定时。

A. 多谐振荡器　B. 单稳态触发器

C. 施密特触发器　D. 石英晶体多谐振荡器

6-2　图 6-35 所示电路是由两个 555 定时器构成的频率可调而脉宽不变的方波发生器，试说明其工作原理；确定频率变化的范围和输出脉宽；解释二极管 D 在电路中的作用。

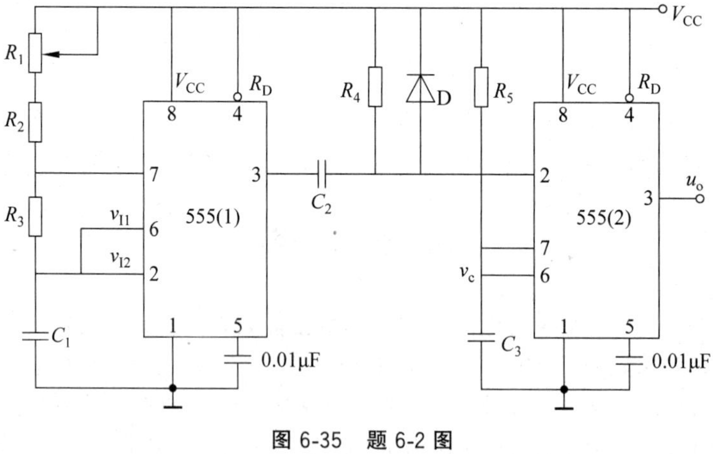

图 6-35　题 6-2 图

6-3　图 6-36 所示电路为一个回差可调的施密特触发电路，它是利用射极跟随器的发射极电阻来调节回差的。试求：(1)分析电路的工作原理；(2)当 R_{e1} 在 50～100Ω 的范围内变动时，回差电压的变化范围。

6-4　图 6-37 所示电路是由 555 构成的锯齿波发生器，三极管 T 和电阻 R_1、R_2、R_e 构成恒流源电路，给定时电容 C 充电，当触发输入端输入负脉冲后，画出触发脉冲、电容电压 V_C 及 555 输出端 v_o 的电压波形，并计算电容 C 的充电时间。

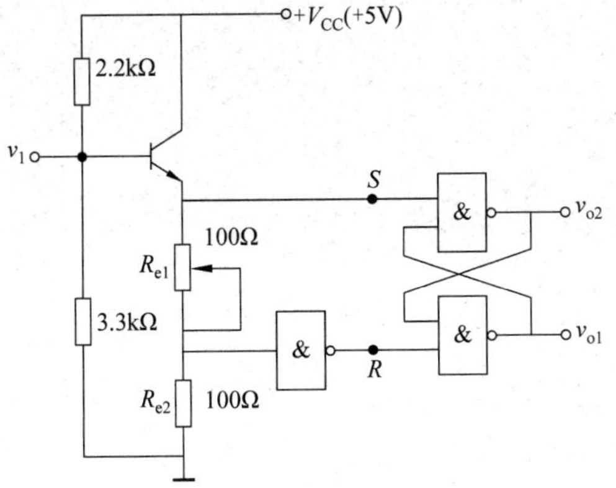

图 6-36 题 6-3 图

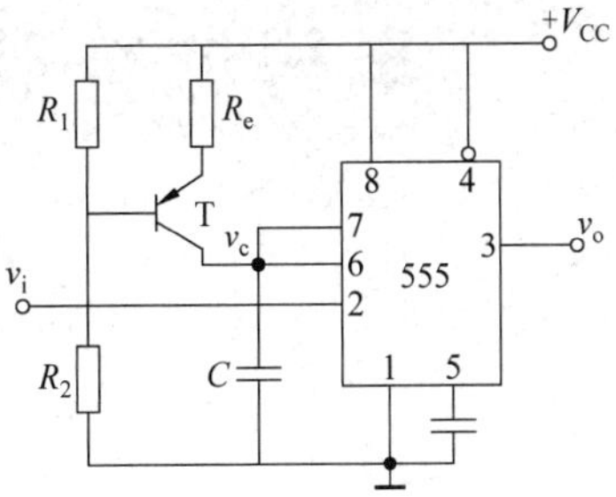

图 6-37 题 6-4 图

6-5 图 6-38 所示为一心律失常报警电路，图中 v_i 是经过放大后的心电信号，其幅值 $v_{im}=4V$。(1)对应 v_i 分别画出图中 v_{o1}、v_{o2}、v_o 三点的电压波形；(2)说明电路的组成及工作原理。

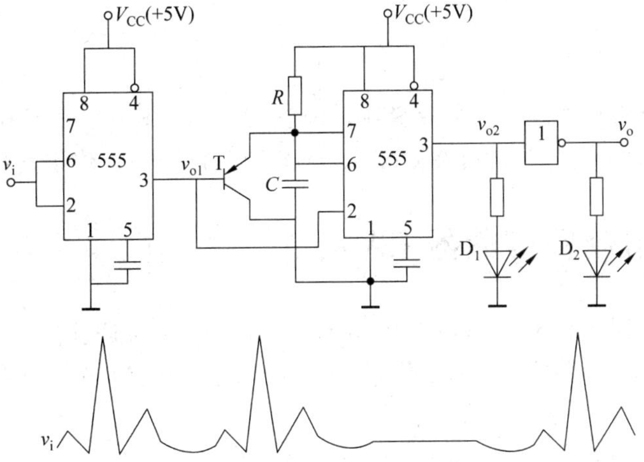

图 6-38 题 6-5 图

6-6 图 6-39 所示电路是由 555 构成的锯齿波发生器，三极管 T 和电阻 R_1、R_2、R_e 构成恒流源电路，给定时电容 C 充电，当触发输入端输入负脉冲后，画出触发脉冲、电容电压 v_c 及 555 输出端 v_o 的电压波形，并计算电容 C 的充电时间。

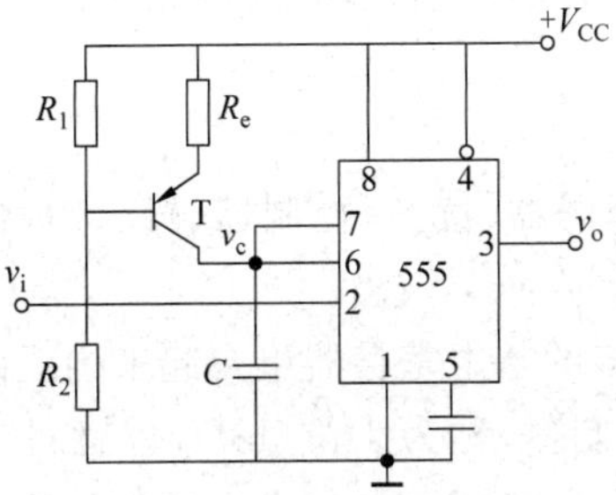

图 6-39 题 6-6 图

第7章 半导体存储器

教学提示

信息世界需要使用专门的存储设备对数据进行存储，计算机主要依赖存储器才能对信息具有记忆功能。半导体存储器以其品种多、容量大、速度快、功耗小、体积小、操作方便、维护容易等优点，在数字设备中得到广泛应用。目前，计算机的内部存储器普遍采用大容量的半导体存储器。

教学目标

存储器是用于存储二进制数码的器件，它的种类很多，本章主要讨论半导体存储器，介绍随机存取存储器(RAM)与只读存储器(ROM)的电路结构、工作原理和扩展方法。

7.1 随机存取存储器 RAM

随机存取存储器简称 RAM(random access memory)，也叫作读/写存储器。利用它，我们既能方便地读出所存数据，又能随时写入新的数据。RAM 的缺点是数据的易失性，即一旦掉电，所存的数据会全部丢失。

按照存储机制的不同，RAM 又可分为静态 RAM 和动态 RAM。

静态 RAM 的存储单元由静态 MOS 型电路或双极型电路组成，MOS 型 RAM 存储容量大、功耗低，而双极型 RAM 的存取速度快。

动态 RAM 是利用 MOS 型电容存储信息，由于电容器上的电荷容易因漏电等原因而损失，为了保持存储信息不变，需要定期对存储信息的电容进行充电，这个过程称为刷新。动态 RAM 只有在进行读/写操作时才消耗功率，因此功耗极低，适宜制成大规模集成电路。

7.1.1 RAM 的基本结构

RAM 由存储矩阵、地址译码器、读/写控制器、输入/输出控制、片选控制等部分组成。其结构示意图如图 7-1 所示。

RAM 实际上是由许许多多的基本寄存器组合起来构成的大规模集成电路，RAM 中的每个寄存器可以存储 1 个二进制位，称为 1 位(bit)，也就对应于 1 个存储单元。存储器一般以字为单位组织内部结构，一个字往往含有若干个存储单元，存储单元的个数称为字长，字长与每个字中所含位数的乘积叫作存储器的容量。如一个容量为 1024×1 位的 RAM，

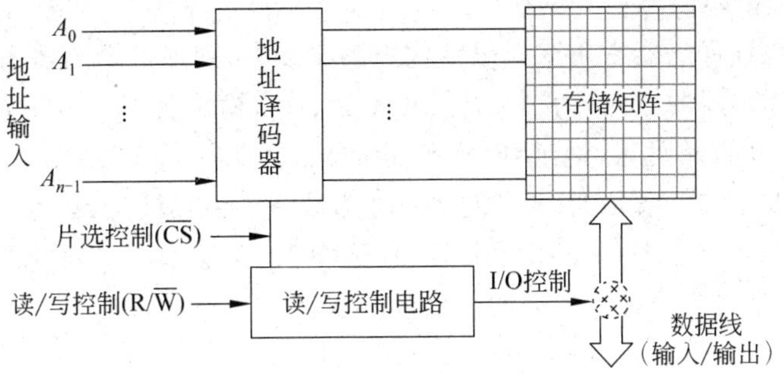

图 7-1　RAM 的结构示意框图

就是一个有 1024 个 1 位寄存器单元的存储器，一个容量为 256×4 位的 RAM，就是一个有 256 个 4 位寄存器单元的存储器。

实际在记录二进制存储信息时，一般都将 8 个二进制位称为 1 个字节(byte)，因此，1 个字节需要 8 个存储单元来存储这 8 个二进制位。

1. 存储矩阵

RAM 的核心部分是一个寄存器矩阵，用来存储信息，称为存储矩阵。

1024×1 位的存储矩阵和地址译码器如图 7-2 所示。它属于多字 1 位结构，1024 个字排列成 32×32 的矩阵，中间的每一个小圆圈代表一个存储单元。为了存取方便，给它们编上号，32 行编号为 X_0、X_1…X_{31}，32 列编号为 Y_0、Y_1…Y_{31}。这样每一个存储单元都有一个固定的编号(X_i 行、Y_j 列)，称为地址。

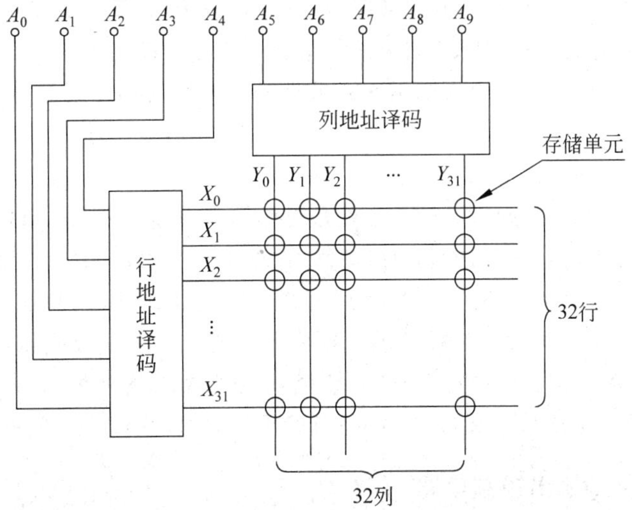

图 7-2　1024×1 位 RAM 的存储矩阵和地址译码器

2. 地址译码器

地址译码器的作用是将寄存器地址所对应的二进制数译成有效的行选信号和列选信

号，从而选中该存储单元。

存储器中的地址译码器常用双译码结构。图 7-2 中，列地址译码器用 5 输入 32 输出的译码器，地址线（译码器的输入）为 A_9、A_8、A_7、A_6、A_5，输出为 Y_0、$Y_1 \cdots Y_{31}$；行地址译码器也用 5 输入 32 输出的译码器，地址线（译码器的输入）为 A_4、A_3、A_2、A_1、A_0，输出为 X_0、$X_1 \cdots X_{31}$。这样共有 10 条地址线。例如，列选线 $Y_2=1$、行选线 $X_1=1$，输入地址码 $A_9A_8A_7A_6A_5A_4A_3A_2A_1A_0=0001000001$，则选中第 X_1 行第 Y_2 列的那个交叉处的存储单元，从而对该寄存器单元进行数据的读出或写入。

3. 读/写控制

访问 RAM 时，对被选中的存储单元，究竟是读还是写，通过读/写控制线进行控制。如果是读，则被选中单元存储的数据经数据线、输入/输出线进行输出；如果是写，则将数据经过输入/输出线、数据线存入被选中的存储单元。

一般 RAM 的读/写控制线高电平为读，低电平为写；也有的 RAM 读/写控制线是分开的，一根为读，另一根为写。

4. 输入/输出

RAM 通过数据线与计算机的中央处理单元（CPU）进行交换数据，CPU 访问 RAM 的数据线是双向的，既可以通过数据线从 RAM 中读出数据，也可以通过数据线向 RAM 写入数据，即一线二用，由读/写控制线控制，如图 7-3 所示。

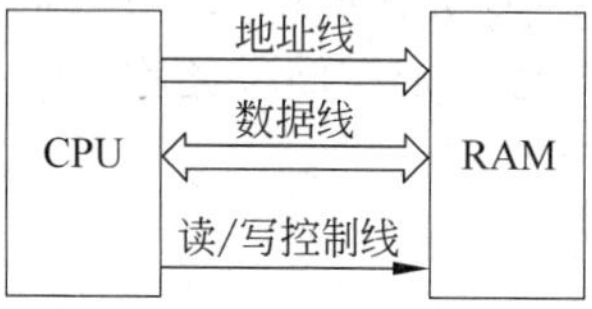

图 7-3 CPU 访问 RAM 存储器

数据线的条数与一个地址中所对应的寄存器位数相同，例如在 1024×1 位的 RAM 中，每个地址中只有 1 个存储单元（1 位寄存器），因此只有 1 条数据线；而在 256×4 位的 RAM 中，每个地址中有 4 个存储单元，所以需要 4 条数据线。也有的 RAM 数据的输入线和输出线是分开的。

5. 片选控制

由于受 RAM 的集成度限制，一台计算机的存储器系统往往是由许多片 RAM 组合而成。CPU 访问存储器时，一次只能访问 RAM 中的某一片（或几片），即存储器中只有一片（或几片）RAM 中的一个地址接受 CPU 访问，并与其交换信息，而其他片 RAM 与 CPU 不发生联系，片选就是用来实现这种控制的。通常一片 RAM 有一根或几根片选线，当某一片的片选线接入有效电平时，该片被选中，地址译码器的输出信号控制该片某个地址的寄存器与 CPU 接通；当片选线接入无效电平时，则该片与 CPU 之间处于断开状态。

6. RAM 的输入/输出控制电路

图 7-4 给出了一个简单的输入/输出控制电路，由三态门和与门电路构成。

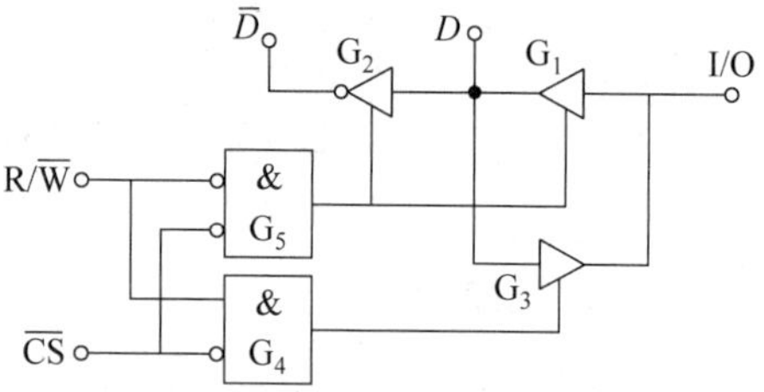

图 7-4 输入/输出控制电路

（1）当片选信号 $\overline{CS}=1$ 时，G_5、G_4 输出为 0，三态门 G_1、G_2、G_3 均处于高阻状态，输入/输出（I/O）端与存储器内部完全隔离，存储器禁止读/

写操作，即不工作。

(2) 当片选信号$\overline{CS}=0$时，芯片被选通。

① 当$R/\overline{W}=1$时，G_5输出高电平，G_3被打开，于是被选中的单元所存储的数据出现在I/O端，存储器执行读操作。

② 当$R/\overline{W}=0$时，G_4输出高电平，G_1、G_2被打开，此时加在I/O端的数据以互补的形式出现在内部数据线上，并被存入到所选中的存储单元，存储器执行写操作。

7.1.2　RAM的存储单元

存储单元是存储器的核心部分。按工作方式不同可分为静态和动态两类，按所用元件类型又可分为双极型和MOS型两种，因此存储单元电路形式多种多样。

1. 六管NMOS静态存储单元

由六只NMOS管($T_1 \sim T_6$)组成。T_1与T_2构成一个反相器，T_3与T_4构成另一个反相器，两个反相器的输入与输出交叉连接，构成基本触发器，作为数据存储单元，如图7-5所示。

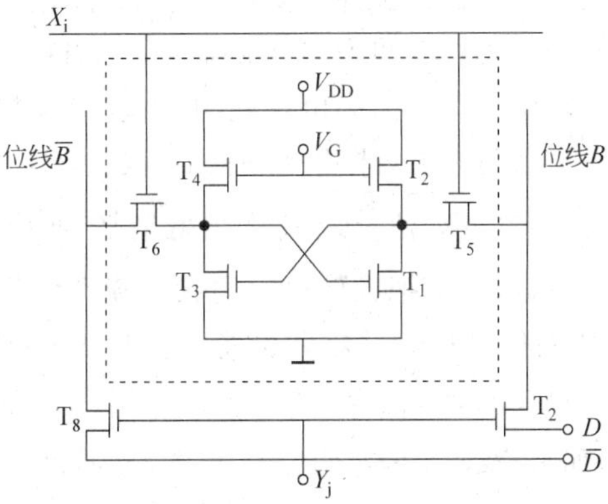

图7-5　六管NMOS静态存储单元电路

T_1导通、T_3截止为0状态，T_3导通、T_1截止为1状态。

T_5、T_6是门控管，由X_i线控制其导通或截止，它们用来控制触发器输出端与位线之间的连接状态。T_7、T_8也是门控管，其导通与截止受Y_i线控制，它们是用来控制位线与数据线之间连接状态的，工作情况与T_5、T_6类似。但并不是每个存储单元都需要这两只管，而是一列存储单元用两只。所以，只有当存储单元所在的行、列对应的X_i、Y_i线均为1时，该单元才与数据线接通，才能对它进行读或写，这种情况称为选中状态。

2. 四管动态MOS存储单元

动态MOS存储单元存储信息的原理是利用MOS管栅极电容具有暂时存储信息的作用。由于漏电流的存在，栅极电容上存储的电荷不可能长久保持不变，因此，为了及时补充漏掉的电荷，避免存储信息丢失，需要定时给栅极电容补充电荷，通常把这种操作称为刷新或再生。

四管动态MOS存储单元电路如图7-6所示。T_1和T_2交叉连接，信息(电荷)存储在C_1、C_2上。C_1、C_2上的电压控制T_1、T_2的导通或截止。当C_1充有电荷(电压大于T_1的开启电压)、C_2没有电荷(电压小于T_2的开启电压)时，T_1导通、T_2截止，称此时存储单元为0状态；当C_2充有电荷、C_1没有电荷时，T_2导通、T_1截止，称此时存储单元为1状态。T_3和T_4是门控管，控制存储单元与位线的连接。

T_5和T_6组成对位线的预充电电路，并且位一列中所有存储单元所共用。在访问存储

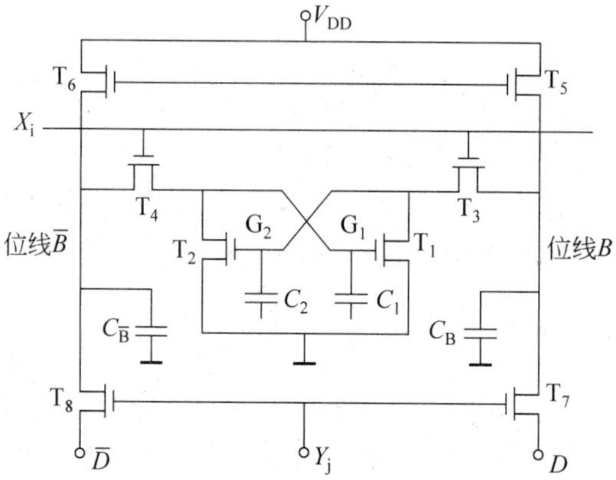

图 7-6　四管动态 MOS 存储单元电路

器开始时，T_5 和 T_6 栅极上加"预充"脉冲，T_5、T_6 导通，位线 B 和 $\overline{B}$ 被接到电源 V_{DD} 而变为高电平。当预充脉冲消失后，T_5、T_6 截止，位线与电源 V_{DD} 断开，但由于位线上分布电容 C_B 和 $C_{\overline{B}}$ 的作用，可使位线上的高电平保持一段时间。

在位线保持为高电平期间，当进行读操作时，X 线变为高电平，T_3 和 T_4 导通，若存储单元原来为 0 态，即 T_1 导通、T_2 截止，G_2 点为低电平，G_1 点为高电平，此时 C_B 通过导通的 T_3 和 T_1 放电，使位线 B 变为低电平，而由于 T_2 截止，虽然此时 T_4 导通，位线 $\overline{B}$ 仍保持为高电平，这样就把存储单元的状态读到位线 B 和 $\overline{B}$ 上。如果此时 Y 线也为高电平，则位线 B、$\overline{B}$ 的信号将通过数据线被送至 RAM 的输出端。

位线的预充电电路起什么作用呢？在 T_3、T_4 导通期间，如果位线没有事先进行预充电，那么位线 $\overline{B}$ 的高电平只能靠 C_1 通过 T_4 对 $C_{\overline{B}}$ 充电建立，这样 C_1 上将要损失掉一部分电荷。由于位线上连接的元件较多，$C_{\overline{B}}$ 甚至比 C_1 还要大，这就有可能在读一次后便破坏了 G_1 的高电平，使存储的信息丢失。采用了预充电电路后，由于位线 $\overline{B}$ 的电位比 G_1 的电位还要高一些，所以在读出时，C_1 上的电荷不但不会损失，反而还会通过 T_4 对 C_1 再充电，使 C_1 上的电荷得到补充，即进行一次刷新。

当进行写操作时，RAM 的数据输入端通过数据线、位线控制存储单元改变状态，把信息存入其中。

3. 单管动态存储单元

为了提高集成度、扩大存储器的容量，动态 RAM 存储单元可采用单管动态存储单元电路，如图 7-7 所示。MOS 电容 C_S 用于存储二进制信息，若电容 C_S 充有足够的电荷，表示存储信号为 1，否则为 0。NMOS 管 T 是读/写控制门，以控制信息的进出。字线控制该单元的读/写，位线控制数据的输入或输出。在进行读/写操作时，字线 $X=1$，使 MOS 电容 C_S 与位线相连。写入与，数据从位线存入 C_S 中，写 1 充电，写 0 放电。读出时，数据从 C_S 中传至位线。

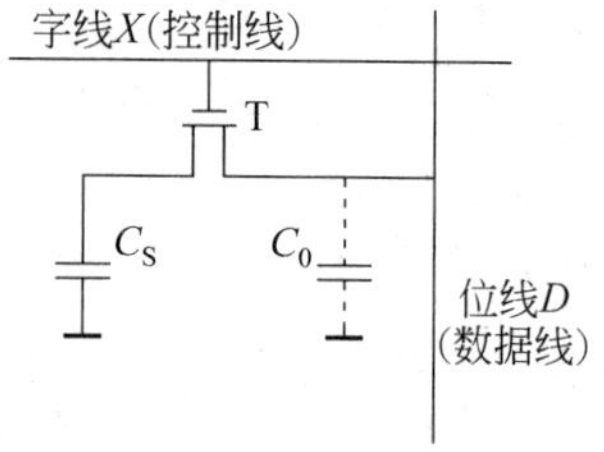

图 7-7　单管动态存储单元电路

动态 RAM 利用 MOS 存储单元分布电容上的电荷来存储一个数据位。由于电容存在漏电流，电容上存储的电荷不能保持很久，因此必须定时给电容补充电荷，以避免存储信息的丢失，这种操作称为刷新。

7.1.3 集成 RAM 的芯片

典型的 RAM 芯片有 2114(1K×4 位)、6116(2K×8 位)、6264(8K×8 位)等。

图 7-8 所示是 2K×8 位静态 CMOS RAM 6116 的引脚排列图。$A_0 \sim A_{10}$ 是地址码输入端，$D_0 \sim D_7$ 是数据输出端，$\overline{CS}$是选片端，$\overline{OE}$是输出使能端，$\overline{WE}$是写入控制端。

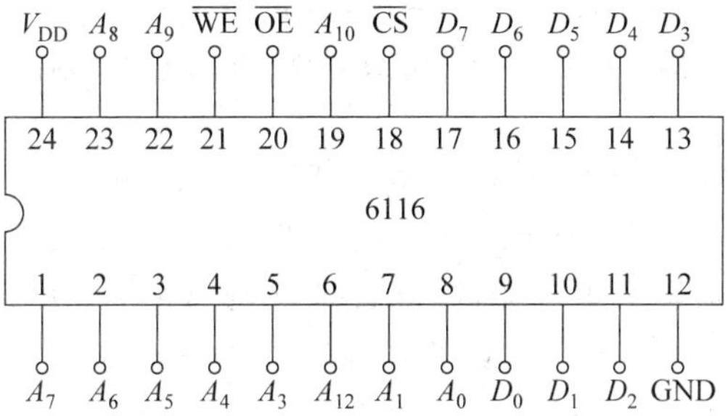

图 7-8 静态 RAM 6116 引脚排列图

RAM 6116 的工作方式与控制信号之间的关系如表 7-1 所示，读出和写入线是分开的，而且写入优先。

表 7-1 静态 RAM 6116 工作方式与控制信号之间的关系

$\overline{CS}$	$\overline{OE}$	$\overline{WE}$	$A_0 \sim A_{10}$	$D_0 \sim D_7$	工作状态
1	×	×	×	高阻态	低功耗维持
0	0	1	稳定	输出	读
0	×	0	稳定	输入	写

7.1.4 RAM 的容量扩展

在实际应用中，经常需要大容量的 RAM。在单片 RAM 芯片容量不能满足要求时，就需要进行扩展，将多片 RAM 组合起来，构成存储器系统(也称存储体)。

1. 位扩展

通常 RAM 芯片的字长会设计成 1 位、4 位或 8 位。位扩展可以利用芯片的并联方式实现，即将 RAM 芯片的地址线、读/写控制线和片选线对应地并联起来，而各芯片的输入/输出(I/O)分别作为字的各位线。用 8 片 1024(1K)×1 位 RAM 构成的 1024×8 位的 RAM 系统如图 7-9 所示。

2. 字扩展

当存储芯片的位数固定后，需要扩展更多存储空间时，可以采用字扩展的方式解决，字

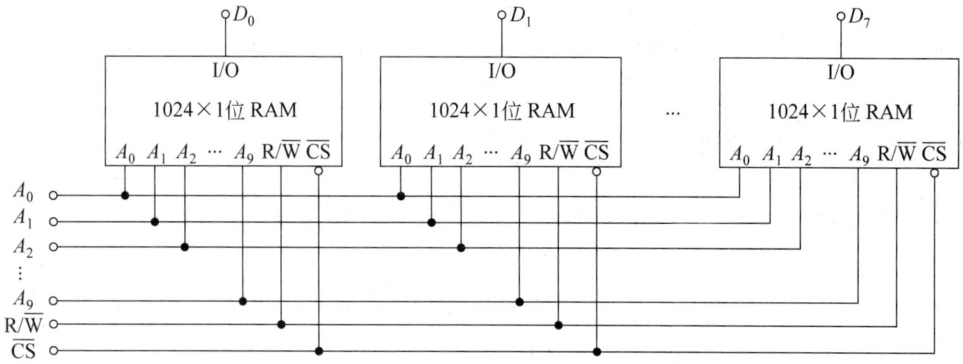

图 7-9　1K×1 位 RAM 扩展成 1K×8 位 RAM

扩展可以利用译码器控制芯片的片选信号来实现。

如图 7-10 所示，用 8 片 1K×8 位 RAM 构成的 8K×8 位 RAM。其中的输入/输出线、读/写线和地址线 A_0～A_9 是并联起来的，高位地址码 A_{10}、A_{11} 和 A_{12} 经 74LS138 译码器 8 个输出端分别控制 8 片 1K×8 位 RAM 的片选端，以实现字扩展。

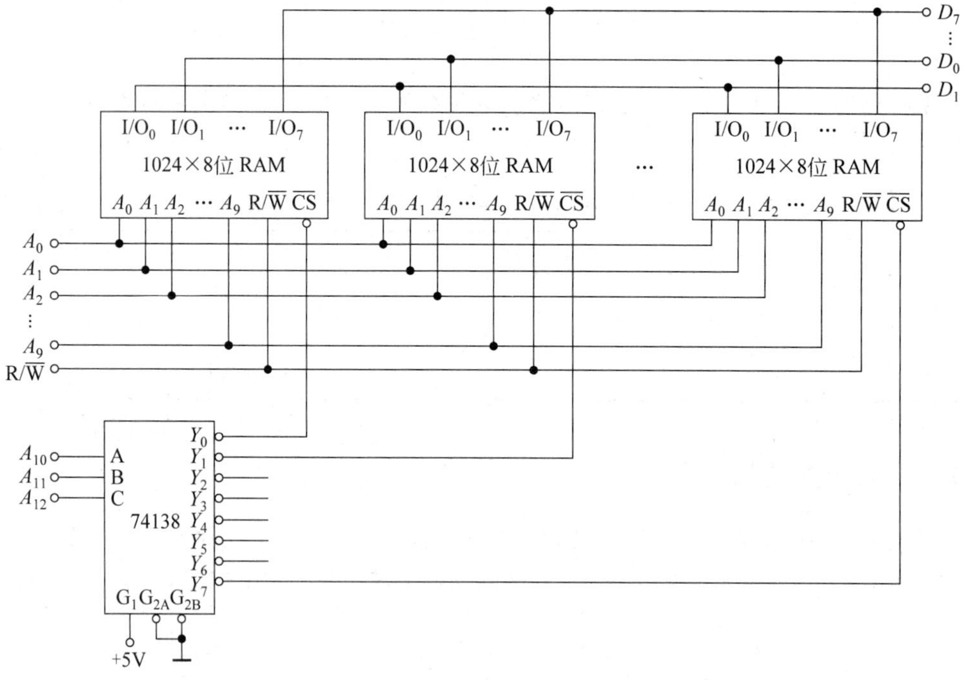

图 7-10　1K×8 位 RAM 扩展成 8K×8 位 RAM

存储器扩展增加的地址线 A_{12}～A_{10} 与 3 线-8 线译码器相连，译码器的输出分别接至 8 片 RAM 芯片的片选信号控制端，A_9～A_0 并接到各个 RAM 芯片上。由于译码器的作用，高位地址信号 A_{12}～A_{10} 决定只有一个芯片被选中，低位地址信号 A_9～A_0 确定选中某片中的某个单元。

如果需要，还可以采用位与字同时扩展的方法扩大 RAM 的容量。

微课1：随机存储器RAM

7.2 只读存储器ROM

只读存储器(read only memory,ROM)因工作时其内容只能读出而得名,常用于存储数字系统及计算机中不需改写的数据,如数据转换表及计算机操作系统程序等。ROM存储的数据不会因断电而消失,即具有非易失性。

7.2.1 ROM的分类

与RAM不同,ROM一般需由专用装置写入数据。按照数据写入方式特点不同,ROM可分为以下几种。

1. 固定ROM

固定ROM也称掩膜ROM,这种ROM在制造时,厂家利用掩膜技术直接把数据写入存储器中,ROM制成后,其存储的数据也就固定不变了,用户对这类芯片无法进行任何修改。

2. 可编程ROM(PROM)

PROM在出厂时,存储内容全为1(或全为0),用户可根据自己的需要,利用编程器将某些单元改写为0(或1)。PROM一旦进行了编程,就不能再修改了。

3. 光可擦除可编程ROM(EPROM)

EPROM是采用浮栅技术生产的可编程存储器,它的存储单元多采用N沟道叠栅MOS管,信息的存储是通过MOS管浮栅上的电荷分布来决定的,编程过程就是一个电荷注入的过程。编程结束后,尽管撤除了电源,但是,由于绝缘层的包围,注入到浮栅上的电荷无法泄漏,因此电荷分布维持不变,EPROM也就成为非易失性存储器件了。

当外部能源(如紫外线光源)加到EPROM上时,EPROM内部的电荷分布才会被破坏,此时聚集在MOS管浮栅上的电荷在紫外线的照射下形成光电流被泄漏掉,使电路恢复到初始状态,从而擦除了所有写入的信息。这样EPROM又可以写入新的信息。

4. 电可擦除可编程ROM(E^2PROM)

E^2PROM也是采用浮栅技术生产的可编程ROM,但是构成其存储单元的是隧道MOS管。隧道MOS管也是利用浮栅是否存有电荷来存储二值数据的,不同的是隧道MOS管是用电擦除的,并且擦除的速度要快得多(一般为毫秒数量级)。

E^2PROM 的电擦除过程就是改写过程,它具有 ROM 的非易失性,又具备类似 RAM 的功能,可以随时改写(可重复擦写 1 万次以上)。目前,大多数 E^2PROM 芯片内部都备有升压电路。因此,只需提供单电源供电,便可进行读、擦除、写操作,这为数字系统的设计和在线调试提供了极大方便。

5. 快闪存储器

快闪存储器(flash memory)的存储单元也是采用浮栅型 MOS 管,存储器中数据的擦除和写入是分开进行的,数据写入方式与 EPROM 相同,需要输入一个较高的电压,因此要为芯片提供两组电源。

7.2.2 ROM 的结构及工作原理

1. ROM 的内部结构

ROM 由地址译码器和存储矩阵组成,ROM 的内部结构示意图如图 7-11 所示。

2. ROM 的基本工作原理

一个简单的 ROM 示意电路如图 7-12 所示,其地址译码部分由 4 个与门组成,存储体部分由 4 个或门组成。

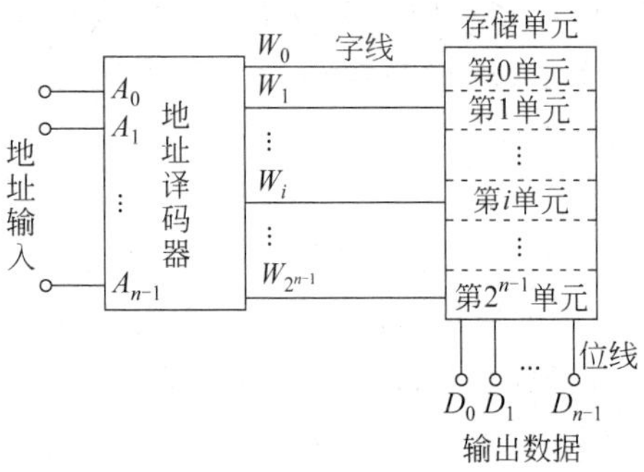

图 7-11 ROM 的内部结构示意图

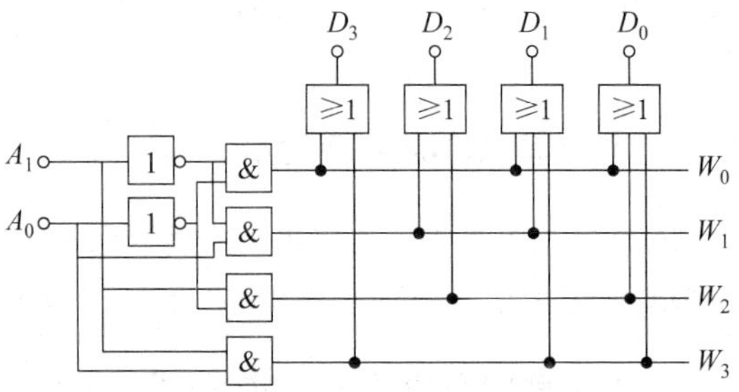

图 7-12 ROM 示意电路

输入地址码是 A_1A_0,输出数据是 $D_3D_2D_1D_0$。输出缓冲器可用三态门,它有两个作用,一是提高带负载能力;二是实现对输出端状态的控制,以便于和系统总线的连接。

(1) 输出信号表达式

与门阵列输出表达式:

$$W_0=\overline{A}_1\overline{A_0}\quad W_1=\overline{A_1}A_0\quad W_2=A_1\overline{A_0}\quad W_3=A_1A_0$$

或门阵列输出表达式:

$$D_0=W_0+W_2\qquad D_1=W_1+W_2+W_3$$

$$D_2=W_0+W_2+W_3\qquad D_3=W_1+W_3$$

(2) ROM 输出信号真值表

ROM 输出信号的真值表如表 7-2 所示。

表 7-2 ROM 输出信号真值表

A_1	A_0	D_3	D_2	D_1	D_0
0	0	0	1	0	1
0	1	1	0	1	0
1	0	0	1	1	1
1	1	1	1	1	0

(3) 功能说明

① 从存储器角度看，A_1A_0 是地址码，$D_3D_2D_1D_0$ 是数据。对表 7-2 说明如下。

00 地址中存放的数据是 0101。

01 地址中存放的数据是 1010。

10 地址中存放的数据是 0111。

11 地址中存放的数据是 1110。

② 从函数发生器角度看，A_1、A_0 是两个输入变量，D_3、D_2、D_1、D_0 是 4 个输出函数。表 7-2 说明，当变量 A_1、A_0 取值为 00 时，函数 $D_3=0$、$D_2=1$、$D_1=0$、$D_0=1$；当变量 A_1、A_0 取值为 01 时，函数 $D_3=1$、$D_2=0$、$D_1=1$、$D_0=0$…

③ 从译码编码角度看，与门阵列先对输入的二进制代码 A_1A_0 进行译码，得到 4 个输出信号 W_0、W_1、W_2、W_3，再由或门阵列对 W_0～W_3 4 个信号进行编码。表 7-2 说明，W_0 的编码是 0101；W_1 的编码是 1010；W_2 的编码是 0111；W_3 的编码是 1110。

7.2.3 ROM 的应用

1. 制作函数运算表电路

数学运算是数控装置和数字系统中需要经常进行的操作，如果事先把要用到的基本函数变量在一定范围内的取值和相应的函数取值列成表格，写入只读存储器中，则在需要时只要给出规定"地址"就可以快速地得到相应的函数值。这种 ROM 实际上已经成为函数运算表电路。

【例 7-1】 试用 ROM 构成能实现函数 $Y=X^2$ 的运算表电路，X 的取值范围为 0～15 的正整数。

解 (1) 分析要求、设定变量

自变量 X 的取值范围为 0～15 的正整数，对应的 4 位二进制正整数，用 $B=B_3B_2B_1B_0$ 表示。根据 $Y=X^2$ 的运算关系，可求出 Y 的最大值是 $15^2=225$，可以用 8 位二进制数 $Y=Y_7Y_6Y_5Y_4Y_3Y_2Y_1Y_0$ 表示。

(2) 列真值表——函数运算表

Y 的真值表如表 7-3 所示。

表 7-3 例 7-1 中 Y 的真值表

B_3	B_2	B_1	B_0	Y_7	Y_6	Y_5	Y_4	Y_3	Y_2	Y_1	Y_0	十进制数
0	0	0	0	0	0	0	0	0	0	0	0	0
0	0	0	1	0	0	0	0	0	0	0	1	1
0	0	1	0	0	0	0	0	0	1	0	0	4
0	0	1	1	0	0	0	0	1	0	0	1	9

续表

B_3	B_2	B_1	B_0	Y_7	Y_6	Y_5	Y_4	Y_3	Y_2	Y_1	Y_0	十进制数
0	1	0	0	0	0	0	1	0	0	0	0	16
0	1	0	1	0	0	0	1	1	0	0	1	25
0	1	1	0	0	0	1	0	0	1	0	0	36
0	1	1	1	0	0	1	1	0	0	0	1	49
1	0	0	0	0	1	0	0	0	0	0	0	64
1	0	0	1	0	1	0	1	0	0	0	1	81
1	0	1	0	0	1	1	0	0	1	0	0	100
1	0	1	1	0	1	1	1	1	0	0	1	121
1	1	0	0	1	0	0	1	0	0	0	0	144
1	1	0	1	1	0	1	0	1	0	0	1	169
1	1	1	0	1	1	0	0	0	1	0	0	196
1	1	1	1	1	1	1	0	0	0	0	1	225

（3）写标准与或表达式

$$Y_7=m_{12}+m_{13}+m_{14}+m_{15}$$
$$Y_6=m_8+m_9+m_{10}+m_{11}+m_{14}+m_{15}$$
$$Y_5=m_6+m_7+m_{10}+m_{11}+m_{13}+m_{15}$$
$$Y_4=m_4+m_5+m_7+m_9+m_{11}+m_{12}$$
$$Y_3=m_3+m_5+m_{11}+m_{13}$$
$$Y_2=m_2+m_6+m_{10}+m_{14}$$
$$Y_1=0$$
$$Y_0=m_1+m_3+m_5+m_7+m_9+m_{11}+m_{13}+m_{15}$$

（4）画 ROM 存储矩阵节点连接图

为作图方便，可将 ROM 矩阵中的二极管用节点表示成“·”。

在图 7-13 所示电路中，字线 $W_0 \sim W_{15}$ 分别与最小项 $m_0 \sim m_{15}$ 一一对应，同时作为地址译码器的与门阵列，其连接是固定的，它的任务是完成对输入地址码（变量）的译码工作，产生一个个具体的地址——地址码（变量）的全部最小项；而作为存储矩阵的或门阵列是可编程的，各个交叉点——可编程点的状态，也就是存储矩阵中的内容，可由用户编程决定。

当我们把 ROM 存储矩阵作为一个逻辑部件应用时，可将其用方框图表示，如图 7-14 所示。

2. 实现任意组合逻辑函数

从 ROM 的逻辑结构示意图可知，只读存储器的基本部分是与门阵列和或门阵列，与门阵列实现对输入变量的译码，产生变量的全部最小项，或门阵列完成有关最小项的或运算，因此从理论上讲，利用 ROM 可以实现任何组合逻辑函数。

【例 7-2】 试用 ROM 实现下列函数：

$$Y_1=\overline{A}\overline{B}C+\overline{A}B\overline{C}+A\overline{B}\overline{C}+ABC$$
$$Y_2=BC+CA$$
$$Y_3=\overline{A}\overline{B}\overline{C}\overline{D}+\overline{A}\overline{B}CD+\overline{A}BC\overline{D}+A\overline{B}\overline{C}D+AB\overline{C}\overline{D}+ABCD$$
$$Y_4=ABC+ABD+ACD+BCD$$

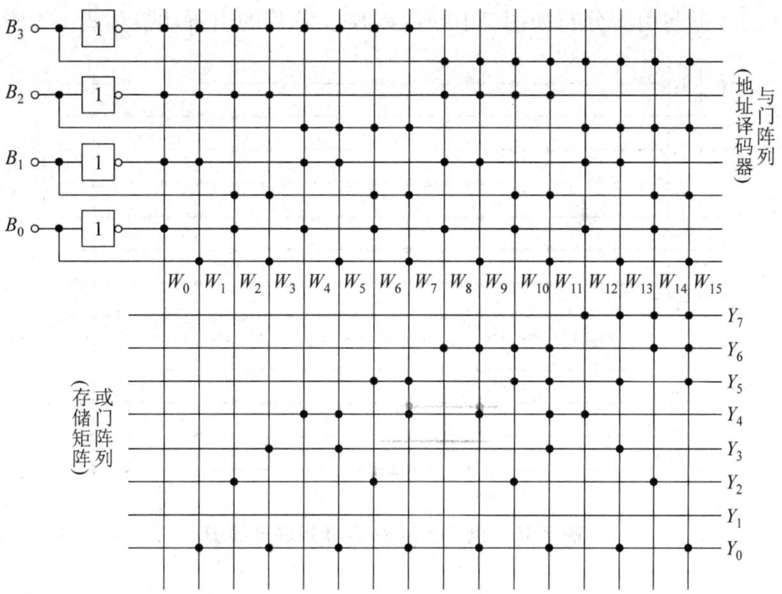

图 7-13　例 7-1 ROM 存储矩阵连接图

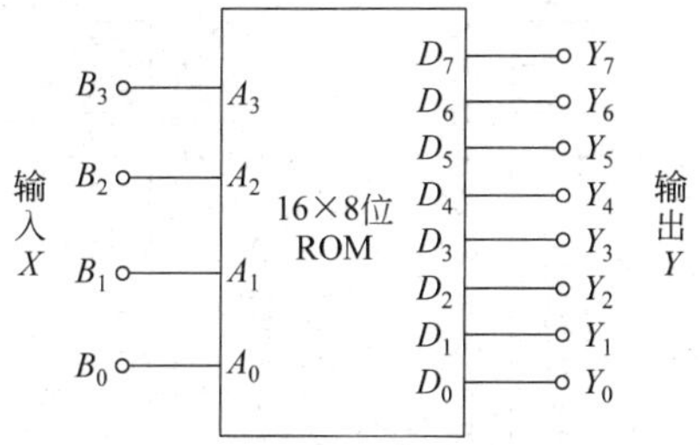

图 7-14　例 7-1 ROM 的方框图表示方法

解　(1) 写出各函数的标准与或表达式

按 A、B、C、D 顺序排列变量，将 Y_1、Y_2 扩展成四变量逻辑函数。

$$Y_1=\sum_m(2,3,4,5,8,9,14,15)$$

$$Y_2=\sum_m(6,7,10,11,14,15)$$

$$Y_3=\sum_m(0,3,6,9,12,15)$$

$$Y_4=\sum_m(7,11,13,14,15)$$

(2) 选用 16×4 位 ROM，画存储矩阵连线，如图 7-15 所示。

3. 常用的 EPROM

常用的 EPROM 芯片型号有 2716(2K×8 位)、2732(4K×8 位)、2764(8K×8 位)、27128(16K×8 位)、27256(32K×8 位)等。它们除了存储容量和编程需要高电压参数不同外，其他基本相同，均采用叠层栅 MOS 管存储单元，双列直插式封装，芯片上方有透明的石英玻璃窗口，用紫外线照射可以擦除芯片中的信息，以便下次重新写入新的信息。EPROM 2764

和 27256 芯片的外形与引脚分布如图 7-16 所示，2764 芯片的引脚功能如表 7-4 所示。

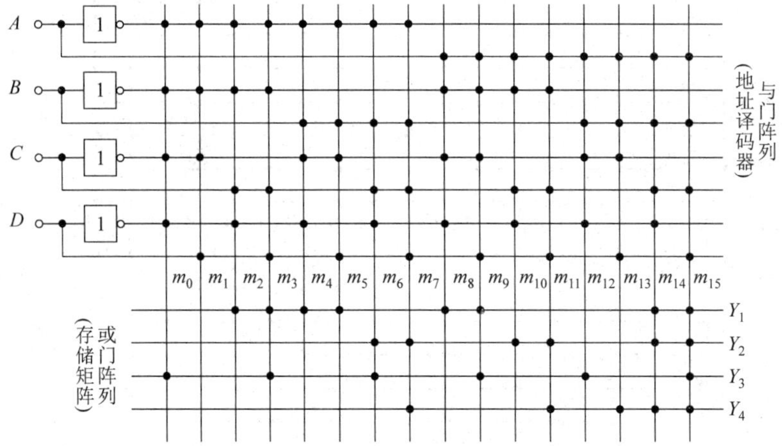

图 7-15　例 7-2 ROM 存储矩阵连线图

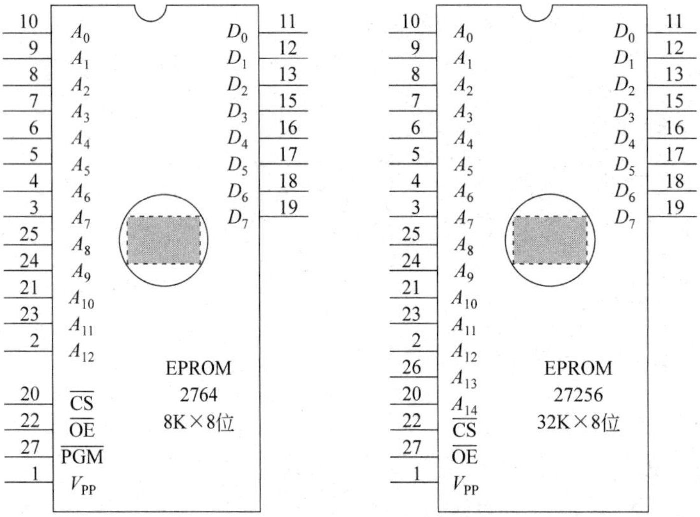

图 7-16　标准 28 脚双列直插 EPROM 2764、27256

表 7-4　2764 引脚功能

引　脚	功　　能
$A_{12} \sim A_0$	地址输入
$D_7 \sim D_0$	数据
$\overline{CS}$	芯片使能
$\overline{OE}$	输出允许
$\overline{PGM}$	编程脉冲
V_{PP}、V_{CC}	电压输入

在正常使用时，$V_{CC}=+5V$、V_{IH} 为高电平，即 V_{PP} 引脚接 +5V、$\overline{PGM}$ 引脚接高电平，数据由数据总线输出。在进行编程时，$\overline{PGM}$ 引脚接低电平，V_{PP} 引脚接高电平（编程电平 +25V），数据由数据总线输入。

$\overline{OE}$：输出使能端，用来决定是否将 ROM 的输出送到数据总线上。当 $\overline{OE}=0$ 时，输出可以被使能；当 $\overline{OE}=1$ 时，输出被禁止，ROM 数据输出端为高阻态。

$\overline{CS}$：片选端，用来决定该片 ROM 是否工作。当 $\overline{CS}=0$ 时，ROM 工作；当 $\overline{CS}=1$ 时，ROM 停止工作，且输出为高阻态（无论 $\overline{OE}$ 为何值）。

ROM 输出能否被使能决定于 $\overline{CS}+\overline{OE}$ 的结果，当 $\overline{CS}+\overline{OE}=0$ 时，ROM 输出使能，否则将被禁止，输出端为高阻态。另外，当 $\overline{CS}=1$ 时，还会停止对 ROM 内部的译码器等电路供电，其功耗降低到 ROM 工作时的 10% 以下。这样会使整个系统中 ROM 芯片的总功耗大大降低。

4. ROM容量的扩展

(1) 字长的扩展

将两片2764扩展成8K×16位EPROM的连线,如图7-17所示,两片2764的地址线连接完全相同,两片中相同地址的单元并列构成一个可以存储16位数据的存储单元,即存储单元的字长为16位。

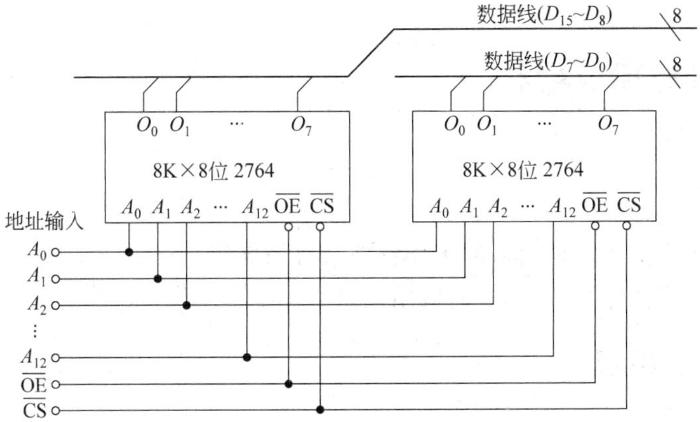

图7-17 2片2764扩展成8K×16位EPROM

(2) 字数扩展

字数扩展即通过增加芯片的数量来扩展存储单元的数量,如用8片2764(8K×8位)可以扩展成64K×8位的EPROM存储器,如图7-18所示。8片2764共用8根数据总线可访问芯片内的8位存储单元,所连接的地址线(A_{12}~A_0)也相同,不同的是片选信号($\overline{CS}$)不同,使用3线-8线译码器对地址(A_{15}~A_{13})进行译码,从而形成用16根地址线(A_{15}~A_0)访问64KB的存储单元。

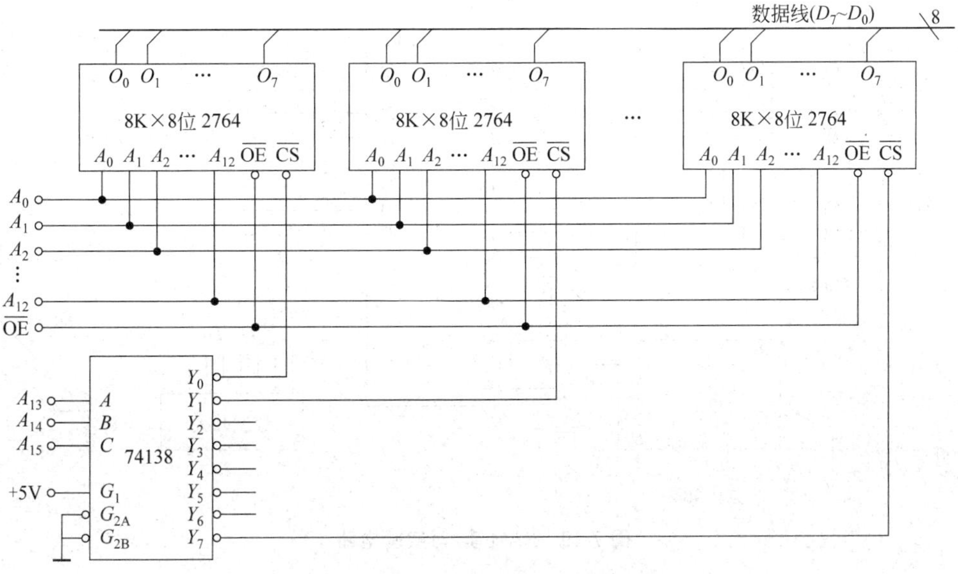

图7-18 8片2764扩展成64K×8位EPROM

微课 2：只读存储器 RAM

技能测试：读/写 RAM

一、实验目的

（1）熟悉 RAM 半导体存储器的工作特性及有关操作。

（2）掌握 RAM 存储器的 6116 的应用。

二、实验内容及步骤

（1）RAM 写入。

① 按图 7-19 所示电路接好线。其中数据开关 $D_7 \sim D_0$ 接在 6116 的 $D_7 \sim D_0$，74LS193 的时钟接单脉冲，读/写控制信号接常态为高电平的复位开关，使 RAM 处于读状态。按计数器清零开关，使计数器清零。使数据开关 $D_7 \sim D_0$ 为 11111111，按一下 K_1，11111111 就写入 $A_{10} \sim A_0$＝0000H 单元。

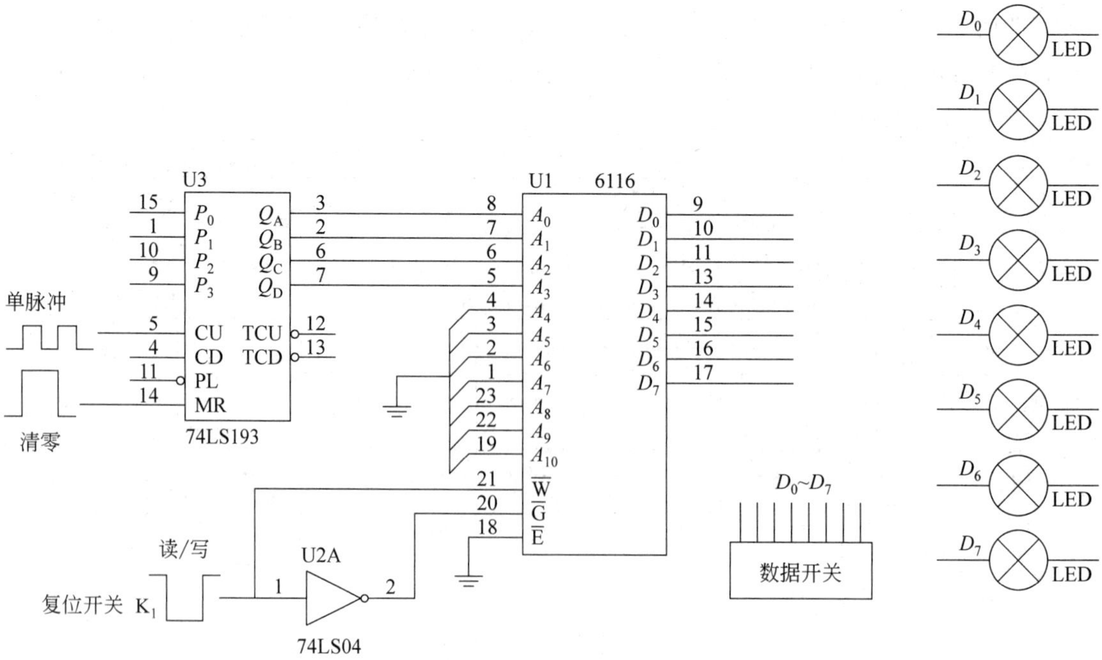

图 7-19　RAM 读/写实验电路

② 按动一次单脉冲，使计数器为0001，改变数据为111111110，再按一下 K_1，这时 $D_7 \sim D_0$ 为11111110就写入0001H单元。

③ 依此类推，把0000H～000FH这16个单元中的数据分别写入表7-5（写时 $\overline{G}=1$）。写入数据时，数据端 $D_0 \sim D_7$ 不接发光二极管。

表7-5 RAM读写数据表

CP	A_{10}	A_9	A_8	A_7	A_6	A_5	A_4	A_3	A_2	A_1	A_0	D_7	D_6	D_5	D_4	D_3	D_2	D_1	D_0
0	0	0	0	0	0	0	0	0	0	0	0	1	1	1	1	1	1	1	1
1	0	0	0	0	0	0	0	0	0	0	1	1	1	1	1	1	1	1	0
2	0	0	0	0	0	0	0	0	0	1	0	1	1	1	1	1	1	0	1
3	0	0	0	0	0	0	0	0	0	1	1	1	1	1	1	1	1	0	0
4	0	0	0	0	0	0	0	0	1	0	0	1	1	1	1	1	0	1	1
5	0	0	0	0	0	0	0	0	1	0	1	1	1	1	1	1	0	1	0
6	0	0	0	0	0	0	0	0	1	1	0	1	1	1	1	1	0	0	1
7	0	0	0	0	0	0	0	0	1	1	1	1	1	1	1	1	0	0	0
8	0	0	0	0	0	0	0	1	0	0	0	1	1	1	1	0	1	1	1
9	0	0	0	0	0	0	0	1	0	0	1	1	1	1	1	0	1	1	0
10	0	0	0	0	0	0	0	1	0	1	0	1	1	1	1	0	1	0	1
11	0	0	0	0	0	0	0	1	0	1	1	1	1	1	1	0	1	0	0
12	0	0	0	0	0	0	0	1	1	0	0	1	1	1	1	0	0	1	1
13	0	0	0	0	0	0	0	1	1	0	1	1	1	1	1	0	0	1	0
14	0	0	0	0	0	0	0	1	1	1	0	1	1	1	1	0	0	0	1
15	0	0	0	0	0	0	0	1	1	1	1	1	1	1	1	0	0	0	0

（2）RAM读操作。当写完后，将数据开关与RAM 6116的数据输出端 $D_0 \sim D_7$ 断开，$D_0 \sim D_7$ 接LED发光二极管。再将计数器清零，$\overline{W}$ 端置高电平，使 $\overline{G}=0$，按动单脉冲开关，观察指示灯的状态是否与写入的数据一致。

（3）将片选端置1，用万用表测量数据输出端的电平。

（4）将 $\overline{G}$ 接1，观察输出数据端情况。

（5）断开电源，观察数据的变化情况。

（6）若将 Q_A、Q_B、Q_C、Q_D 接到 A_7、A_8、A_9、A_{10}，写出选中的单元地址。

三、实验设备与器件

（1）5V直流电源。

（2）逻辑电平开关。

（3）逻辑状态显示LED。

（4）IC：74LS193、74LS04和6116各1片。

（5）单次脉冲源。

四、实验报告

（1）整理实验数据，画出电路图。

（2）设计用6116扩展成4K×8位的逻辑图。

（3）6116有多少个存储单元？每个单元有几位数据？RAM断电后存储信息是否会丢失？

本章小结

半导体存储器是现代数字系统，特别是计算机系统中的重要组成部件，它可分为RAM和ROM两大类，绝大多数属于MOS工艺制成的大规模数字集成电路。

RAM是一种时序逻辑电路，具有记忆功能。其存储的数据随电源断电而消失，因此是一种易失性的读/写存储器。它包含SRAM和DRAM两种类型，前者用触发器记忆数据，后者靠MOS管栅极电容存储数据。因此，在不停电的情况下，SRAM的数据可以长久保持，而DRAM则必须定期刷新。

ROM是一种非易失性的存储器，它存储的是固定数据，一般只能被读出。根据数据写入方式的不同，ROM又可分成固定ROM和可编程ROM。后者又可细分为PROM、EPROM、E^2PROM和快闪存储器等，特别是E^2PROM和快闪存储器可以进行电擦写，已兼有了RAM的特性。

从逻辑电路构成的角度看，ROM是由与门阵列和或门阵列构成的组合逻辑电路。ROM的输出是输入最小项的组合，因此，采用ROM可方便地实现各种逻辑函数。随着大规模集成电路成本的不断下降，利用ROM构成各种组合、时序电路，越来越具有吸引力。

习　题

7-1　指出RAM存储器6264(8K×8位)字数、字长、容量各是多少？有多少数据线和地址线？用十六进制数表示每片存储器的地址范围。

7-2　存储容量为1024×8位的RAM有多少根地址线？多少位线？

7-3　ROM和RAM在电路结构和工作原理上有什么不同？

7-4　RAM的存储单元有哪几种类型？它们是如何存储的？

（1）8K×4位　　（2）1024×1位　　（3）16K×8位　　（4）32K×16位

7-5　试用3线-8线译码器74LS138和6116设计一个16K×8位的存储系统，画出原理图。用十六进制数表示系统的地址范围。

7-6　用ROM实现下列组合逻辑函数。

$$Y_1=\overline{A}C+\overline{A}B\overline{C}$$

$$Y_2=A\oplus B\oplus C$$

$$Y_3=\overline{A}\overline{B}D+B\overline{C}+\overline{C}D$$

$$Y_4=\overline{A}\overline{B}D+A\overline{B}\overline{C}\overline{D}+ABCD$$

7-7　试用ROM构成能实现函数$Y=5X$的运算表电路，X的取值范围为0～15的正整数。

7-8　用4片2732扩展成128K×8位的EPROM存储系统，并画出连线图。

第8章 数模与模数转换

教学提示

在电子系统中，经常需要进行数字量与模拟量的相互转换，如工业生产过程中的温度、压力、流量，通信过程中的文字、图像等物理量需要转换为数字量，才能由计算机处理，再由计算机还原成相应的模拟量。能将数字量转换为模拟量的电路称为数模转换器；能将模拟量转换为数字的电路称为模数转换器。

教学目标

本章主要对数模/模数转换的基本概述及基本原理作简要介绍，使学生对这一转换技术有一个初步的了解。

8.1 概述

数字技术的迅速发展与普及使其在现代控制、通信和检测等领域中得到广泛应用。在计算机系统与智能化仪表中，信息是以数字形式进行传送和处理的。然而，当计算机系统与智能仪表用于自动控制时，所遇到的信息大多是连续变化的模拟量，如温度、压力、流量、位移、速度等，而这些数字系统只能接收数字量，所以，必须首先把传感器（有时需要通过变换器）输出的物理量转化成数字量，然后再送到数字系统进行数据处理，以便实现控制或进行显示。同样，在数字通信和遥测技术中，发送端也要把模拟量变成数字量的形式，以便发送出去。能够把模拟量转变为数字量的器件叫模拟-数字转换器（简称 A/D 转换器）。

反过来，计算机控制系统处理后的数字量输出一般不能直接用以控制执行机构，还必须把数字量转变成模拟量。数字通信系统也需在接收端把数字量还原成模拟量。这些都必须由数字-模拟转换器（简称 D/A 转换器）来完成。

可见，A/D 转换器和 D/A 转换器是计算机应用于自动化生产过程的必需器件，也是智能仪表和数字通信系统中不可少的器件。

D/A 转换器和 A/D 转换器中的模拟量在电路中多以电流或电压的形式出现，因此转换器的类型很多，这里只介绍典型的数字-电压转换器和电压-数字转换器。由于 A/D 转换是在 D/A 转换的基础上实现的，所以下面先讨论 D/A 转换器。

8.2 D/A转换器

8.2.1 D/A转换的基本原理

D/A转换器是将输入的二进制数字量转换成电压或电流形式的模拟量输出。一般线性D/A转换器，其输出模拟电压 u 和输入数字量 D 之间成正比关系，即 $u_o=K\times D$。K 为常数，D 为二进制数字量，$D=D_{n-1}D_{n-2}\cdots D_0$。

把一个二进制的数值 D 转换成一个模拟电压 u_o，这是D/A转换的典型问题。一种简单的解决方法是，用二进制数的每一位数码按权大小产生一个电压，此电压的值正比于对应位码的权值。例如，位 $D_{n-1}=1$ 时产生的电压为 $2^{n-1}\times K$V；位 $D_{n-1}=0$ 时产生的电压为0V，即位 D_{n-1} 产生的电压为 $D_{n-1}\times 2^{n-1}\times K$V；位 D_{n-2} 产生的电压为 $D_{n-1}\times 2^{n-2}\times K$V……位 D_0 产生的电压为 $D_0\times 2^0\times K$V；以上 K 为定常系数。然后，把这些电压简单地加起来，结果为

$$
\begin{aligned}
u_o&=D_{n-1}\times 2^{n-1}\times K+D_{n-2}\times 2^{n-2}\times K+\cdots+D_0\times 2^0\times K\\
&=K\times(D_{n-1}\times 2^{n-1}+D_{n-2}\times 2^{n-2}+\cdots+D_0\times 2^0)\\
&=K\times D
\end{aligned}
$$

基于上述基本思想，一个D/A转换器应由数据锁存器、模拟电子开关、电阻解码网络、求和电路和基准电压等部分组成。D/A转换器的一般结构如图8-1所示。图中数据锁存器用来暂时存放输入的数字信号。n 位锁存器的并行输出分别控制 n 个电子开关的工作状态。通过电子开关，将参考电压按权关系加到电阻解码网络。并非所有的D/A转换器都具有这几个部分，但虚框内的部分是必不可少的。

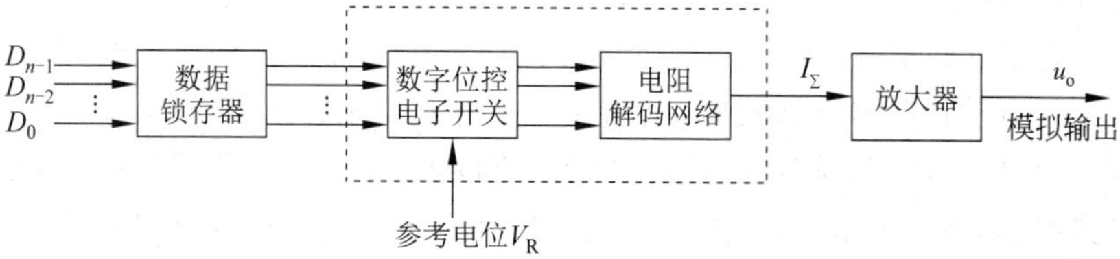

图8-1 D/A转换器的一般结构

D/A转换器的种类较多，按解码网络结构的不同可分为T形电阻网络、倒T形电阻网络、权电阻网络和权电流D/A转换器等。按电子开关的形式可分为CMOS开关型和双极型开关D/A转换器。下面是几种典型的D/A转换电路。

8.2.2 典型D/A转换电路

1. 权电阻网络D/A转换电路

图8-2就是按这种方法实现的D/A转换器，实际上，这是一个加权加法运算电路。图中电阻网络与二进制数的各位权相对应，权越大对应的电阻值越小，故称为权电阻网络。V_{REF} 为稳恒直流电压，是D/A转换电路的参考电压。n 路电子开关 S_i 由 n 位二进制数

D 的每一位数码 D_i 来控制，$D_i=0$ 时开关 S_i 将该路电阻接通"地端"，$D_i=1$ 时 S_i 将该路电阻接通参考电压 V_{REF}。集成运算放大器作为求和权电阻网络的缓冲，主要是为了减少输出模拟信号负载变化的影响，并将电流输出转换为电压输出。

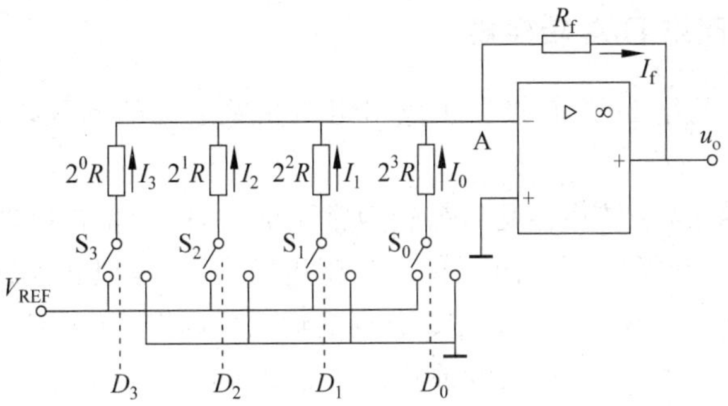

图 8-2　4 位权电阻网络 D/A 转换器

图 8-2 中，因 A 点"虚地"，$V_A=0$，各支路电流分别为

$$I_3=\frac{V_{REF}}{2^0R},\quad I_2=\frac{V_{REF}}{2^1R},\quad I_1=\frac{V_{REF}}{2^2R},\quad I_0=\frac{V_{REF}}{2^3R},\quad I_f=-\frac{u_o}{R_f}$$

又因放大器输入端"虚断"，所以

$$\begin{aligned}i_f&=I_3+I_2+I_1+I_0\\&=\frac{V_{REF}}{2^0R}D_3+\frac{V_{REF}}{2^1R}D_2+\frac{V_{REF}}{2^2R}D_1+\frac{V_{REF}}{2^3R}D_0\\&=\frac{V_{REF}}{2^3R}(D_32^3+D_22^2+D_12^1+D_02^0)\\&=\frac{V_{REF}}{2^3R}\sum_{i=0}^{3}D_i2^i\end{aligned}$$

以上各式联立得

$$u_o=-\frac{R_f}{R}\times V_{REF}\times(D_{n-1}\times 2^{n-1}+D_{n-2}\times 2^{n-2}+\cdots+D_0\times 2^0)$$

从上式可见，输出模拟电压 u_o 的大小与输入二进制数的大小成正比，从而实现了数字量到模拟量的转换。

【例 8-1】 设 4 位 D/A 转换器输入二进制数码 $D_3D_2D_1D_0=1101$，基准电压 $V_{REF}=-8V$，$R_f=R/2$，求输出电压 v_o。

解

$$\begin{aligned}v_o&=-\frac{2R_f}{R}\frac{V_{REF}}{2^n}\sum_{i=0}^{n-1}D_i2^i\\&=-1\times\frac{-8}{2^4}\times(1\times 2^3+1\times 2^2+0\times 2^1+1\times 2^0)\\&=6.5V\end{aligned}$$

权电阻网络 D/A 转换器的电路结构比较简单，使用的电阻元件数少，n 位只需 n 个电阻。但各个电阻的阻值相差较大，尤其是在输入数字量的位数较多时，问题更加突出。例如，对一个 8 位输入信号来说，如果权电阻中的最小电阻 $R=10\text{k}\Omega$，那么最大电阻将会达到 $2^7R=1.28\text{M}\Omega$，两者相差 128 倍。想在 10kΩ～1.28MΩ 这样宽的范围内要保证电阻的精度是十分困难的。

2. 倒 T 形电阻网络 D/A 转换器

为了解决权电阻网络 D/A 转换器中电阻阻值相差过大的问题，人们提出了倒 T 形电阻网络 D/A 转换器。

倒 T 形电阻网络 D/A 转换器是目前较为常用的一种 D/A 转换器，图 8-3 所示是 4 位倒 T 形电阻网络 D/A 转换器，它由 R-2R 倒 T 形电阻网络、模拟开关、求和运算放大电路及基准电压源 V_{REF} 组成。开关 S_3、S_2、S_1、S_0 分别受输入代码 D_3、D_2、D_1、D_0 的状态控制。当输入数字信号任何一位为 1 时，对应电子开关将电阻接运放输入端。当输入数字信号任何一位为 0 时，对应电子开关将电阻接地。由于运放反向输入端的电位始终接近于 0 电位（虚地），所以无论开关接在哪一边，都相当于接在"地"电位上。流过每条支路的电流始终不变。

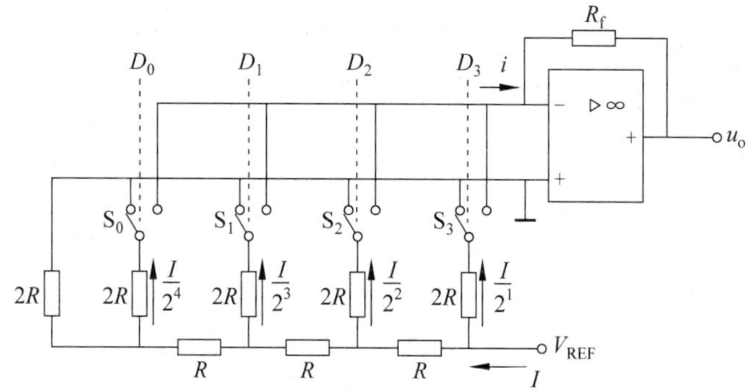

图 8-3 倒 T 形电阻网络 D/A 转换器

倒 T 形电阻网络的等效电路如图 8-4 所示，从等效电路向左看进去，其等效电阻都是 R。

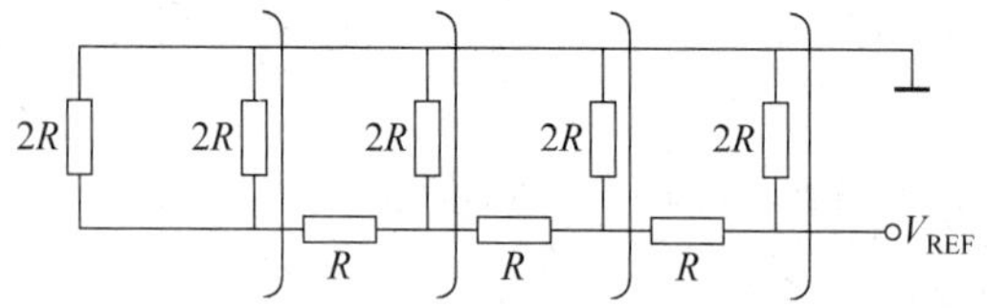

图 8-4 倒 T 形电阻网络等效电路

分析可知：

(1) 流入电阻网络的总电流为 $I=\dfrac{V_{REF}}{R}$。

(2) 电阻网络总电流每流经一个节点，就二等分一次。所以每条支路电流为 $I_3=\dfrac{I}{2}$，$I_2=\dfrac{I}{2^2}$，$I_1=\dfrac{I}{2^3}$，$I_0=\dfrac{I}{2^4}$。

(3) 流入运放输入端总电流为 $i=I_3+I_2+I_1+I_0$。

由此可得

$$\begin{aligned} i &= I_3+I_2+I_1+I_0 \\ &= \frac{V_{\text{REF}}}{R}\left(\frac{1}{2}D_3+\frac{1}{2^2}D_2+\frac{1}{2^3}D_1+\frac{1}{2^4}D_0\right) \\ &= \frac{V_{\text{REF}}}{R}\frac{1}{2^4}(D_3 2^3+D_2 2^2+D_1 2^1+D_0 2^0) \\ &= \frac{V_{\text{REF}}}{R}\frac{1}{2^4}\sum_{i=0}^{3}D_i 2^i \end{aligned}$$

求和放大器的输出电压为

$$v_o=-iR_f=-\frac{R_f}{R}\frac{V_{\text{REF}}}{2^4}\sum_{i=0}^{3}D_i 2^i$$

当 D_i 为 n 位二进制数时，则相应倒 T 形电阻网络也有 n 个节点，则 D/A 转换器的输出电压为

$$v_o=-iR_f=-\frac{R_f}{R}\frac{V_{\text{REF}}}{2^n}\sum_{i=0}^{n-1}D_i 2^i$$

倒 T 形电阻网络 D/A 转换器的特点是：①模拟开关在地与虚地之间转换，不论开关状态如何变化，各支路的电流始终保持不变，因此，不需要电流建立时间；②各支路电流直接流入运算放大器的输入端，不存在时间差，因而提高了转换速度，并减小了动态过程中输出电压的尖峰脉冲。因此，它是目前广泛使用的一种速度较快的 D/A 转换器。常用的集成电路有 AD7520(10 位)、DAC1210(12 位)等。

【例 8-2】 4 位 T 形电阻网络转换器的原理电路图如图 8-5 所示，试求：

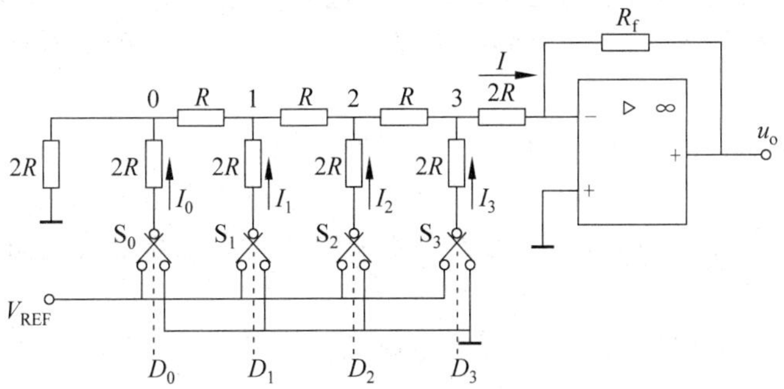

图 8-5 4 位 T 形电阻网络 D/A 转换器

(1) 分析其工作原理，推导出输出模拟电压 u_o 的表达式。

(2) 在 $n=8$ 位的这种 D/A 转换器中，设 $V_{\text{REF}}=-12\text{V}$，$R_f=3R$，求输入数字信号为 11010110 时输出电压。

(3) 若 $R_f=2R$，其他参数均不变，则输出电压是多少？

解 (1) 开关 $S_3S_2S_1S_0$ 分别受输入代码 $D_3D_2D_1D_0$ 的状态控制，当输入代码为 1 时，相应的开关将电阻接到 V_{REF} 上，代码为 0 时相应的开关将电阻接地。为方便列式，考虑 $D_3D_2D_1D_0$ 均为 1 的情形，利用戴维南定理和叠加原理可得如图 8-6 所示 T 形电阻网络等

效电路，图中等效电阻为 R，等效电压源为

$$U_E=-\frac{V_{REF}}{2^4}(D_3\times 2^3+D_2\times 2^2+D_1\times 2^1+D_0\times 2^0)$$

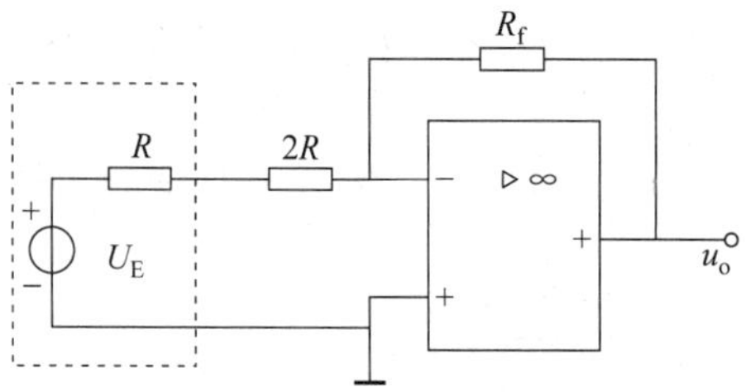

图 8-6　T 形电阻网络的等效电路

经过反相输入比例运算放大电路，输出模拟电压 u_o 的表达式为

$$u_o=(-3R/3R)U_E=-\frac{V_{REF}}{2^4}(D_3\times 2^3+D_2\times 2^2+D_1\times 2^1+D_0\times 2^0)$$

（2）若是 n 位 T 形电阻网络 D/A 转换器则 u_o 的表达式为

$$u_o=-\frac{V_{REF}}{2^n}(D_{n-1}\times 2^{n-1}+D_{n-2}\times 2^{n-2}+\cdots+D_2\times 2^2+D_1\times 2^1+D_0\times 2^0)$$

在 $n=8$ 的 T 形电阻网络 D/A 转换器中，代入数据得 $u_o\approx 10.03$V。

（3）若 $R_f=2R$，其他参数均不变，则输出电压 $u_o=(2/3)\times 10.03\approx 6.69$V。

3. 权电流型 D/A 转换器

在前面分析权电阻网络 D/A 转换器和倒 T 形电阻网络 D/A 转换器的过程中，都把模拟开关当作理想开关处理，没有考虑它们的导通电阻和导通压降。实际上这些开关都是有导通电阻和导通压降的，而且每个开关的情况又不完全一样，它们的存在会引起转换误差，影响转换精度。

为解决这一问题，可采用权电流型 D/A 转换器，如图 8-7 所示。

在权电流型 D/A 转换器中有一组恒流源。每个恒流源电流的大小依次为 $I/2$、$I/4$、$I/8$、$I/16$。由于采用了恒流源，所以每个支路电流的大小不受开关内阻和压降的影响，从而也降低了对开关的要求。

恒流源电路通常使用如图 8-8 所示的电路结构形式。

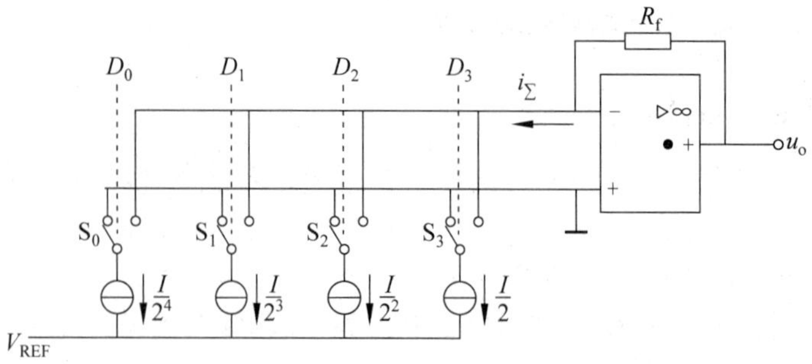

图 8-7　权电流型 D/A 转换器

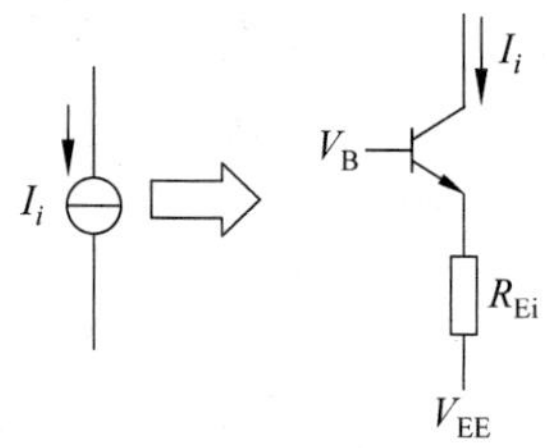

图 8-8　恒流源的电路结构

只要在电路工作时保证 V_B 和 V_{EE} 稳定不变，则三极管的集电集电流即可保证恒定不变，不受开关内阻的影响。电流大小近似于：

$$I_i = \frac{V_B - V_{EE} - V_{BE}}{R_{Ei}}$$

当输入数字量的某位代码为 1 时，对应的开关将恒流源接到运算放大器的输入端，当输入代码为 0 时，对应的开关接地，所以输出电压为

$$\begin{aligned} u_o &= i_{\sum} R_f \\ &= R_f\left(\frac{I}{2}D_3 + \frac{I}{2^2}D_2 + \frac{I}{2^3}D_1 + \frac{I}{2^4}D_0\right) \\ &= \frac{R_f I}{2^4}(D_3 \times 2^3 + D_2 \times 2^2 + D_1 \times 2^1 + D_0 \times 2^0) \end{aligned}$$

可见，输出的模拟量与输入的数字量成正比。

8.2.3 D/A 转换器中的电子开关

D/A 转换器中使用的电子开关大都是由晶体管或场效应管开关组成的。图 8-9 绘出了场效应管组成的电子开关单元电路。图中，T_1、T_2、T_3 构成输入级，T_4、T_5 构成的 CMOS 反相器与 T_6、T_7 构成的 CMOS 反相器互为倒相，两个反相器的输出分别控制着 T_8 和 T_9 的栅极，T_8、T_9 的漏极同时连接电阻网络中的一个电阻。例如，T 形电阻网络中的 $2R$，而源极分别接电流输出端 I_{out1} 和 I_{out2}。

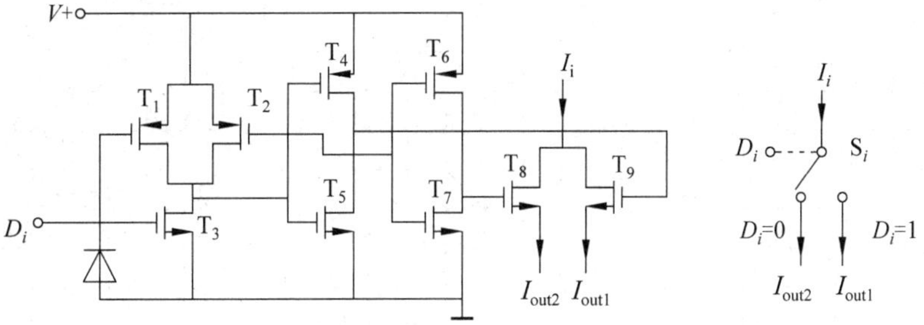

(a) 实际电路　　(b) 等效电路

图 8-9　CMOS 电子开关单元电路

当输入端 D_i 为低电平时，T_4、T_5 构成的 CMOS 反相器输出低电平，T_6、T_7 构成的 CMOS 反相器输出高电平，结果使 T_8 导通、T_9 截止，T_8 将电流 I_i 引向 I_{out2}。当输入端 D_i 为高电平时，则 T_8 截止、T_9 导通，T_9 将电流 I_i 引向 I_{out1}。

在这里应注意，为了保证 D/A 转换的精度，电子开关的导通电阻阻值应计入相应支路的电阻阻值中。

8.2.4 D/A 转换器的主要性能参数

D/A 转换器的性能主要是用转换精度和转换速度来衡量的。

1. 转换精度

D/A 转换器的转换精度包括分辨率和转换误差两个技术指标。

(1) 分辨率：分辨率主要描述 D/A 转换器对输入微小数字量变化的敏感程度，也就是输出模拟量的最大值与最小值之间所分成的等级数。一般用输入数字量的位数 n 表示。输入数字的位数越多，输出模拟量分成的等级数越多，分辨率也就越高。另外，分辨率也可以用 D/A 转换器能分辨的最小输出电压与最大电压之比表示。例如，一个 n 位 D/A 转换器的分辨率可以表示为 $\frac{1}{2^n-1}$。

(2) 转换误差：由于 D/A 转换器各元件参数值不可避免地存在着误差，这样 D/A 转换器的转换精度还应考虑转换误差的影响。转换误差通常用输出电压满刻度 FSR 的百分数表示，也就是可以用最低有效位的倍数表示。例如，如果给出转换误差为 LSB/2，那么输出模拟电压的绝对误差应等于输入为 00…01 时的输出电压的一半。

D/A 转换器产生转换误差的主要原因是参考电压 V_{REF} 的波动、运算放大器的零点漂移、模拟开关的导通内阻和导通压降、电阻网络中电阻值的偏差等。不同原因所导致的误差各不相同，D/A 转换器的转换误差分为非线性误差、漂移误差和比例系数误差等几种类型。

① 非线性误差。D/A 转换器每相邻数码对应的模拟量之差应该都是相同的，即理想转换特性应为直线。如图 8-10 实线所示，实际转换时特性可能如图 8-10(a) 中虚线所示，把在满量程范围内偏离转换特性的最大误差叫非线性误差，它与最大量程的比值称为非线性度。

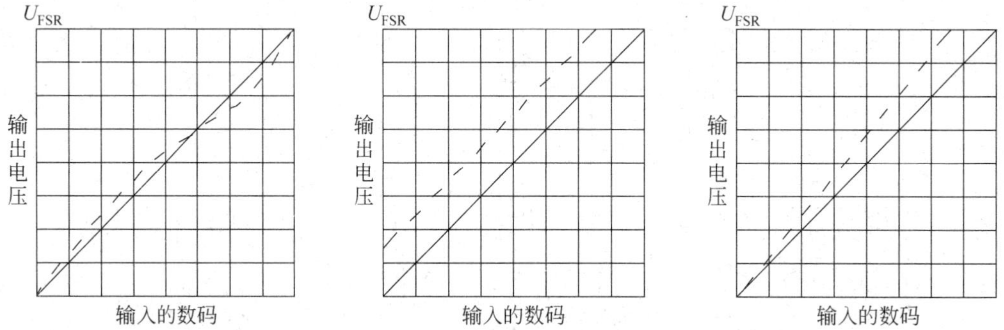

(a) 非线性误差　(b) 漂移误差　(b) 比例系数误差

图 8-10　D/A 转换器的各种静态误差

② 漂移误差，又叫零位误差，它是由运算放大器零点漂移产生的误差。当输入数字量为 0 时，由于运算放大器的零点漂移，致使模拟电压输出并不为 0。这时输出电压特性与理想电压特性产生一个相对位移，如图 8-10(b) 中的虚线所示。零位误差将以相同的偏移量影响所有的输出码。

③ 比例系数误差，又叫增益误差，它是转换特性的斜率误差。一般地，由于 V_{REF} 是 D/A 转换器的比例系数，所以比例系数误差一般是由参考电压 V_{REF} 的偏离而引起的。比例系数误差如图 8-10(c) 中的虚线所示，它也将以相同的百分数影响所有的输出码。

由于上述几种误差电压之间不存在固定的函数关系，所以在最不利的情况下，输出端总的误差电压 $|\Delta u_o|$ 取它们的绝对值之和，即

$$|\Delta u_o| = |\Delta u_{o1}| + |\Delta u_{o2}| + |\Delta u_{o3}|$$

由此可见,要获得高精度的 D/A 转换器,不能仅依靠提高输入数字量的位数(位数越高,其价格越贵),还必须有高稳定度的基准电压 V_{REF} 和低漂移的运放相配合,才能获得较高的转换精度。

2. 转换速度

当 D/A 转换器输入的数字量发生变化时,输出的模拟量并不能立即达到所对应的数值,它需要经过一段时间。为此,通常用建立时间和转换速率这两个参数来描述 D/A 转换器的转换速度。

建立时间是指输入数字量变化时,输出模拟电压变化达到相应稳定值所需要的时间。一般用 D/A 转换器输入的数字量从全 0 变为全 1 时,输出电压达到规定的误差范围时所需要的时间表示。D/A 转换器的建立时间较短,单片集成 D/A 转换器建立时间最短可达 0.1μs 以内。

转换速率用在大信号工作状态下模拟电压的变化率表示。一般集成 D/A 转换器在不包含外接参考电压源和运算放大器时,转换速率比较高。在实际应用中,要实现快速 D/A 转换不仅要求有较高的转换速率,而且应选用转换速率较高的集成运算放大器与之配合使用才行。

8.2.5 集成 D/A 转换器及应用

1. DAC0832 的结构引脚功能

DAC0832 是用 CMOS 工艺制成的 20 只引脚双列直插式单片 8 位 D/A 转换器。它由 8 位输入寄存器、8 位 DAC 寄存器和 8 位 D/A 转换器三大部分组成。它有两个分别控制的数据寄存器,可以实现两次缓冲,所以使用时有较大的灵活性。它是最常用的单片集成 8 位 D/A 转换器之一,可以直接和 Z80、MCS51 等微处理器相连。其内部逻辑电路如图 8-11 所示。

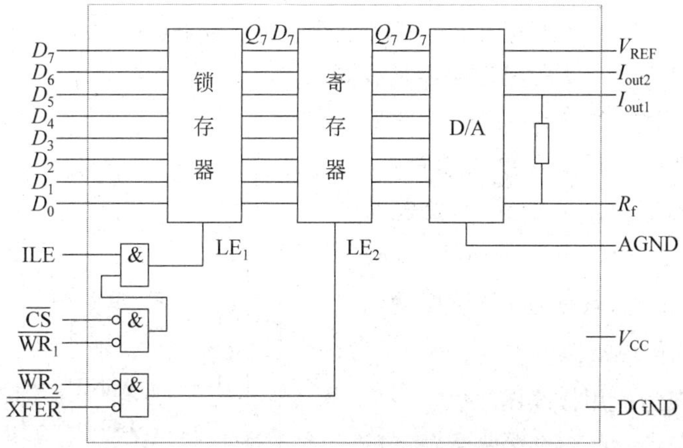

图 8-11 DAC0832 内部逻辑电路图

DAC0832 由一个 8 位输入锁存器、一个 8 位 DAC 寄存器和一个 8 位 D/A 转换器三大部分组成。其内部 D/A 转换器采用倒 T 形 R-2R 电阻网络。由于 DAC0832 内部无运放，在其电流输出时，必须外加运算放大电路。另外，芯片内部已设置了反馈电阻 R_f，如果运放增益不够，外部还要加反馈电阻。

DAC0832 是具有 20 条引线的双列直插式 CMOS 器件，各引线信号与功能说明如下。

（1）输入、输出信号

$D_0 \sim D_7$：8 位数字信号输入端。

I_{out1}：D/A 转换器输出电流 1，作为运放一个差分输入信号。当 DAC0832 中寄存器全 1 时，电流最大；全 0 时，电流最小。

I_{out2}：D/A 转换器输出电流 2，作运放另一个差分输入信号，一般接地即可。I_{out1} 和 I_{out2}之和为一常量。

R_f：反馈信号输入端，反馈电阻在片内。

（2）控制信号

ILE：输入锁存允许信号，输入高电平有效。

$\overline{WR_1}$：输入寄存器写信号，输入低电平有效。

$\overline{WR_2}$：DAC 寄存器写信号，输入低电平有效。

$\overline{XFER}$：数据传送控制信号，输入低电平有效。

$\overline{CS}$：片选信号，输入低电平有效。

（3）电源和地

V_{CC}：数字部分的电源输入端，可在＋5～＋15V 选取，＋15V 时为最佳工作状态。

V_{REF}：参考电压输入，可在－10～10V 选择。

AGND：模拟地。

DGND：数字地。

2. 工作方式及典型应用

（1）直通方式：如果使两个寄存器都处于常通状态，这时两个寄存器的输出跟随数字输入变化而变化，D/A 转换器的输出也同时跟着变化。此时$\overline{CS}=\overline{WR_2}=\overline{WR_1}=\overline{XFER}=0$，ILE＝1，图 8-12 是直通方式的典型应用接线图。

（2）单缓冲方式：如果令 DAC 寄存器处于常通状态，则只控制输入数据锁存器，可以使两个寄存器同时选通和锁存，这就是单缓冲工作方式。此时$\overline{WR_2}=0$，$\overline{WR_1}$按控制信号，当$\overline{WR_1}=1$时，数据锁存，模拟输出不变；当$\overline{WR_1}=0$时，模拟输出更新。图 8-13 是单缓冲方式的典型应用接线图。

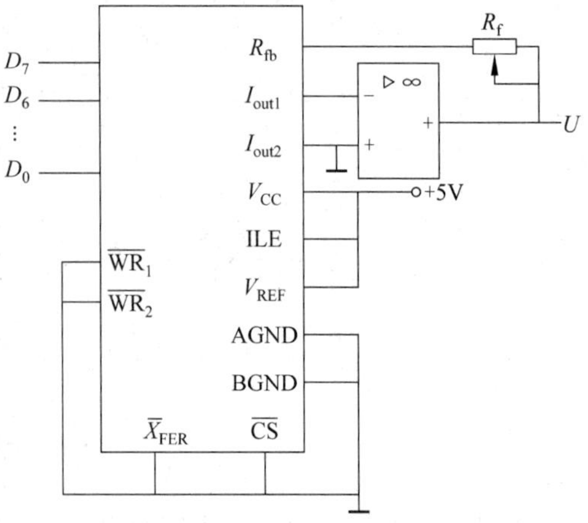

图 8-12　直通方式 D/A 转换器接线图

（3）双缓冲方式：为了实现两寄存器的可控，应使$\overline{WR_1}$、$\overline{WR_2}$分别接两个控制信号。此时 DAC0832 的 D/A 转换分两步进行，即数据在进入倒 T 形电阻网络之前，必须经过两个独立控制的寄存器。这样做的好处是：首先，在一个系统中，任何一个 DAC 都可以同时保留两组数据；其次，双缓冲允许在系统中使用任何数目的 DAC。图 8-14 是双缓冲方式的典型应用接线图。

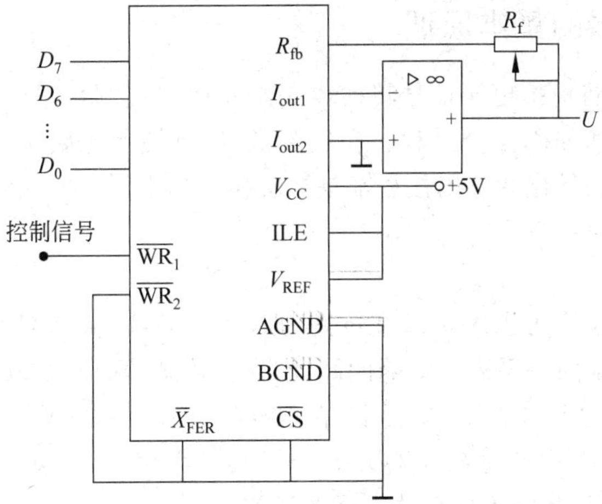

图 8-13 单缓冲方式 D/A 转换器接线图

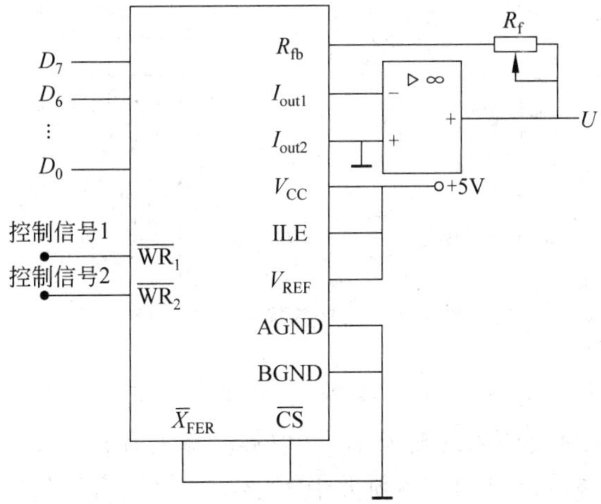

图 8-14 双缓冲方式 D/A 转换器接线图

微课 1：D/A 转换器

8.3 A/D 转换器

8.3.1 A/D 转换器的基本原理

A/D 转换器用来将模拟电压信号转换成一组相应二进制数码输出。A/D 转换一般要经过取样、保持、量化和编码 4 个过程。在实际的 A/D 转换电路中，这些过程有时合并进行。例如，取样和保持、量化和编码往往都是在转换过程中同时实现的。

1. 采样与保持

采样是将时间上连续变化的模拟量转换为时间上断续（离散）的模拟量。即将时间上连续变化的模拟量转换为一系列等间隔的脉冲，而具体脉冲的幅度取决于输入模拟量。

A/D 转换的采样过程如图 8-15 所示，在取样脉冲作用期 τ 内，取样开关接通，使输出 $u_o(t)=u_i(t)$，在其他时间内，输出 $u_o(t)=0$。因此，每经过一个取样周期 T_S，对输入信号取样一次，在输出端便得到输入信号的一个取样值。

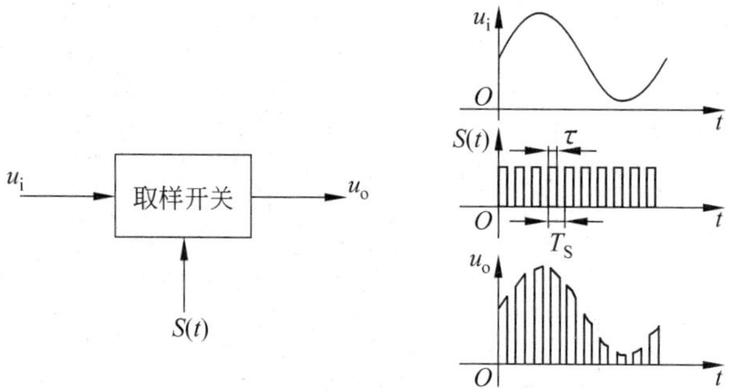

图 8-15　A/D 转换的采样过程

由此可以看出，取样信号 $S(t)$ 的频率越高，所取信号经低通滤波后越能真实地复现输入信号。为了不失真地恢复原来的输入信号，取样频率必须满足取样定理：一个频率有限的模拟信号，其取样频率 $f_S=1/T_S$ 必须大于等于输入模拟信号包含的最高频率 f_{max} 的两倍，即 $f_S \geqslant 2f_{max}$。

模拟信号经采样后，可得到一系列采样值脉冲。由于采样脉冲宽度 τ 一般都很短暂，而要把每一个采样的窄脉冲信号数字化，应在下一个采样脉冲到来之前暂时保持所取得的样值脉冲幅度，以便 A/D 转换器有足够的时间进行转换。因此，在取样电路之后须加保持电路。把每次采样的模拟信号存储到下一个采样脉冲到来之前的过程，称为保持。

图 8-16(a) 是一种常见的采样保持电路。图中场效应管为采样门，电容 C 为保持电容，运算放大器为跟随器，起缓冲隔离作用。在取样脉冲 $S(t)$ 到来的时间 τ 内，场效应管 V 导通，输入模拟量 $u_i(t)$ 向电容 C 充电；假定充电时间常数远小于 τ，那么电容 C 上的充电电压能及时跟上 $u_i(t)$ 的采样值。采样结束，场效应管 V 迅速截止，电容 C 上的充电电压就保持了前一取样时间内的输入 $u_i(t)$ 的值，一直保持到下一个取样脉冲到来为止。当下一个取样脉冲到来，电容 C 上的电压再按输入 $u_i(t)$ 变化。在输入一连串取样脉冲序列后，取样保

持电路的缓冲放大器输出电压 $u_o(t)$便得到如图 8-16(b)所示的波形。

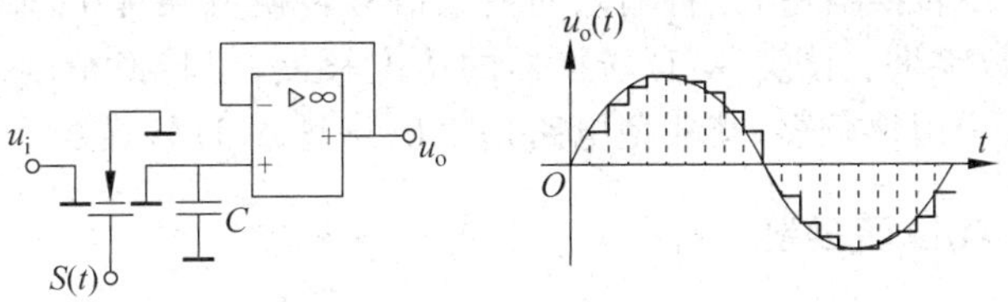

(a) 原理电路图 (b) 波形图

图 8-16 采样与保持电路

2. 量化和编码

数字信号不仅在时间上而且在幅度上也是离散的,为了将模拟信号转换为数字量,在A/D 转换过程中,还必须将采样-保持电路的输出电压按某种近似方法归化到与之相应的离散电平上。这一转换过程称为数值量化,简称量化。量化后,需用二进制数码来表示各个量化电平 U_q,这个过程称为编码。量化与编码电路是 A/D 转换器的核心组成部分。

在量化过程中,相邻两个量化电平之间的差值称为量化间隔 S,它是数字信号最低位为1 时所对应的模拟量。一般说来,位数越多,量化等级越细,S 就越小。

输入电压 $u_i(t)$值与量化电平 U_q 值的差值称为量化误差 δ,$\delta=u_i(t)-U_q$。量化的方法一般有两种,分为只舍不入法和四舍五入法。只舍不入法是将取样保持信号 $u_i(t)$不足一个 S 的尾数舍去,取其原整数。这种方法 δ 总为正值,且 $\delta_{max}\approx S$。四舍五入法是,当 $u_i(t)$的尾数$<S/2$ 时用舍尾取整法得其量化值;当 $u_i(t)$的尾数$\geqslant S/2$ 时,用舍尾入整法得其量化值。这种方法 δ 可正可负,但是$|\delta_{max}|=S/2$,它要比第一种方法误差小。表 8-1 是3 位 A/D 转换器中两种量化方法的对比。

表 8-1 只舍不入法和四舍五入法量化对比

只舍不入法		四舍五入法	
输 入	输出编码	输 入	输出编码
$0\leqslant u_I<U_q$	0 0 0	$0\leqslant u_I<0.5U_q$	0 0 0
$V_q\leqslant u_I<2U_q$	0 0 1	$0.5\leqslant u_I<1.5U_q$	0 0 1
$2V_q\leqslant u_I<3U_q$	0 1 0	$1.5\leqslant u_I<2.5U_q$	0 1 0
$3V_q\leqslant u_I<4U_q$	0 1 1	$2.5\leqslant u_I<3.5U_q$	0 1 1
$4V_q\leqslant u_I<5U_q$	1 0 0	$3.5\leqslant u_I<4.5U_q$	1 0 0
$5V_q\leqslant u_I<6U_q$	1 0 1	$4.5\leqslant u_I<5.5U_q$	1 0 1
$6V_q\leqslant u_I<7U_q$	1 1 0	$5.5\leqslant u_I<6.5U_q$	1 1 0
$7V_q\leqslant u_I<8U_q$	1 1 1	$6.5\leqslant u_I<7.5U_q$	1 1 1

8.3.2 典型 A/D 转换电路

A/D 转换器的类型有多种,可以分为直接 A/D 转换器和间接 A/D 转换器两大类。直接 A/D 转换器将输入的模拟信号直接转换成相应的数字信号,这类 A/D 转换器具有较快的转换速度，调整方便，但转换精度比间接 A/D 转换器低，其典型电路有并行比较型和逐次逼近型。在间接 A/D 转换器中，先将输入的模拟信号转换成某种中间变量，然后再将中间变量转换为最后的数字量。该类 A/D 转换器的速度较慢，但转换精度比较高，抗干扰能力强，一般在测试仪表中用得较多，其典型电路是双积分型 A/D 转换器。

1. 并行比较型 A/D 转换器

并行比较型 A/D 转换器是一种直接型 A/D 转换器，图 8-17 所示为 3 位并行比较型 A/D 转换器的原理图。它由电压比较器、寄存器和编码器三部分构成。图中电阻分压器把参考电压 V_{REF} 分压，得到 7 个量化电平 $\left(\frac{1}{16}V_R\sim\frac{13}{16}V_R\right)$，这 7 个量化电平分别作为 7 个电压比较器 $C_7\sim C_1$ 的比较基准。模拟量输入 v_i 同时接到 7 个电压比较器的同相输入端，与这 7 个量化电平同时进行比较。若 v_i 大于比较器的比较基准，则比较器的输出 $C_i=1$，否则 $C_i=0$。比较器的输出结果由 7 个 D 触发器暂时寄存（在时钟脉冲 CP 的作用下）以供编码用；最后由编码器输出数字量。模拟量输入与比较器的状态及输出数字量的关系如表 8-2 所示。

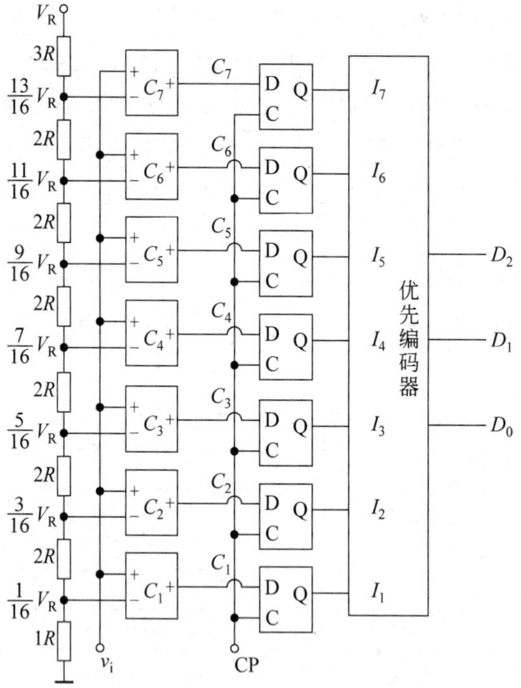

图 8-17　3 位并行比较型 A/D 转换器

表 8-2　并行比较型 A/D 转换器的输入与输出关系

模拟量输入	比较器的输出状态							数字量输出		
	C_7	C_6	C_5	C_4	C_3	C_2	C_1	D_2	D_1	D_0
$0\leqslant v_I\leqslant\frac{1}{16}V_R$	0	0	0	0	0	0	0	0	0	0
$\frac{1}{16}V_R\leqslant v_i\leqslant\frac{3}{16}V_R$	0	0	0	0	0	0	1	0	0	1

续表

模拟量输入	比较器的输出状态							数字量输出		
	C_7	C_6	C_5	C_4	C_3	C_2	C_1	D_2	D_1	D_0
$\frac{3}{16}V_R \leqslant v_i \leqslant \frac{5}{16}V_R$	0	0	0	0	0	1	1	0	1	0
$\frac{5}{16}V_R \leqslant v_i \leqslant \frac{7}{16}V_R$	0	0	0	0	1	1	1	0	1	1
$\frac{7}{16}V_R \leqslant v_i \leqslant \frac{9}{16}V_R$	0	0	0	1	1	1	1	1	0	0
$\frac{9}{16}V_R \leqslant v_i \leqslant \frac{11}{16}V_R$	0	0	1	1	1	1	1	1	0	1
$\frac{11}{16}V_R \leqslant v_i \leqslant \frac{13}{16}V_R$	0	1	1	1	1	1	1	1	1	0
$\frac{13}{16}V_R \leqslant v_i \leqslant V_R$	1	1	1	1	1	1	1	1	1	1

在上述 A/D 转换中，输入模拟量同时加到所有比较器的同相输入端，从模拟量输入到数字量稳定输出的经历的时间为比较器、D 触发器和编码器的延迟时间之和。在不考虑各器件延迟时间的误差时，可认为三位数字量输出是同时获得的，因此称为并行 A/D 转换器，并具有最短的转换时间。

并行比较 A/D 转换器具有如下特点。

(1) 由于转换是并行的，其转换时间只受电压比较器、触发器和编码电路延迟时间的限制，因此转换速度在各种 D/A 转换器中最快。

(2) 随着分辨率的提高，其元器件数目呈几何级数增长。位数越多，电路越复杂，因此制成分辨率较高的集成并行 A/D 转换器比较困难。

2. 逐次逼近型 A/D 转换器

逐次逼近型 A/D 转换器也是一种直接型 A/D 转换器，这种转换器的原理图如图 8-18 所示，其内部包含一个 D/A 转换器。这种转换器是将模拟量输入 v_i 与一系列由 D/A 转换器输出的基准电压进行比较而获得的。比较从高位到低位逐位进行，并依次确定各位数码是 1 还是 0。

首先将逐位逼近寄存器(SAR)清 0，开始转换后，控制逻辑将 SAR 的最高位置 1，使其输出为 100…000 的形式，这个数码被 D/A 转换器转换成相应的模拟电压 u_o 送至电压比较器作为比较基准，与模拟量输入 v_i 进行比较。若 $u_o > v_i$，说明寄存器输出的数码过大，应将最高位改为 0(去码)，同时将次高位置 1，使其输出为 010…000 的形式；若 $u_o \leqslant v_i$，说明寄存器输出的数码还不够大，因此，除了将最高位设置的 1 保留(加码)外，还需将次高位也设置为 1，使其输出为 110…000 的形式。然后，按前面同样的方法继续进行比较，确定次高位的 1 是去码还是加码。这样逐位比较下去，直到最低位为止。比较完毕后，寄存器中的状态就是转化后的数字输出。

图 8-19 是一个四位逐次逼近 A/D 转换器的逻辑电路图。图中四个触发器 $FF_3 \sim FF_0$ 组成逐次逼近寄存器，兼作输出寄存器；五位移位寄存器既可进行并入/并出操作，也可进

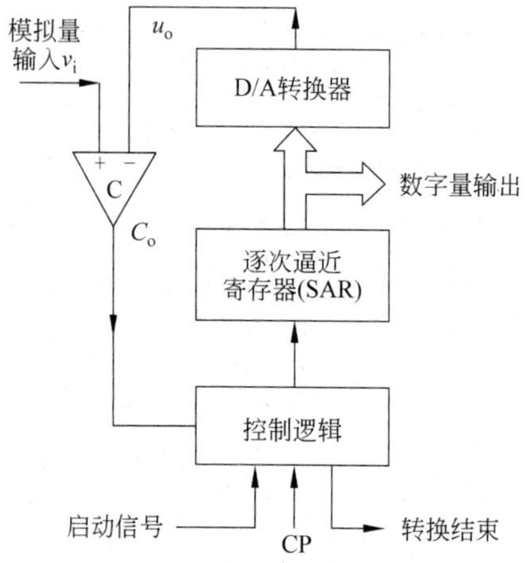

图 8-18　逐位逼近型 A/D 转换器原理图

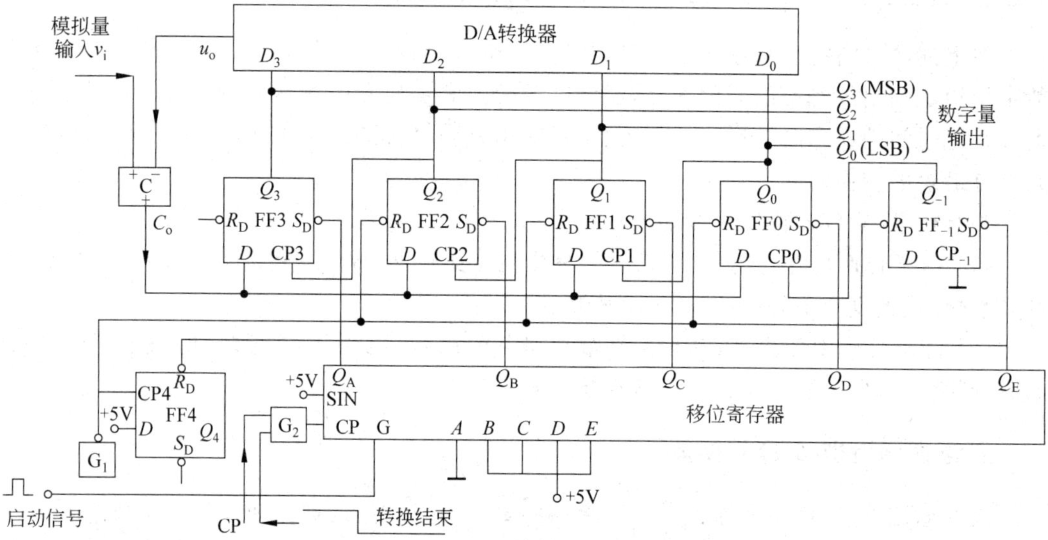

图 8-19　逐次逼近 A/D 转换器的逻辑原理图

行串入/串出操作。移位寄存器的并入/并出操作是在其使能端 G 由 0 变 1 时进行的（使 $Q_AQ_BQ_CQ_DQ_E=ABCDE$），串入/串出操作是在其时钟脉冲 CP 上升沿作用下按 $Q_AQ_BQ_CQ_DQ_E$ 顺序右移进行的。图中 SIN 接高电平，始终为 1。

开始转换时，启动信号一路经门 G_1 反相后首先使触发器 FF_2、FF_1、FF_0、FF_1 均复位为 0；同时，另一路直接加到移位寄存器的使能端 G 使 G 由 0 变 1，$Q_AQ_BQ_CQ_DQ_E=01111$。QA=0 又使触发器 FF_3 置位为 1，这样在启动信号到来时输出寄存器被设成 $Q_3Q_2Q_1Q_0=1000$。

D/A 转换器一方面把数字量 1000 转换成模拟电压量 u_o，并与输入模拟量 v_i 进行比较。若 $v_i>u_o$，则比较器输出 $C_o=1$；否则 $C_o=0$。比较结果 C_o 被同时送至逐次逼近寄存器(SAR)的各个输入端。另一方面，在启动信号下降沿的作用下，FF_4 置 1，G_2 打开，这样在下一个脉冲到来时，移位寄存器输出 $Q_AQ_BQ_CQ_DQ_E=10111$，$Q_B=0$ 又使触发器 FF_2 置位，Q_2 由 0 变 1，为触发器 FF_3 接收数据提供了时钟脉冲，从而将 C_o 的结果保存在 Q_3 中，实现了 Q_3 的去码或加码；此时其他触发器 FF_1、FF_0 由于没有时钟脉冲，状态不会发生变化。

经过这一轮循环后 $Q_3Q_2Q_1Q_0=1100(C_o=1)$ 或 $Q_3Q_2Q_1Q_0=0100(C_o=0)$。在下一轮循环中，D/A 转换器再一次把 $Q_3Q_2Q_1Q_0=1100(C_o=1)$ 或 $Q_3Q_2Q_1Q_0=0100(C_o=0)$ 这个数字量转换成模拟电压量，以便再次进行比较。如此反复进行，直到 $Q_E=0$ 时才将最低位 Q_0 的状态确定；同时，触发器 FF_4 复位，Q_4 由 1 变 0，封锁了 G_2，标志着转换结束。

图 8-19 中需要注意的是每一位触发器的 CP 端都是和低一位的输出端相连，这样，每一位都只是在低一位由 0 置 1 时，才有一次接收数据的机会(去码或加码)。

由以上分析可知，逐次逼近 A/D 转换器完成一次转换所需时间与其位数和时钟脉冲频率有关，设转换器输出是 n 位，时钟脉冲频率为 f_{CP} 时，逐次逼近 A/D 转换器完成一次转换所需时间为 t，则 $t=\dfrac{n+2}{f_{CP}}$。

3. 双积分型 A/D 转换器

双积分型 A/D 转换器是一种间接的 A/D 转换器。它的基本原理是，对输入模拟电压和参考电压分别进行两次积分，将输入电压平均值变换成与之成正比的时间间隔，然后利用时钟脉冲和计数器测出此时间间隔，进而得到相应的数字量输出。由于这种 A/D 转换器是对输入电压的平均值进行变换，所以它具有很强的抗工频干扰能力，在数字信号测量中得到了广泛的应用。双积分型 A/D 转换器的原理电路如图 8-20 所示，它由积分器、过零比较器、计数器和定时器时钟脉冲控制门四部分组成。

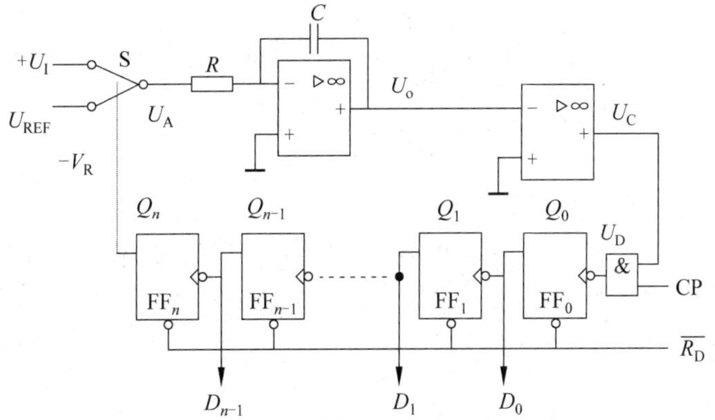

图 8-20 双积分型 A/D 转换器逻辑图

积分器：它是转换器的核心部分，它的输入端所接开关 S 由定时信号 Q_n 控制。当 Q_n 为 0 或 1 时，极性相反的输入电压 U_i 和参考电压 U_{REF} 分别进行两次方向相反的积分，积分时间常数 $\tau=RC$。

过零比较器：用来确定积分器输出电压 U_o 过零时刻。当 $U_o\geqslant 0V$ 时，比较器输出 U_C 为低电平；当 $U_o<0$ 时，则 U_C 为高电平。比较器的输出用来确定时钟脉冲控制门的开与关。

计数器和定时器：负责对输入时钟脉冲进行计数，以便把与输入电压平均值成正比的时间间隔转变成数字信号输出。

时钟脉冲控制门：时钟脉冲源标准周期 T_{CP} 作为测量时间间隔的标准时间，当 $u_C=1$ 时，控制门打开，时钟脉冲顺利通过控制门回到 FF_0 的输入端。

双积分型 A/D 转换器在清零信号 $\overline{R_D}$ 的作用下，所有触发器置 0。其中当 $Q_n=0$ 时，控制开关 S 接通输入 U_I，积分器对输入进行积分，计数器开始计数。对于 n 位计数器，当计到 $2n+1$ 个脉冲时，Q_n 由 0→1、控制开关 S 接至 $U_{REF}(-V_R)$，积分器对基准电压进行二次积分。计数器又从 0 开始计数。下面以正极性 U_I 为例，定量说明双积分型 A/D 转换器的工作过程。其工作过程分为两个阶段

（1）采样阶段：在启动脉冲的作用下，全部触发器置 0，由于 $Q_n=0$，开关 S 接 U_I，积分器对 U_I 进行积分，积分输出为 $U_o=-\dfrac{1}{RC}\int_0^t U_I\mathrm{d}t$，$U_o<0$，零值比较器输出 $U_C=1$，CP 通过与门加到计数器，n 位二进制计数器从 0 开始计数，一直计到 $2n$ 个脉冲后（$t=T_1=2^nT_{CP}$，T_{CP} 为标准时钟周期），n 位计数器又全部返回到 0，定时触发器 Q_n 由 0→1，使开关 S 接基准电压 $U_{REF}(U_{REF}=-V_R)$，采样结束。采样结束时的积分电压为

$$V_{BO}=U_o=-\frac{1}{RC}\int_0^{T_1}U_I\mathrm{d}t=-\frac{T_1}{RC}U_I=-\frac{2^nT_{CP}}{RC}U_I$$

采样结束时：积分器输出电压 U_o 和输入模拟电压 U_I 成正比关系。

（2）比较阶段：采样结束时，$Q_n=1$，开关 S 接 $-V_R$，积分器对 $-V_R$ 进行积分。积分电压为

$$\begin{aligned}U_o&=V_{BO}-\frac{1}{RC}\int_{T_1}^{t}(-V_R)\mathrm{d}t\\&=-\frac{2^nT_{CP}}{RC}U_I+\frac{V_R}{RC}(t-T_1)\\&=-\frac{2^nT_{CP}}{RC}V_I+\frac{V_R}{RC}T_2\end{aligned}$$

当 U_o 积分电压逐步上升至 $U_o\geqslant0$，过零比较器 $U_C=0$，与门封锁，计数器停止计数。假设二次积分时，计数器记录了 M 个脉冲：$T_2=MT_{CP}$，则当二次积分结束时，$U_o=0$，代入二次积分电压表达式：

$$U_o=-\frac{2^nT_{CP}}{RC}U_I+\frac{V_R}{RC}T_2=0$$

$$-\frac{2^nT_{CP}}{RC}U_I+\frac{V_R}{RC}MT_{CP}=0$$

$$M=\frac{2^n}{V_R}U_I$$

可见 M 个脉冲与输入 U_I 成正比，M 所对应的二进制码即为数字量输出，这样通过二次积分实现了对输入信号的 A/D 转换。双积分型 A/D 转换器的工作波形图如图 8-21 所示。

双积分型 A/D 转换器最大的优点是工作性能比较稳定，具有较强的抗干扰能力。而且由于两次积分采用同一个积分器完成，其转换结果与精度与积分器的 R、C 无关，因此，对 R、C 的要求不高，完全可以用精度较低的元器件制成精度很高的双积分型 A/D 转换器。

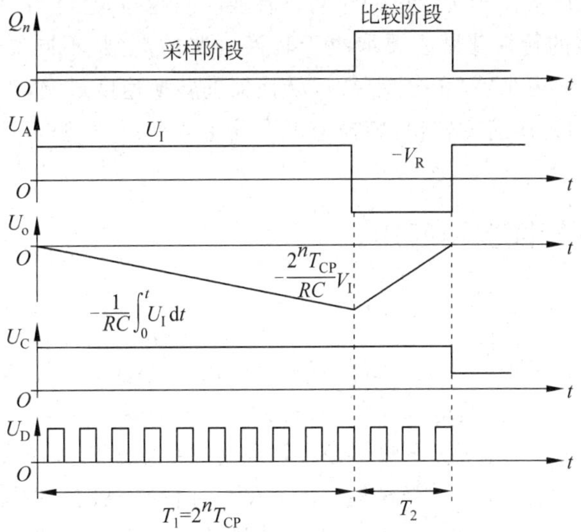

图 8-21 双积分型 A/D 转换器的工作波形图

其缺点是工作速度低，它的转换速度一般在每秒几十次以内，只能用于对转换速度要求不是很高的场合。

8.3.3 A/D 转换器的主要技术指标

A/D 转换器的指标和 D/A 转换器相似，也主要有转换精度和转换时间等指标，其含义也相近。转换精度常用分辨率和转换误差来表示。

1. 分辨率

分辨率指 A/D 转换器对输入模拟信号的分辨能力。从理论上讲，一个输出为 n 位二进制数的 A/D 转换器应能区分输入模拟电压的 2^n 个不同量级，能区分输入模拟电压的最小差异为(满量程输入的 $1/2^n$)。例如，A/D 转换器的输出为 12 位二进制数，最大输入模拟信号为 10V，则其分辨率为

$$\text{分辨率} = \frac{1}{2^{12}} \times 10 = \frac{10}{4096}\text{V} = 2.44\text{mV}$$

2. 转换误差

在理想情况下，输入模拟信号所有转换点应当在一条直线上，但实际的特性不能做到输入模拟信号所有转换点在一条直线上。转换误差是指实际的转换点偏离理想特性的误差，一般用最低有效位来表示，如给出转换误差$<\pm\frac{1}{2}$LSB，表明实际输出的数字量与理论值应得的输出数字量之间误差小于最低有效位的一半。值得注意的是，在实际使用中当使用环境发生变化时，转换误差也将发生变化。

3. 转换时间和转换速度

转换时间是指完成一次 A/D 转换所需的时间，转换时间是从接到转换启动信号开始，

到输出端获得稳定的数字信号所经过的时间。转换时间越短，意味着 A/D 转换器的转换速度越快。A/D 转换器的转换速度主要取决于转换电路的类型，不同类型 A/D 转换器的转换速度相差很大。一般说来，双积分型 A/D 转换器的转换速度最慢，需几百毫秒左右；逐次逼近式 A/D 转换器的转换速度较快，转换速度在几十微秒；并联型 A/D 转换器的转换速度最快，仅需几十纳秒。

8.3.4 集成 A/D 转换器及应用

1. 电路组成

ADC0809 芯片是用 CMOS 工艺制成的双列直插式 28 引线的 8 位 A/D 转换器，内部包括一个 8 路模拟开关、模拟开关的地址锁存与译码器、三态输出锁存器、比较器、256R 电阻网络、树状开关、逐次近似寄存器、三态输出锁存器和定时控制逻辑等模块，各模块功能如下。

(1) 8 路模拟开关及地址锁存译码器：在锁存允许信号 ALE 的作用下，将三位地址锁存。然后由译码器决定选通 8 输入通道中哪一路模拟信号进行 A/D 转换。

(2) 8 位 D/A 转换器：ADC0809 内部由树状开关和 256R 电阻网络构成 8 位 D/A 转换器，其输入为逐次近似寄存器的八位二进制数据，输出为 V_{ST}，D/A 参考电压为 $V_{R(+)}$ 和 $V_{R(-)}$。

(3) 逐次近似寄存器和比较器：比较前，寄存器清零，变换开始，先使寄存器最高位置 1，其余位置 0，用此数字控制树状开关输出 V_{ST}，V_{ST} 和模拟输入 V_{IN} 进行比较。如果 $V_{ST}>V_{IN}$，则比较器输出逻辑 0，寄存器的最高位由 1 变为 0。如果 $V_{ST}\leqslant V_{IN}$，则比较器输出逻辑 1，寄存器的最高位保持 1，其余较低位仍为 0，而以前比较过的高位保持原来的值。再将 V_{ST} 和 V_{IN} 进行比较。反复重复以上过程，直到最低位比较完为止。

(4) 三态输出寄存器：转换结束后，逐位近似寄存器的数字送三态输出锁存器锁存，当输出允许信号 OE 有效时，由三态门输出二进制码。

ADC0809 内部逻辑电路如图 8-22 所示。ADC0809 各引脚功能如下。

(1) ADDA、ADDB、ADDC：地址选择端。

(2) $IN_0\sim IN_7$：8 路模拟输入信号。

(3) $D_0\sim D_7$：变换后的数据输出端，三态输出，由 OE 输出允许信号控制。

(4) OE：输出允许端，它控制 ADC 内部三态输出缓冲器。

(5) ALE：通道地址锁存输入端。当 ALE 上升沿到来时，地址锁存器可对 ADDA、ADDB、ADDC 锁定。下一个 ALE 上升沿允许通道地址更新。在实际使用中，要求 ADC 开始转换之前地址就应锁存，所以通常将 ALE 和 START 连在一起，使用同一个脉冲信号，上升沿锁存地址，下降沿则启动转换。

(6) START：启动输入端。

(7) EOC：转换结束信号，由 ADC 内部控制逻辑电路产生。当 EOC=0 时表示转换正在进行，当 EOC=1 时表示转换已经结束。因此，EOC 常作为微机的中断请求信号或查询信号。显然只有当 EOC=1 以后，才可以让 OE 为高电平，这时读出的数据才是正确的转换结果。

(8) $V_{R(+)}$、$V_{R(-)}$：基准电压输入。

(9) CLK：时钟输入，时钟频率为 640kHz。

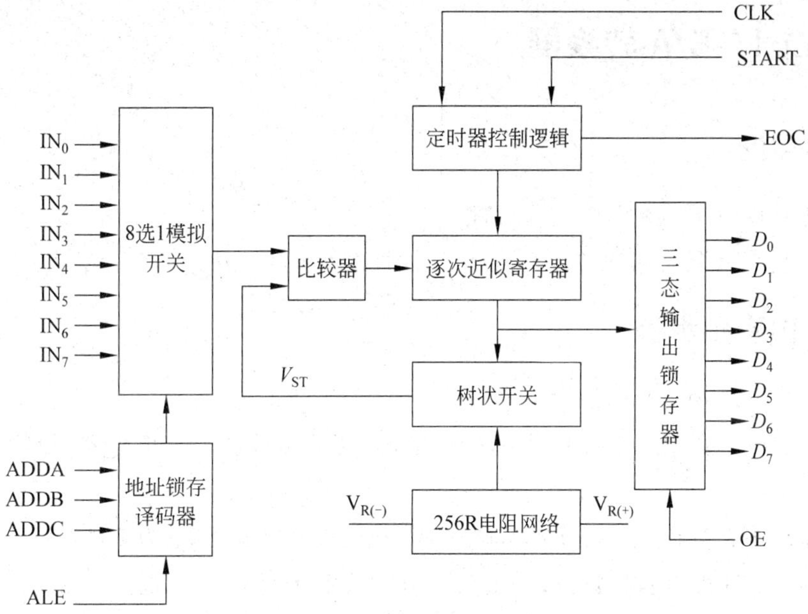

图 8-22　ADC0809 内部逻辑电路图

微课 2：A/D 转换器

2. ADC0809 的应用

ADC0809 芯片内部集成了数据锁存三态缓冲器，其数据输出线可以直接与计算机的数据总线相连。所以，设计 ADC0809 与计算机的接口，主要是对模拟通道的选择、转换启动的控制和读取转换结果的控制等方面的设计。其典型的应用如图 8-23 所示。

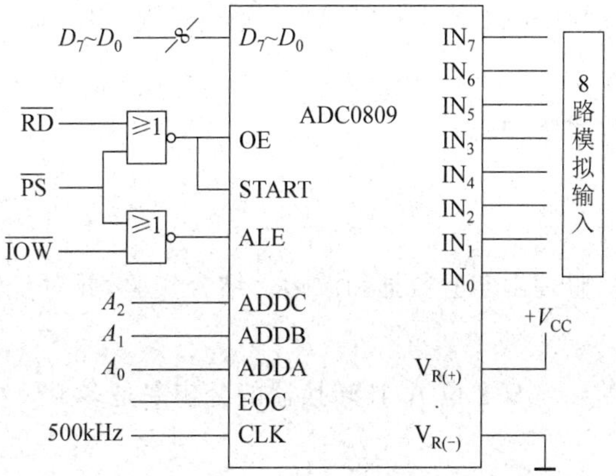

图 8-23　ADC0809 与计算机的接口连接图

技能测试 1：D/A 转换器

一、实验目的

（1）熟悉 D/A 转换的基本工作原理。

（2）熟悉 D/A 转换集成芯片 DAC0832 的性能及使用方法。

二、实验内容和步骤

（1）按图 8-24 所示电路接线。

（2）置数码开关 $D_7 \sim D_0$ 为全 0，接通电源，调节运放的调零电位器，使输出电压 V_o 为零。

（3）置数码开关 $D_7 \sim D_0$ 为全 1，调整 R_f，使运放输出电压 V_o 为满量程。

（4）将 74LS161 计数器输出 Q_3、Q_2、Q_1、Q_0 分别接 DAC0832 的 D_7、D_6、D_5、D_4，输入 CP 脉冲，用示波器观测并记录波形。

（5）将 74LS161 计数器 Q_3、Q_2、Q_1、Q_0 分别接 DAC0832 的低四位 D_3、D_2、D_1、D_0，输入 CP 脉冲，用示波器观测并记录波形。

（6）将 74LS161 计数器改接成 8 位二进制计数器，再进行上述实验，记录相应实验结果。

（7）若要获得双极性输出，则可以按图 8-25 所示电路进行电路改接。

三、实验设备与器件

（1）电压为+5V、+12V、−12V 的直流电源。

（2）逻辑电平开关。

（3）逻辑状态显示 LED。

（4）数字示波器、万用表。

（5）IC：DAC0832、74LS161 各 1 片，UA741 集成运放 2 片。

（6）电阻、电位器若干。

（7）连续脉冲源、单次脉冲源。

四、报告要求

（1）画出实验电路，整理出实验数据和波形。结合实验，并对步骤（4）、（5）、（7）得到的波形做分析解释。

（2）实验中如果 $V_{REF}=5V$ 8 位 A/D 转换器的分辨率是多少伏？

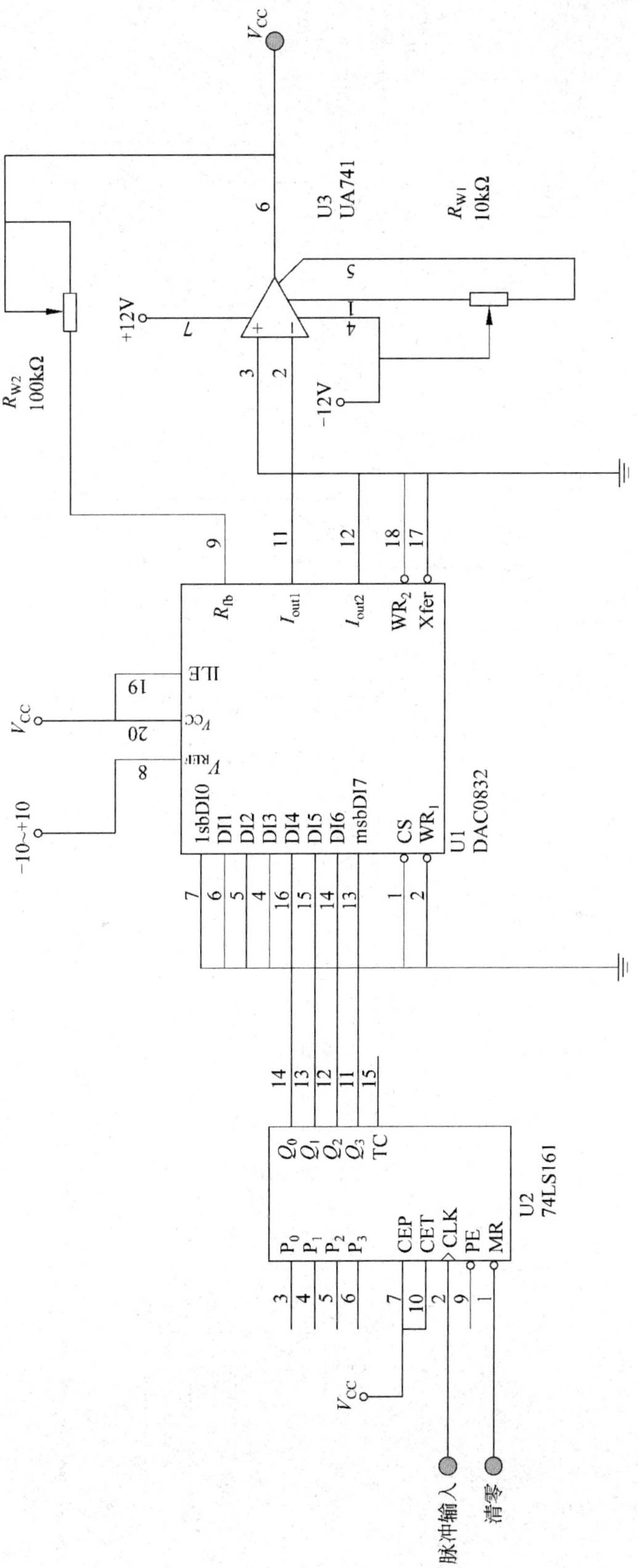

图 8-24 DAC0832 测试电路

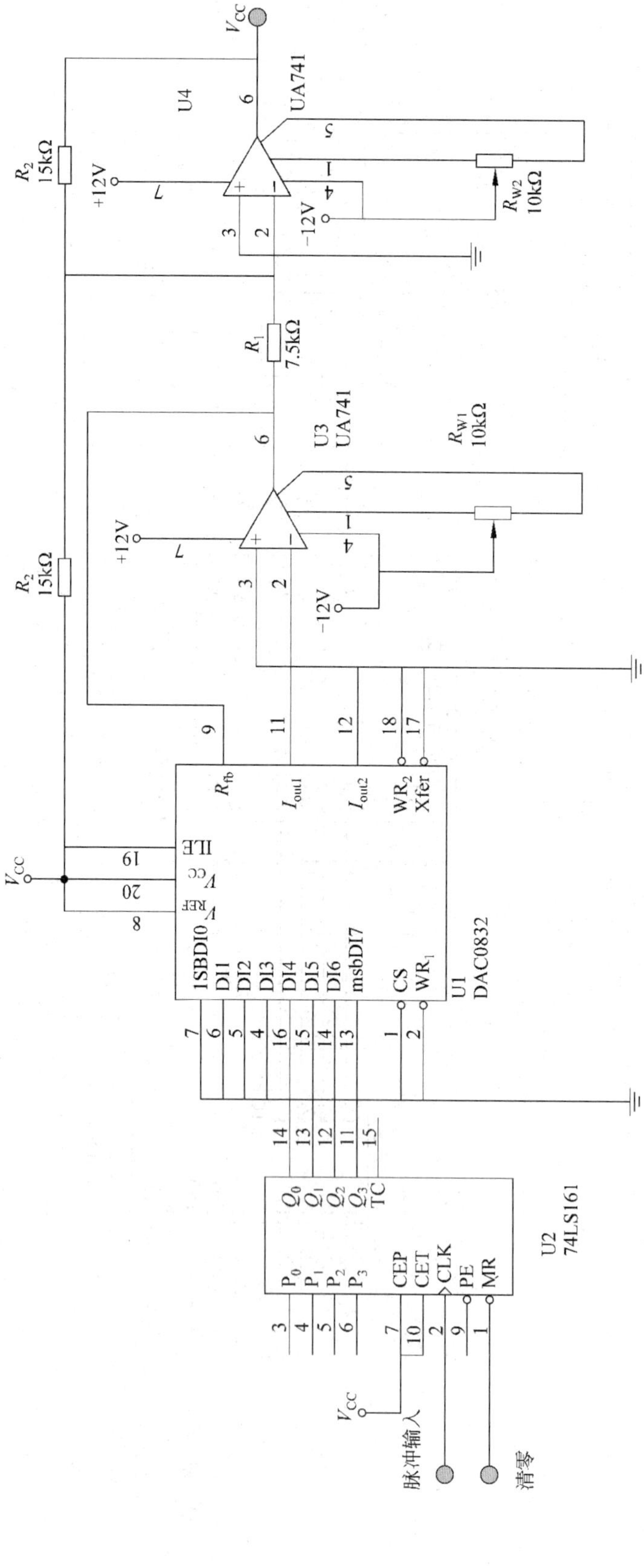

图 8-25　DAC0832 的双极性输出电路

技能测试 2：A/D 转换器

一、实验目的

(1) 熟悉 A/D 转换器的工作原理。

(2) 掌握 A/D 转换器集成电路 ADC0809 的性能及使用方法。

二、实验内容及步骤

(1) 按图 8-26 所示电路接线，CP 脉冲选用 1kHz 以上的方波，调节电位器改变入电压，使模拟电压为分别为 0V、0.1V、0.2V、0.3V、0.5V、1V、2V、3V、4V，观察输出 $D_0 \sim D_7$ 的值，将结果记录在表 8-3 中。

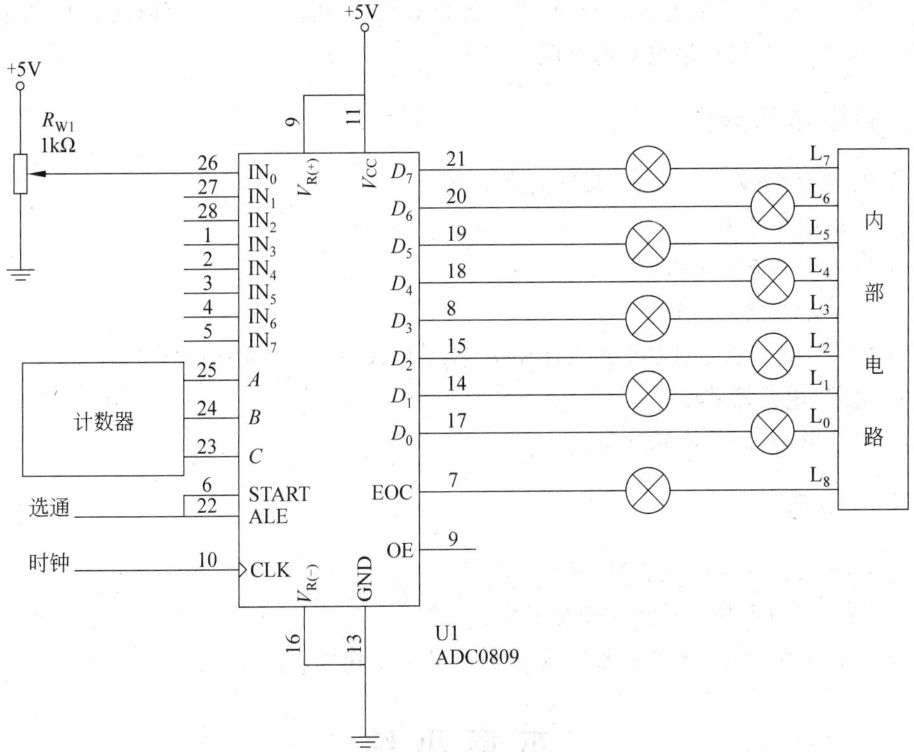

图 8-26　ADC0809 实验电路图

表 8-3　A/D 转换测试结果记录表

输入电压 V_i/V	D_7	D_6	D_5	D_4	D_3	D_2	D_1	D_0
4								
3								
2								
1								

续表

输入电压 V_i/V	D_7	D_6	D_5	D_4	D_3	D_2	D_1	D_0
0.5								
0.3								
0.2								
0.1								
0								

(2) 任选一路模拟输入量输入,测试并记录。

(3) C、B、A 的三位地址码接到计数器 74LS161 的三个输出端,再分别置 IN_0～IN_7 电压为 0V、0.1V、0.2V、0.3V、0.5V、1V、2V、3V、4V。START 改接为高电平。把单次脉冲接到计数器 CP 端,按动单次脉冲计数,观察 D_0～D_7 的输出状态。并记录于表 8-3 中。

(4) 将 D_0～D_7 的输出接到 D/A 转换器 DAC0832 的输入端,参照前面的 D/A 转换器实验电路测量 D/A 转换输出端的电压并记录。

三、实验设备与器件

(1) 电压为+5V、+12V、-12V 的直流电源。

(2) 逻辑电平开关。

(3) 逻辑状态显示 LED。

(4) 数字示波器、万用表。

(5) IC：DAC0832、ADC0809、74LS161 各 1 片,UA741 集成运放 2 片。

(6) 电阻、电位器若干。

(7) 连续脉冲源、单次脉冲源。

四、实验报告

(1) 整理实验资料,分析实验结果。

(2) 8 位 A/D 转换器的分辨率是多少?

(3) 结合实验,简述逐次逼近式 A/D 转换器的工作原理。

本章小结

D/A 转换器的功能是将输入的二进制数字信号转换成相对应的模拟信号输出。A/D 转换器的功能是将输入的模拟信号转换成一组多位的二进制数字信号。

D/A 转换器根据工作原理基本上可分为二进制权电阻网络 D/A 转换器和 R-2R T 形电阻网络 D/A 转换器两大类。由于 T 形电阻网络 D/A 转换器只要求两种阻值的电阻,因此,最适合集成工艺,集成 D/A 转换器普遍采用这种电路结构。

不同的 A/D 转换方式具有各自的特点。并联比较型 A/D 转换器转换速度快,主要缺点是要使用的比较器和触发器很多,随着分辨率的提高,所需元件数目按几何级数增加。

习　题

8-1　选择题。

(1) 一个无符号 8 位数字量输入的 DAC，其分辨率为(　　)位。

A. 1　　B. 3　　C. 4　　D. 8

(2) 一个无符号 4 位权电阻 DAC，最低位处的电阻为 40kΩ，则最高位处电阻为(　　)kΩ。

A. 4　　B. 5　　C. 10　　D. 20

(3) 4 位倒 T 形电阻网络 DAC 的电阻网络的电阻取值有(　　)种。

A. 1　　B. 2　　C. 4　　D. 8

(4) 为使采样输出信号不失真地代表输入模拟信号，采样频率 f_S 和输入模拟信号的最高频率 f_{Imax} 的关系是(　　)。

A. $f_S \geqslant f_{Imax}$　　B. $f_S \leqslant f_{Imax}$　　C. $f_S \geqslant 2f_{Imax}$　　D. $f_S \leqslant 2f_{Imax}$

(5) 将一个时间上连续变化的模拟量转换为时间上断续(离散)的模拟量的过程称为(　　)。

A. 采样　　B. 量化　　C. 保持　　D. 编码

(6) 将幅值上、时间上离散的阶梯电平统一归并到最邻近的指定电平的过程称为(　　)。

A. 采样　　B. 量化　　C. 保持　　D. 编码

(7) 若某 ADC 取量化单位 $\Delta=\frac{1}{8}V_{REF}$，并规定对于输入电压 u_I，在 $0\leqslant u_I<\frac{1}{8}V_{REF}$ 时，认为输入的模拟电压为 0V，输出的二进制数为 000，则 $\frac{5}{8}V_{REF}\leqslant u_I<\frac{6}{8}V_{REF}$ 时，输出的二进制数为(　　)。

A. 001　　B. 101　　C. 110　　D. 111

(8) 以下四种转换器，(　　)是 A/D 转换器且转换速度最高。

A. 并联比较型　　B. 逐次逼近型　　C. 双积分型　　D. 施密特触发器

8-2　常见的 D/A 转换器有几种，其特点分别是什么？

8-3　对于一个 8 位 D/A 转换器：(1)若最小输出电压增量为 0.02V，试问当输入代码为 01001101 时，输出电压 V_o 为多少伏？(2)若其分辨率用百分数表示，则应是多少？(3)若某一系统中要求 D/A 转换的精度小于 0.25%，试问这一 D/A 转换器能否应用？

8-4　已知 D/A 转换器电路如图 8-27 所示：(1)推导出 V_o 和 $D_3D_2D_1D_0$ 之间的关系表达式。(2)说明转换电路工作原理，画出 V_o 和 $D_0D_1D_2D_3$ 的工作波形图。

8-5　常见的 A/D 转换器有几种，其特点分别是什么？

8-6　若一理想的 3 位 A/D 转换器满刻度模拟输入为 10V，当输入为 7V 时，求此 A/D 转换器采用自然二进制编码时的数字输出量。

8-7　已知某双积分型 A/D 转换器中计数器由 4 片十进制集成计数器组成，它的最大计数容量 $D=(5000)_{10}$。计数脉冲的频率 $f_{cp}=25\text{kHz}$，积分器 $R=100\text{k}\Omega$，$C=1\mu\text{F}$，输入电

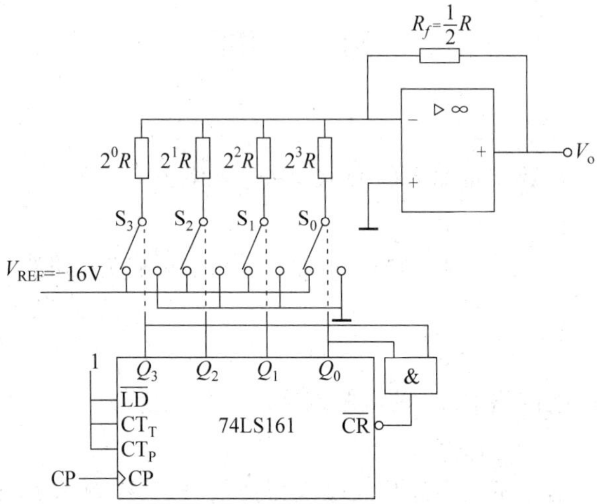

图 8-27　题 8-4 图

压范围 $V_I=0\sim5V$。试求：(1) 第一次积分时间 T_1；(2)积分器的最大输出 $|V_{omax}|$；(3)当 $V_{REF}=10V$，若计数器的计数值 $M=(1740)_{10}$ 时，表示输入电压 V_I 为多大？

第 9 章

综合应用项目设计与仿真

9.1 可编程定时报警器的设计与仿真

9.1.1 设计要求

设计可编程定时报警器电路,设计要求如下。

(1) 能够实现十进制加、减计数功能,计数范围为 0~9,计数初值可以设置,计数间隔时间小范围可调。

(2) 计数数值以数字形式显示。

(3) 能够实现定时功能,且定时时间可以设置。

(4) 定时时间到或加减计数结束时停止计数并启动声音报警,报警频率 1000Hz 左右。

9.1.2 任务分析及电路框图

由于定时和计数功能在本质上是一致的,只是对计数脉冲的要求不同,定时要求脉冲为周期性信号,而计数的脉冲可以随机。在本项目中,计数脉冲与定时脉冲采用相同信号,如果脉冲的周期恒定为 T,计数数值为 N,则计 N 个脉冲所用的时间即可以确定为 $t=TN$。因此,定时器的设计可转化为计数器的设计。

根据可编程定时报警器的设计要求,可将系统划分为计数器、预置/加减控制电路、译码器显示电路、时基脉冲发生器、报警电路等模块,可编程定时报警器的原理框图如图 9-1 所示。

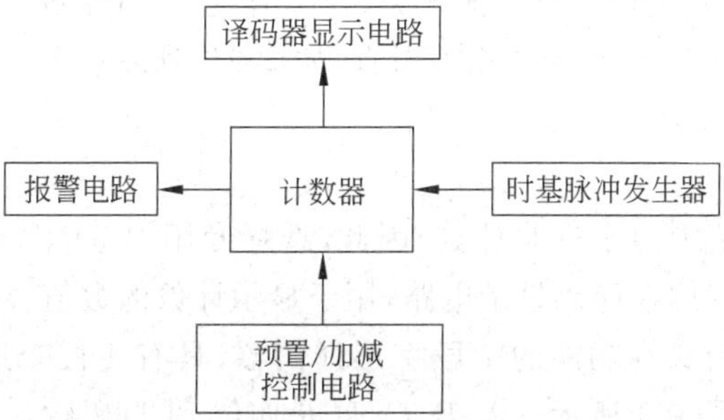

图 9-1 可编程定时报警器原理框图

9.1.3 电路各模块设计

1. 计数器设计

本项目要求计数器能够实现十进制加、减可逆计数，并具有计数初值预置的功能，且计数器计满后能产生信号用于启动报警电路，综合上述要求，本项目采用 4 位二/十进制计数器 CD4029 进行计数。CD4029 由具有预置计数初值功能的 4 位二进制或 BCD 码十进制加减计数器构成，其 DIP 封装的引脚排列如图 9-2 所示，各引脚名称及功能如表 9-1 所示。

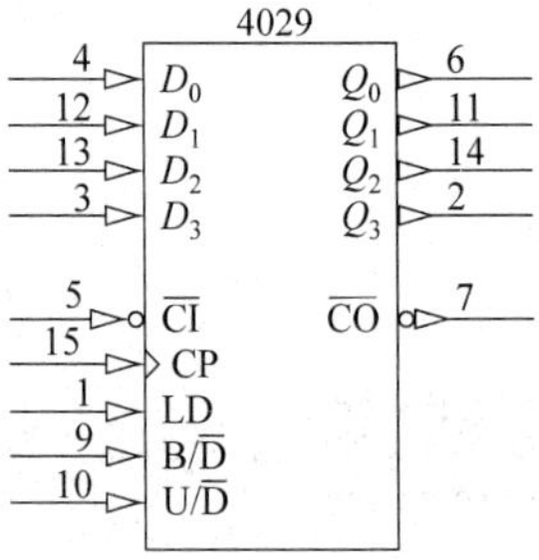

图 9-2 CD4029 引脚排列

LD 为高电平时，由 $D_0 \sim D_3$ 预置计数器的计数初始值；LD 为低电平时，对计数器清零。当$\overline{CI}$和 LD 均为低电平时，在时钟脉冲 CP 上升沿到来时计数器计数。$\overline{CO}$主要作为进位或借位输出信号端。$\overline{CO}$一般为高电平，只有在计数器计数值为最大值（加计数功能）或最小值（减计数功能）时，才变为低电平。当 B/$\overline{D}$ 为高电平时，以二进制计数；反之，以十进制计数。U/$\overline{D}$ 为高电平时，CD4029 为加计数器；反之，为减计数器。CP 为时钟脉冲信号输入端，为电路提供计数脉冲。

表 9-1 CD4029 引脚名称及功能

引 脚 名	功　　能	引 脚 名	功　　能
B/$\overline{D}$	二进制/十进制方式控制端	LD	置数控制端
$\overline{CI}$	禁止计数控制端	U/$\overline{D}$	加/减计数控制端
$\overline{CO}$	进位输出端	$Q_0 \sim Q_3$	计数数据输出端
$D_0 \sim D_3$	并行数据输入端	V_{DD}	正电源
CP	时钟脉冲输入端	V_{SS}	地

2. 预置/加减计数控制电路

在此选择三个不同类型的开关实现计数初值预置和加减计数控制。其中，S_1 为一个四位 BCD 拨码开关，用于预置计数初值数。S_2 是置数计数控制开关，为 1，预置计数初值，为 0 则不置计数初值。S_3 是加减控制自锁开关，开关置为 1，加计数，为 0 则减计数。将上面三个开关分别接至 CD4029 计数器的相关引脚，如图 9-3 所示。

3. 译码显示电路

项目要求在 0～9 范围内十进制计数，因此，选择专用 BCD7 段译驱动器 CD4543 驱动一位共阳极 LED 数码管构建译码显示电路，用于显示计数的数值。

CD4543 是一只具有锁存功能的 7 段字形译码器，具有 4 位二进制锁存。它通常采用 16 脚扁平封装，引脚如图 9-4 所示。A、B、C、D 是四位 BCD 码输入脚，a、b、c、d、e、f、g 是七段字符显示的七个段的输出脚。BI 为消隐功能端，当 BI＝1 时，显示消隐；当 BI＝0 时，正常显示。当 BI 为 0 且 LD 为 0 时，显示不会改变。当 BI 为 0 且 LD 为 1 时，七段码显示

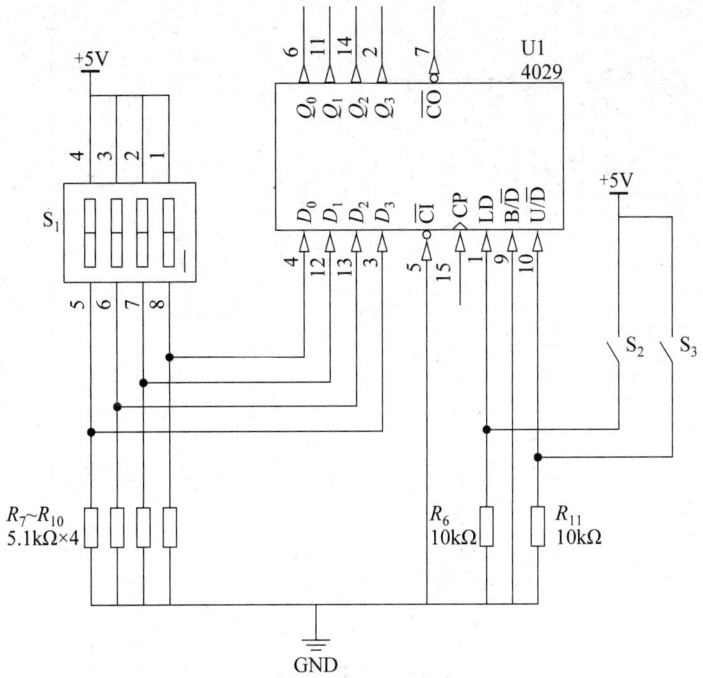

图 9-3 预置数/加减计数控制电路

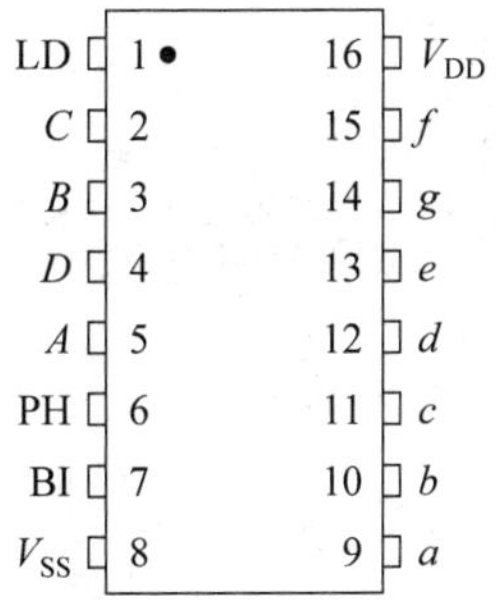

图 9-4 CD4543 引脚图

输出的值随着 BCD 码输入的值而变，此时若 *DCBA* 分别为 0～9 的代码输入，则输出分别显示 0～9，若此时 *DCBA* 为 10～15 的代码输入则输出无显示。PH 为共阳、共阴控制端，当 PH＝1 时，可以驱动共阳极 LED 数码管；当 PH＝0 时，可以驱动共阴极 LED 数码管，即该器件既可以驱动共阴数码管，又可以驱动共阳数码管。16 脚（V_{DD}）和 8 脚（V_{SS}）是电源正极和电源负极（接地）引脚。

本项目的译码显示电路如图 9-5 所示。计数器的输出 $Q_3Q_2Q_1Q_0$ 分别接至 CD4543 的 *DCBA* 输入端。

4. 时基脉冲发生器

时基脉冲发生器主要用于产生计数器所需的时钟信号，作为计数器的计数脉冲。时钟

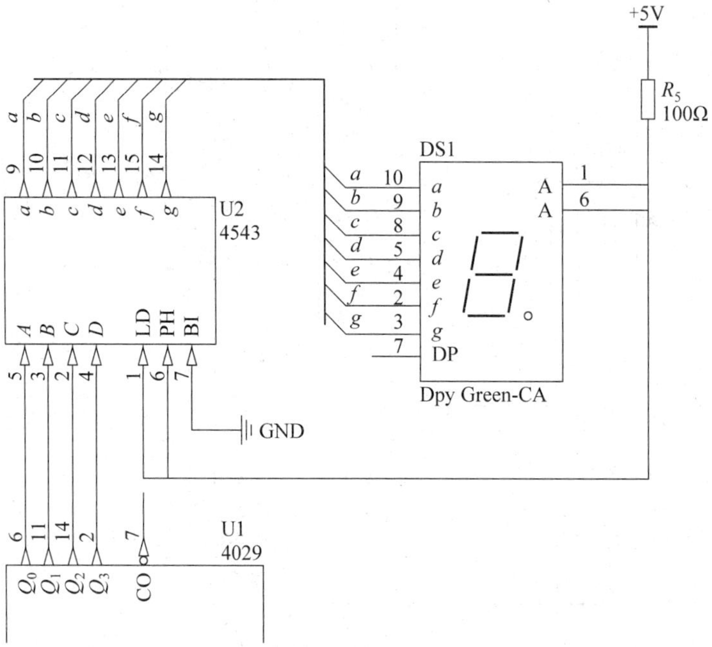

图 9-5　译码显示电路

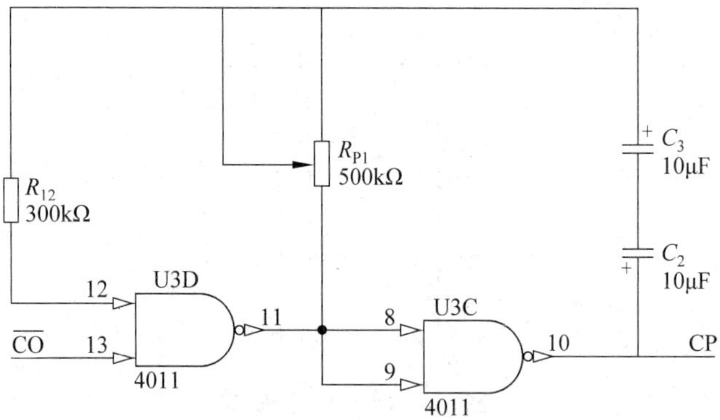

图 9-6　脉冲产生电路

脉冲信号的产生方法很多，在本项目中，主要选择 CD4011 与非门构建的可控多谐振荡器电路实现，电路如图 9-6 所示。该振荡电路可以产生周期可调的时钟脉冲信号，该脉冲信号需接至 CD4029 计数器的 CP(15 脚)端，作为计数器的计数脉冲。该脉冲信号的周期可由 R_{P1} 在一定范围内调节。此外，将振荡电路中的 U3D 与非门的一个输入端接计数器 CD4029 的 $\overline{CO}$引脚，以保证振荡电路受控于$\overline{CO}$。在计数器计数过程中，$\overline{CO}$输出为 1，该时钟脉冲产生电路正常工作。当计数器加计数为“9”或减计数为“0”时，$\overline{CO}$引脚输出为 0，该时钟脉冲产生电路停止振荡，计数器停止计数。

5. 报警电路

按照设计要求，定时器能够采用声音方式报警，因此，需设计振荡电路产生音频信号，将产生的音频信号通过驱动电路驱动喇叭发出报警声。同时，为了满足报警需要，在定时时间到或计数计满时产生条件，音频产生电路需受控于 CD4029 计数器的$\overline{CO}$引脚，该引脚输出为 0 时启动报警器；该引脚为 1 时，报警电路不工作。所设计的报警电路如图 9-7 所示。

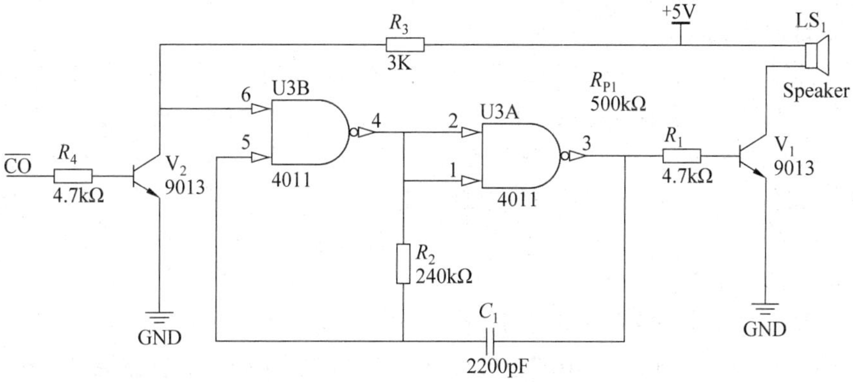

图 9-7 报警电路

9.1.4 电路功能仿真

1. Multisim 仿真软件简介

Multisim 是美国国家仪器(NI)有限公司推出的以 Windows 为基础的仿真工具，适用于板级的模拟/数字电路板的设计工作。它包含了电路原理图的图形输入、电路硬件描述语言输入方式，具有丰富的仿真分析能力。用户可以使用 Multisim 交互式地搭建电路原理图，并对电路进行仿真。Multisim 提炼了 SPICE 仿真的复杂内容，这样用户无须懂得深入的 SPICE 技术就可以很快地进行捕获、仿真和分析新的设计。通过 Multisim 和虚拟仪器技术，用户可以完成从理论到原理图捕获与仿真再到原型设计和测试这样一个完整的综合设计流程。Multisim 可以很好地解决理论教学与实际动手实验相脱节问题。Multisim 的版本很多，当前在教育领域得以广泛使用的是 Multisim 10.0。该软件具有以下特点。

(1) 直观的图形界面

整个操作界面就像一个电子实验工作台，绘制电路所需的元器件和仿真所需的测试仪器均可直接拖放到屏幕上，轻点鼠标就可用导线将元器件连接起来，软件仪器的控制面板和操作方式都与实物相似，测量数据、波形和特性曲线显示直观。

(2) 丰富的元器件

提供了世界主流元器件提供商的超过 17000 种元器件，同时能方便地对元器件各种参数进行编辑修改，能利用模型生成器以及代码模式创建模型等功能，创建自己的元器件。此外，该软件还包括独特的射频(RF)模块和强大的 MCU 模块。

(3) 强大的仿真能力

以SPICE3F5和Xspice的内核作为仿真的引擎，通过Electronic Workbench带有的增强设计功能将数字和混合模式的仿真性能进行优化，包括SPICE仿真、RF仿真、MCU仿真、VHDL仿真、电路向导等功能。

Multisim还可以对被仿真的电路中元器件设置各种故障，如开路、短路和不同程度的漏电等，从而观察不同故障情况下的电路工作状况。在进行仿真时，软件还能存储测试点的所有数据，列出被仿真电路的所有元器件清单，以及存储测试仪器的工作状态、显示波形和具体数据等。

(4) 丰富的测试仪器

提供了Multimeter、Function Generatoer、Oscilloscope、Logic Analyzer等22种虚拟仪器进行电路参数的测量。这些仪器的设置和使用与真实仪器相同，均可实现动态互交显示。

此外，还可创建NI LabVIEW自定义的仪器仪表，所有的虚拟信号均可通过计算机输出到实际的硬件电路。同样，实际硬件电路产生的数据结果均可输入到计算机中进行处理和分析。

(5) 完备的分析手段

可以完成电路的瞬态分析和稳态分析、时域和频域分析、元器件的线性和非线性分析、电路的噪声分析和失真分析、离散傅里叶分析、电路零极点分析、交直流灵敏度分析等电路分析方法，以帮助设计人员分析电路的性能。

(6) 完善的数据处理

对分析结果可以进行常规的数学运算和数据处理，如算术运算、三角运算、指数运行、对数运算、复合运算、向量运算和逻辑运算等。

(7) 详细报告生成

能够提取材料清单、元器件详细报告、网络报表、原理图统计报告、多余门电路报告、模型数据报告及交叉报表7种报告。

(8) 兼容性好的信息转换

提供了转换原理图和仿真数据到其他程序的方法，可以输出原理图到PCB布线(如Ultiboard、OrCAD、PADS Layout 2005、P-CAD和Protel)，输出仿真结果到MathCAD、Excel或LabVIEW，输出网络表文件和提供Internet Design Sharing(互联网共享文件)等。

2. 可编程定时报警器的功能仿真电路

采用Multisim软件绘制可编程定时报警器仿真电路，电路的建立和仿真过程如下。

(1) 新建文件，设置界面参数。

(2) 选择和放置元器件。

(3) 连接导线，组成电路。

(4) 选择和放置虚拟仪器。

(5) 将仪器仪表与电路连接，并对仪器仪表的参数进行设置。

(6) 启动仿真开关，观察结果。

本项目的时基脉冲发生器模块电路、计数译码显示模块电路及报警电路的仿真电路分别如图9-8(a)、(b)所示。

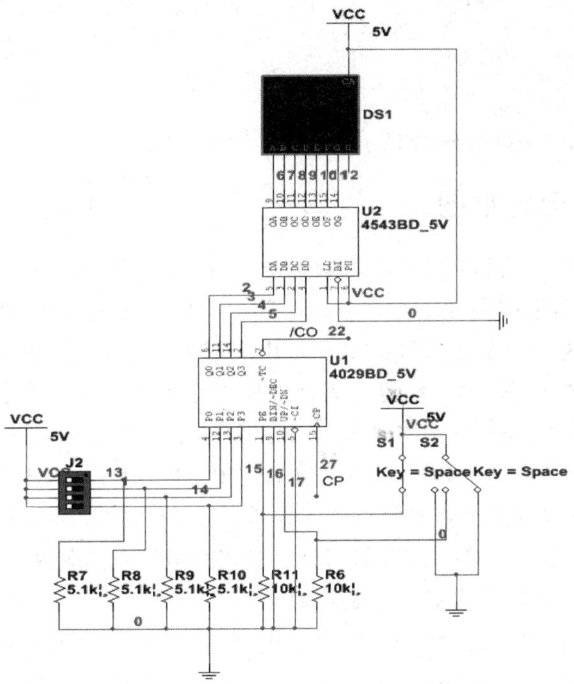

(a) 时基脉冲产生电路仿真图

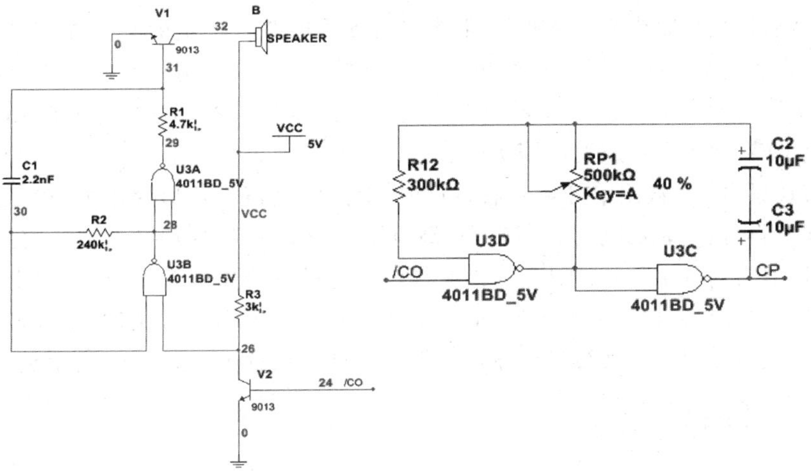

(b) 计数显示模块及报警电路仿真图

图 9-8 可编程定时报警器的电路仿真

9.2 数字频率计的设计与仿真

9.2.1 设计要求

设计数字频率计电路，设计要求如下。

(1) 实现正弦波、三角波及方波信号的频率检测，被测信号的最高输入电压大于 15V，最小输入电压4V。

（2）测量频率范围：1～9999Hz。

（3）测量误差：<±5%。

（4）显示方式：4位LED数码管显示。

9.2.2 任务分析及电路框图

数字频率计是能把检测获得的频率用数码直接显示出来的测频设备，它的测量精度高、使用方便。频率 f 是指周期性信号在单位时间（1s）内变化的次数，单位为Hz。若在一定时间间隔 T 内测得这个周期性信号的重复变化次数为 N，则其频率可表示为 $f=N/T$。其中 f 为被测信号的频率，N 为计数器所累计的脉冲个数，T 为 N 个脉冲所产生的时间。因此，数字频率计也可认为是在1s标准时间内，测出信号变化的次数 N，然后再用数字的形式显示出来。显然，在数字频率计中获得1s的标准时间很重要，有了时间标准，也就有了频率标准。因此，数字频率计的设计主要需要解决的问题是：①如何产生1s的标准时间。②如何计量1s标准时间内信号变化的次数 N。③如何将所检测的信号变化次数 N 用数字化显示。

综上分析，确定所设计的数字频率计的电路框图如图9-9所示。电路主要由内置振荡电路、整形电路、程控定时电路、闸门电路、置零电路、计数器和频率显示电路等。其中，内置振荡电路产生标准信号，用于频率计的自校正或输出。整形电路将正弦波、三角波和方波等波形变成矩形波。闸门电路使计数器在程控定时电路输出为1时计数，在0时停止计数，即闸门开启计数需要受程控定时电路控制。置零电路产生正的窄脉冲信号，用于对计数器清零。程控定时电路主要用于产生精确的计数时间，以控制计数和置零电路工作，在此，将振荡信号周期设定为2s。计数器电路选择十进制计数器，对输入的信号计数。频率显示由4个LED数码管组成的电路实现。

具体实现思路是：被测信号输入后，由整形电路将高信号整形为矩形波后送到计数控制器输入端，当程控定时器跳变为高电平（高电平维持时间为1s）时，其波形前延触发置零电路，使计数器瞬间置零，同时闸门打开，允许波形通过，计数器开始计数，并通过LED显示计数过程。当程控定时器为低电平时（低电平维持时间为1s），闸门关闭，阻断波形通过，计数停止，所计数值保持不变并被稳定显示。频率计计数示意图如图9-10所示。

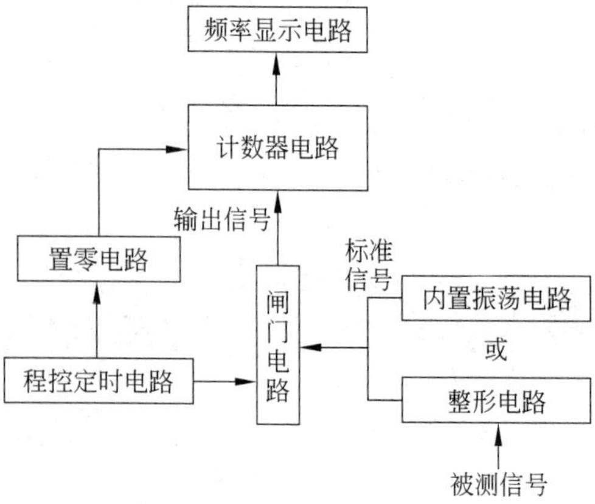

图9-9 电路框图

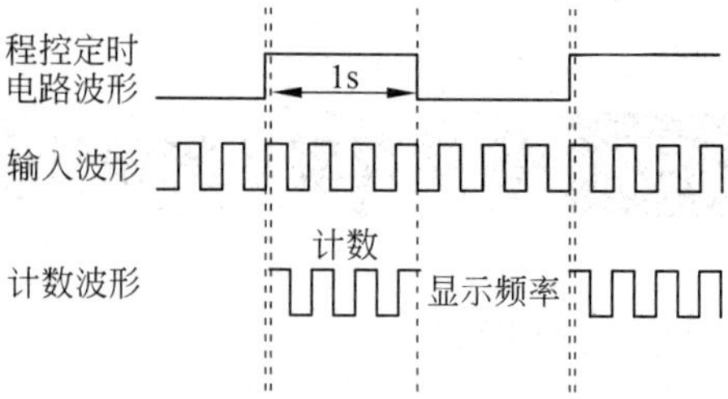

图9-10 频率计计数示意图

9.2.3 电路各模块设计

1. 内置振荡电路和整形电路

频率计的内置振荡电路和整形电路主要选用CD4093和电阻、电容等元件组成。CD4093是一片四2输入施密特触发器，由四个2输入端施密特触发器电路组成，其引脚如图9-11所示。每个电路均为在两输入端具有施密特触发功能的2输入与非门，每个门在信号的上升沿和下降沿的不同点开、关，上升电压(V_P)和下降电压(V_N)之差定义为滞后电压。所设计的内置振荡电路和整形电路如图9-12所示，其中CD4093采用施密特触发输入方式。

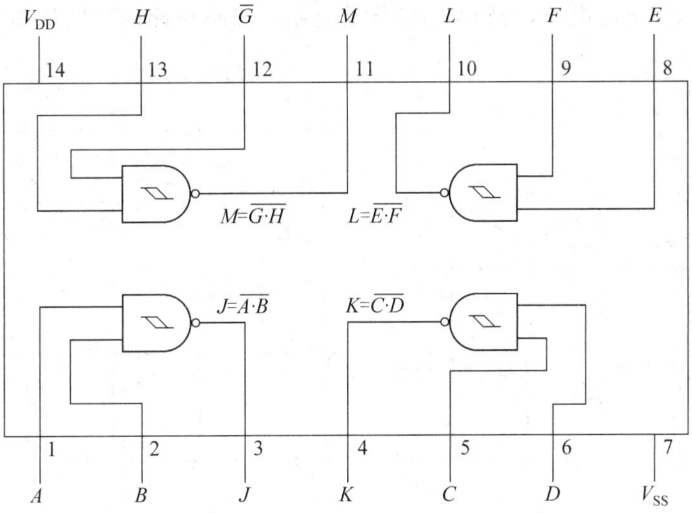

图9-11 CD4093引脚图

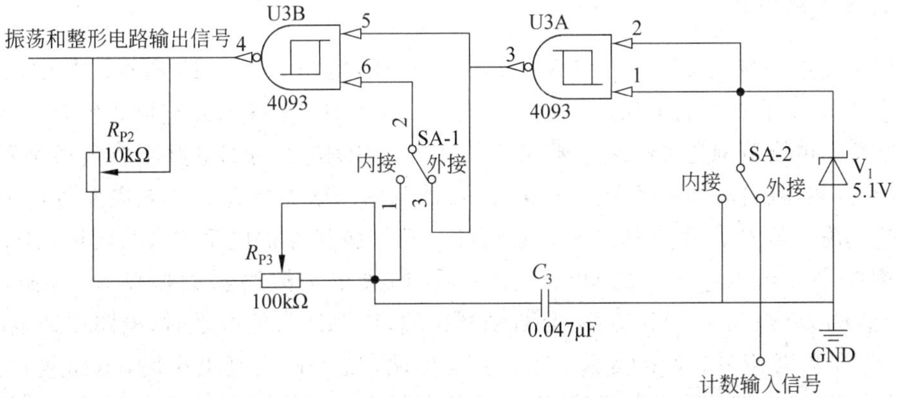

图9-12 内置振荡电路和整形电路

(1) 内置振荡电路

本电路的振荡电路是利用施密特电路的回差电压使电路维持振荡。当SA置内接时，U3B、R_{P2}、R_{P3}、C_3构成了内置振荡器。由于U3A输入接0，所以输出为1，即U3B输入端

5 脚为 1，所以 U3B 输出状态由另一脚 6 脚决定。当 6 脚为 0 时，输出为 1，并通过 R_{P2}、R_{P3} 对 C_3 充电，6 脚电位上升，当电位上升超过翻转值时，输出由 1 变 0，C_3 通过 R_{P2}、R_{P3} 输出端 4 脚放电，6 脚电位下降，当其电位下降低于翻转值时，输出再次由 0 变 1，C_3 再次充电……这样循环往复，振荡不止，振荡频率由 R_{P2}、R_{P3} 和 C_3 决定，该振荡器的频率可作为标准信号源或输出信号用。内置振荡电路的波形如图 9-13 所示。

（2）整形电路。

当 SA 开关置外接时，U3A 和 U3B 的输入端分别短接，由原来的 2 个输入端变为 1 个输入端，电路成了反相器电路，而两个反相器串联，则总相位不变。由于电路的施密特输入特性和输出只有 0 和 1 两种状态，所以整形效果很好。但是要注意信号波形幅度必须足够大，一般应大于 4/5 电源电压，否则有可能无法计数。整形电路时序图如图 9-14 所示。

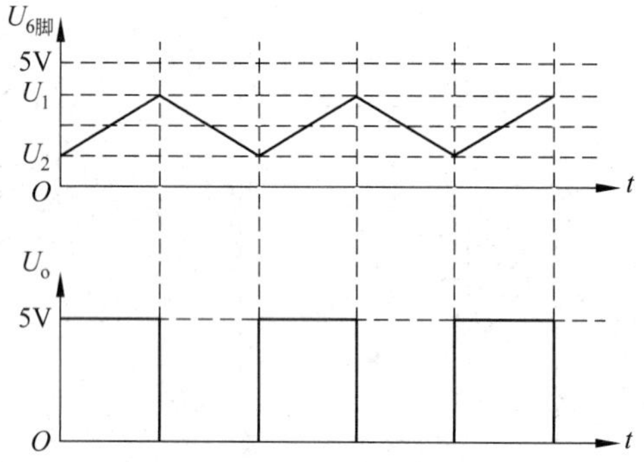

图 9-13　内振荡电路波形图

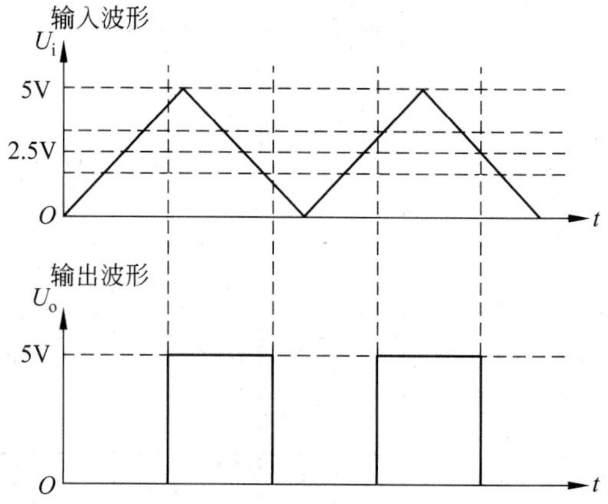

图 9-14　整形电路时序图

2. 程控定时电路

程控定时电路选用 CD4541 和 R_1、R_{P1}、C_1 组成，电路如图 9-15 所示。其中，CD4541 是采用 CMOS 工艺制造的可编程定时集成电路。常采用 14 脚双列直插式塑料封装形式，其工作电源的电压范围是 3～18V，典型值为 10V。CD4541 内部电路主要由振荡器、可编程 16 级二分频器、自动和手动复位电路、计数器及输出状态的逻辑控制电路等部分构成。第 1 脚接振荡电阻 R_{TC}，第 2 脚接振荡电容 C_{TC}，第 3 脚接保护电阻 R_S，共同构成振荡器外接阻容网络端。当 R_{TC}、C_{TC} 的阻值确定之后，即决定了振荡器的振荡频率，振荡频率 $f=1/(2.3\times R_{TC}\times C_{TC})$。AR(5 脚)是自动复位端，当 AR 为低电平时，电路在通电时会自动复位，使计数器清零。MR(6 脚)是手动复位端，当 MR 为高电平时，电路复位。8 脚(Q 端)是输出端；9 脚是输出选择端，用来选择 Q 端在电路初始状态是高电平还是低电平；当 9 脚接低电平时，8 脚的初始状态是低电平。M 端(10 脚 MODE)是单定时/循环输出方式选择端，当 M=0 时是选择单定时输出方式。所谓单定时输出方式是指电路定时时间到后，输出端 Q 的电平跳变后始终保持不变，直到下一次复位信号的到来；当 M=1 时是选择循环输出方式，循环方式是指 Q 端电平将按设定的时间作周期性跳变。A(12 脚)、B(13 脚)是分频器编程输入端，当 $A=B=1$，电路可获得最大的定时时间。

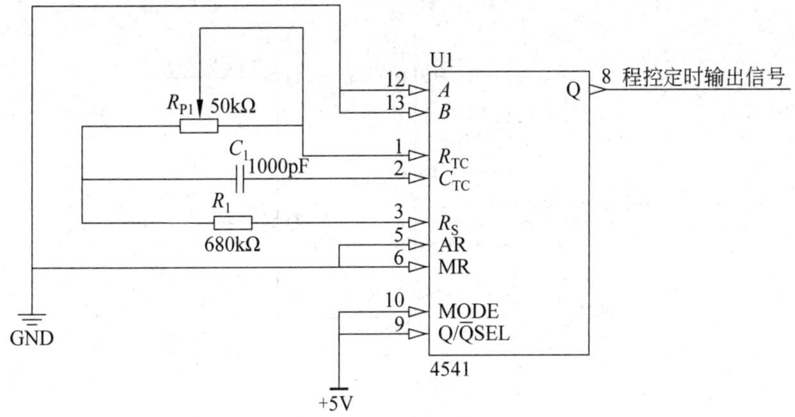

图 9-15 程控定时电路

程控定时电路实质是一个周期为 2s,即高电平和低电平各为 1s 左右的多谐振荡器,周期大小主要由 R_1、R_{P1}、C_1 等元件决定。CD4541 的 Q 端为 1 时,闸门打开,开始计数,闸门电路的输出端有波形输出,LED 显示数字快速变化。Q 端为 0 时,闸门关闭,计数停止,LED 显示数值不再变化,保持记忆,闸门电路的输出端无输出波形。

3. 闸门电路

本设计中的闸门电路选用集成电路 CD4093 中的 U3C 和 U3D 组成,如图 9-16 所示。该电路利用了与非门电路任一输入端为 0,其他输入端不再对输出状态起作用的特点,将输入端 9 脚作为控制端,8 脚作为信号输入端,使与非门电路变成一个受控的闸门。

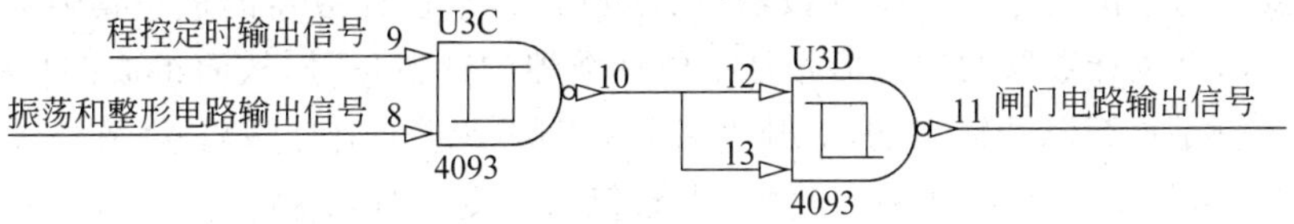

图 9-16 闸门电路

闸门电路工作过程:输入端 9 脚与程控定时电路相连,当 9 脚为 0 时,U3C 的输出端 10 脚衡为 1,U3D 输出端 11 脚衡为 0,此时,闸门为关闭状态,无输出。当程控定时电路使 9 脚为 1 时,U3C 输出端 10 脚状态由另一输入端 8 脚决定,并正好与 8 脚状态反相,再经 U3D 反相后,使输出端(即 11 脚,U3D 的输出端)与 8 脚(是整形电路和内置振荡器的输出端)相位完全一致,波形能够传递到计数器,此时为闸门打开时间。

4. 置零电路

置零电路主要由集成电路 CD4528 和 R_2、C_2 等元件组成,电路如图 9-17 所示。4528 是 CMOS 双单稳态集成触发电路,它有两个可再触发端 *A* 端与 *B* 端。若用脉冲上升沿触发,触发信号从 *A* 端输入,*B* 端要接高电平;若用脉冲下降沿触发,触发信号从 *B* 端输入,*A* 端要接低电平。CLR 是复位端,低电平有效。它有 Q 和 $\overline{Q}$ 两个互补输出端,可产生一个精确的有较宽范围的输出脉冲，其宽度和精确度由外部时间元件确定。

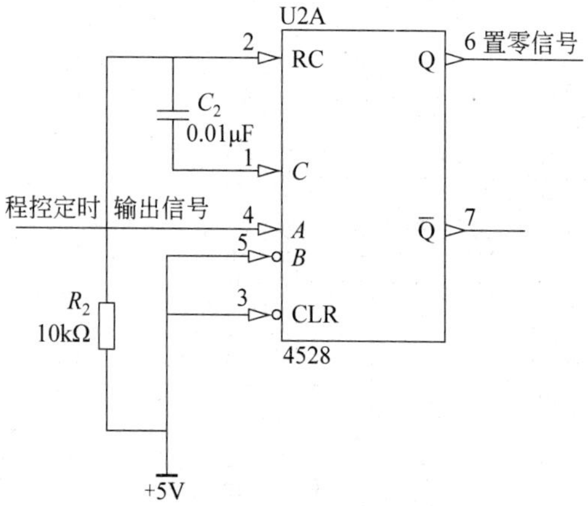

图 9-17　置零电路

本设计项目的置零电路是利用脉冲的上升沿进行触发的一个单稳电路，R_2、C_2 的大小决定置零脉冲的宽度。置零脉冲宽度应远小于被测信号的周期，否则影响置零效果。电路中当 4528 的 4 脚受程控定时器上升沿触发后，产生一正的窄脉冲信号，使计数器置零。脉冲过后，计数器恢复计数状态。

5. 计数及频率显示电路

计数器及频率显示电路选用 4 片 4026 和 4 只共阴 LED 数码管组成，电路如图 9-18 所示。四位数字显示分别代表千位、百位、十位、个位。计数脉冲先送到个位计数器的输入端，个位计数器的进位信号是十位计数器的计数信号，十位计数器的进位信号是百位计数器的计数信号，百位计数器的进位信号是千位计数器的计数信号，从而组成四位十进制数。CD4026 的 1 脚是计数脉冲输入端，上升沿有效；5 脚是进位信号输出端，在本电路中该端又为高一位计数器提供计数脉冲。其中，当数值由 9 变 0 时，5 脚电位就由 0 变 1；当数值由 0 变 1 时，5 脚的电位就由 1 回到 0。集成电路 4026 的 6、7、9、10、1、12、13 脚都是七段码的输出端。15 脚是置零端，当 15 脚为低电平时，电路计数；当 15 脚为高电平时，电路置零。

9.2.4　电路功能仿真

采用 Multisim 软件绘制数字频率计的仿真电路，电路的建立和仿真过程如下。

（1）新建文件，设置界面参数。

（2）选择和放置元器件。

（3）连接导线，组成电路。

（4）选择和放置虚拟仪器。

（5）将仪器仪表与电路连接，并对仪器仪表的参数进行设置。

（6）启动仿真开关，观察结果。

本项目的仿真电路分别如图 9-19 所示。

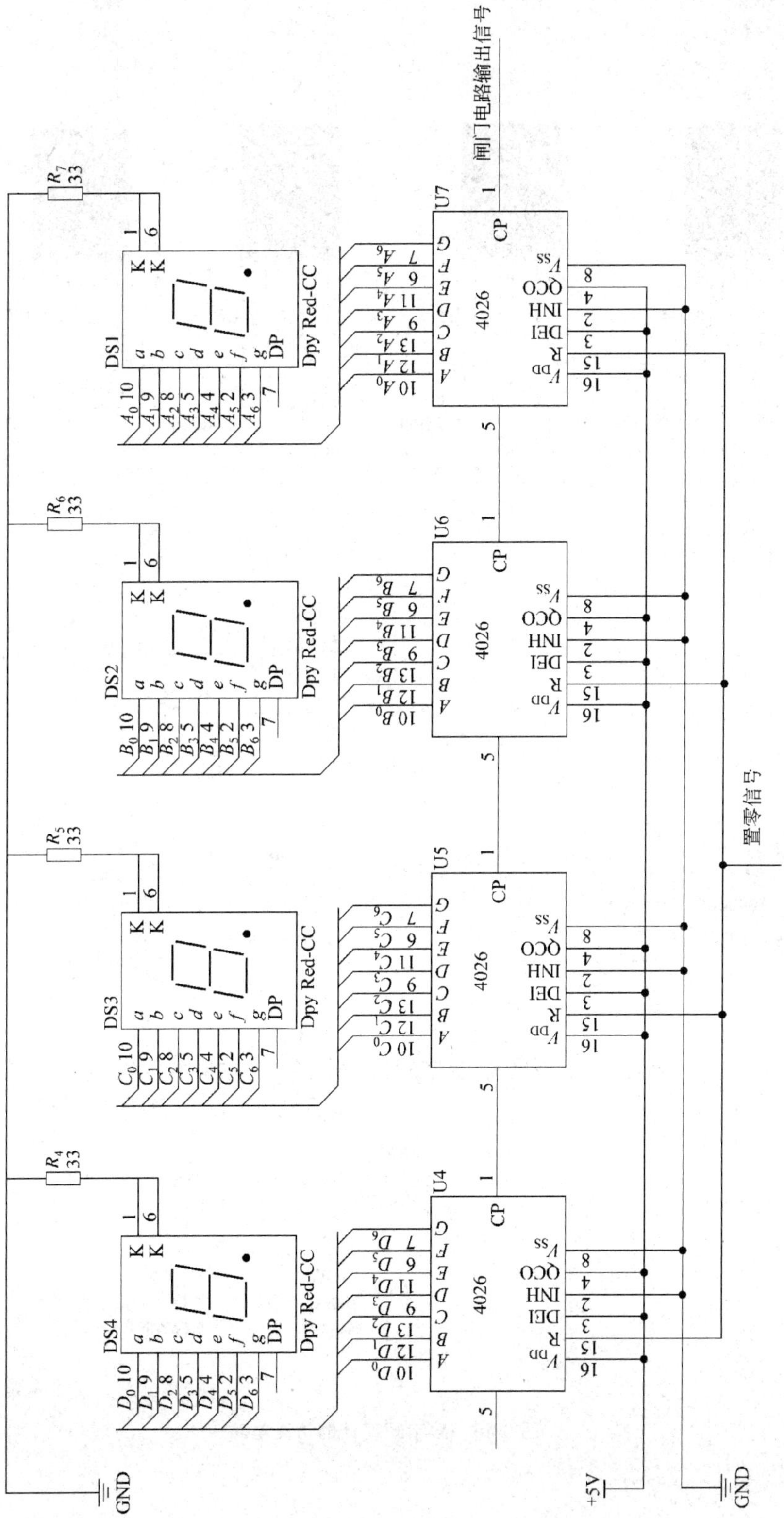

图 9-18 计数及频率显示电路

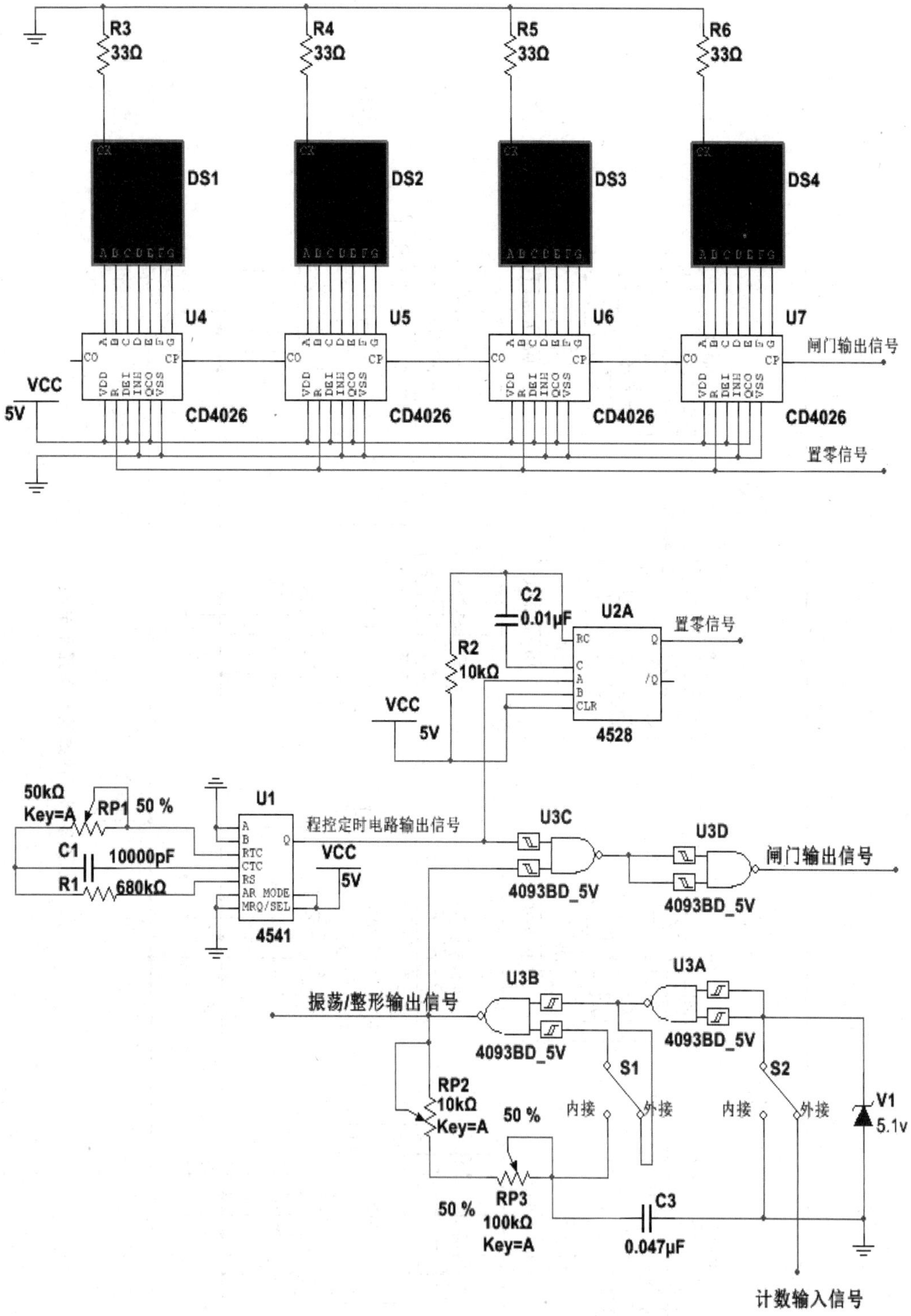

图 9-19　数字频率计的仿真电路

参考文献

[1] 李中发. 数字电子技术. 北京：中国水利水电出版社,2001.
[2] 杨爱琴. 数字电路与逻辑设计. 北京：科学出版社,2003.
[3] 常桂兰,等. 数字电子技术. 北京：中国铁道出版社,2004.
[4] 孙建三. 数字电子技术. 北京：机械工业出版社,2002.
[5] 周良权. 数字电子技术基础. 北京：高等教育出版社,1994.
[6] 康华光. 电子技术基础. 北京：高等教育出版社,2003.
[7] 岳怡. 数字电路与数字电子技术. 西安：西北工业大学出版社,2004.
[8] 罗炎林. 数字电路. 北京：机械工业出版社,2004.